미분적분학

CALCULUS

미분적분학

CALCULUS

김재웅 · 문미남 · 정명인 지음

북스힐

머리말

수학은 과학기술의 언어로서, 복잡한 자연 현상과 기술적 문제를 수식과 모델링을 통해 이해하고 해결하기 위한 중요한 수단으로 사용됩니다. 그중에서도 미분적분학은 자연현상을 분석하고 공학적 문제를 해결하는 데 핵심적인 도구로, 물리학, 경제학, 생물학 등 여러 학문에서 필수적인 과목으로 간주됩니다. 이 책은 여러 학문에서 필요한 기초 소양으로서 미분적분학을 공부하고자 하는 학생들을 위한 수학교재입니다.

이 책의 1장에서는 집합의 개념을 바탕으로 함수의 개념과 필수적인 초월함수들을 소개하고 그 특성에 대하여 다루었으며, 2장에서는 함수의 극한과 연속성을 설명합니다. 3장과 4장에서는 도함수 및 그 응용을 다루었고, 5장에서 7장까지는 적분의 개념과 응용을, 8장에서는 극좌표의 정의, 극좌표에서의 그래프 및 미분적분을 설명하였습니다. 9장과 10장에서는 무한급수와 테일러급수를 다루었으며, 11장에서는 좌표공간과 벡터, 12장에서는 행렬을 설명하여 다변수함수의 미분적분을 위한 기초 개념을 설명하였습니다. 13장에서는 다변수함수의 개념, 극한, 연속, 미분을 다루었고 14장에서는 다중적분을 기술하였습니다.

이 책은 고등학교 과정을 마친 학생들이 기초에서부터 심화된 내용에 이르기까지 내용을 쉽게 이해할 수 있도록 작성되었습니다. 수학적 기초가 약한 학생들도 학습에 어려움이 없도록 보기, 기본연습문제, 연습문제로 구분하여 난이도에 따라 문제를 구성하였습니다. 보기를 통해 주요 개념 및 해법을 이해하고, 유사한 기본연습문제를 통해 이를 숙달할 수 있도록 하였습니다. 각 절의 마지막에는 연습문제를 제시하여 내용을 정리하고 복습할 수 있도록 하였습니다. 이 책이 미분적분학의 중요 개념을 이해하고 다양한 문제를 해결하는 과정에서 논리적 사고를 발전시키고 문제 해결 능력을 향상시키는 데 도움이 되길 바랍니다.

끝으로 이 책의 출판을 도와주신 동료 교수님들과 북스힐 대표 및 편집부 여러분께 진심으로 감사의 뜻을 전합니다.

2025년 1월

저자 일동

차례

CHAPTER 01

함수

미분적분학을 포함한 수학의 여러 분야에서 함수는 가장 중요한 개념이다. 이 장에서는 집합의 개념을 소개하고 이로부터 함수의 개념을 소개한다.

1.1 집합

집합이란 **원소**라 불리는 잘 정의된 대상들의 모임이다. 여기서 잘 정의되었다는 것의 의미는 명확한 기준이 있어서 어떤 대상이 모임에 들어 있는지를 판단할 수 있다는 것을 의미한다. 집합은

$$\{1, 2, 3, 4, 5, 6\}$$

와 같이 원소를 $\{\}$ 안에 나열하여 표현하거나,

$$\{x \mid x\text{는 6 이하의 자연수}\}$$

와 같이 원소에 대한 조건을 제시하여 나타낸다. 보통 집합을 나타내는 데는 대문자 A, B, $\cdots$ 등을 쓴다. 특히 자연수의 집합, 정수의 집합, 유리수의 집합, 실수의 집합은 각각

$$\mathbb{N},\ \mathbb{Z},\ \mathbb{Q},\ \mathbb{R}$$

로 나타낸다. 원소를 나타내는 데는 소문자 a, b,$\cdots$ 등을 쓴다.

기본연습문제 1.1 다음 모임 중에서 집합이라고 할 수 있는 것은?

① 큰 학생의 모임 ② 귀여운 고양이의 모임
③ 노란 귤의 모임 ④ 한국인 남자의 모임

기본연습문제 1.2 다음 각 집합의 원소를 괄호 { } 안에 나열하여라.

① 12의 양의 약수의 집합 A ② $\{x \mid 5 \le x \le 10,\ x$는 자연수$\}$
③ $\{2x \mid x$는 자연수$\}$

a가 집합 S의 원소일 때, a는 S에 **속한다**고 말하고,

$$a \in S$$

로 나타낸다. a가 집합 S의 원소가 아닐 때, a는 S에 **속하지 않는다**고 말하고,

$$a \notin S$$

로 나타낸다.

기본연습문제 1.3 다음 중에서 옳지 않은 것은?

① $-2 \in \mathbb{Z}$ ② $0.5 \in \mathbb{Q}$ ③ $\sqrt{2} \in \mathbb{Q}$ ④ $\sqrt{3} \in \mathbb{R}$

원소의 개수가 유한한 개인 집합을 **유한집합**이라 부르고, 무한개의 원소를 갖는 집합을 **무한집합**이라 한다. 원소가 하나도 없는 집합을 **공집합**이라 부르고, ϕ 또는 { }로 나타낸다.

기본연습문제 1.4 다음 각 집합이 유한집합, 무한집합, 공집합인지 판단하여라.

① $\{x|x \ge 4,\ x$는 자연수$\}$ ② $\{x|x \le 4,\ x$는 자연수$\}$,
③ $\{x|x < 1,\ x$는 자연수$\}$

두 집합 A와 B에 대하여 집합 A의 모든 원소가 집합 B의 원소이면, 즉

$$x \in A \text{ 이면 } x \in B$$

일 때 A를 B의 **부분집합**이라 하고

$$A \subset B \text{ 또는 } B \supset A$$

로 나타내며, A**는** B**에 포함된다** 또는 B**는** A**를 포함한다**고 말한다. 집합의 포함 관계를 쉽게

알아보기 위해서는 원이나 타원을 그려서 나타내 보면 편리하다. 이와 같은 그림을 **벤 다이어그램**이라 한다.

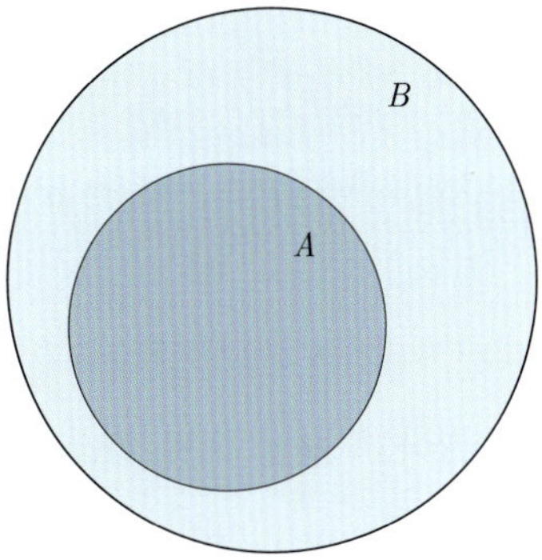

[그림 1.1] 벤 다이어그램

보기 1.1

$A=\{1,\ 2,\ 3\}$, $B=\{1,\ 2,\ 3,4,5\}$이면 집합 A의 모든 원소가 집합 B의 원소이므로 A는 B의 부분집합이다. 즉, $A\subset B$이다. 이를 벤 다이어그램으로 나타내면 다음과 같다.

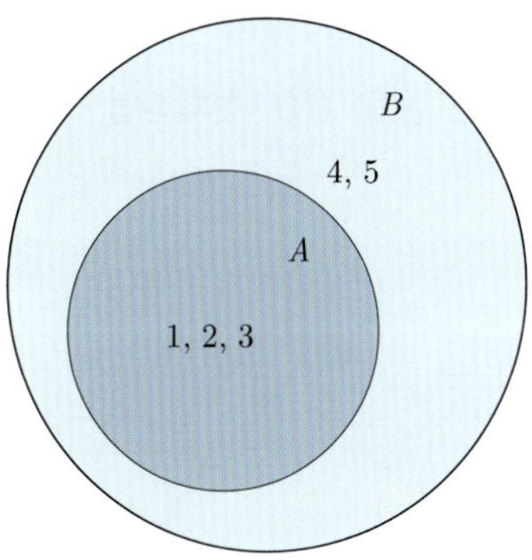

[그림 1.2]

실수의 집합 $\mathbb{R}$의 부분집합을 나타내는 데는 특별한 기호를 사용하기도 한다. $a>b$일 때 실수의 부분집합 $[a,b]$는 **닫힌구간**이라 부르고 다음 부분집합을 나타낸다.

$$[a,b]=\{x\in\mathbb{R}\,|\,a\leq x\leq b\}$$

따라서,

$$0\in[0,10],2\in[0,10],11\not\in[0,10]$$

이다. 또한, **열린구간** (a,b)과 **반열린구간** $(a,b]$, $[a,b)$도 사용된다.

$$(a,b) = \{x \in \mathbb{R} \mid a < x < b\}$$
$$(a,b] = \{x \in \mathbb{R} \mid a < x \le b\}$$
$$[a,b) = \{x \in \mathbb{R} \mid a \le x < b\}$$

무한을 나타내는 기호 ∞를 이용하면 구간의 개념을 다음과 같이 확장할 수 있다.

$$(-\infty, a] = \{x \in \mathbb{R} \mid x \le a\}$$
$$[b, \infty) = \{x \in \mathbb{R} \mid x \ge b\}$$
$$(-\infty, \infty) = \mathbb{R}$$

두 집합 A와 B에 대하여 $A \subset B$이고 $B \subset A$일 때,

$$A = B$$

로 나타내고, A**와** B**는 서로 같다**고 말한다.

기본연습문제 1.5 다음과 같은 세 집합 A, B, C의 포함 관계를 조사하여라.

$A = \{2, 3, 5, 7\}$, $B = \{x \mid 1 \le x \le 10,\ x\text{는 정수}\}$, $C = \{x \mid 1 \le x \le 10,\ x\text{는 소수}\}$

이제 집합이 주어졌을 때 새로운 집합을 만드는 방법에 대하여 알아보자.

먼저 논의의 대상이 되는 가장 큰 집합 U를 **전체집합**이라고 부르면 다음과 같이 집합 A에 대하여 **여집합** A^c를 얻을 수 있다.

$$A^c = \{x \in U \mid x \notin A\}$$

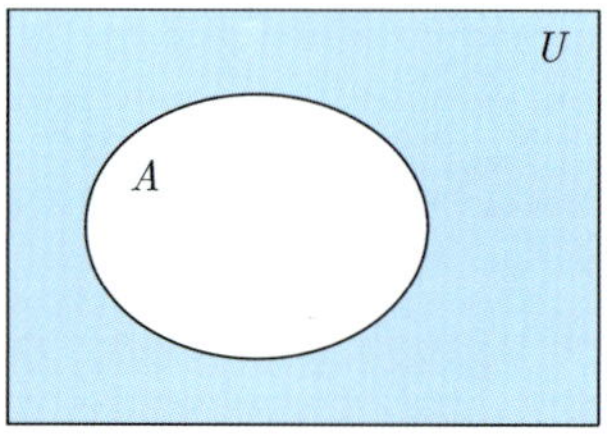

[그림 1.3] A의 여집합 A^c

두 집합 A와 B가 주어졌을 때 **합집합** $A \cup B$와 **교집합** $A \cap B$은 다음과 같이 정의한다.

$$A \cup B = \{x \mid x \in A \text{ 또는 } x \in B\}$$
$$A \cap B = \{x \mid x \in A \text{이고 } x \in B\}$$

합집합과 교집합을 벤 다이어그램으로 나타내면 다음과 같다.

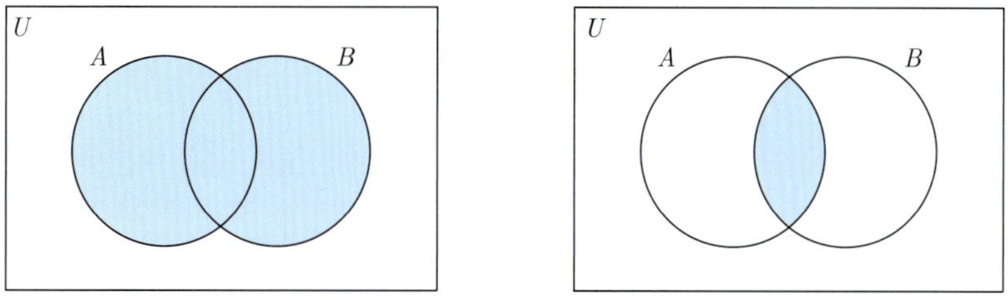

[그림 1.4] 합집합 $A \cup B$와 교집합 $A \cap B$

합집합과 교집합에 대하여 다음 정리가 성립함을 벤 다이어그램을 통하여 확인할 수 있다.

정리 1.1

전체집합 U의 부분집합 A와 B에 대하여 다음이 성립한다.

(1) $A \cup A = A$, $A \cap A = A$

(2) $A \cap (B \cap C) = (A \cap B) \cap C$, $A \cup (B \cup C) = (A \cup B) \cup C$

(3) $A \cap B = B \cap A$, $A \cup B = B \cup A$

(4) $A \cup (B \cap C) = (A \cup B) \cap (A \cup C)$, $A \cap (B \cup C) = (A \cap B) \cup (A \cap C)$

(5) $(A \cup B)^c = A^c \cap B^c$, $(A \cap B)^c = A^c \cup B^c$

(6) $(A^c)^c = A$, $A \cap A^c = \phi$, $A \cup A^c = U$

(7) $A \cup U = U$, $A \cap U = A$, $A \cup \phi = A$, $A \cap \phi = \phi$

보기 1.2

집합 $A \cap (A \cap B^c)^c$을 간단히 하여라.

풀이

[정리 1.1]에 의해서

$$\begin{aligned} A \cap (A \cap B^c)^c &= A \cap (A^c \cup (B^c)^c) = A \cap (A^c \cup B) \\ &= (A \cap A^c) \cup (A \cap B) = \phi \cup (A \cap B) \\ &= A \cap B \end{aligned}$$

이다.

두 집합 A와 B에 대하여 **차집합** $A - B$는 다음과 같이 정의한다.

$$A - B = \{x \mid x \in A,\ x \notin B\}$$

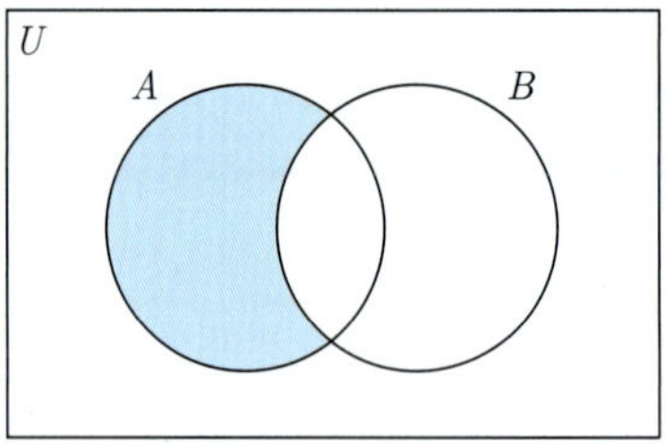

[그림 1.5] 차집합 $A-B$

벤 다이어그램을 통하여

$$A-B=A\cap B^c$$

이 성립함을 알 수 있다.

기본연습문제 1.6 다음 등식이 성립함을 보여라.

① $A\cap(A^c\cup B)=A\cap B$

② $(A\cup B)\cap(A^c\cap B^c)=\phi$

③ $(A-B)\cap(A-C)=A-(B\cup C)$

두 집합 A와 B가 주어졌을 때 **곱집합** $A\times B$는 다음과 같이 정의한다.

$$A\times B=\{(a,b)\mid a\in A,\ b\in B\}$$

집합 A와 B가 실수의 집합 $\mathbb{R}$일 때 $\mathbb{R}\times\mathbb{R}=\mathbb{R}^2$로 나타낸다. 즉,

$$\mathbb{R}^2=\{(a,b)\mid a,b\in\mathbb{R}\}$$

이다. 좀 더 일반적으로

$$\mathbb{R}^n=\{(a_1,\cdots,a_n)\mid a_i\in\mathbb{R},\ i=1,\cdots,n\}$$

이다.

SECTION

1.1 연습문제

1. 전체집합 $U=\{1,2,3,4,5,6\}$의 부분집합 $A=\{1,2,3\}$, $B=\{3,4,5,6\}$, $C=\{2,4,6\}$, $D=\{1,3,6\}$, $E=\{1,2,5\}$에 대하여 다음 집합을 구하여라.

(1) $A\cup B$ (2) $D\cap E$

(3) E^c (4) $(A\cup B)\cap C$

(5) $A^c\cup(D\cap E)$ (6) $(A\cap(B\cup C))^c$

(7) $((A\cup B^c)\cap(D\cup E^c))^c$ (8) $A\times B$

(9) $A\times B\times C$

2. 다음 실수의 집합 $\mathbb{R}$의 부분집합을 하나의 구간으로 나타내어라.

(1) $((-\infty,1)\cup(4,\infty))^c$ (2) $[0,1]\cap[1/2,2]$

(3) $[-1,0]\cup[0,1]$

3. 벤 다이어그램을 이용하여 다음이 성립함을 보여라.

$$A\cap(A\cup B)=A,\ A\cup(A\cap B)=A$$

4. 다음이 등식이 성립함을 보여라.

(1) $A\cap(B-C)=(A\cap B)-(A\cap C)$

(2) $(A\cup B)-C=(A-C)\cup(B-C)$

(3) $A-(A-B)=A\cap B$

(4) $(A-B)-C=(A-C)-B=A-(B\cup C)$

1.2 함수

공집합이 아닌 두 집합 X와 Y에서 X의 각 원소에 대하여 Y의 원소가 정하여지는 것을 X에서 Y로의 **대응**이라 한다.

공집합이 아닌 두 집합 X와 Y에 대하여 집합 X의 각 원소 x에 집합 Y의 원소 y가 하나씩 대응할 때 이 대응을 **X에서 Y로의 함수**라 하고

$$f: X \rightarrow Y \text{ 또는 } X \xrightarrow{f} Y$$

로 나타낸다. 이때 X를 f의 **정의역**, Y를 f의 **공역**이라 한다.

기본연습문제 1.7 다음 중 함수인 것은?

① 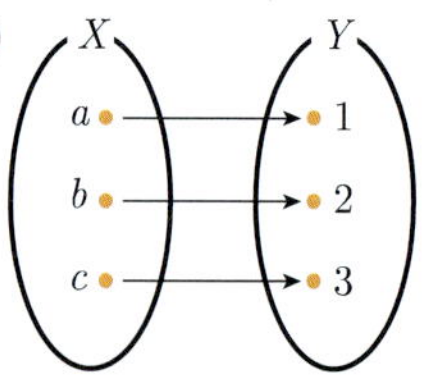

② 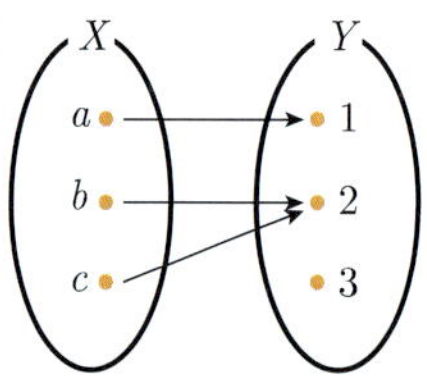

③ 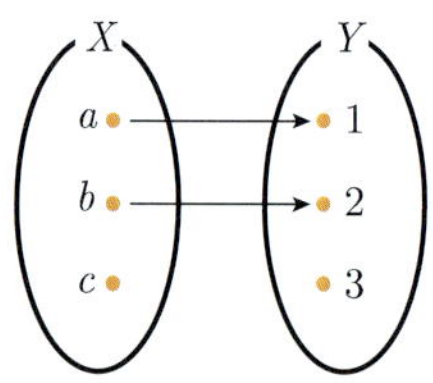

④ 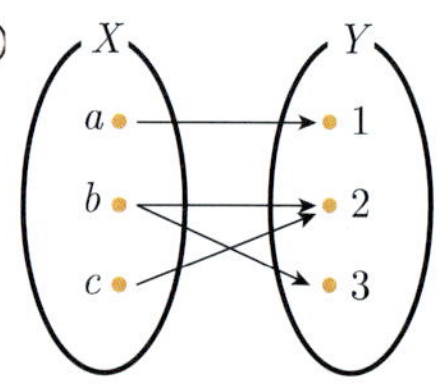

함수 $f: X \rightarrow Y$에서 X의 원소 x에 대응하는 Y의 원소 y를 함수 f에 의한 **함숫값**이라 하고 $f(x)$로 나타낸다. 즉,

$$y = f(x)$$

이다. 이때 x를 y에 대한 **역상**이라 한다.

함수 $f: X \rightarrow Y$의 함숫값 전체의 집합

$$f(X) = \{f(x) \mid x \in X\}$$

을 f의 **치역**이라 한다. 이때 $f(X) \subset Y$ 즉, 치역은 공역의 부분집합임을 알 수 있다.

보기 1.3

함수 $f: \mathbb{R} \rightarrow \mathbb{R}$를 $f(x) = x^2$로 정의된 함수라 하면, f의 정의역과 공역은 모두 $\mathbb{R}$이고, 치역은 $\{y \in \mathbb{R} \mid y \geq 0\}$이다.

기본연습문제 1.8 함수 $f:\mathbb{R}\to\mathbb{R}$가 다음과 같이 주어질 때 $f(0)$, $f(1)$, $f(2)$를 구하여라.

① $f(x)=2x+1$ ② $f: x\to x^2$

③ $x \xrightarrow{f} x^3-1$

기본연습문제 1.9 $A=\{x|-2<x<3,\ x\in\mathbb{Z}\}$, $B=\{x|x\in\mathbb{R}\}$일 때 A에서 B로의 함수 $f: x\to x+1$의 치역을 구하여라.

기본연습문제 1.10 함수 f를 $f:\mathbb{N}\to\mathbb{N}$, $f(x)=x^2$이라 할 때, 이 함수의 정의역, 공역, 치역을 각각 구하여라.

정의역과 공역을 구체적으로 표시하지 않고 함수 $f(x)$ 또는 함수 $y=f(x)$라 할 때에는 함숫값 $f(x)$가 정해지는 실수 x의 집합을 정의역으로 한다. 예를 들어, 함수

$$f(x)=2x+1$$

의 정의역은 실수 전체의 집합 $\mathbb{R}$이고, 함수

$$y=\frac{1}{x}$$

의 정의역은 $\mathbb{R}-\{0\}$이다.

기본연습문제 1.11 다음 함수의 정의역을 말하여라.

① $y=x^2+x$ ② $y=\sqrt{1-x^2}$ ③ $y=\dfrac{3}{(x-1)(x-2)}$

④ $f(x)=\dfrac{x^2+7x-11}{x^2-4}$ ⑤ $f(x)=\sqrt[3]{x^2-4}$

함수 $f: X\to Y$, $y=f(x)$가 주어지면 이 함수에 대응하여 집합

$$G=\{(x,\ f(x))\,|\,x\in X\}$$

이 결정된다. 이 집합 G를 함수 $y=f(x)$의 **그래프**라 한다. 만약 집합 X, Y가 수들의 집합이면 특히, 실수의 집합 $\mathbb{R}$이면 함수 f의 그래프를 xy평면에 그림으로 나타낼 수 있다.

기본연습문제 1.12 함수 $f: \mathbb{R} \rightarrow \mathbb{R}$, $y = x^2 - 2x$의 그래프를 집합으로 표시하여라.

기본연습문제 1.13 두 집합 $X = \{1, 2, 3, 4\}$, $Y = \{1, 2, 3, 4, 5\}$에 대해 $f: X \rightarrow Y$, $x \rightarrow x + 1$이라 할 때, 다음에 답하여라.

① 함수 f의 그래프를 집합을 써서 나타내어라.

② 함수 f의 그래프를 $X \times Y$ 위에 그려라.

③ 함수 f의 치역을 구하여라.

기본연습문제 1.14 다음 그림에서 함수의 그래프를 나타내고 있는 것을 말하여라.

①
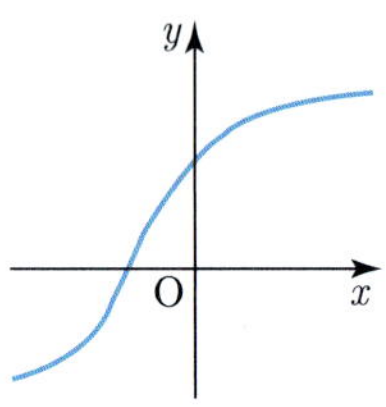

②
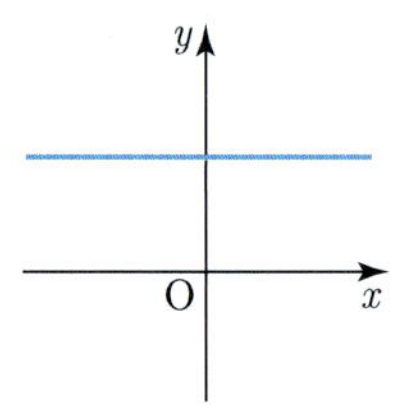

③
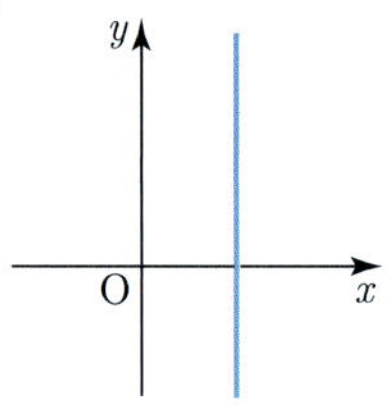

④
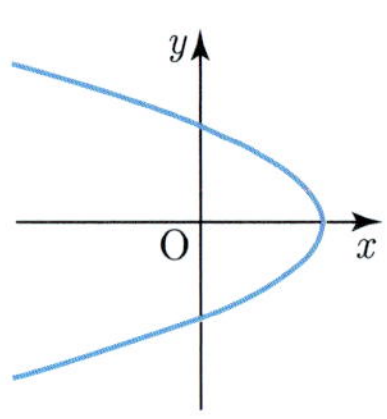

⑤
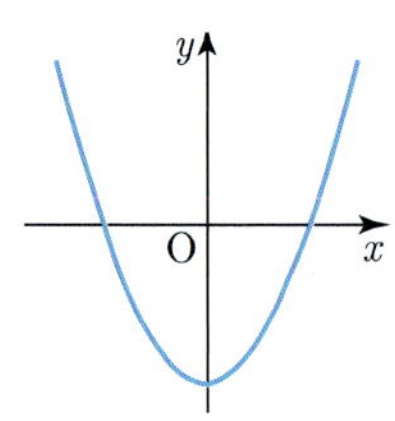

함수 $f: X \rightarrow Y$에서 X의 임의의 두 원소 x_1, x_2에 대하여

$$x_1 \neq x_2 \text{ 이면 } f(x_1) \neq f(x_2)$$

일 때, 함수 f를 **일대일 함수** 또는 **단사함수**라 한다. 대우를 이용하면

$$f(x_1) = f(x_2) \text{이면 } x_1 = x_2$$

일 때 f를 일대일 함수라 한다. 그리고 치역 $f(X)$와 공역 Y가 같을 때, 즉

$$Y = f(X)$$

가 성립할 때, 함수 f를 **전사함수** 또는 **X에서 Y위로의 함수**라 한다.

함수 $f: X \rightarrow Y$가 일대일 함수이고 전사함수일 때 함수 f를 **일대일 대응** 또는 **전단사함수**라 한다. 일대일 대응 중에서 정의역, 공역이 같고, X의 각 원소 x에 자신이 대응하는 함수를 **항등함수**라 하고

$$I_X \text{ 또는 } I$$

로 나타낸다.

함수 $f: X \to Y$의 치역이 하나의 원소로만 이루어진 함수를 **상수함수**라 한다.

보기 1.4

함수 $f: \mathbb{R} \to \mathbb{R}$, $y = 3x + 1$이 일대일 대응임을 보여라.

풀이

함수 f가 일대일 대응임을 보이기 위해서는 f가 일대일 함수이고 동시에 전사함수임을 보이면 된다. 먼저 함수 f가 일대일 함수임을 보이자. 임의의 두 실수 x_1, x_2에 대하여 $f(x_1) = f(x_2)$이 성립한다고 하자. 그러면 $3x_1 + 1 = 3x_2 + 1$을 얻고 이로부터 $x_1 = x_2$을 얻는다. 따라서 f는 일대일 함수이다.

이제 f가 전사함수임을 보이자. $f(X) \subset Y$이므로 $f(X) = Y$를 보이기 위해서 $Y \subset f(X)$을 보이면 충분하다. 임의의 $y \in Y$에 대하여 $x = \frac{1}{3}(y-1)$로 두면 $f(x) = y$임을 알 수 있다. 즉, $y \in f(X)$이다. 따라서, $Y \subset f(X)$이다.

함수 f는 일대일 함수이고 전사함수이므로 일대일 대응이다.

두 함수 $f: X \to Y$, $g: U \to V$에 대하여 정의역이 같고 각 정의역의 원소에 대응하는 함수값이 같을 때 두 함수는 **같다** 또는 **상등하다**라고 하고,

$$f = g$$

로 나타낸다. 즉

$$(1)\ X = U \qquad (2)\ \text{모든 } x \in X\text{에 대하여 } f(x) = g(x)$$

이면 $f = g$이다.

기본연습문제 1.15 $X = \{0, 1\}$을 정의역으로 하는 다음과 같은 두 함수 f, g가 있다. 이 중에서 $f \neq g$인 것은?

① $f(x) = x$, $g(x) = x^2$ ② $f(x) = 2x + 1$, $g(x) = 2x^3 + 1$

③ $f(x) = x$, $g(x) = -x$ ④ $f(x) = 2$, $g(x) = x^2 - x + 2$

기본연습문제 1.16 정의역이 다음과 같은 두 함수 $f(x) = x$, $g(x) = \sqrt{x^2}$의 상등 관계를 각각 조사하여라.

① $\mathbb{R}$ ② $\{x \mid x \in \mathbb{R}, x \geq 0\}$

두 함수 $f: X \to \mathbb{R}$, $g: X \to \mathbb{R}$와 상수 c에 대하여 cf, $f+g$, $f-g$, $f \cdot g$, $\dfrac{f}{g}$을 다음과 같이 정의한다.

$$(cf)(x) = cf(x)$$
$$(f+g)(x) = f(x) + g(x)$$
$$(f-g)(x) = f(x) - g(x)$$
$$(f \cdot g)(x) = f(x) \cdot g(x)$$
$$\left(\frac{f}{g}\right)(x) = \frac{f(x)}{g(x)} \ \text{(단, } g(x) \neq 0\text{)}$$

두 함수 f와 g의 정의역이 다른 경우에는 두 함수의 정의역의 교집합에서만 $f+g$, $f-g$, $f \cdot g$, $\dfrac{f}{g}$을 생각한다.

보기 1.5

함수 $f(x) = x-3$, $g(x) = \sqrt{x-1}$에 대하여 다음 함수를 구하고 정의역을 말하여라.

(1) $f+g$　　(2) $3f-g$　　(3) $f \cdot g$　　(4) $\dfrac{f}{g}$

풀이

(1) $(f+g)(x) = f(x) + g(x) = (x-3) + \sqrt{x-1}$, (단, $x \geq 1$)

(2) $(3f-g)(x) = 3f(x) - g(x) = 3x - 9 - \sqrt{x-1}$, (단, $x \geq 1$)

(3) $(f \cdot g)(x) = f(x) \cdot g(x) = (x-3)\sqrt{x-1}$, (단, $x \geq 1$)

(4) $\left(\dfrac{f}{g}\right)(x) = \dfrac{f(x)}{g(x)} = \dfrac{x-3}{\sqrt{x-1}}$, (단, $x > 1$)

함수 $f: X \to Y$, $g: Y \to Z$가 주어졌을 때 X의 임의의 원소 x는 f에 의해 Y의 원소 $f(x)$로 대응되고, Y의 원소 $f(x)$는 g에 의해 Z의 원소 $g(f(x))$로 대응된다. 이 때 X의 원소 x에 Z의 원소 $g(f(x))$를 대응시키는 새로운 함수를 f와 g의 **합성함수**라 하고

$$g \circ f : X \to Z$$

로 나타낸다. 즉, f와 g의 합성함수 $g \circ f : X \to Z$는

$$(g \circ f)(x) = g(f(x))$$

로 정의되는 함수이다.

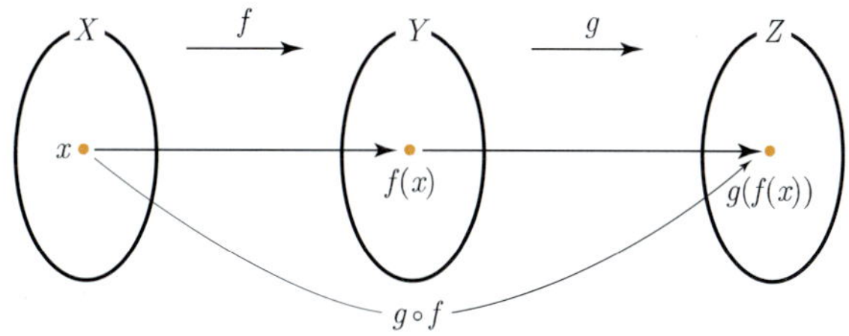

[그림 1.6] 합성함수 $g \circ f$

보기 1.6

$f(x)=x^2+1$, $g(x)=\sqrt{x-2}$ 일 때 $f \circ g$와 $g \circ f$를 구하고 정의역을 말하여라.

풀이

합성함수의 정의에 의하여

$$\begin{aligned}(f \circ g)(x) &= f(g(x)) = f(\sqrt{x-2}) = (\sqrt{x-2})^2+1 \\ &= x-2+1 \\ &= x-1\end{aligned}$$

이다. 함수 $g(x)$의 정의역은 $\{x|x \geq 2\}$이고 함수 $f(x)$의 정의역은 실수 전체이므로 $f \circ g$의 정의역은

$$\{x|x \geq 2\}$$

이다.

한편

$$\begin{aligned}(g \circ f)(x) &= g(f(x)) = g(x^2+1) \\ &= \sqrt{(x^2+1)-2} \\ &= \sqrt{x^2-1}\end{aligned}$$

이고, 함수 $f(x)$의 정의역은 실수 전체이고 $f(x) \geq 2$이어야 한다. 따라서 $g \circ f$의 정의역은

$$\{x \mid x \leq -1, x \geq 1\}$$

이다.

보기 1.7

$f(x)=x^2+2x$일 때, $f \circ I$와 $I \circ f$를 구하여라.

풀이

$$(f \circ I)(x) = f(I(x)) = f(x) = x^2+2x$$
$$(I \circ f)(x) = I(f(x)) = f(x) = x^2+2x$$

이므로,

$$f \circ I = f,\ I \circ f = f$$

이다.

일반적으로 $f : X \to X$에서

$$f \circ I = I \circ f = f$$

이 성립한다.

함수 $f : X \to Y$가 일대일 대응일 때 Y의 각 원소 y에 대하여 $f(x) = y$인 X의 원소 x가 단 하나 정해진다. 따라서 Y의 원소 y에 대하여 $f(x) = y$인 X의 원소 x를 대응시키면, Y를 정의역, X를 치역으로 하는 새로운 함수를 얻을 수 있다. 이 함수를 함수 $f : X \to Y$의 **역함수**라 하고

$$f^{-1} : Y \to X$$

로 나타낸다.

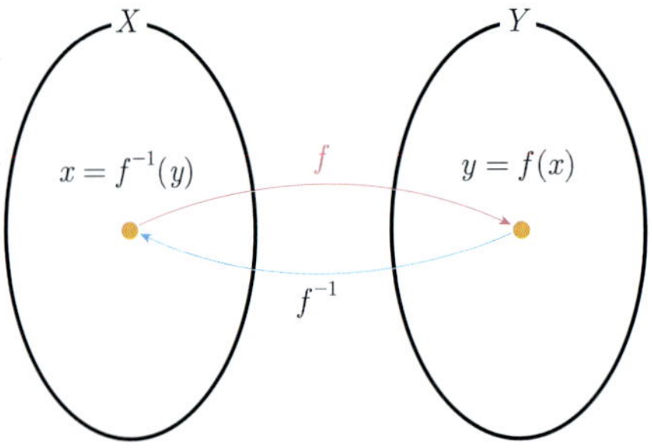

[그림 1.7] 역함수

함수 $f : X \to Y$와 역함수 $f^{-1} : Y \to X$ 사이에는 다음 관계가 성립한다.

$$y = f(x) \Leftrightarrow x = f^{-1}(y)$$

함수를 나타낼 때, 보통 정의역에 속하는 원소를 x, 그 함숫값을 y로 나타낸다. 따라서, 함수 $y = f(x)$의 역함수 $x = f^{-1}(y)$에서도 x와 y를 바꾸어 $y = f^{-1}(x)$로 나타낸다.

보기 1.8

함수 $f(x) = x^3 - 5$는 일대일 대응이므로 역함수를 갖는다. 역함수를 구하기 위하여

$$y = x^3 - 5$$

로 두고 x에 대하여 풀면

$$x = \sqrt[3]{y+5}$$

를 얻는다. 이제 x와 y를 바꾸면 역함수

$$f^{-1}(x) = \sqrt[3]{x+5}$$

를 얻는다.

보기 1.9

함수 $f(x) = x^2$는 $f(x) = 4$가 되는 x가 2와 -2 두 개가 존재하므로 f의 역함수는 존재하지 않는다. 하지만 정의역을 $x \geq 0$로 제한하면 역함수 f^{-1}을 갖고

$$f^{-1}(x) = \sqrt{x} \ (x \geq 0)$$

을 얻는다. 만약 정의역을 $x \leq 0$로 제한하면 역함수 f^{-1}는

$$f^{-1}(x) = -\sqrt{x} \ (x \geq 0)$$

이 된다.

기본연습문제 1.17 다음 함수에 대하여 역함수가 존재하는지 판단하고, 역함수가 존재하면 그 역함수를 구하여라.

① $y = -3x+2$ ② $y = 2x$ ③ $y = x^2 - 1$

일대일 대응 $f: X \to Y$의 역함수 $f^{-1}: Y \to X$에 대하여 다음이 성립함을 확인할 수 있다.

정리 1.2

(1) $(f^{-1})^{-1} = f$

(2) $f^{-1} \circ f = I_X$, $f \circ f^{-1} = I_Y$

(3) $g: Y \to Z$이 일대일 대응일 때, $(g \circ f)^{-1} = f^{-1} \circ g^{-1}$

(4) 함수 f의 정의역과 치역이 $\mathbb{R}$일 때 함수 $y = f(x)$와 역함수 $y = f^{-1}(x)$의 그래프는 직선 $y = x$에 관하여 서로 대칭이다.

SECTION

1.2 연습문제

1. 실수의 집합 $\mathbb{R}$에서 $\mathbb{R}$으로의 함수 $f,\ g,\ h,\ k$가 다음과 같이 주어졌다.

$$f: x \to 2^x,\ g: x \to 2x+1,\ h: x \to x,\ k: x \to 3$$

(1) 일대일 함수는 어느 것인가?

(2) 일대일 대응은 어느 것인가?

(3) 항등함수는 어느 것인가?

(4) 상수함수는 어느 것인가?

2. 함수 $f(x) = -x^2 (x \geq 0)$은 음 아닌 실수의 집합에서 실수의 집합으로의 일대일 함수임을 보여라.

3. 다음 함수가 $\mathbb{R}$에서 $\mathbb{R}$으로의 일대일 함수임을 보여라.

(1) $f(x) = 2x + 3$

(2) $f: x \to x + 3$

4. $f(x) = \dfrac{x+1}{x-1}$일 때, $f(f(x)) = \dfrac{1}{x}$을 만족하는 x를 구하여라.

5. 함수 $f(x) = 2x + 3$와 $g(x) = 4x - 5$에 대하여 다음 물음에 답하여라.

(1) $(f \circ h)(x) = g(x)$가 되는 함수 $h(x)$를 구하여라.

(2) $(k \circ g)(x) = f(x)$가 되는 함수 $k(x)$를 구하여라.

6. 다음 함수가 일대일 함수인지 판정하고 일대일 함수이면 역함수를 구하고, 그 함수와 역함수의 그래프를 그려라.

(1) $f(x) = x^3 - 2$

(2) $f(x) = x^5 - 1$

(3) $f(x) = x^4 + 2$

(4) $f(x) = \sqrt{x^3 + 1}$

1.3 지수함수와 로그함수

어떤 수 a를 n번 곱합 것을 a의 n**제곱**이라 하고, a^n으로 나타낸다. 즉, 자연수 n에 대하여

$$a^n = a \cdot a \cdot \cdots \cdot a \ (a\text{를 } n\text{번 곱한 것})$$

이다. 이제

$$a,\ a^2,\ a^3,\ \cdots$$

을 모두 a의 **거듭제곱**이라 하고, a^n에서 n을 거듭제곱의 **지수**, a를 거듭제곱의 **밑**이라 부른다.

거듭제곱과 관련하여 다음이 성립한다.

정리 1.3

실수 a, b와 자연수 n, m에 대하여 다음이 성립한다.

(1) $a^n \cdot a^m = a^{n+m}$ (2) $\dfrac{a^n}{a^m} = a^{n-m}$ (단, $n > m$) (3) $(a^n)^m = a^{nm}$

(4) $a^n \cdot b^n = (ab)^n$ (5) $\dfrac{a^n}{b^n} = \left(\dfrac{a}{b}\right)^n$

이제 양의 정수 n에 대하여

$$a^{-n} = \frac{1}{a^n}$$

로 정의하고,

$$a^0 = 1 \ (a \neq 0)$$

로 놓으면 모든 정수에 대하여 a^n을 생각할 수 있다.

기본연습문제 1.18 다음 값을 구하여라.

① $(\sqrt{7})^0$ ② $(-2)^{-3}$ ③ $\left(-\dfrac{1}{5}\right)^3$ ④ $\left(-\dfrac{1}{5}\right)^{-1}$

[정리 1.3]은 다음과 같이 간단히 나타낼 수 있다.

정리 1.4

0이 아닌 실수 a, b와 정수 m, n에 대하여 다음이 성립한다.

(1) $a^n \cdot a^m = a^{n+m}$ (2) $(a^n)^m = a^{nm}$

(3) $a^n \cdot b^n = (ab)^n$

기본연습문제 1.19 다음 식을 간단히 하여라.

① $2^3 \times 2^{-2} \div 2^{-3}$ ② $(a^{-2}b^3)^{-2}$ ③ $(5^2)^{-2} \div 5^{-3} \times 5^4$

지수의 범위를 유리수까지 확장하기 위하여 거듭제곱근에 대하여 살펴보자.

자연수 $n(n \geq 2)$과 실수 a에 대하여 방정식

$$x^n = a$$

의 해를 a의 n**제곱근**이라 한다. 만약 n이 짝수이고, a가 양수이면 a의 n제곱근 중 실수인 것은 $\sqrt[n]{a}$, $-\sqrt[n]{a}$ 두 개가 있고, n이 홀수이면 a의 n제곱근 중 실수인 것은 $\sqrt[n]{a}$ 한 개 있다.

기본연습문제 1.20 다음 값을 구하여라.

① $\sqrt[3]{8}$ ② $\sqrt[3]{-8}$ ③ $\sqrt[4]{81}$ ④ $\sqrt[5]{-32}$

n제곱근의 정의에서 다음 등식이 성립함을 알 수 있다.

$$(\sqrt[n]{a})^n = a, \ (a \geq 0)$$

거듭제곱근에 대하여 다음이 성립한다.

정리 1.5

$a > 0$, $b > 0$이고, m, n이 자연수일 때 다음이 성립한다.

(1) $\sqrt[n]{a}\sqrt[n]{b} = \sqrt[n]{ab}$ (2) $\dfrac{\sqrt[n]{a}}{\sqrt[n]{b}} = \sqrt[n]{\dfrac{a}{b}}$

(3) $(\sqrt[n]{a})^m = \sqrt[n]{a^m}$ (4) $\sqrt[m]{\sqrt[n]{a}} = \sqrt[mn]{a}$

기본연습문제 1.21 다음 식을 간단히 하여라.

① $\sqrt[3]{2}\,\sqrt[3]{4}$ ② $\sqrt{\sqrt[3]{64}}$ ③ $\dfrac{\sqrt[3]{54}}{\sqrt[3]{2}}$

이제 양수 $a>0$과 자연수 m, n에 대하여

$$a^{\frac{1}{n}}=\sqrt[n]{a},\ a^{\frac{m}{n}}=\sqrt[n]{a^m},\ a^{-\frac{m}{n}}=\frac{1}{a^{\frac{m}{n}}}$$

로 정의하면 지수를 유리수 지수까지 확장할 수 있고, 다음이 성립한다.

정리 1.6

$a>0$, $b>0$이고, m, n이 유리수일 때 다음이 성립한다.

(1) $a^n \cdot a^m = a^{n+m}$ (2) $(a^n)^m = a^{nm}$ (3) $a^n \cdot b^n = (ab)^n$

기본연습문제 1.22 다음 각 식을 간단히 하여라. (단, $a>0$, $b>0$)

① $\sqrt{a}\,\sqrt[3]{a}\,\sqrt[6]{a}$ ② $\sqrt[4]{16a\sqrt{a}} \div \sqrt[8]{a^3}$ ③ $\left\{\left(\dfrac{9}{16}\right)^{-\frac{3}{4}}\right\}^{\frac{2}{3}}$

④ $\sqrt{a}\,\sqrt[3]{a}\,\sqrt[4]{a}$ ⑤ $\sqrt[3]{25^4}\times\sqrt{5^3}\div\sqrt[6]{5}$

⑥ $(a^{1/4}-b^{-1/4})(a^{1/4}+b^{-1/4})(a^{1/2}+b^{-1/2})$

양수 a와 실수 x에 대하여도 마찬가지로 a^x를 정의할 수 있다. 예를 들어

$$\sqrt{2}=1.41421356\cdots$$

에 대하여, 유리수 1, 1.4, 1.41, 1.414, 1.4142, ⋯ 를 지수로 갖는

$$a^1,\ a^{1.4},\ a^{1.41},\ a^{1.414},\ \cdots$$

을 생각하면, 이것은 일정한 값에 가까워진다는 것이 알려져 있다. 이것을

$$a^{\sqrt{2}}$$

로 정한다. 마찬가지로 $a>0$일 때, 임의의 실수 x에 대하여 a^x를 정의할 수 있다. 지수가 실수일 때도 다음이 성립한다.

정리 1.7

$a>0,\ b>0$이고, $x,\ y$이 실수일 때 다음이 성립한다.

(1) $a^x \cdot a^y = a^{x+y}$ (2) $(a^x)^y = a^{xy}$ (3) $a^x \cdot b^x = (ab)^x$

지수표현 2^x는 모든 x에 대하여 값을 가지므로 함수 $y=2^x$를 생각할 수 있다. 이와 같이 지수로 정의된 함수를 지수함수라 한다.

일반적으로 1이 아닌 양수 a에 대하여

$$y = a^x$$

로 정의된 함수를 a를 밑으로 하는 x의 **지수함수**라 한다.

지수함수 $y=a^x$에 대하여 다음이 성립함을 알 수 있다.

(1) 정의역은 실수 전체의 집합 $\mathbb{R}$이고, 치역은 $\{y \mid y>0\}$이다.

(2) 그래프는 $(0,1)$, $(1,a)$를 지난다.

(3) 그래프는 직선 $y=0$ (x축)을 점근선으로 한다.

(4) $a>1$일 때 순증가함수[1)]이고, $0<a<1$일 때 순감소함수이다.

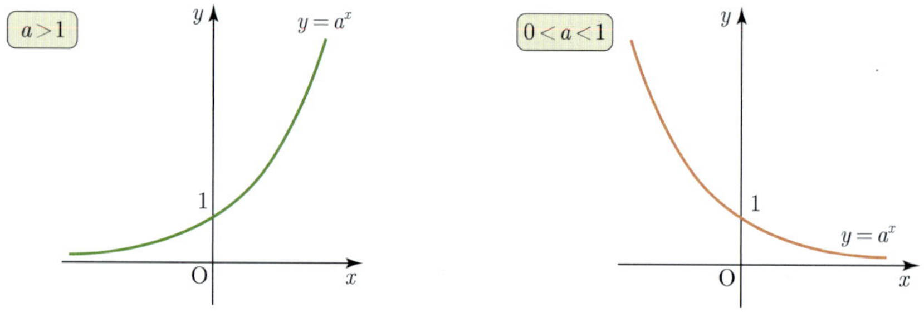

[그림 1.8] 지수함수의 그래프

지수함수 $y=a^x$의 밑 a는 1이 아닌 임의의 양수가 될 수 있다. 하지만 미분적분학에서는 보통 지수함수의 밑으로 무리수

$$e = \lim_{n\to\infty}\left(1+\frac{1}{n}\right)^n = 2.7182\cdots$$

를 사용한다. 즉, 특별한 이유가 있지 않으면 미분적분학에서의 지수함수는 밑이 e인 지수함수

$$y = e^x$$

1) 함수 f가 임의의 $a<b$에 대하여 $f(a)\le f(b)$(또는 $f(a)<f(b)$)이면 f는 **증가함수**(또는 **순증가함수**)라 하고, $f(a)\ge f(b)$(또는 $f(a)>f(b)$)이면 f는 **감소함수**(또는 **순감소함수**)라 한다.

를 의미한다.

기본연습문제 1.23 다음 지수함수의 그래프를 그리고, 치역을 구하여라.

① $y=2^x$ ② $y=e^x$ ③ $y=\left(\frac{1}{2}\right)^x$ ④ $y=e^{-x}$

⑤ $y=-2^x$ ⑥ $y=2^x+1$ ⑦ $y=2^{x-1}$

지수함수의 그래프를 참고하면 $2^x=3$을 만족하는 실수 x가 존재하는 것을 알 수 있다. 이 실수 x를 $\log_2 3$ 이라고 표시한다.

일반적으로 $a>0$, $a\neq 1$일 때 임의의 양수 b에 대하여

$$a^x=b$$

를 만족시키는 실수 x를 a를 밑으로 하는 b의 **로그**라 하고

$$x=\log_a b$$

로 나타낸다. 즉, $a>0$, $a\neq 1, b>0$일 때

$$a^x=b \Leftrightarrow x=\log_a b$$

이다.

[정리 1.7]을 이용하면 다음 정리를 얻을 수 있다.

정리 1.8 로그의 성질

$a>0$, $a\neq 1$이고, $x>0$, $y>0$일 때

(1) $\log_a a=1$, $\log_a 1=0$ (2) $\log_a xy=\log_a x+\log_a y$

(3) $\log_a \frac{x}{y}=\log_a x-\log_a y$ (4) $\log_a x^n=n\log_a x$

보기 1.10

다음 등식이 성립함을 보여라.

$$a^{\log_b c}=c^{\log_b a}$$

풀이

실수 $a^{\log_b c}$에 대하여

$$x = a^{\log_b c}$$

라 두자. 양변에 로그를 취하면 [정리 1.8]에 의해서

$$\log_b x = \log_b\left(a^{\log_b c}\right) = \log_b c \cdot \log_b a = \log_b\left(c^{\log_b a}\right)$$

이다. 따라서,

$$x = c^{\log_b a}$$

이다. 즉,

$$a^{\log_b c} = c^{\log_b a}$$

이 성립한다.

로그의 밑은 항상 고정되어있는 것이 아니다. 로그의 성질로부터 얻어진 다음 공식을 이용하면 주어진 로그의 밑을 다른 밑을 가지는 로그로 표현할 수 있다.

정리 1.9 밑의 변환공식

$a > 0,\ a \neq 1, b > 0$일 때

$$\log_a b = \frac{\log_c b}{\log_c a}\ (c > 0,\ c \neq 1)$$

[정리 1.9]를 통하여 모든 로그는 특정한 밑을 가지는 로그로 표현할 수 있다. 앞으로 특별한 말이 없으면 모든 로그는 밑이 e인 로그만을 생각하고 이 로그를 **자연로그**라 하고, e를 생략하여

$$\log x \quad \text{또는} \quad \ln x$$

로 나타낸다.

기본연습문제 1.24 방정식 $\log(x+5) = 3$의 해를 구하여라.

기본연습문제 1.25 다음 식을 간단히 하여라.

① $\log_2 27^x - \log_2 3^x$ ② $\log 8 - 2\log(1/2)$ ③ $\log(e^4)$

기본연습문제 1.26 방정식 $e^{x+4}=7$의 해를 구하여라.

기본연습문제 1.27 $5\log x+3\log y-4\log z$를 간단히 하여라.

기본연습문제 1.28 3^x를 밑이 e인 지수로 나타내어라.

$\log_2 x$는 양수인 모든 x에 대하여 값을 가지므로 함수 $y=\log_2 x$를 생각할 수 있다. 이와 같이 로그로 정의된 함수를 로그함수라 한다.

일반적으로 1이 아닌 양수 a에 대하여

$$y=\log_a x \ (a\neq 1, a>0)$$

를 a를 밑으로 하는 x의 **로그함수**라 한다.

로그함수 $y=\log_a x$에 대하여 다음이 성립함을 알 수 있다.

(1) 정의역은 $\{x \mid x>0\}$이고, 치역은 실수 전체의 집합 $\mathbb{R}$이다.

(2) 그래프는 $(1,0)$, $(a,1)$을 지난다.

(3) 그래프는 직선 $x=0$(y축)을 점근선으로 한다.

(4) $a>1$일 때 순증가함수이고, $0<a<1$일 때 순감소함수이다.

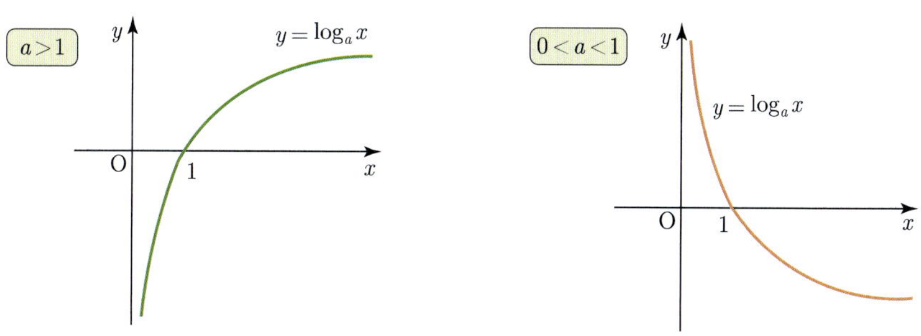

[그림 1.9] 로그함수의 그래프

로그의 정의로부터 지수함수 $y=a^x$와 로그함수 $y=\log_a x$는 서로 역함수 관계임을 알 수 있다. 특히, $y=e^x$와 $y=\log x$는 서로 역함수이다.

기본연습문제 1.29 다음 각 함수의 그래프를 그리고, 정의역과 치역을 구하여라.

① $y=\log(-x)$ ② $y=\log_2\dfrac{1}{x}$ ③ $y=\log_2(x-1)$

④ $y=\log_2 2x$ ⑤ $y=\log x$ ⑥ $y=-\log(x+1)$

SECTION

1.3 연습문제

1. 다음 식을 간단히 하여라.

$$\frac{1}{1-x^{1/4}}+\frac{1}{1+x^{1/4}}+\frac{2}{1+x^{1/2}}+\frac{4}{1+x}$$

2. $2^x+2^{-x}=a$일 때, 다음 식을 a로 나타내어라.

(1) $2^{2x}+2^{-2x}$ (2) 8^x+8^{-x}

3. $y=e^x$의 그래프를 이용하여 다음 함수의 그래프를 그려라.

(1) $y=e^{|x|}$ (2) $y=e^{|x-1|}$

4. 함수 $y=4^x-2^{x+1}(-2\le x\le 2)$의 최댓값과 최솟값을 구하여라.

5. $\log_{10}2=0.3010$, $\log_{10}3=0.4771$일 때, 다음 값을 구하여라.

(1) $\log_{10}4.8$ (2) $\log_{10}\sqrt[3]{25}$ (3) $\log_{10}\sqrt{\frac{\sqrt[3]{6}}{0.15}}$

6. 다음 함수의 그래프를 그려라.

(1) $y=\log|x|$ (2) $y=|\log_{1/2}|x||$

7. 다음 함수의 최솟값을 구하여라.

$$y=\log_2(x^2-2x+3)$$

8. 함수 $y=\dfrac{e^x-e^{-x}}{2}$의 역함수를 구하여라.

1.4 삼각함수

이 절에서는 지수함수, 로그함수와 더불어 미분적분학 및 자연과학에서 매우 중요하게 사용되는 삼각함수에 대하여 알아본다. 이를 위하여 먼저 새로운 각의 단위를 소개하고 각의 범위를 확장한다.

지금까지 각의 크기를 나타내는데 직각의 90분의 1인 1도를 단위로 하는 60분법을 사용하였다. 하지만 미분적분학에서는 새로운 각의 단위를 사용하는 것이 편리하다.

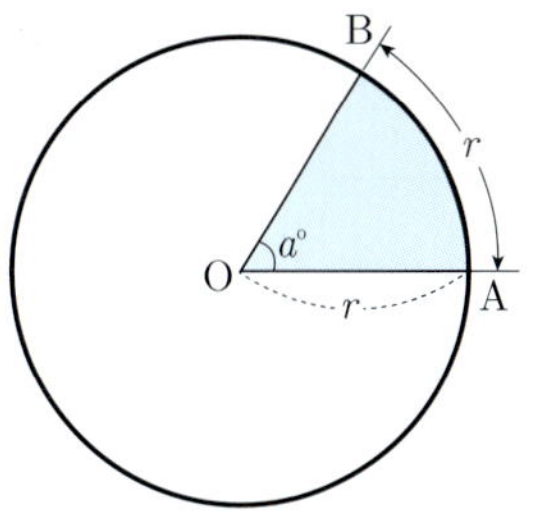

[그림 1.10]

[그림 1.10]과 같이 반지름이 r인 원 위에 길이 r인 호 AB를 잡았을 때, 이 호에 대한 중심각 $\angle AOB$는 반지름 r의 길이에 관계 없이 일정하다. 이와 같이 반지름 r과 호 AB의 길이가 같을 때 $\angle AOB$의 크기를 **1 라디안**이라 하고, 이것을 각의 단위로 나타내는 방법을 **호도법**이라 한다.

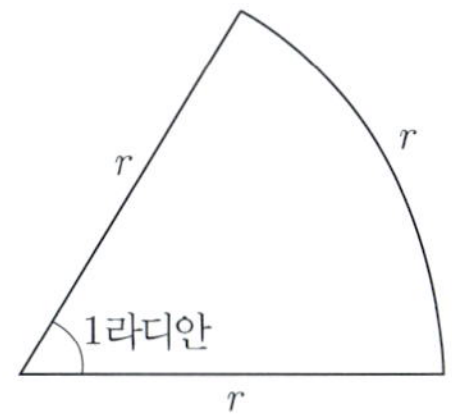

[그림 1.11]

비례식을 이용하면 다음 관계식을 얻을 수 있다.

$$1\text{ rad} = \frac{180°}{\pi},\ \ 1° = \frac{\pi}{180}\text{rad}°$$

즉,

$$\pi\,\text{rad} = 180°$$

이다.

호도법을 사용할 때는 rad라는 단위명을 생략하고 쓰지 않는 것이 보통이다. 즉,

$$\pi\,\text{rad} = 180° \implies \pi = 180°$$

기본연습문제 1.30 다음 60분법으로 나타내진 각은 라디안으로 고치고, 라디안으로 나타내진 각은 60분법으로 고쳐라.

① $36°$ ② $120°$ ③ $\dfrac{\pi}{3}$ ④ 2

기본연습문제 1.31 다음 환산표를 완성하여라.

60분법	0°	30°	45°	60°	90°	120°	135°	150°	180°	270°	360°
라디안											

반지름 r인 원에서 중심각 θ(rad)인 부채꼴의 호의 길이를 ℓ, 넓이를 S라 하자.

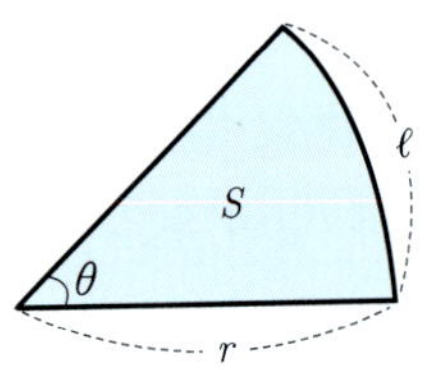

[그림 1.12]

비례식

$$\theta : 2\pi = \ell : 2\pi r$$

로부터

$$\ell = r\theta$$

을 얻고,

$$S : \pi r^2 = \theta : 2\pi$$

로부터

$$S = \frac{1}{2}r^2\theta$$

을 얻을 수 있다. 따라서 다음 정리를 얻는다.

정리 1.10

반지름 r인 원에서 중심각 $\theta(\text{rad})$인 부채꼴의 호의 길이를 ℓ, 넓이를 S라 하면 다음 등식이 성립한다.

$$\ell = r\theta,\ S = \frac{1}{2}r^2\theta = \frac{1}{2}\ell r$$

기본연습문제 1.32 오른편과 같은 부채꼴이 있다.

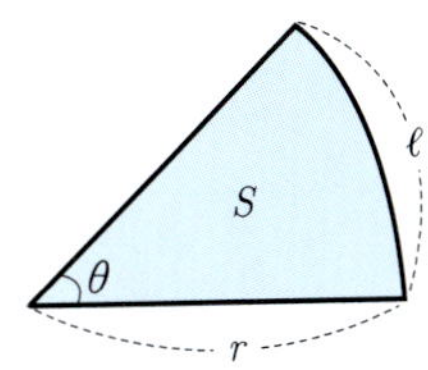

① $r = 2,\ \theta = 2(\text{rad})$일 때, ℓ과 S를 구하여라.

② $r = 3,\ \ell = 6$일 때, θ와 S를 구하여라.

③ $\theta = 30°,\ S = 3\pi$일 때, r과 ℓ을 구하여라.

각을 나타낼 때 0에서 2π까지만 생각하였으나, 2π보다 더 큰 각, 0보다 더 작은 음의 각을 생각하여 각의 범위를 확장할 수 있다.

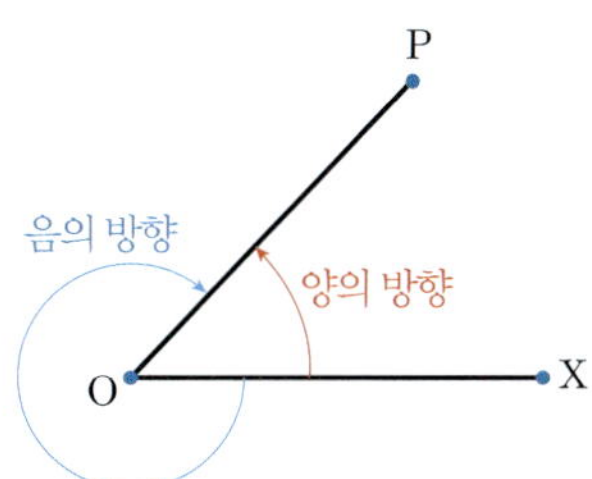

[그림 1.13] 양의 각과 음의 각

[그림 1.13]와 같이 $\angle XOP$가 있을 때 이 **각의 크기**는 변 OP가 고정된 변 OX의 위치에서 점 O를 중심으로 회전하여 변 OP의 위치까지 회전한 양으로 정의한다. 이때 회전하는 방법에는 두 가지가 있다. 시계 바늘이 도는 방향과 그 반대 방향을 각각 **음의 방향**, **양의 방향**이라 한다. 변 OP가 변 OX로부터 양의 방향으로 회전하여 얻은 각을 **양의 각**, 음의 방향으로 회전하여 얻는 각을 **음의 각**이라 한다, 각의 크기는 회전 방향의 양, 음에 따라서 양 또는 음의 값을 가진다. 이와 같이 확장한 각을 **일반각** 또는 **각**이라 한다.

$\angle XOP$가 나타내는 일반각은 무수히 많다. 변 OP가 변 OX의 양의 방향과 이루는 최소의 양의 각을 α라 하면 $\angle XOP$의 일반각은

$$\theta = 2n\pi + \alpha\ \ (\text{단},\ n \in \mathbb{Z})$$

꼴로 주어진다.

기본연습문제 1.33 다음 각이 나타내는 일반각을 구하여라.

① -15π ② $\frac{35}{6}\pi$

좌표평면에서 O를 원점, OX를 x축의 양의 방향으로 잡을 때, OP가 제 1 사분면, 제 2 사분면, 제 3 사분면, 제 4 사분면에 있으면 OP가 나타내는 각을 각각 **제 1 사분면의 각, 제 2 사분면의 각, 제 3 사분면의 각, 제 4 사분면의 각**이라 한다.

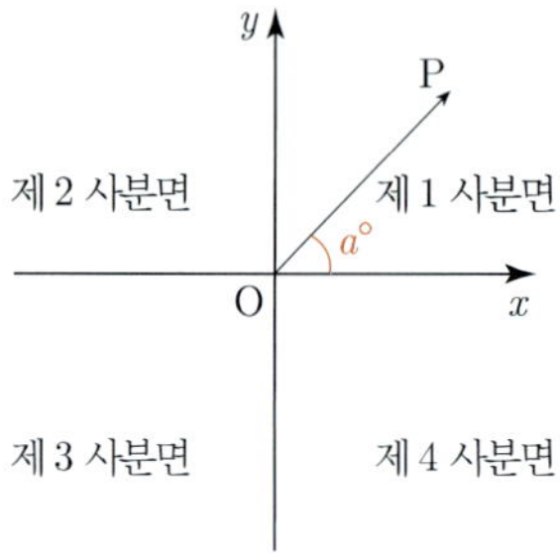

[그림 1.14] 사분면의 각

이제 삼각비와 삼각함수에 대하여 알아보자.

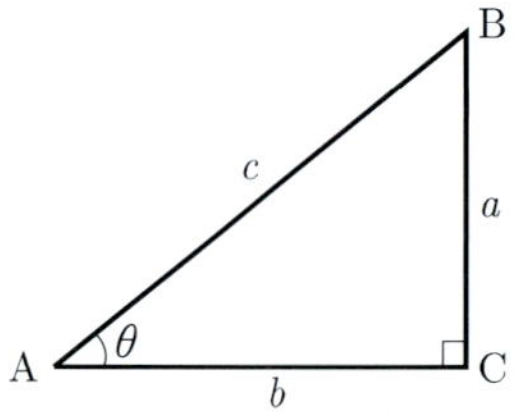

[그림 1.15] 삼각비

[그림 1.15]와 같이 $\angle C = 90°$, $\angle A = \theta$인 직각삼각형 ABC이 주어졌을 때 세 변의 길이 a, b, c 사이의 비의 값을 다음과 같이 정의하고 **삼각비**라 부른다.

$$\sin\theta = \frac{a}{c},\ \cos\theta = \frac{b}{c},\ \tan\theta = \frac{a}{b},$$

$$\csc\theta = \frac{c}{a},\ \sec\theta = \frac{c}{b},\ \cot\theta = \frac{b}{a}$$

θ는 삼각형의 한 각이므로 0보다 크고 $\frac{\pi}{2}$보다 작은 값을 갖는다. 각 θ에 대한 삼각비 값을 구하는 것은 쉽지 않지만, 정삼각형과 정사각형을 이용하면 $\frac{\pi}{6}$, $\frac{\pi}{3}$, $\frac{\pi}{4}$의 삼각비 값은 쉽게 구할 수 있다.

[표 1.1] 특수각의 삼각비의 값

	$\frac{\pi}{6}$	$\frac{\pi}{4}$	$\frac{\pi}{3}$
$\sin\theta$	$\frac{1}{2}$	$\frac{1}{\sqrt{2}}$	$\frac{\sqrt{3}}{2}$
$\cos\theta$	$\frac{\sqrt{3}}{2}$	$\frac{1}{\sqrt{2}}$	$\frac{1}{2}$
$\tan\theta$	$\frac{1}{\sqrt{3}}$	1	$\sqrt{3}$

기본연습문제 1.34

① $\angle C = 90°$인 삼각형 ABC에서 두 변 AB, BC의 길이 c, a 사이에 $c = 3a$인 관계가 성립할 때 $\sin A$, $\cos A$, $\tan A$의 값을 구하여라.

② 오른편 그림을 이용하여 $\sin 15°$의 값을 구하여라.

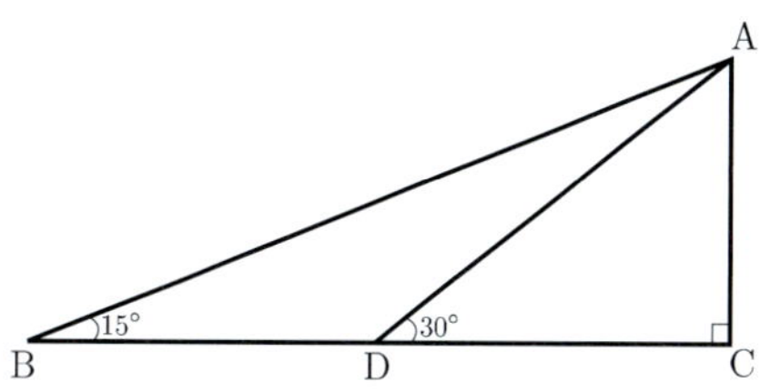

삼각비의 정의를 일반각으로 확장하면 삼각함수를 얻을 수 있다.

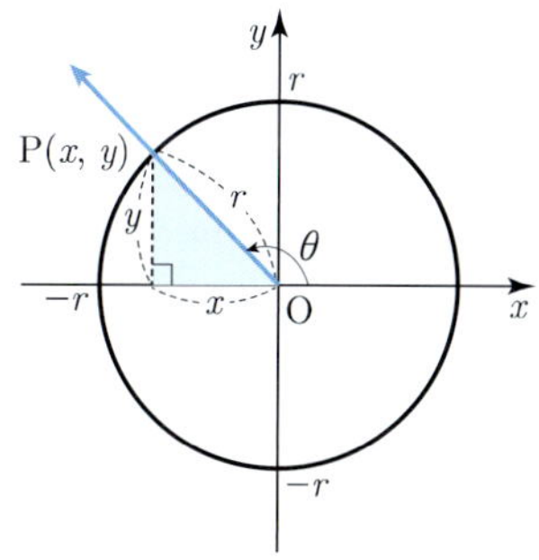

[그림 1.16] 삼각함수의 정의

[그림 1.16]과 같이 원점 O를 중심으로 하고, 반지름의 길이가 r인 원 위의 점 P에 대하여 OP가 x축의 양의 방향과 이루는 각을 θ라고 할 때

$$\sin\theta = \frac{y}{r},\ \cos\theta = \frac{x}{r},\ \tan\theta = \frac{y}{x}\ (x \neq 0),$$

$$\csc\theta = \frac{r}{y}\ (y \neq 0),\ \sec\theta = \frac{r}{x}\ (x \neq 0),\ \cot\theta = \frac{x}{y}\ (y \neq 0)$$

로 나타내고, 이들을 각각 θ의 **사인함수**, **코사인함수**, **탄젠트함수**, **코시컨트함수**, **시컨트함수**, **코탄젠트함수**라 하며, 이들을 통틀어 **삼각함수**라 부른다.

삼각비는 θ가 예각인 경우이므로 θ를 변수로 볼 때 $\left\{\theta \middle| 0 < \theta < \frac{\pi}{2}\right\}$를 정의역으로 하는 삼각함수라 할 수 있다.

기본연습문제 1.35 다음 값을 구하여라.

① $\sin\left(-\frac{\pi}{3}\right)$ ② $\cos\left(-\frac{\pi}{3}\right)$ ③ $\tan\left(-\frac{\pi}{3}\right)$ ④ $\csc\left(-\frac{\pi}{3}\right)$

⑤ $\sec\left(-\frac{\pi}{3}\right)$ ⑥ $\cot\left(-\frac{\pi}{3}\right)$

삼각함수의 정의에 의해서 삼각함수의 값은 각 θ가 있는 사분면에 따라 다음과 같은 부호를 갖는다.

[표 1.2] 삼각함수의 값의 부호

함수 \ 사분면	1	2	3	4
$\sin\theta$	+	+	−	−
$\cos\theta$	+	−	−	+
$\tan\theta$	+	−	+	−

기본연습문제 1.36 원점과 점 $P(-4, -3)$을 잇는 선분이 양의 x축과 이루는 각을 θ라 할 때, $\sin\theta$, $\cos\theta$, $\tan\theta$의 값을 각각 구하여라.

삼각함수의 정의를 살펴보면 삼각함수들 사이의 관계를 확인할 수 있다.

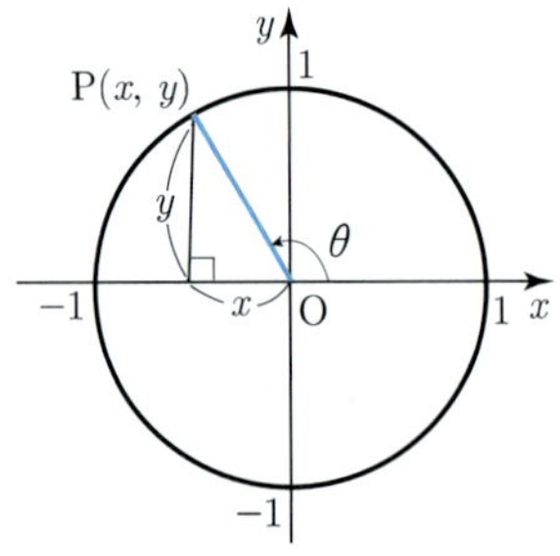

[그림 1.17] 단위원에서의 삼각함수

[그림 1.17]과 같이 원점이 중심이고 반지름의 길이가 1인 단위원 위의 점 $P(x, y)$에 대하여 OP가 x축의 양의 방향과 이루는 각을 θ라고 하면,

$$\sin\theta = x,\ \cos\theta = y,\ \tan\theta = \frac{y}{x},\ \cot\theta = \frac{x}{y},\ \sec\theta = \frac{1}{x},\ \csc\theta = \frac{1}{y}$$

이다. 한편, $x^2 + y^2 = 1$이므로,

$$\sin^2\theta + \cos^2\theta = 1$$ 2)

이 성립한다. 마찬가지로 다음과 같은 관계식을 얻을 수 있다.

정리 1.11

(1) $\csc\theta = \dfrac{1}{\sin\theta},\ \sec\theta = \dfrac{1}{\cos\theta},\ \cot\theta = \dfrac{1}{\tan\theta}$

(2) $\tan\theta = \dfrac{\sin\theta}{\cos\theta},\ \cot\theta = \dfrac{\cos\theta}{\sin\theta}$

(3) $\sin^2\theta + \cos^2\theta = 1,\ \tan^2\theta + 1 = \sec^2\theta,\ 1 + \cot^2\theta = \csc^2\theta$

기본연습문제 1.37 다음 각 등식을 증명하여라.

① $\cos^4 x - \sin^4 x = \cos^2 x - \sin^2 x = 1 - 2\sin^2 x$

② $\tan^2 x - \sin^2 x = \tan^2 x \cdot \sin^2 x$

③ $\dfrac{\csc\theta}{\sec\theta - \tan\theta} + \dfrac{\csc\theta}{\sec\theta + \tan\theta} = \dfrac{2}{\sin\theta\cos\theta}$

기본연습문제 1.38 다음 각 물음에 답하여라.

① θ가 예각이고 $\cos\theta = \dfrac{4}{5}$일 때 $\sin\theta$, $\tan\theta$의 값을 구하여라.

② θ가 제 3 사분면의 각이고, $\tan\theta = \dfrac{5}{12}$일 때, $\sin\theta$, $\cos\theta$의 값을 구하여라.

기본연습문제 1.39 $\sin\theta + \cos\theta = \dfrac{1}{2}$일 때, 다음 각 값을 구하여라.

① $\sin\theta\cos\theta$ ② $\sin^3\theta + \cos^3\theta$ ③ $\sin^4\theta + \cos^4\theta$ ④ $\tan\theta + \cot\theta$

2) $\cos^2\theta$, $\sin^2\theta$는 각각 $(\cos\theta)^2$, $(\sin\theta)^2$을 의미한다.

삼각함수의 성질에 대하여 더 살펴보도록 하자.

n이 정수일 때 일반각 $2n\pi+\theta$와 θ는 단위원 위의 같은 점을 결정한다. 따라서 다음이 성립함을 알 수 있다.

정리 1.12

$$\sin(2n\pi+\theta)=\sin\theta,\ \cos(2n\pi+\theta)=\cos\theta,\ \tan(2n\pi+\theta)=\tan\theta$$

기본연습문제 1.40 다음 삼각함수의 값을 구하여라.

① $\cos\left(-\frac{5}{3}\pi\right)$　　② $\sin\left(-\frac{11}{6}\pi\right)$　　③ $\tan\left(-\frac{7}{4}\pi\right)$

각 θ와 각 $-\theta$에 대하여 삼각함수의 값이 어떻게 변하는지 살펴보자.

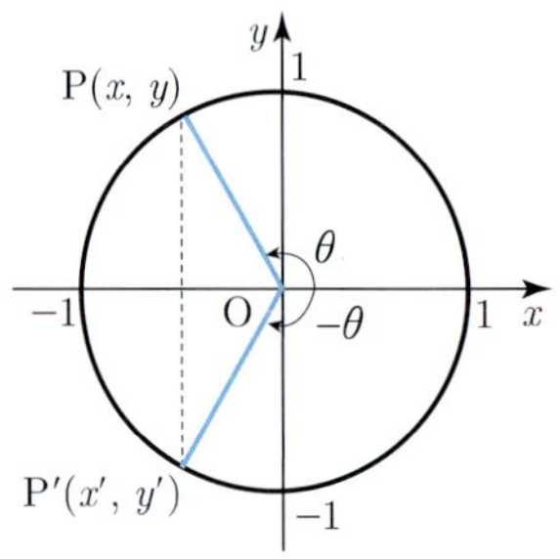

[그림 1.18]

[그림 1.18]을 참고하면

$$\sin(-\theta)=y'=-y=-\sin\theta$$

임을 알 수 있다. 마찬가지로 다른 삼각함수에 대해서도 다음 성질이 성립함을 알 수 있다.

정리 1.13

$$\sin(-\theta)=-\sin\theta,\ \cos(-\theta)=\cos\theta\ ,\ \tan(-\theta)=-\tan\theta$$

기본연습문제 1.41 다음 삼각함수의 값을 구하여라.

① $\sin\left(-\frac{\pi}{3}\right)$　　② $\cos\left(-\frac{\pi}{4}\right)$　　③ $\tan\left(-\frac{\pi}{3}\right)$

이번에는 각 θ와 $\frac{\pi}{2}+\theta$에 대한 삼각함수의 관계를 알아보자.

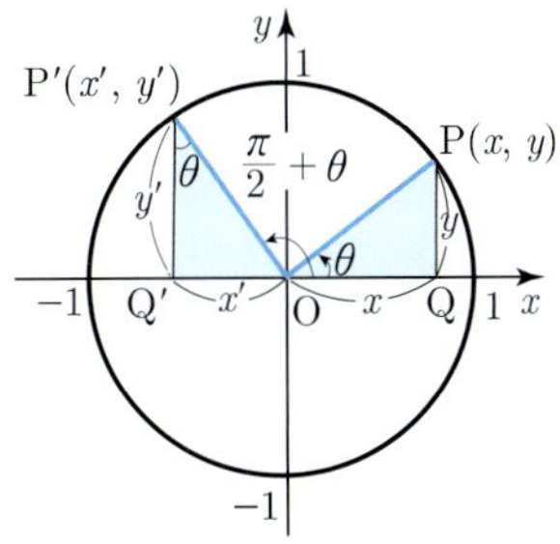

[그림 1.19]

[그림 1.19]를 참고하면

$$\sin\left(\frac{\pi}{2}+\theta\right)=y'=x=\cos\theta$$

임을 알 수 있다. 마찬가지로 다음 성질이 성립함을 알 수 있다.

정리 1.14

$$\sin\left(\frac{\pi}{2}+\theta\right)=\cos\theta,\ \cos\left(\frac{\pi}{2}+\theta\right)=-\sin\theta,\ \tan\left(\frac{\pi}{2}+\theta\right)=-\cot\theta$$

[정리 1.13]과 [정리 1.14]을 이용하면

$$\sin\left(\frac{\pi}{2}-\theta\right)=\cos(-\theta)=\cos\theta$$

이다. 같은 방법으로 다음 성질이 성립함을 보일 수 있다.

정리 1.15

$$\sin\left(\frac{\pi}{2}-\theta\right)=\cos\theta,\ \cos\left(\frac{\pi}{2}-\theta\right)=\sin\theta,\ \tan\left(\frac{\pi}{2}-\theta\right)=\cot\theta$$

[정리 1.14]를 반복적으로 적용하면

$$\sin(\pi+\theta)=\sin\left(\frac{\pi}{2}+\left(\frac{\pi}{2}+\theta\right)\right)=\cos\left(\frac{\pi}{2}+\theta\right)=-\sin\theta$$

을 얻는다. 한편 [정리 1.15]를 반복적으로 적용하면

$$\sin(\pi-\theta)=\sin\left(\frac{\pi}{2}+\left(\frac{\pi}{2}-\theta\right)\right)=\cos\left(\frac{\pi}{2}-\theta\right)=\sin\theta$$

을 얻는다. 비슷한 방법으로 다음 성질이 성립함을 알 수 있다.

정리 1.16

$$\sin(\pi+\theta)=-\sin\theta,\ \cos(\pi+\theta)=-\cos\theta,\ \tan(\pi+\theta)=\tan\theta$$
$$\sin(\pi-\theta)=\sin\theta,\ \cos(\pi-\theta)=-\cos\theta,\ \tan(\pi-\theta)=-\tan\theta$$

기본연습문제 1.42 다음 삼각함수의 값을 구하여라.

① $\sin\frac{29}{6}\pi$ ② $\cos\left(-\frac{20}{4}\pi\right)$ ③ $\tan\left(-\frac{9}{4}\pi\right)$

기본연습문제 1.43 다음 중에서 $\sin\theta$와 같은 것은?

① $\sin(\frac{\pi}{2}+\theta)$ ② $\sin(-\pi+\theta)$ ③ $\cos\left(-\frac{3\pi}{2}+\theta\right)$ ④ $\cos\left(\frac{5\pi}{2}-\theta\right)$

기본연습문제 1.44 다음 식을 간단히 하여라.

$$P=\tan(\pi+A)\sin\left(\frac{\pi}{2}+A\right)+\cos(\pi-A)\cot(-A)$$

이제 삼각함수의 그래프에 대하여 알아보자.

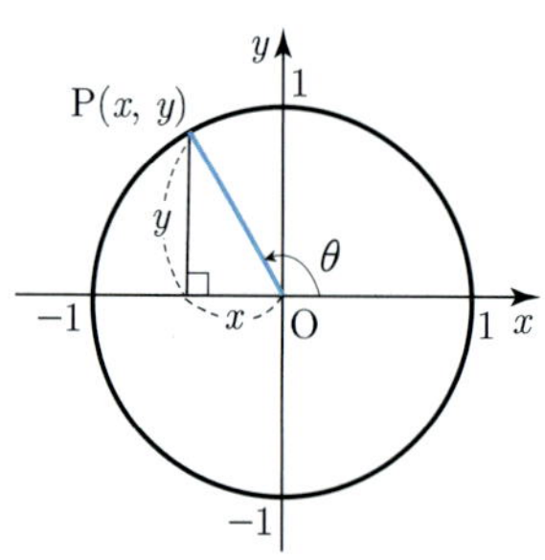

[그림 1.20]

[그림 1.20]에서

$$y=\sin\theta$$

이다. 따라서 사인함수 $y=\sin\theta$의 그래프는 다음과 같다.

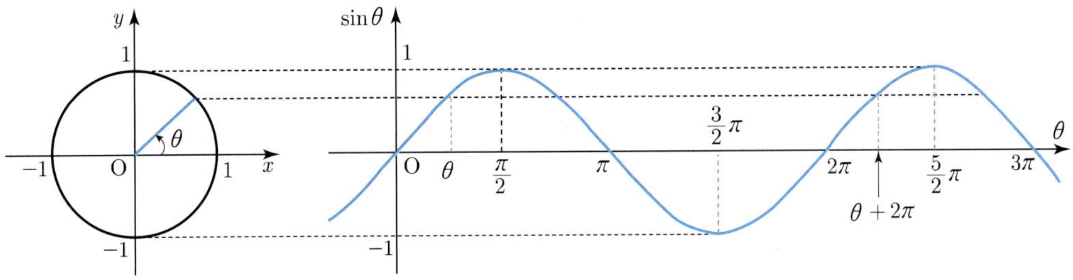

[그림 1.21] 사인함수의 그래프

이 그래프에서 함숫값이 2π 간격으로 같은 값을 갖는 것을 알 수 있다. 즉 임의의 실수 θ에 대하여

$$\sin(\theta+2\pi)=\sin\theta$$

이다.

일반적으로, 함수 f의 정의역에 속하는 모든 x에 대하여

$$f(x+p)=f(x)$$

가 성립하는 0아닌 상수 p가 존재하면, 함수 f를 **주기함수**라 하고, 상수 p 가운데 최소인 양수를 함수의 **주기**라 한다. 따라서 함수 $y=\sin x$는 주기함수이고, 주기가 2π이다.

사인함수 $y=\sin x$의 특징을 요약하면 다음과 같다.

(1) 정의역은 실수 전체의 집합이다.

(2) $-1\le \sin x\le 1$, 즉, 치역은 $\{y\,|\,-1\le y\le 1\}$이다.

(3) 주기가 2π인 주기함수이다.

(4) 그래프는 원점에 대하여 대칭이다.

기본연습문제 1.45 다음 함수의 주기를 구하고, 그래프를 그려라.

① $y=\sin\frac{1}{2}x$ ② $y=2\sin 3x$ ③ $y=|\sin x|$

기본연습문제 1.46 다음 함수의 그래프를 그리고, 최댓값, 최솟값을 구하여라. 또 주기를 구하여라.

$$y=\frac{1}{2}\sin(2x-\pi)$$

한편 [정리 1.14]에 의해

$$y = \cos\theta = \sin\left(\theta + \frac{\pi}{2}\right)$$

이므로 $y = \cos\theta$의 그래프는 다음과 같다.

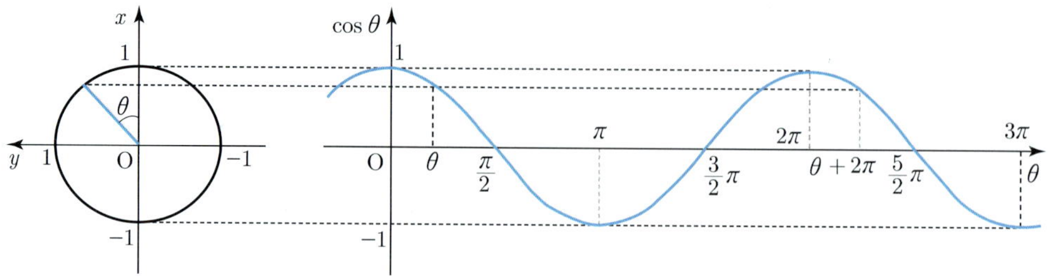

[그림 1.22] 코사인함수의 그래프

코사인함수 $y = \cos x$ 의 특징을 요약하면 다음과 같다.

(1) 정의역은 실수 전체의 집합이다.

(2) $-1 \leq \cos x \leq 1$, 즉, 치역은 $\{y \mid -1 \leq y \leq 1\}$이다.

(3) 주기가 2π인 주기함수이다.

(4) 그래프는 y축에 대하여 대칭이다.

기본연습문제 1.47 다음 함수의 그래프를 그리고, 최댓값, 최솟값을 구하여라. 또 주기를 구하여라.

① $y = \cos 2x$　　② $y = 2\cos\left(x + \frac{\pi}{3}\right) + 1$

$y = \tan\theta$의 그래프에 대하여 알아보자.

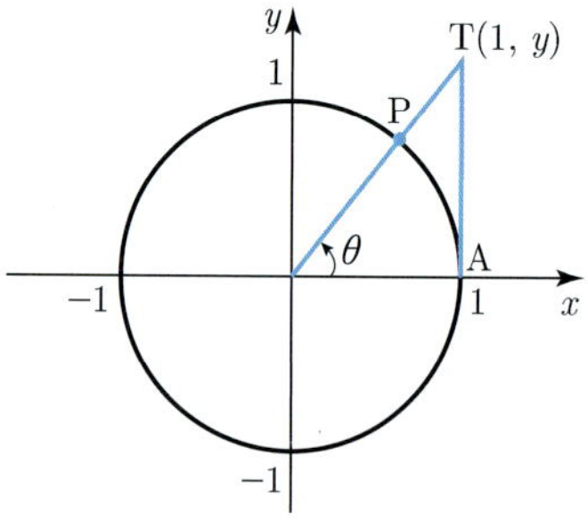

[그림 1.23]

[그림 1.23]에서

$$y = \tan\theta$$

이다. 따라서 $y = \tan\theta$의 그래프는 다음과 같다.

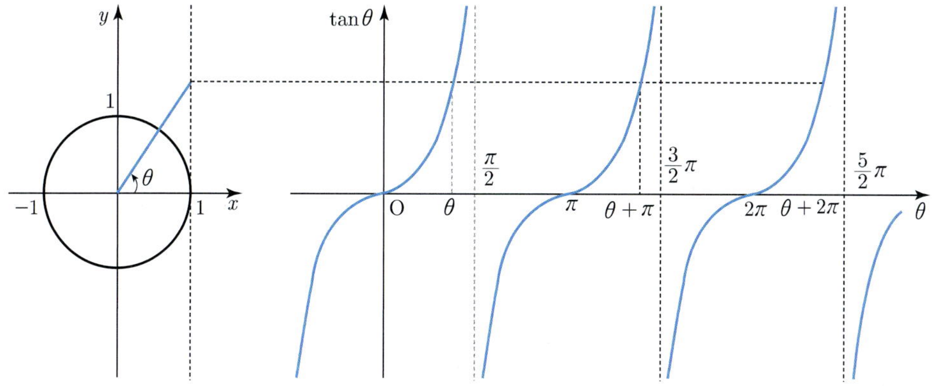

[그림 1.24] 탄젠트함수의 그래프

탄젠트함수 $y = \tan x$의 특징을 요약하면 다음과 같다.

(1) 정의역은 $\frac{\pi}{2} + n\pi$(n은 정수)를 제외한 실수 전체의 집합이다.

(2) 치역은 실수 전체의 집합이다.

(3) 주기가 π인 주기함수이다.

(4) 그래프는 원점에 대하여 대칭이다.

기본연습문제 1.48 다음 함수의 주기를 구하고, 그래프를 그려라.

① $y = 2\tan\frac{x}{2}$ ② $y = \tan\left(2x - \frac{\pi}{2}\right)$ ③ $y = |\tan x|$ ④ $y = \tan\left(x - \frac{\pi}{3}\right)$

사인함수 $y = \sin x$는 일대일 함수가 아니므로 역함수가 존재하지 않는다. 그러나 정의역을 $\left[-\frac{\pi}{2}, \frac{\pi}{2}\right]$로 제한하면 일대일 함수가 되어 역함수가 존재한다. 이 역함수를 **역사인함수**라 부르고,

$$\arcsin x \text{ 또는 } \sin^{-1}x$$

로 나타낸다. 이때 역사인함수 $\arcsin x$의 정의역은 $[-1, 1]$이다.

$$\arcsin : [-1, 1] \to \left[-\frac{\pi}{2}, \frac{\pi}{2}\right]$$

역사인함수의 그래프는 사인함수 $\sin : \left[-\frac{\pi}{2}, \frac{\pi}{2}\right] \to [-1, 1]$의 그래프를 $y = x$에 대칭 이

동시켜서 그릴 수 있다.

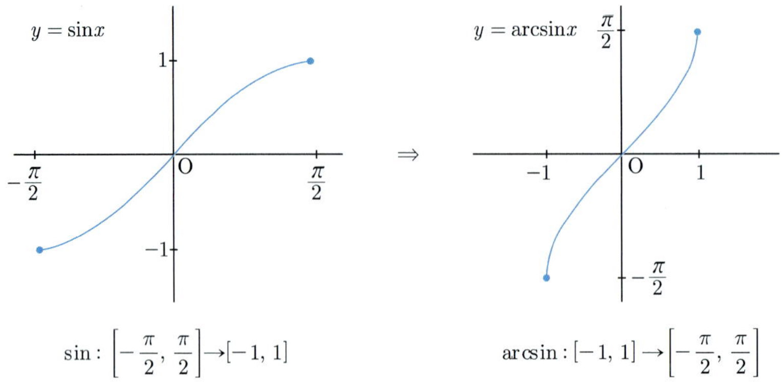

[그림 1.25] 역사인함수의 그래프

사인함수와 역사인함수는 역함수 관계이므로 다음 등식이 성립한다.

$$y = \arcsin x \Leftrightarrow \sin y = x,\ -\frac{\pi}{2} \le y \le \frac{\pi}{2}$$

따라서

$$\arcsin 0 = 0,\ \arcsin\left(\frac{1}{2}\right) = \frac{\pi}{6},\ \arcsin\left(\frac{\sqrt{2}}{2}\right) = \frac{\pi}{4}$$

이다.

기본연습문제 1.49 다음을 계산하여라.

① $\arcsin\left(\frac{\sqrt{3}}{2}\right)$　　② $\arcsin\left(-\frac{1}{2}\right)$

사인함수와 마찬가지로 코사인함수 $y = \cos x$ 역시 일대일 함수가 아니므로 역함수가 존재하지 않는다. 그러나 정의역을 $[0, \pi]$로 제한하면 일대일 함수가 되어 역함수가 존재한다. 이 역함수를 **역코사인함수**라 부르고

$$\arccos x \quad \text{또는} \quad \cos^{-1}x$$

로 나타낸다. 이때 역코사인함수 $\arccos x$의 정의역은 $[-1, 1]$이다.

$$\arccos : [-1, 1] \to [0, \pi]$$

역코사인함수 $y = \arccos x$의 그래프는 다음과 같다.

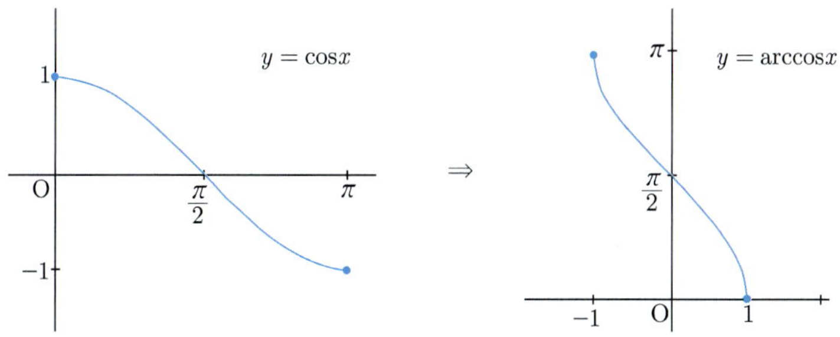

[그림 1.26] 역코사인함수의 그래프

기본연습문제 1.50 다음을 계산하여라.

① $\arccos(0)$ ② $\arccos\left(-\dfrac{\sqrt{2}}{2}\right)$

탄젠트함수 $y=\tan x$ 역시 일대일 함수가 아니지만 정의역을 $\left(-\dfrac{\pi}{2},\ \dfrac{\pi}{2}\right)$로 제한하면 일대일 함수가 되어 역함수가 존재한다. 이 역함수를 **역탄젠트함수**라 부르고

$$\arctan x \quad \text{또는} \quad \tan^{-1}x$$

로 나타낸다. 역탄젠트함수 $\arctan x$의 정의역은 실수전체이다.

$$\arctan : (-\infty,\ \infty) \to \left(-\frac{\pi}{2},\ \frac{\pi}{2}\right)$$

역탄젠트함수의 그래프는 $\tan : \left(-\dfrac{\pi}{2},\ \dfrac{\pi}{2}\right) \to (-\infty,\ \infty)$의 그래프를 $y=x$에 대칭 이동시켜 얻을 수 있다.

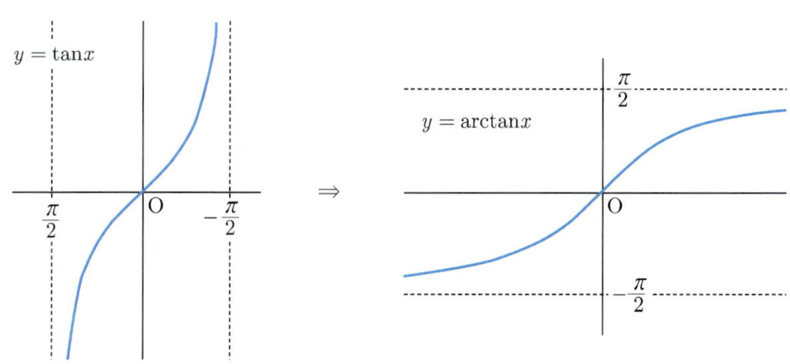

$\tan : \left(-\dfrac{\pi}{2},\ \dfrac{\pi}{2}\right) \to (-\infty,\ \infty)$ $\arctan : (-\infty,\ \infty) \to \left(-\dfrac{\pi}{2},\ \dfrac{\pi}{2}\right)$

[그림 1.27] 역탄젠트함수의 그래프

탄젠트함수와 역탄젠트함수는 역함수 관계이므로 다음 등식이 성립한다.

$$y = \arctan x \Leftrightarrow \tan y = x, \ -\frac{\pi}{2} < y < \frac{\pi}{2}$$

따라서

$$\arctan 0 = 0, \ \arctan 1 = \frac{\pi}{4}, \ \arctan\sqrt{3} = \frac{\pi}{3}$$

이다.

기본연습문제 1.51 역탄젠트함수의 그래프를 참고하여 다음 극한을 구하여라.

① $\lim_{x \to \infty} \arctan x$ ② $\lim_{x \to -\infty} \arctan x$

기본연습문제 1.52 $\sin(\arccos x)$와 $\tan(\arccos x)$를 간단히 하여라.

기본연습문제 1.53 $\sin\left(\arctan\frac{4}{3}\right)$를 간단히 하여라.

삼각함수와 삼각형의 각과 변 사이의 관계를 알아보자.

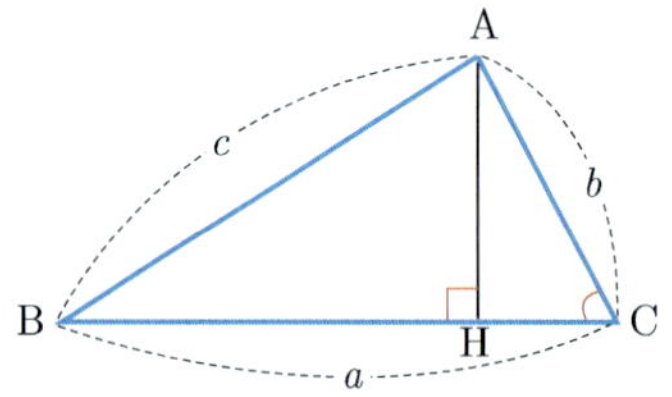

[그림 1.28]

[그림 1.28]에서 $\triangle ABC$에서 각 $\angle C$가 예각일 때

$$a = b\cos C + c\cos B$$

이 성립함을 알 수 있다. 각 $\angle C$가 직각, 둔각일 때도 같은 등식이 성립함을 확인할 수 있다. 마찬가지로 각 $\angle A$와 각 $\angle B$에 대해서도 비슷한 등식이 성립한다. 따라서 다음 정리를 얻는다.

정리 1.17 제1코사인법칙

$\triangle ABC$에서 각 $\angle A$의 대변의 길이를 a, 각 $\angle B$의 대변의 길이를 b, 각 $\angle C$의 대변의 길이를 c라 하면 다음이 성립한다.

(1) $a = b\cos C + c\cos B$　　(2) $b = c\cos A + a\cos C$

(3) $c = a\cos B + b\cos A$

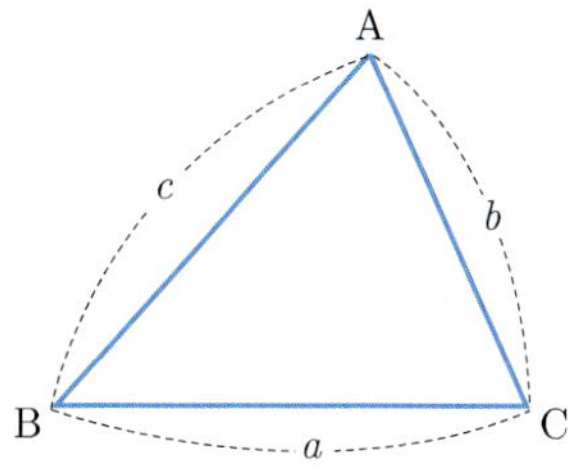

[그림 1.29]

[정리 1.17]의 (1)번 등식에 a를, (2)번 등식에 b를, (3)번 등식에 c를 곱하면

$$a^2 = ab\cos C + ca\cos B$$
$$b^2 = bc\cos A + ab\cos C$$
$$c^2 = ca\cos B + bc\cos A$$

이다. 첫 번째 등식에서 두 번째, 세 번째 등식을 빼면

$$a^2 - b^2 - c^2 = -2bc\cos A$$

이다. 이 등식을 정리하면

$$a^2 = b^2 + c^2 - 2bc\cos A$$

이 된다. 마찬가지로 b와 c에 대해서도 비슷한 등식을 보일 수 있다. 따라서 다음 정리를 얻는다.

정리 1.18 제2코사인법칙

$\triangle ABC$에서 각 $\angle A$의 대변의 길이를 a, 각 $\angle B$의 대변의 길이를 b, 각 $\angle C$의 대변의 길이를 c라 하면 다음이 성립한다.

(1) $a^2 = b^2 + c^2 - 2bc\cos A$　　(2) $b^2 = c^2 + a^2 - 2ca\cos B$

(3) $c^2 = a^2 + b^2 - 2ab\cos C$

[정리 1.18]에 의해 $\triangle ABC$에서 세 변 a, b, c가 주어질 때, 각$\angle A$, 각$\angle B$, 각$\angle C$는

$$\cos A = \frac{b^2+c^2-a^2}{2bc}, \quad \cos B = \frac{c^2+a^2-b^2}{2ca}, \quad \cos C = \frac{a^2+b^2-c^2}{2ab}$$

을 이용하여 구할 수 있다.

기본연습문제 1.54 $\triangle ABC$에서 $B=30°$, $C=45°$, $b=2$, $c=2\sqrt{2}$일 때, A 및 a의 값을 구하여라.

기본연습문제 1.55 $\triangle ABC$에서 $b=8$, $c=7$, $A=120°$일 때, a의 값을 구하여라.

삼각함수와 삼각형과의 관계를 이용하면 삼각함수의 덧셈정리를 얻을 수 있다.

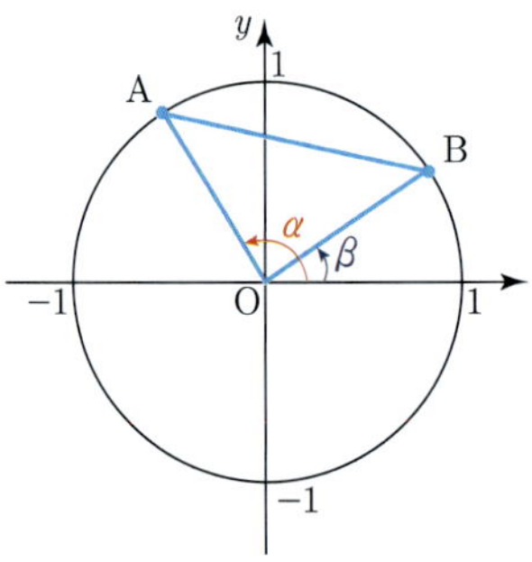

[그림 1.30]

[그림 1.30]에서 점 A, B의 좌표는 각각

$$A(\cos\alpha, \sin\alpha), \ B(\cos\beta, \sin\beta)$$

이다. $\triangle AOB$에서 제2코사인법칙을 이용하면

$$\overline{AB}^2 = \overline{OA}^2 + \overline{OB}^2 - 2\cdot\overline{OA}\cdot\overline{OB}\cos\angle AOB$$

이므로

$$(\cos\alpha - \cos\beta)^2 + (\sin\alpha - \sin\beta)^2 = 1^2 + 1^2 - 2\cdot 1\cdot\cos(\alpha-\beta)$$

이 된다. 이를 정리하면

$$\cos(\alpha-\beta) = \cos\alpha\cos\beta + \sin\alpha\sin\beta$$

이 된다. 이제 β 대신에 $-\beta$, $\beta + \frac{\pi}{2}$를 대입하고 정리하면 다음과 같은 삼각함수의 덧셈정리를 얻는다.

정리 1.19 삼각함수의 덧셈정리

(1) $\sin(\alpha+\beta)=\sin\alpha\cos\beta+\cos\alpha\sin\beta$, $\sin(\alpha-\beta)=\sin\alpha\cos\beta-\cos\alpha\sin\beta$

(2) $\cos(\alpha+\beta)=\cos\alpha\cos\beta-\sin\alpha\sin\beta$, $\cos(\alpha-\beta)=\cos\alpha\cos\beta+\sin\alpha\sin\beta$

(3) $\tan(\alpha+\beta)=\dfrac{\tan\alpha+\tan\beta}{1-\tan\alpha\tan\beta}$, $\tan(\alpha-\beta)=\dfrac{\tan\alpha-\tan\beta}{1+\tan\alpha\tan\beta}$

기본연습문제 1.56 $\sin 105°$, $\cos 75°$, $\tan 15°$의 값을 각각 구하여라.

기본연습문제 1.57 α, β가 예각이고 다음 조건을 만족시킬 때, $\alpha+\beta$를 구하여라.

① $\tan\alpha=\dfrac{1}{2}$, $\tan\beta=\dfrac{1}{3}$　　② $\sin\alpha=\dfrac{13}{14}$, $\sin\beta=\dfrac{11}{14}$

[정리 1.19]를 이용하면 $a\sin\theta+b\cos\theta$ 꼴의 삼각함수를 하나의 삼각함수로 나타낼 수 있다.

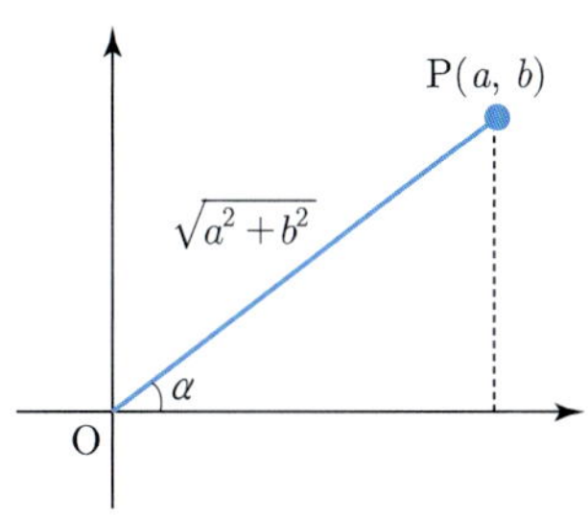

[그림 1.31]

[그림 1.31]에서 점 $P(a, b)$에 대하여 그림과 같이 $\overline{OP}$가 x축의 양의 방향과 이루는 각을 α라 하면

$$\cos\alpha=\frac{a}{\sqrt{a^2+b^2}},\quad \sin\alpha=\frac{b}{\sqrt{a^2+b^2}}$$

이다. 따라서 [정리 1.19]에 의해

$$\begin{aligned} a\sin\theta+b\cos\theta &= \sqrt{a^2+b^2}\cos\alpha\sin\theta+\sqrt{a^2+b^2}\sin\alpha\cos\theta \\ &= \sqrt{a^2+b^2}(\cos\alpha\sin\theta+\sin\alpha\cos\theta) \\ &= \sqrt{a^2+b^2}\sin(\theta+\alpha) \end{aligned}$$

이 된다. 이렇게 $a\sin\theta+b\cos\theta$ 꼴의 함수를 하나의 삼각함수로 나타내는 것을 삼각함수의 합성이라 한다.

정리 1.20 삼각함수의 합성

$$a\sin\theta + b\cos\theta = \sqrt{a^2+b^2}\sin(\theta+\alpha) \ \left(\text{단, } \cos\alpha = \frac{a}{\sqrt{a^2+b^2}},\ \sin\alpha = \frac{b}{\sqrt{a^2+b^2}}\right)$$

기본연습문제 1.58 다음 각 함수의 최댓값, 최솟값을 구하여라.

① $y = \sqrt{2}\sin x - \cos x$ ② $y = 2\sqrt{3}\sin x + 3\cos\left(x + \frac{\pi}{3}\right)$ ③ $y = 12\sin x + 5\cos x$

[정리 1.19]의 등식

$$\sin(\alpha+\beta) = \sin\alpha\cos\beta + \cos\alpha\sin\beta$$

에서 $\alpha = \beta = \theta$로 놓으면

$$\sin(2\theta) = \sin\theta\cos\theta + \cos\theta\sin\theta = 2\sin\theta\cos\theta$$

이다. 같은 방법으로 다음과 같은 배각의 공식을 얻을 수 있다.

정리 1.21 배각의 공식

(1) $\sin 2\theta = 2\sin\theta\cos\theta$

(2) $\cos 2\theta = \cos^2\theta - \sin^2\theta = 2\cos^2\theta - 1 = 1 - 2\sin^2\theta$

(3) $\tan 2\theta = \dfrac{2\tan\theta}{1-\tan^2\theta}$

기본연습문제 1.59 $\sin\theta = \frac{4}{5}\left(\frac{\pi}{2} < \theta < \pi\right)$일 때, 다음 각 값을 구하여라.

① $\sin 2\theta$ ② $\cos 2\theta$ ③ $\tan 2\theta$

[정리 1.21]의 등식

$$\cos 2\theta = 2\cos^2\theta - 1 = 1 - 2\sin^2\theta$$

을 변형하면

$$\sin^2\theta = \frac{1-\cos 2\theta}{2},\quad \cos^2\theta = \frac{1+\cos 2\theta}{2}$$

을 얻는다. 이제 θ 대신 $\frac{\theta}{2}$를 대입하면 다음과 같은 반각의 공식을 얻는다.

정리 1.22 반각의 공식

(1) $\cos^2\dfrac{\theta}{2}=\dfrac{1+\cos\theta}{2}$ (2) $\sin^2\dfrac{\theta}{2}=\dfrac{1-\cos\theta}{2}$ (3) $\tan^2\dfrac{\theta}{2}=\dfrac{1-\cos\theta}{1+\cos\theta}$

기본연습문제 1.60 $\sin 22.5°$, $\cos 22.5°$, $\tan 22.5°$의 값을 구하여라.

사인함수와 코사인함수의 곱을 합 또는 차로 나타내 보자.
[정리 1.19]의 등식

$$\sin(\alpha+\beta)=\sin\alpha\cos\beta+\cos\alpha\sin\beta$$
$$\sin(\alpha-\beta)=\sin\alpha\cos\beta-\cos\alpha\sin\beta$$

을 더하면

$$\sin(\alpha+\beta)+\sin(\alpha-\beta)=2\sin\alpha\cos\beta$$

이다. 따라서 사인함수와 코사인함수의 곱은

$$\sin\alpha\cos\beta=\frac{1}{2}\{\sin(\alpha+\beta)+\sin(\alpha-\beta)\}$$

이 된다. 같은 방법으로 다음 정리를 얻을 수 있다.

정리 1.23

(1) $\sin\alpha\cos\beta=\dfrac{1}{2}\{\sin(\alpha+\beta)+\sin(\alpha-\beta)\}$

(2) $\cos\alpha\sin\beta=\dfrac{1}{2}\{\sin(\alpha+\beta)-\sin(\alpha-\beta)\}$

(3) $\cos\alpha\cos\beta=\dfrac{1}{2}\{\cos(\alpha+\beta)+\cos(\alpha-\beta)\}$

(4) $\sin\alpha\sin\beta=-\dfrac{1}{2}\{\cos(\alpha+\beta)-\cos(\alpha-\beta)\}$

기본연습문제 1.61 다음 값을 구하여라.

① $\sin20°\sin40°\sin80°$ ② $\cos20°\cos40°\cos80°$

[정리 1.23]에서

$$\alpha+\beta=A,\ \alpha-\beta=B$$

라 하면

$$\alpha=\frac{A+B}{2},\ \beta=\frac{A-B}{2}$$

이므로 등식

$$\sin\alpha\cos\beta=\frac{1}{2}\{\sin(\alpha+\beta)+\sin(\alpha-\beta)\}$$

은

$$\sin A+\sin B=2\sin\frac{A+B}{2}\cos\frac{A-B}{2}$$

이 된다. 같은 방법으로 다음 정리를 얻는다.

정리 1.24

(1) $\sin A+\sin B=2\sin\frac{A+B}{2}\cos\frac{A-B}{2}$

(2) $\sin A-\sin B=2\cos\frac{A+B}{2}\sin\frac{A-B}{2}$

(3) $\cos A+\cos B=2\cos\frac{A+B}{2}\cos\frac{A-B}{2}$

(4) $\cos A-\cos B=-2\sin\frac{A+B}{2}\sin\frac{A-B}{2}$

기본연습문제 1.62 다음 각 식을 사인 또는 코사인의 곱의 꼴로 변형하여라.

① $\sin 3\theta+\sin\theta$　　② $\sin 3\theta-\sin\theta$

③ $\cos 3\theta+\cos\theta$　　④ $\cos 3\theta-\cos\theta$

SECTION

1.4 연습문제

1. 다음 값을 구하여라.

(1) $\sin\left(-\frac{26}{3}\pi\right)$　　(2) $\cos\left(\frac{13}{6}\pi\right)$　　(3) $\tan\left(-\frac{15}{4}\pi\right)$

2. 반지름의 길이가 6, 호의 길이가 $\frac{8}{3}$인 부채꼴의 중심각의 크기와 넓이를 구하여라.

3. $\sin\theta+\cos\theta=\frac{1}{2}$일 때, 다음 식의 값을 구하여라.

(1) $\sin\theta\cos\theta$　　(2) $\frac{1}{\sin\theta}+\frac{1}{\cos\theta}$

4. 다음 삼각함수의 그래프를 그리고, 주기를 말하여라.

$$y=\sin\left(2x-\frac{\pi}{3}\right)$$

5. $\sin\alpha+\sin\beta=1$, $\cos\alpha+\cos\beta=0$일 때, 다음 식의 값을 구하여라.

(1) $\sin^2\alpha+\cos^2\beta$　　(2) $\cos 2\alpha+\cos 2\beta$

6. 다음 식을 간단히 표현하고 x의 범위를 말하여라.

(1) $\cos(\arcsin x)$　　(2) $\sin(2\arcsin(x/3))$

7. $[0, 2\pi]$에서 정의된 다음 함수의 최댓값과 최솟값을 구하여라.

(1) $y=\sin\left(x+\frac{5}{6}\pi\right)-\cos\left(x+\frac{\pi}{6}\right)$　　(2) $y=\sin\left(x+\frac{\pi}{6}\right)\sin\left(x-\frac{\pi}{6}\right)$

1.5 쌍곡선 함수

지수함수 e^x와 e^{-x}를 결합하여 **쌍곡선 함수**를 다음과 같이 정의한다.

$$\sinh x = \frac{1}{2}(e^x - e^{-x}),\ \cosh x = \frac{1}{2}(e^x + e^{-x}),\ \tanh x = \frac{\sinh x}{\cosh x} = \frac{e^x - e^{-x}}{e^x + e^{-x}},$$

$$\coth x = \frac{1}{\tanh x} = \frac{e^x + e^{-x}}{e^x - e^{-x}}(x \neq 0),\ \operatorname{sech} x = \frac{1}{\cosh x} = \frac{2}{e^x + e^{-x}},$$

$$\operatorname{csch} x = \frac{1}{\sinh x} = \frac{2}{e^x - e^{-x}}(x \neq 0)$$

이들 쌍곡선 함수들의 그래프의 개형은 다음과 같다.

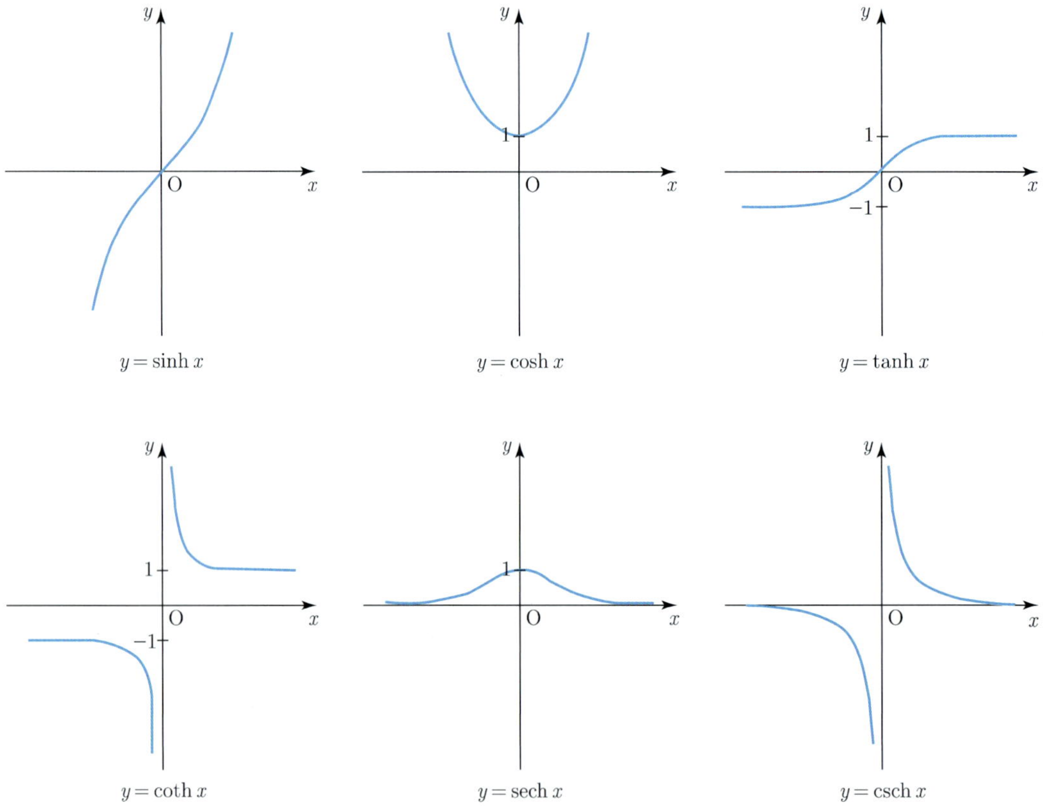

[그림 1.32]

쌍곡선 함수의 정의에 의해서

$$\sinh(-x) = \frac{e^{(-x)} - e^{-(-x)}}{2} = -\frac{e^x - e^{-x}}{2} = -\sinh x$$

이므로

$$\sinh(-x) = -\sinh x$$

을 얻는다. 마찬가지로 삼각함수와 비슷한 다음 등식을 얻을 수 있다.

정리 1.25

(1) $\cosh^2 x - \sinh^2 x = 1$

(2) $1 - \tanh^2 x = \operatorname{sech}^2 x$

(3) $\coth^2 x - 1 = \operatorname{csch}^2 x$

(4) $\sinh(x \pm y) = \sinh x \cosh y \pm \cosh x \sinh y$

(5) $\cosh(x \pm y) = \cosh x \cosh y \pm \sinh x \sinh y$

(6) $\tanh(x \pm y) = \dfrac{\tanh x \pm \tanh y}{1 \pm \tanh x \tanh y}$

보기 1.11

함수 $y = \sinh x$의 역함수 $y = \operatorname{arcsinh} x$를 구하여라.

풀이

$y = \operatorname{arcsinh} x$이면 $x = \sinh y$이다. 따라서

$$x = \sinh x = \frac{1}{2}(e^y - e^{-y})$$

이 되고, 이 식을 e^y에 대하여 풀면

$$e^y = x \pm \sqrt{x^2+1}$$

이 된다. $e^y > 0$이므로

$$e^y = x + \sqrt{x^2+1}$$

이다. log를 취하면

$$y = \log(x + \sqrt{x^2+1})$$

을 얻는다. 즉,

$$\operatorname{arcsinh} x = \log(x + \sqrt{x^2+1})$$

이다.

기본연습문제 1.63 다음 등식을 보여라.

$$\mathrm{arctanh}x = \frac{1}{2}\log\frac{1+x}{1-x}\ (|x|<1)$$

SECTION

1.5 연습문제

1. [정리 1.25]를 증명하여라.

1.6 매개변수방정식과 매개곡선

평면 위의 점 (x, y)의 좌표가

$$x = f(t),\ y = g(t),\ a \le t \le b$$

와 같이 t의 함수로 표시될 때 이 방정식을 **매개변수**를 t로 하는 **매개변수방정식**이라고 한다. 그리고 이 방정식에 의해서 정의된 점들의 집합

$$\{(x, y) = (f(t), g(t)) \mid a \le t \le b\}$$

를 **매개곡선**이라 한다.

보기 1.12

매개변수방정식 $x = 2t,\ y = t^2$에 대하여 $t = \frac{x}{2}$이므로, $y = \frac{x^2}{4}$이 되고, 정의역은 실수 전체가 된다. 따라서 매개곡선의 개형은 다음과 같다.

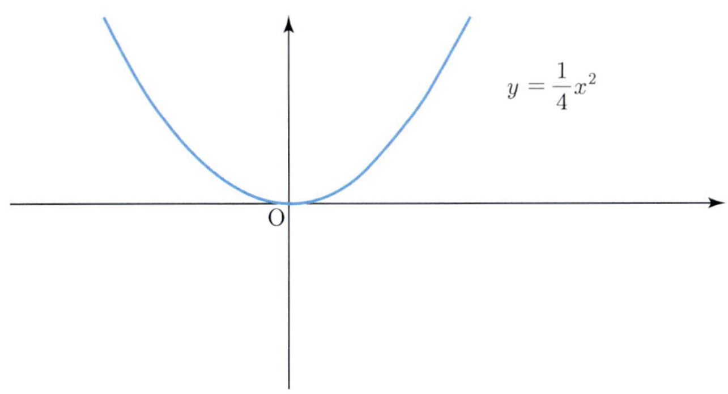

[그림 1.33]

보기 1.13

매개변수방정식 $x = \cos\theta,\ y = \sin\theta$는 $x^2 + y^2 = 1$이므로 단위원을 나타낸다.

SECTION

1.6 연습문제

1. 매개변수방정식 $x=6-t^2$, $y=\frac{t}{2}$, $-2\le t\le 4$ 로 정의되는 평면곡선을 그려라.

2. 다음 매개변수방정식으로 정의되는 두 평면곡선을 그려라.

(1) $x=2\cos t$, $y=2\sin t$ $(0\le t\le 2\pi)$

(2) $x=2\cos t$, $y=2\sin t$ $(0\le t\le \pi)$

3. 매개변수방정식 $x=2+4\cos t$, $y=3+4\sin t$ $0\le t\le 2\pi$로 정의되는 평면곡선을 그려라.

4. 점 $(1,2)$, $(4,7)$을 연결하는 선분의 매개변수방정식을 구하여라.

5. 포물선 $y=x^2$의 $(-1,1)$에서 $(3,9)$에 이르는 부분의 매개변수방정식을 구하여라.

6. 다음 평면곡선을 그려라.

(1) $x=t-1$, $y=t^2-2$

(2) $x=t^2-1$, $y=t^4-2$

CHAPTER 02

극한과 연속

이 장에서는 함수의 극한에 대하여 살펴보고, 함수의 극한을 이용하여 함수의 연속성에 관하여 알아본다.

2.1 함수의 극한

함수

$$f(x) = \frac{x^2 - 1}{x - 1}$$

에 대하여 생각해 보자. 이 함수는 $x = 1$에서는 정의되어 있지 않지만 $x \neq 1$이면 $f(x) = x + 1$가 되므로 $x \neq 1$이면서 x가 1에 충분히 가까워지면 $f(x)$의 값도 2에 가까워진다.

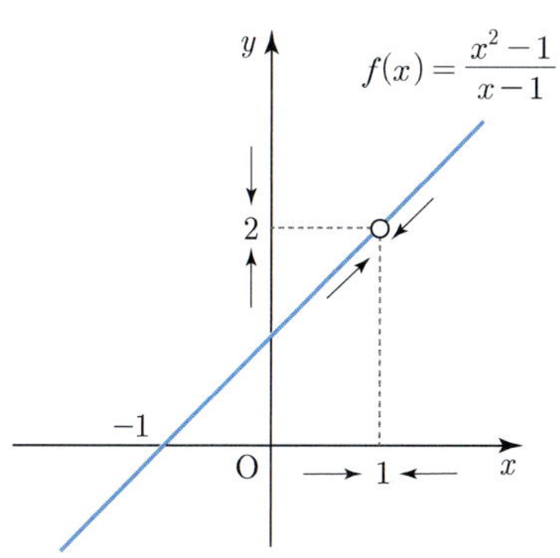

[그림 2.1]

이 보기를 일반화시키면 다음과 같이 극한의 직관적인 정의를 얻을 수 있다.

함수 $f(x)$에서 x가 a와 다른 값을 가지면서 a에 충분히 가까워질 때 $f(x)$의 값이 일정한 값 ℓ에 가까워지면 $x \to a$일 때 $f(x)$는 ℓ에 **수렴**한다고 하고

$$\lim_{x\to a} f(x) = \ell \quad \text{또는} \quad x \to a \Rightarrow f(x) \to \ell$$

로 나타낸다. 이때 ℓ를 $f(x)$의 **극한값** 또는 **극한**이라 한다.

보기 2.1

극한 $\lim_{x\to -2} \sqrt{x^3+9}$를 구하여라.

풀이

$x \to -2$일 때 $\sqrt{x^3+9}$는 $\sqrt{(-2)^3+9}=1$에 가까워진다. 따라서

$$\lim_{x\to -2} \sqrt{x^3+9} = 1$$

이다.

다음 보기에서도 알 수 있듯이 함수가 $x=a$에서 정의되지 않아도 $x=a$에서의 함수의 극한이 존재할 수 있다.

보기 2.2

함수 $f(x) = \dfrac{x^2-4}{x-2}$ $(x \neq 2)$에서 대하여 극한 $\lim_{x\to 2} f(x)$를 구하여라.

풀이

$x \neq 2$에서

$$f(x) = \frac{x^2-4}{x-2} = x+2$$

이므로

$$\lim_{x\to 2} f(x) = \lim_{x\to 2}(x+2) = 4$$

이다.

극한의 정의로부터 $x=a$에서의 함수의 극한은 함숫값 $f(a)$와는 상관이 없다.

보기 2.3

다음과 같이 정의된 함수 $f(x)$에 대하여 극한 $\lim_{n \to 2} f(x)$를 구하여라.

$$f(x) = \begin{cases} \dfrac{x^2-4}{x-2}, & x \neq 2 \\ 2, & x = 2 \end{cases}$$

풀이

$x \neq 2$에서

$$f(x) = \frac{x^2-4}{x-2} = x+2$$

이므로

$$\lim_{x \to 2} f(x) = \lim_{x \to 2}(x+2) = 4$$

이다. 따라서

$$\lim_{x \to 2} f(x) \neq f(2)$$

이다.

함수의 극한에 대하여 다음과 같은 정리가 알려져 있다.

정리 2.1

$\lim_{x \to a} f(x) = \ell$와 $\lim_{x \to a} g(x) = m$이면 다음이 성립한다.

(1) $\lim_{x \to a} \{cf(x)\} = c\ell$ (c는 상수)

(2) $\lim_{x \to a} \{f(x) \pm g(x)\} = \ell \pm m$

(3) $\lim_{x \to a} \{f(x) \cdot g(x)\} = \ell \cdot m$

(4) $\lim_{x \to a} \dfrac{f(x)}{g(x)} = \dfrac{\ell}{m}$ (단, $m \neq 0$)

보기 2.4

다음 극한을 구하여라.

(1) $\lim_{x \to 2}(3x^2 - 5x + 4)$

(2) $\lim_{x \to 3} \dfrac{x^3 - 5x + 4}{x^2 - 2}$

풀이

(1) $$\begin{aligned}\lim_{x\to2}(3x^2-5x+4) &= \lim_{x\to2}(3x^2)-\lim_{x\to2}(5x)+\lim_{x\to2}(4)\\ &= 3\lim_{x\to2}x^2-5\lim_{x\to2}x+4\\ &= 6\end{aligned}$$

(2) $$\lim_{x\to3}\frac{x^3-5x+4}{x^2-2}=\frac{\lim_{x\to3}(x^3-5x+4)}{\lim_{x\to3}(x^2-2)}=\frac{16}{7}$$

보기 2.5

극한 $\lim_{x\to1}\frac{x^2-1}{1-x}$을 구하여라.

풀이

$$\lim_{x\to1}\frac{x^2-1}{1-x}=\lim_{x\to1}\frac{(x-1)(x+1)}{-(x-1)}=\lim_{x\to1}\frac{(x+1)}{-1}=-2$$

다음 정리는 극한 $\lim_{x\to a}f(x)$이 존재하면 하나밖에 없다는 것을 말해준다.

정리 2.2

$\lim_{x\to a}f(x)=\ell$이고 $\lim_{x\to a}f(x)=m$이면 $\ell=m$이다.

보기 2.6

함수 $f(x)=\begin{cases}x, & x\text{ 는 유리수}\\ 0, & x\text{ 는 무리수}\end{cases}$에 대하여 극한 $\lim_{x\to1}f(x)$이 존재하지 않음을 보여라.

풀이

$\lim_{x\to1}f(x)$이 존재하고 그 값이 ℓ이라 하자. 만약 x가 유리수이면서 1에 가까이 다가가면

$$\lim_{x\to1}f(x)=1$$

임을 알 수 있다. 즉, $\ell=1$이다. 한편, x가 무리수이면서 1에 가까이 다가가면

$$\lim_{x\to1}f(x)=0$$

이다. 즉, $\ell=0$이어야 한다. 극한이 존재하면 유일하기 때문에 이는 모순이다. 따라서 $\lim_{x\to1}f(x)$은 존재하지 않는다.

마지막으로 극한을 구하는데 유용한 정리를 소개한다.

정리 2.3

a근방의 모든 x에 대하여 $f(x) \le g(x) \le h(x)$이 성립하고,

$$\lim_{x\to a} f(x) = \lim_{x\to a} h(x) = \ell$$

라 하자. 그러면 $\lim_{x\to a} g(x) = \ell$이다.

보기 2.7

극한 $\lim_{x\to 0}\left[x^2\cos\left(\frac{1}{x}\right)\right]$을 계산하여라.

풀이

0 근방의 모든 $x(\neq 0)$에 대하여

$$-1 \le \cos\left(\frac{1}{x}\right) \le 1$$

이므로 x^2을 곱하면

$$-x^2 \le x^2\cos\left(\frac{1}{x}\right) \le x^2$$

이 성립한다. $\lim_{x\to 0}(-x^2) = \lim_{x\to 0}(x^2) = 0$이므로 [정리 2.3]에 의해서

$$\lim_{x\to 0}\left[x^2\cos\left(\frac{1}{x}\right)\right] = 0$$

이다.

SECTION

2.1 연습문제

1. 다음 극한을 구하여라.

(1) $\lim_{x\to 2}\frac{x^2-4}{x-2}$ (2) $\lim_{x\to 1}\frac{x^3-x^2-4x+4}{x^2-1}$ (3) $\lim_{x\to 9}\frac{x-9}{\sqrt{x}-3}$

(4) $\lim_{x\to 0}\frac{\sqrt{2+x}-\sqrt{2}}{\sqrt{2}\,x}$ (5) $\lim_{x\to\infty}\frac{2x+1}{3x^2-2x+1}$ (6) $\lim_{x\to\infty}\frac{5x^2-4x+1}{2x^2+3x-5}$

(7) $\lim_{x\to\infty}\frac{4x^2-3x+2}{3x+2}$ (8) $\lim_{x\to\infty}\frac{2x}{\sqrt{x^2+3}-4}$ (9) $\lim_{x\to\infty}(2x^3-4x^2+5x-1)$

(10) $\lim_{x\to\infty}(\sqrt{x^2+3x+4}-x)$ (11) $\lim_{x\to\infty}\frac{1}{x}\left(1+\frac{1}{x-1}\right)$

2. 다음 등식이 성립하도록 상수 a, b의 값을 정하여라.

$$\lim_{x\to 1}\frac{x^2+ax+b}{x-1}=3$$

3. 다음 극한을 구하여라.

(1) $\lim_{x\to 0}x^2\sin\frac{1}{x}$ (2) $\lim_{x\to\infty}\frac{\sin x}{x}$

2.2 한쪽 극한

x가 a보다 크면서 a로 다가갈 때 $x \to a+$로 표시하고, a보다 작으면서 a로 다가갈 때 $x \to a-$로 표시하기로 한다.

보기 2.8

함수 $f(x)=\begin{cases} \dfrac{x}{|x|}, & x \neq 0 \\ 0, & x=0 \end{cases}$에 대하여 극한값 $\lim\limits_{x\to 0} f(x)$는 존재하지 않음을 보여라.

풀이

$x \to 0+$이면 $f(x) \to 1$이고, $x \to 0-$이면 $f(x) \to -1$이므로 하나의 값 ℓ로 수렴하지 않는다. 따라서 극한값은 존재하지 않는다.

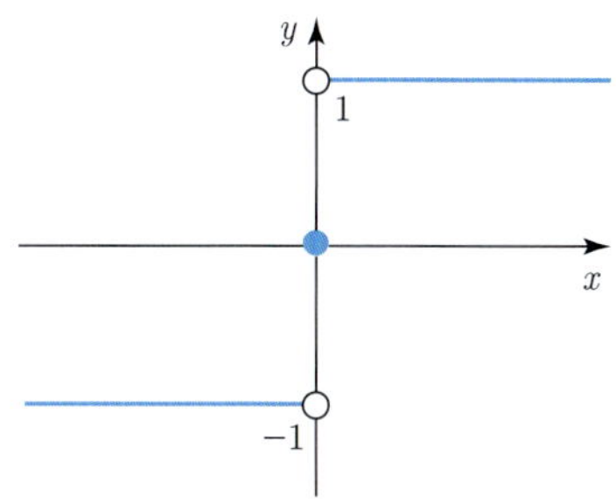

[그림 2.2]

[보기 2.8]에서 함수 $f(x)$는 $x=0$에서 극한을 갖지 않는다. 그러나 $x \to 0+$이면 $f(x) \to 1$이고, $x \to 0-$이면 $f(x) \to -1$이 된다. 이 보기를 일반화시키면 한쪽 극한에 관한 정의를 얻을 수 있다.

x가 a보다 크면서 a로 다가갈 때 $f(x)$의 값이 일정한 값 ℓ에 다가가면 ℓ을 a에서의 $f(x)$의 **우극한**이라 하고

$$\lim_{x \to a+} f(x) = \ell$$

로 나타낸다. 마찬가지로 x가 a보다 작으면서 a로 다가갈 때 $f(x)$의 값이 일정한 값 ℓ에 다가가면 ℓ을 a에서의 $f(x)$의 **좌극한**이라 하고

$$\lim_{x \to a-} f(x) = \ell$$

로 나타낸다.

한쪽 극한에 대해서도 [정리 2.1]와 같은 꼴의 정리가 성립한다.

보기 2.9

함수 $f(x)=[x]$ (x를 넘지 않는 최대의 정수)일 때 n이 정수이면 $\lim_{x\to n+} f(x)=n$이고 $\lim_{x\to n-} f(x)=n-1$이다.

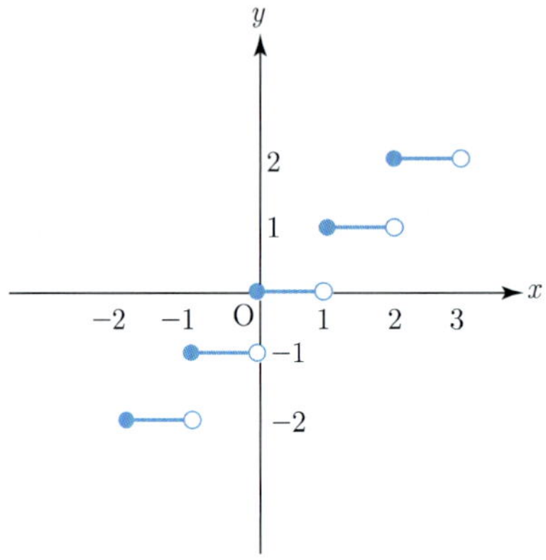

[그림 2.3]

우극한과 좌극한이 모두 존재할 때 두 값이 같을 필요는 없다. 하지만 두 값이 같으면 극한이 존재한다.

정리 2.4

$\lim_{x\to a} f(x)=\ell$일 필요충분 조건은 $\lim_{x\to a+} f(x)=\lim_{x\to a-} f(x)=\ell$이다.

보기 2.10

$f(x)=\begin{cases} x^2-2\cos x-1, & x<0 \\ e^x-4, & x\ge 0 \end{cases}$에 대하여 $\lim_{x\to 0} f(x)$을 구하여라.

풀이

$f(x)$의 0에서의 우극한을 구하면

$$\lim_{x\to 0+} f(x)=\lim_{x\to 0+}(e^x-4)=-3$$

이고, 좌극한은

$$\lim_{x\to 0-} f(x) = \lim_{x\to 0-}(x^2 - 2\cos x - 1) = -3$$

이다. 따라서 [정리 2.4]에 의해서

$$\lim_{x\to 0} f(x) = -3$$

이다.

SECTION

2.2 연습문제

1. 다음 한쪽 극한을 구하여라.

(1) $\displaystyle\lim_{x\to 0+}\frac{x}{|x|}$

(2) $\displaystyle\lim_{x\to 0-}\frac{x}{|x|}$

(3) $\displaystyle\lim_{x\to 2-}\frac{x}{[x]}$

(4) $\displaystyle\lim_{x\to 3-}\frac{x^2-9}{|x-3|}$

(5) $\displaystyle\lim_{x\to 1+}\frac{[x]^2-1}{x^2-1}$

(6) $\displaystyle\lim_{x\to 1-}\frac{[x]^2-1}{x^2-1}$

2.3 지수함수와 로그함수의 극한

이 절에서는 지수함수와 로그함수의 극한에 대하여 알아본다. 이를 위하여 1장에서 소개한 무리수 e를 다시 살펴본다.

n이 양의 정수값을 가지면서 커질 때 $\left(1+\dfrac{1}{n}\right)^n$의 값을 조사해 보면 다음과 같다.

[표 2.1]

n	$\left(1+\dfrac{1}{n}\right)^n$
1	2.00000000
2	2.25000000
3	2.37037037
⋮	⋮
10	2.59374246
100	2.70481383
1000	2.71692393
10000	2.71814593
100000	2.71826824
1000000	2.71828047
10000000	2.71828169
100000000	2.71828182
⋮	⋮

실제로 극한 $\lim\limits_{n\to\infty}\left(1+\dfrac{1}{n}\right)^n$은 존재하고, 그 값이 $2.71828182845\cdots$인 무리수임이 알려져 있으며, 그 값을 e로 나타낸다. 즉

$$e=\lim_{n\to\infty}\left(1+\frac{1}{n}\right)^n$$

이다.

위의 식에서 $x=\dfrac{1}{n}$으로 두면 e는 다음과 같이 나타낼 수 있다.

$$e=\lim_{x\to 0}(1+x)^{\frac{1}{x}}$$

무리수 e를 밑으로 하는 로그 $\log_e x$를 **자연로그**라 부르고,

$$\log x \quad \text{또는} \quad \ln x$$

로 나타낸다. 앞으로 미분, 적분에서는 특별한 언급이 없으면 모두 자연로그를 사용한다.

보기 2.11

다음 극한을 구하여라.

(1) $\lim_{n\to\infty}\left(1+\frac{2}{n}\right)^n$ (2) $\lim_{n\to\infty}\left(1-\frac{1}{n}\right)^n$ (3) $\lim_{x\to 0}\frac{e^x-1}{x}$

풀이

(1) $\lim_{n\to\infty}\left(1+\frac{2}{n}\right)^n=\lim_{n\to\infty}\left[\left(1+\frac{1}{n/2}\right)^{n/2}\right]^2$이고 $n\to\infty$이면 $\frac{n}{2}\to\infty$이므로

$$\lim_{n\to\infty}\left(1+\frac{1}{n/2}\right)^{n/2}=e$$

이다. 따라서

$$\lim_{n\to\infty}\left(1+\frac{2}{n}\right)^n=e^2$$

이다.

(2)
$$\begin{aligned}\lim_{n\to\infty}\left(1-\frac{1}{n}\right)^n&=\lim_{n\to\infty}\left(\frac{n-1}{n}\right)^n=\lim_{n\to\infty}\left(\frac{1}{\frac{n}{n-1}}\right)^n=\lim_{n\to\infty}\left(\frac{1}{1+\frac{1}{n-1}}\right)^n\\&=\lim_{n\to\infty}\frac{1}{\left(1+\frac{1}{n-1}\right)^n}=\lim_{n\to\infty}\frac{1}{\left(1+\frac{1}{n-1}\right)^{n-1}}\cdot\frac{1}{\left(1+\frac{1}{n-1}\right)}\\&=\frac{1}{e}\cdot 1=\frac{1}{e}\end{aligned}$$

(3) $t=e^x-1$로 치환하면 $x\to 0$일 때 $t\to 0$이므로

$$\begin{aligned}\lim_{x\to 0}\frac{e^x-1}{x}&=\lim_{t\to 0}\frac{t}{\log(1+t)}=\lim_{t\to 0}\frac{1}{\frac{1}{t}\log(1+t)}\\&=\lim_{t\to 0}\frac{1}{\log(1+t)^{\frac{1}{t}}}\\&=\frac{1}{\log e}=1\end{aligned}$$

이다.

기본연습문제 2.1 다음 극한을 구하여라.

① $\lim_{n\to\infty}\left(1+\frac{3}{n}\right)^n$　　② $\lim_{n\to\infty}\left(\frac{n}{n+1}\right)^n$

보기 2.12

다음 극한을 구하여라.

(1) $\lim_{x\to\infty}\left[\log(x+1)-\log x\right]$　　(2) $\lim_{x\to\infty}(2^x-3^x)$

풀이

(1) $\lim_{n\to\infty}\left[\log(x+1)-\log x\right]=\lim_{n\to\infty}\log\frac{1+x}{x}=\lim_{n\to\infty}\log\left(1+\frac{1}{x}\right)=\log 1=0$

(2) $\lim_{x\to\infty}(2^x-3^x)=\lim_{n\to\infty}3^x\left\{\left(\frac{2}{3}\right)^x-1\right\}=\infty\cdot(-1)=-\infty$

기본연습문제 2.2 다음 극한을 구하여라.

① $\lim_{x\to\infty}\left[\log 2x-\log(x+1)\right]$　　② $\lim_{x\to\infty}\frac{3^x}{2-3^x}$

SECTION

2.3 연습문제

1. 다음 극한을 구하여라.

(1) $\lim_{x\to\infty}\frac{\sqrt{3^x}}{2^x}$　　(2) $\lim_{x\to\infty}\frac{4^x}{3^x}$　　(3) $\lim_{x\to\infty}\left(\frac{2}{3}\right)^x$

(4) $\lim_{x\to1+}\log_2(x-1)$　　(5) $\lim_{x\to2}\log_{\frac{1}{2}}|x-2|$　　(6) $\lim_{x\to0}(1+3x)^{\frac{1}{x}}$

(7) $\lim_{x\to0}(1+x)^{\frac{3}{x}}$　　(8) $\lim_{x\to0}(1+3x)^{\frac{1}{2x}}$　　(9) $\lim_{x\to\infty}\left(1+\frac{3}{x}\right)^x$

(10) $\lim_{x\to\infty}\left(1+\frac{1}{x}\right)^{3x}$

2. 다음 극한을 구하여라.

(1) $\lim_{x\to\infty}\frac{3^x}{3^x-2^x}$ (2) $\lim_{x\to\infty}(3^x+2^x)^{\frac{1}{x}}$ (3) $\lim_{x\to\infty}\{\log(2+3x)-\log x\}$

3. 다음 극한을 구하여라.

(1) $\lim_{x\to0}\frac{\log(1+x)}{x}$ (2) $\lim_{x\to0}\frac{a^x-1}{x}$ $(a>0)$

2.4 삼각함수의 극한

[정리 2.4]를 이용하여 x가 라디안일 때

$$\lim_{x\to 0}\frac{\sin x}{x}=1$$

임을 보여보자.

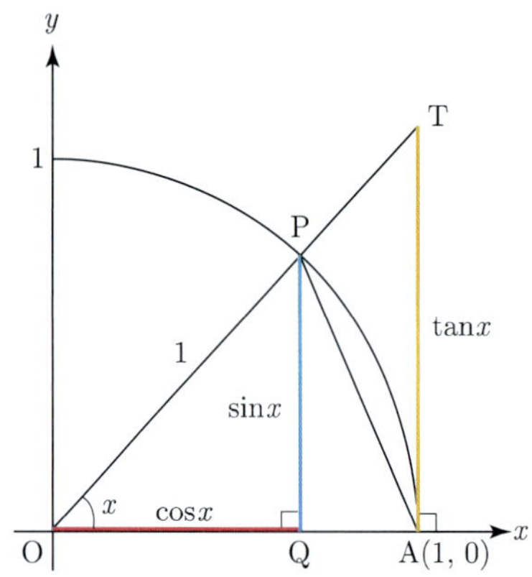

[그림 2.4]

$0<x<\frac{\pi}{2}$이면 [그림 2.4]에서

$$\triangle\,\mathrm{OPA}\text{의 넓이}\le\ \text{부채꼴 OAP의 넓이}\ \le\ \triangle\,\mathrm{OAT}\text{의 넓이}$$

이다. 따라서 각의 단위가 라디안이므로 다음 부등식을 얻는다.

$$\frac{1}{2}\sin x\le\frac{1}{2}x\le\frac{1}{2}\tan x$$

$\sin x$로 나누고 역수를 취하면

$$\cos x\le\frac{\sin x}{x}\le 1$$

이다. $x\to 0+$이면 $\cos x\to 1$이므로 [정리 2.3]에 의해서

$$\lim_{x\to 0+}\frac{\sin x}{x}=1$$

이 된다.

$-\frac{\pi}{2}<x<0$일 때 $x=-t$로 두면 $x\to 0-$일 때 $t\to 0+$이다. 따라서

$$\sin(-t)=-\sin t$$

이므로

$$\lim_{x\to 0-}\frac{\sin x}{x}=\lim_{t\to 0+}\frac{\sin(-t)}{-t}=\lim_{t\to 0+}\frac{\sin t}{t}=1$$

이다.

우극한과 좌극한의 값이 모두 1이므로 다음 정리를 얻는다.

정리 2.5

$$\lim_{x\to 0}\frac{\sin x}{x}=1\ (x\text{는 라디안})$$

보기 2.13

다음 극한을 구하여라.

(1) $\lim_{x\to 0}\frac{\cos x-1}{x}$ (2) $\lim_{x\to 0}\frac{\sin 2x}{5x}$ (3) $\lim_{x\to 0}\frac{\tan x\sec 2x}{3x}$

풀이

(1) $$\lim_{x\to 0}\frac{\cos x-1}{x}=\lim_{x\to 0}\frac{(\cos x-1)(\cos x+1)}{x(\cos x+1)}=\lim_{x\to 0}\frac{\cos^2 x-1}{x(\cos x+1)}$$
$$=\lim_{x\to 0}\frac{-\sin^2 x}{x(\cos x+1)}=\lim_{x\to 0}\frac{-\sin^2 x}{x^2}\cdot\frac{x}{\cos x+1}$$
$$=(-1)\cdot 0=0$$

(2) $$\lim_{x\to 0}\frac{\sin 2x}{5x}=\lim_{x\to 0}\frac{\sin 2x}{2x}\cdot\frac{2}{5}=\frac{2}{5}$$

(3) $$\lim_{x\to 0}\frac{\tan x\sec 2x}{3x}=\lim_{x\to 0}\frac{1}{3}\cdot\frac{\sin x}{x}\cdot\frac{1}{\cos x}\cdot\frac{1}{\cos 2x}=\frac{1}{3}$$

SECTION

2.4 연습문제

1. 다음 극한을 구하여라.

(1) $\lim_{x\to0}\frac{\sin3x}{4x}$ (2) $\lim_{x\to0}\frac{\tan x}{x}$ (3) $\lim_{x\to0}\frac{\sin3x}{\sin2x}$ (4) $\lim_{x\to0}\frac{\sin x^{\circ}}{x}$

(5) $\lim_{x\to0}\frac{\sin x-2\sin2x}{x\cos x}$ (6) $\lim_{x\to0}\frac{\tan4x}{\tan3x}$ (7) $\lim_{x\to0}\frac{1-\cos4x}{x^2}$ (8) $\lim_{x\to0}\frac{\sin(\sin x)}{x}$

(9) $\lim_{x\to3}\frac{x-3}{\sin\pi x}$ (10) $\lim_{x\to2\pi}\frac{\sin x}{x^2-4\pi^2}$

2. 다음 극한을 구하여라.

(1) $\lim_{x\to0}\frac{\log(1+x)}{\tan x}$ (2) $\lim_{x\to0}\frac{e^{2x}-1}{\sin x}$

2.5 함수의 연속성

함수가 연속이라는 것은 직관적으로 [그림 2.5]과 같이 끊긴 점이 없는 것을 뜻한다.

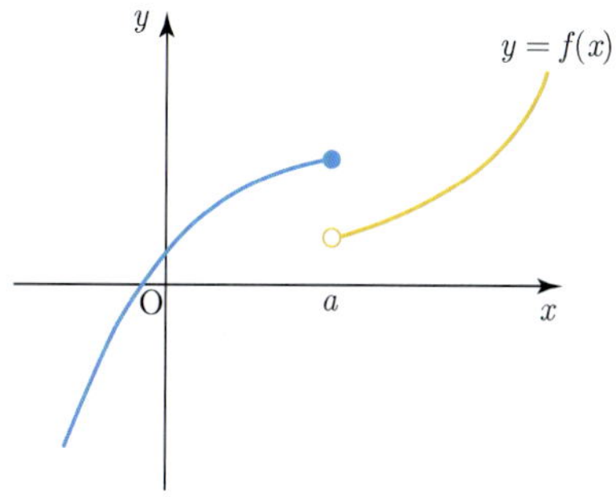

[그림 2.5]

이 개념을 수학적으로 정의한 연속에 대하여 알아본다.

함수 f가 a의 근방에서 정의되어 있고

$$\lim_{x \to a} f(x) = f(a)^{1)}$$

이 성립할 때 함수 f는 $x=a$**에서 연속**이라 한다.

함수 f가 $x=a$에서 연속이 아닐 때 f는 $x=a$**에서 불연속**이라 하고 $x=a$를 f의 **불연속점**이라 한다.

보기 2.14

함수 $f(x) = \dfrac{x^2-1}{x-1}$은 $x=1$에서 불연속이다. 하지만, $x \neq 1$인 모든 실수에 대하여 $f(x) = x+1$이므로 연속이다.

기본연습문제 2.3 다음 함수가 $x=0$에서 연속인지 조사하여라.

① $f(x) = x^2$ ② $f(x) = \dfrac{1}{x}$ ③ $f(x) = \dfrac{x}{|x|}$

---

1) 등식 $\lim_{x \to a} f(x) = f(a)$을

$$\lim_{h \to 0} f(a+h) = f(a)$$

와 같이 쓸 수도 있다.

보기 2.15

함수 $P(x) = a_n x^n + \cdots + a_0$의 연속성을 조사하여라.

풀이

[정리 2.1]에 의해서

$$\lim_{x \to a} P(x) = P(a)$$

이므로 $P(x)$는 모든 점에서 연속이다.

보기 2.16

함수 $f(x) = \begin{cases} x\sin\dfrac{1}{x}, & x \neq 0 \\ 0, & x = 0 \end{cases}$에 대하여 $x = 0$에서의 연속성을 조사하여라.

풀이

$|f(x)| \leq |x|$이므로

$$\lim_{x \to 0} f(x) = 0 = f(0)$$

이다. 따라서 $f(x)$는 $x = 0$에서 연속이다.

보기 2.17

다음 함수가 $x = 1$에서 연속이 되도록 상수 a의 값을 구하여라.

$$f(x) = \begin{cases} x^3 - 4x + 4, & x \leq 1 \\ \dfrac{ax^3}{1+x}, & x > 1 \end{cases}$$

풀이

$f(1) = 1$이므로 $\lim_{x \to 1} f(x) = 1$이 되도록 a의 값을 정해야 한다.

$$\lim_{x \to 1} f(x) = \lim_{x \to 1+} f(x) = \lim_{x \to 1+} \frac{ax^3}{1+x} = \frac{a}{2}$$

이므로 $\dfrac{a}{2} = 1$에서 $a = 2$이다.

함수의 연속성을 조사하는 데 매우 유용한 정리를 소개한다.

정리 2.6

함수 f와 g가 $x=a$에서 연속이면 다음이 성립한다.

(1) $f+g$도 $x=a$에서 연속이다.

(2) $f \cdot g$도 $x=a$에서 연속이다.

(3) $g(a) \neq 0$이면 $\dfrac{f}{g}$도 $x=a$에서 연속이다.

정리 2.7

함수 f가 $x=a$에서 연속이고 g가 $f(a)$에서 연속이면 합성함수 $g \circ f$도 $x=a$에서 연속이다.

보기 2.18

함수 $h(x)=\cos(x^2-5x+2)$의 연속성을 조사하여라.

풀이

$f(x)=x^2-5x+2$와 $g(x)=\cos x$라 하면,

$$h(x)=g(f(x))$$

이다. f와 g가 모든 실수에서 연속이므로, [정리 2.7]에 의해서 h도 모든 실수에서 연속이다.

한쪽 극한과 같이 한쪽 연속을 정의할 수 있다. 즉,

$$\lim_{x \to a+} f(x)=f(a)$$

이면 **오른쪽 연속**이라 하고,

$$\lim_{x \to a-} f(x)=f(a)$$

이면 **왼쪽 연속**이라 한다.

보기 2.19

함수 $f(x)=[x]$의 연속성을 조사하여라.

풀이

[그림 2.6]에서 예를 들어,

$$\lim_{x \to 2+} [x] = 2, \ \lim_{x \to 2-} [x] = 1$$

이므로 $x = 2$에서 불연속이다. 마찬가지로 x가 정수인 점에서 $f(x) = [x]$는 불연속이다.
$x = 2$에서

$$\lim_{x \to 2+} f(x) = f(2)$$

이므로 오른쪽 연속이다. 하지만

$$\lim_{x \to 2-} f(x) \neq f(2)$$

이므로 왼쪽 연속은 아니다. 마찬가지로 x가 정수인 점에서 $f(x) = [x]$는 오른쪽 연속이지만 왼쪽 연속은 아니다.

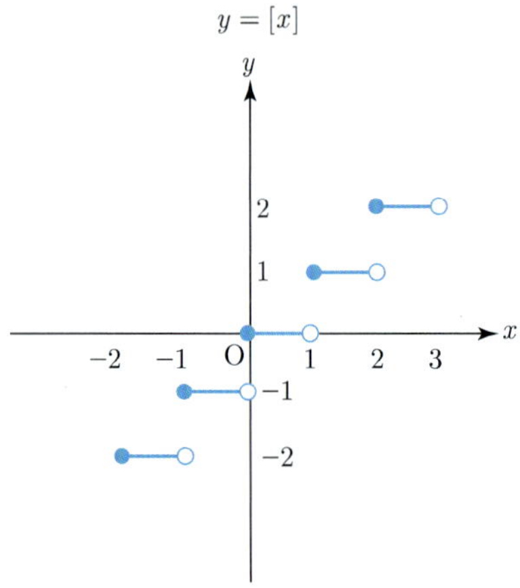

[그림 2.6]

지금까지 함수의 연속성을 한 점에서만 생각하였는데 열린 구간과 닫힌 구간에서의 연속을 생각할 수도 있다.

함수 f가 열린 구간 (a,b)의 모든 점에서 연속일 때 f는 열린 구간 (a,b)**에서 연속**이라고 한다. 함수 f가 열린 구간 (a,b)에서 연속이고 a에서 오른쪽 연속, b에서 왼쪽 연속일 때 f는 닫힌 구간 $[a, b]$**에서 연속**이라고 한다.

[정리 2.6]을 한 점 대신에 구간에서의 연속에 관한 정리로 바꿀 수 있다.

연속함수의 그래프는 끊어지지 않고 연결되어 있다. 이 관찰로부터 연속함수에 관한 기본 정리를 유추할 수 있다.

정리 2.8 중간값 정리

함수 f가 구간 $[a,b]$에서 연속이고

$$f(a) < v < f(b) \quad (\text{또는, } f(b) < v < f(a))$$

이면 $f(c)=v$를 만족하는 점 $c \in (a,b)$가 적어도 하나 존재한다.

함수 $f(x)=[x]$는 닫힌구간 $[0, 2]$에서 연속이 아니므로, 중간값 정리가 성립하지 않는다.

중간값 정리에 의해 함수 f가 구간 $[a, b]$에서 연속이고

$$f(a) < 0 < f(b) \quad (\text{또는, } f(b) < 0 < f(a))$$

이면,

$$f(c)=0$$

를 만족하는 점 $c \in (a,b)$가 적어도 하나 존재함을 알 수 있다. 따라서, 방정식 $f(x)=0$는 a와 b 사이에 적어도 하나의 실근을 가진다.

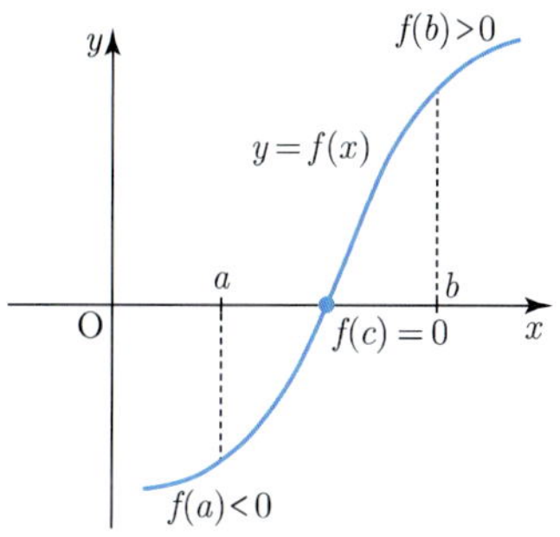

[그림 2.7]

보기 2.20

다음 방정식이 구간 $(0,1)$에서 적어도 하나의 실근을 가짐을 보여라.

$$x^5 - 7x^3 + 2x + 1 = 0$$

풀이

함수 $f(x)=x^5-7x^3+2x+1$는 $[0,1]$에서 연속이고, $f(0)=1$, $f(1)=-3$이다. 따라서

$$f(1) < 0 < f(0)$$

이므로 중간값 정리에 의해 0과 1 사이에 $f(c)=0$이 되는 c가 존재한다. 즉, 주어진 방정식의 해가 0과 1 사이에 적어도 하나 존재한다.

정리 2.9 **최대·최소 정리**

함수 f가 구간 $[a,b]$에서 연속이면 f는 $[a,b]$에서 최댓값과 최솟값을 갖는다.

보기 2.21

최대 · 최소 정리는 닫힌 구간이 아니거나 닫힌 구간에서 연속이 아닌 경우에는 성립하지 않을 수 있음을 보여라.

풀이

(1) 함수 $f(x)=\frac{1}{x}$는 구간 $(0,1)$에서 연속이나 이 구간에서 최댓값·최솟값 모두 존재하지 않는다.

(2) 함수 $g(x)=\begin{cases} x^2, & x\neq 0 \\ 1, & x=0 \end{cases}$는 구간 $[-1, 1]$에서 최댓값을 갖지만 최솟값은 갖지 않는다.

SECTION

2.5 연습문제

1. 다음 함수의 불연속점을 구하여라.

(1) $f(x)=|x-1|$

(2) $f(x)=\frac{2}{|x-3|}$

(3) $f(x)=\frac{x^2-9}{x+3}$

(4) $f(x)=\frac{x-2}{x^2+x+1}$

2. 다음 함수에서 연속이 아니지만, 오른쪽 연속인 점과 왼쪽 연속인 점을 찾아라.

(1) $f(x)=\begin{cases} x^2, & x<2 \\ 3, & x=2 \\ 3x-3, & x>2 \end{cases}$

(2) $f(x)=\begin{cases} x^2, & x\leq 2 \\ 3x-3, & x>2 \end{cases}$

3. 방정식 $\cos 2x - x^2 = 0$은 0과 $\frac{3}{2}\pi$ 사이에 적어도 하나의 실근을 가짐을 보여라.

4. $\mathbb{R}$에서 정의된 함수 중에서 f는 모든 점에서 불연속이지만 $|f|$는 모든 점에서 연속인 함수 f의 보기를 들어라.

CHAPTER

03 미분

이 장에서는 함수의 미분법에 대하여 알아본다.

3.1 미분계수

함수 $y=f(x)$가 a를 포함하는 열린 구간에서 정의되었다고 하자. 변수 x가 a에서 $a+h$로 변할 때, x의 변화량은

$$\Delta x=(a+h)-a$$

로 나타내고, 그에 대응하는 y의 변화량을

$$\Delta y=f(a+h)-f(a)$$

로 나타내자. 여기서 y의 변화량 Δy를 x의 변화량 Δx로 나눈 몫

$$\frac{\Delta y}{\Delta x}=\frac{f(a+h)-f(a)}{h}$$

을 구간 $[a,a+h]$ **에서**[1] x**에 대한** f**의 평균변화율**이라 한다. 평균변화율은 다음 그림과 같이 점 $(a,f(a))$와 $(a+h,\ f(a+h))$를 연결한 선분의 기울기이다.

1) $h>0$일 필요는 없다. $h<0$인 경우 구간 $[a,\ a+h]$ 대신 구간 $[a+h,\ a]$을 생각한다.

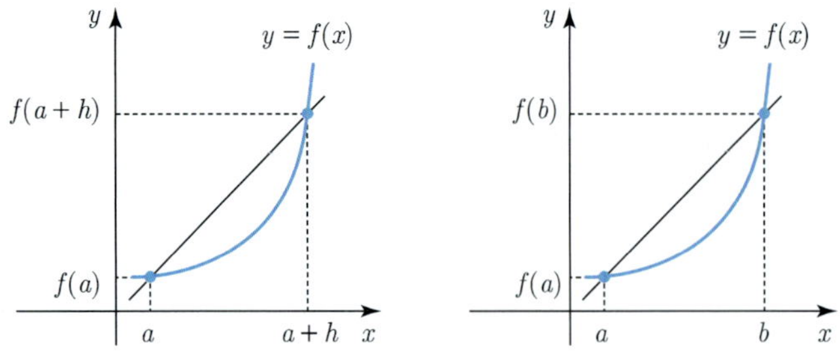

[그림 3.1] 평균변화율

보기 3.1

함수 $f(x) = 50x - 5x^2$의 $[1,2]$에서의 평균변화율을 구하여라.

풀이

x의 변화량은 $\Delta x = 2 - 1 = 1$이고 그에 대응하는 y의 변화량은

$$\Delta y = f(2) - f(1) = 80 - 45 = 35$$

이다. 따라서 $[1, 2]$에서의 평균변화율은

$$\frac{\Delta y}{\Delta x} = \frac{35}{1} = 35$$

이다.

기본연습문제 3.1 함수 $f(x) = x^2 - 3x + 2$에 대하여 다음 구간에서의 평균변화율을 구하여라.

① $[-3, 1]$ ② $[0, 2]$

x가 a에서 $a+h$로 변할 때 f의 평균변화율

$$\frac{\Delta y}{\Delta x} = \frac{f(a+h) - f(a)}{h}$$

에서 $h \to 0$일 때 극한

$$\lim_{h \to 0} \frac{\Delta y}{\Delta x} = \lim_{h \to 0} \frac{f(a+h) - f(a)}{h}$$

이 존재하면 함수 f는 $x = a$에서 **미분가능**이라 한다. 이때의 극한값을 $x = a$**에서** f**의 순간변화율** 또는 $x = a$**에서의** f **의 미분계수**라 하고

$$f'(a) \text{ 또는 } y'|_{x=a}$$

로 나타낸다. 즉,

$$f'(a)=\lim_{h\to 0}\frac{f(a+h)-f(a)}{h}=\lim_{x\to a}\frac{f(x)-f(a)}{x-a}$$

이 된다.

함수 f가 어떤 구간 안의 모든 점에서 미분가능이면, 이 함수를 그 **구간에서 미분가능**이라 한다.

보기 3.2

다음 함수에 대하여 $x=2$에서의 미분계수를 구하여라.

(1) $f(x)=x^2$ (2) $g(x)=\dfrac{1}{x}$

풀이

(1) 미분계수의 정의에 의해서

$$\begin{aligned} f'(2)=\lim_{h\to 0}\frac{f(2+h)-f(2)}{h} &=\lim_{h\to 0}\frac{(2+h)^2-2^2}{h} \\ &=\lim_{h\to 0}\frac{4h+h^2}{h}=\lim_{h\to 0}(4+h) \\ &=4 \end{aligned}$$

이다.

(2) 마찬가지로

$$g'(2)=\lim_{h\to 0}\frac{g(2+h)-g(2)}{h}=\lim_{h\to 0}\frac{\frac{1}{2+h}-\frac{1}{2}}{h}=\lim_{h\to 0}\frac{-1}{2(2+h)}=-\frac{1}{4}$$

이다.

기본연습문제 3.2 함수 $f(x)=3x^2-1$에 대하여 다음을 구하여라.

① $f'(0)$ ② $f'(2)$ ③ $f'(a)$

함수 f가 $x=a$에서 미분가능하면

$$\lim_{h\to 0}\frac{f(a+h)-f(a)}{h}=f'(a)$$

이 일정한 값이므로

$$\lim_{x\to a}\{f(x)-f(a)\}=\lim_{x\to a}\frac{f(x)-f(a)}{x-a}\cdot(x-a)=f'(a)\cdot 0=0$$

이다. 따라서 f는 $x=a$에서 연속이다.

정리 3.1

함수 f가 $x=a$에서 미분가능하면 f는 $x=a$에서 연속이다.

위 정리의 역은 성립하지 않는다. 즉, 연속함수이지만 미분불가능한 경우도 있다.

보기 3.3

함수 $f(x)=|x|$는 $x=0$에서 연속이지만 미분가능하지 않음을 보여라.

풀이

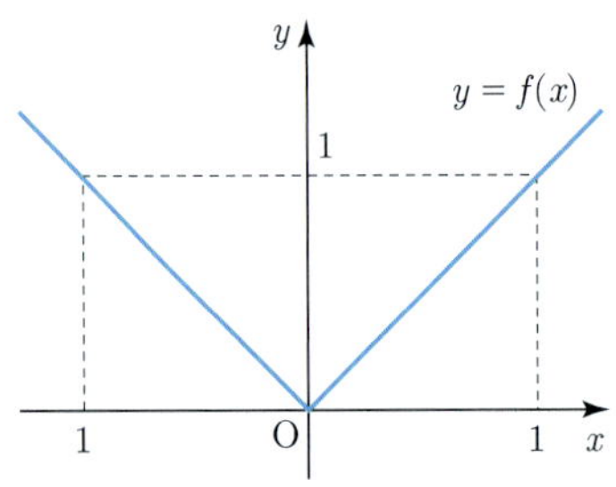

[그림 3.2]

함수 f에 대하여

$$\lim_{x \to 0+} f(x) = \lim_{x \to 0-} f(x) = 0$$

이므로

$$\lim_{x \to 0} f(x) = 0 = f(0)$$

이다. 따라서 함수 $f(x)=|x|$는 $x=0$에서 연속이다.

$x=0$에서 미분계수의 오른쪽 극한과 왼쪽 극한을 각각 계산하면

$$\lim_{h \to 0+} \frac{f(0+h)-f(0)}{h} = \lim_{h \to 0+} \frac{|h|}{h} = 1$$

이고

$$\lim_{h \to 0-} \frac{f(0+h)-f(0)}{h} = \lim_{h \to 0-} \frac{|h|}{h} = -1$$

이다. 오른쪽 극한과 왼쪽 극한이 같지 않으므로 극한

$$\lim_{h \to 0} \frac{f(0+h)-f(0)}{h}$$

는 존재하지 않는다. 따라서 함수 $f(x)=|x|$는 $x=0$에서 미분가능하지 않다.

보기 3.4

다음 함수가 $x=2$에서 미분가능하도록 b, c의 값을 구하여라.

$$f(x)=\begin{cases} x^2, & x \le 2 \\ bx+c, & x>2 \end{cases}$$

풀이

$x=2$에서 미분가능이므로 연속이어야 한다. 따라서

$$\lim_{x \to 2+}(bx+c)=2b+c=f(2)=4$$

이다. 한편 미분계수

$$f'(2)=\lim_{h \to 0}\frac{f(2+h)-f(2)}{h}$$

이 존재하므로

$$\lim_{h \to 0+}\frac{f(2+h)-f(2)}{h}=\lim_{h \to 0-}\frac{f(2+h)-f(2)}{h}$$

이다.

$$\lim_{h \to 0+}\frac{f(2+h)-f(2)}{h}=b,\ \lim_{h \to 0-}\frac{f(2+h)-f(2)}{h}=4$$

이므로 $b=4$을 얻는다. 또한 $c=-4$를 얻는다.

이제 미분계수의 기하학적 의미에 대하여 알아보자.

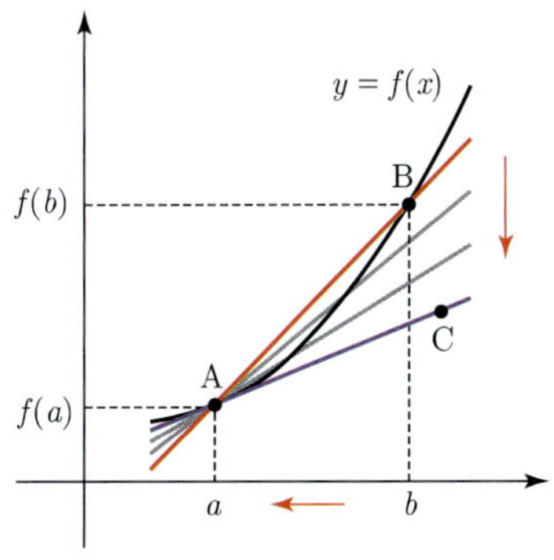

[그림 3.3]

함수 $f(x)$에서 x가 a에서 b까지 변할 때, 함수 $f(x)$의 평균변화율

$$\frac{f(b)-f(a)}{b-a}$$

은 $f(x)$ 위의 두 점 $(a, f(a))$와 $(b, f(b))$를 연결하는 직선의 기울기를 나타낸다. x축 위에서 b가 a에 가까워지면 점 B는 곡선을 따라 점 A에 가까워진다. 이때 직선 AB는 직선 AC에 가까워진다. 직선 AC를 곡선 $y=f(x)$위의 점 A에서의 **접선**이라 하고, 점 A를 그 **접점**이라 한다. 따라서 함수 $f(x)$의 $x=a$에서의 미분계수

$$f'(a)=\lim_{b\to a}\frac{f(b)-f(a)}{b-a}$$

은 점 $\mathrm{A}(a, f(a))$에서의 접선 AC의 기울기이다. 이로부터 다음 정리를 얻는다.

정리 3.2

함수 $f(x)$의 $x=a$에서의 미분계수 $f'(a)$는 곡선 $y=f(x)$ 위의 점 $(a, f(a))$에서의 접선의 기울기이다.

보기 3.5

함수 $f(x)=x^2$의 $x=2$에서의 접선의 방정식을 구하여라.

풀이

[보기 3.2]에 의해서 구하는 접선의 기울기는

$$f'(2)=4$$

이다. 따라서 구하는 접선의 방정식은

$$y-4=4(x-2)$$

이다. 즉,

$$y=4x-4$$

이다.

SECTION

3.1 연습문제

1. 함수 $f(x)=x^3$에서 x가 a에서 $a+h$가지 변할 때, 함수 $f(x)$의 평균변화율을 구하여라.

2. 다음 각 함수의 $x=1$에서의 미분계수를 구하여라.

(1) $y=x^2+2x$ (2) $y=3x^3+2x-1$

3. $f'(a)=2$인 다항함수 $f(x)$에 대하여 다음 극한값을 구하여라.

(1) $\lim_{h\to 0}\frac{f(a+3h)-f(a)}{h}$ (2) $\lim_{h\to 0}\frac{f(a+h^2)-f(a)}{h}$

(3) $\lim_{h\to 0}\frac{f(a+3h)-f(a-2h)}{h}$

4. $f(1)=3,\ f'(1)=2$인 다항함수 $f(x)$에 대하여 다음 극한값을 구하여라.

(1) $\lim_{x\to 1}\frac{f(x)-f(1)}{x^2-1}$ (2) $\lim_{x\to 1}\frac{f(x^2)-f(1)}{x-1}$

(3) $\lim_{x\to 1}\frac{x^2f(1)-f(x^2)}{x-1}$

5. 포물선 $y=2x^2-3$에 대하여 $x=1$에 대응하는 점에서의 접선의 기울기를 구하여라.

6. 함수 $f(x)=x|x|$의 $x=0$에서의 미분가능성을 조사하여라.

7. $f(x)=\begin{cases} g(x)\sin\frac{1}{x}, & x\neq 0 \\ 0, & x=0 \end{cases}$이고 $g(0)=g'(0)=0$일 때, $f'(0)$을 구하여라.

8. 함수 g가 $x=0$에서 연속이고 $f(x)=xg(x)$일 때, $f'(0)$을 g로 나타내어라.

9. 함수 $f(x)$가 $x=a$에서 미분가능할 때, 다음 등식을 증명하여라.

$$\lim_{h\to 0}\frac{f(a+h)-f(a-h)}{h}=2f'(a)$$

3.2 도함수

함수 f가 구간 I에서 미분가능하면 모든 $x \in I$에 대하여

$$f'(x) = \lim_{h \to 0} \frac{f(x+h) - f(x)}{h}$$

를 대응시키는 함수

$$f' : I \to \mathbb{R}$$

를 얻을 수 있다. 이 함수를 f의 **도함수** 혹은 **미분**이라 하고 다음과 같이 나타낸다.

$$y', \; f'(x), \; \frac{dy}{dx}, \; \frac{df}{dx}(x), \; \frac{d}{dx}f(x)$$

도함수의 정의에서 $x+h=t$라 놓으면, $h \to 0$일 때 $t \to x$이므로 $f'(x)$는 다음과 같이 나타낼 수도 있다.

$$f'(x) = \lim_{t \to x} \frac{f(t) - f(x)}{t - x}$$

함수 $f(x)$에서 $f'(x)$를 구하는 것을 함수 $f(x)$를 x에 대하여 **미분한다**라 하고, 그 계산법을 **미분법**이라고 한다.

보기 3.6

상수함수 $f(x) = c$의 도함수를 구하여라.

풀이

도함수의 정의에 의해서

$$f'(x) = \lim_{h \to 0} \frac{f(x+h) - f(x)}{h} \lim_{h \to 0} \frac{c - c}{h} = 0$$

이다.

보기 3.7

함수 $y=x^2$의 도함수를 구하여라.

풀이

$$y'=\lim_{h\to 0}\frac{f(x+h)-f(x)}{h}=\lim_{h\to 0}\frac{(x+h)^2-x^2}{h}=\lim_{h\to 0}(2x+h)=2x$$

이다.

기본연습문제 3.3 다음 함수의 도함수를 구하여라.

① $y=2x^2+1$ ② $y=x^3+4$ ③ $y=7$

보기 3.8

함수 $y=\dfrac{1}{x}$의 도함수를 구하여라.

풀이

$$y'=\lim_{h\to 0}\frac{f(x+h)-f(x)}{h}=\lim_{h\to 0}\frac{\frac{1}{x+h}-\frac{1}{x}}{h}=\lim_{h\to 0}\frac{x-(x+h)}{(x+h)xh}$$
$$=\lim_{h\to 0}\frac{-1}{x(x+h)}=-\frac{1}{x^2}$$

기본연습문제 3.4 다음 함수의 도함수를 구하여라.

① $f(x)=\dfrac{1}{x+1}$ ② $f(x)=\dfrac{1}{x^2}$

보기 3.9

$x>0$에 대하여 $y=\sqrt{x}$의 도함수를 구하여라.

풀이

$x>0$에 대하여

$$\frac{dy}{dx}=\lim_{h\to 0}\frac{f(x+h)-f(x)}{h}=\lim_{h\to 0}\frac{\sqrt{x+h}-\sqrt{x}}{h}$$
$$=\lim_{h\to 0}\frac{\sqrt{x+h}-\sqrt{x}}{h}\cdot\frac{\sqrt{x+h}+\sqrt{x}}{\sqrt{x+h}+\sqrt{x}}$$

$$=\lim_{h\to 0}\frac{h}{h(\sqrt{x+h}+\sqrt{x})}=\frac{1}{2\sqrt{x}}$$

이다.

기본연습문제 3.5 다음 함수의 도함수를 구하여라.

① $f(x)=\sqrt{x+1}$ ② $f(x)=\sqrt{x-1}$

도함수를 구할 때마다 정의를 이용하여 구하는 것은 효율적이지 않다. 도함수를 간편하게 구하는 방법에 대하여 알아보자.

$f(x)=c$(즉, 상수함수)이면 [보기 3.6]에 의해서 $f'(x)=0$이다.

$f(x)=x^n$(n은 자연수)이면 공식

$$a^n-b^n=(a-b)(a^{n-1}+a^{n-2}b+\cdots+ab^{n-2}+b^{n-1})$$

을 적용하면

$$\begin{aligned}
f'(x)&=\lim_{h\to 0}\frac{f(x+h)-f(x)}{h}=\lim_{h\to 0}\frac{(x+h)^n-x^n}{h}\\
&=\lim_{h\to 0}\frac{(x+h-x)\{(x+h)^{n-1}+(x+h)^{n-2}x+\cdots+(x+h)x^{n-2}+x^{n-1}\}}{h}\\
&=\lim_{h\to 0}\{(x+h)^{n-1}+(x+h)^{n-2}x+\cdots+(x+h)x^{n-2}+x^{n-1}\}\\
&=nx^{n-1}
\end{aligned}$$

이다.

상수 c와 미분가능한 함수 f와 g에 대하여

$$(cf(x))'=\lim_{h\to 0}\frac{cf(x+h)-cf(x)}{h}=c\lim_{h\to 0}\frac{f(x+h)-f(x)}{h}=cf'(x)$$

이고,

$$\begin{aligned}
(f(x)+g(x))'&=\lim_{h\to 0}\frac{\{f(x+h)+g(x+h)\}-\{f(x)+g(x)\}}{h}\\
&=\lim_{h\to 0}\left\{\frac{f(x+h)-f(x)}{h}+\frac{g(x+h)-g(x)}{h}\right\}\\
&=f'(x)+g'(x)
\end{aligned}$$

이다. $f(x)-g(x)$에 대해서도 같은 방법으로

$$(f(x)-g(x))'=f'(x)-g'(x)$$

을 보일 수 있다.

두 미분가능한 함수 f와 g의 곱 $f(x)g(x)$에 대해서는

$$\begin{aligned}(f(x)g(x))' &= \lim_{h\to 0}\frac{f(x+h)g(x+h)-f(x)g(x)}{h}\\ &= \lim_{h\to 0}\frac{f(x+h)g(x+h)-f(x)g(x+h)+f(x)g(x+h)-f(x)g(x)}{h}\\ &= \lim_{h\to 0}\left\{\frac{f(x+h)g(x+h)-f(x)g(x+h)}{h}+\frac{f(x)g(x+h)-f(x)g(x)}{h}\right\}\\ &= \lim_{h\to 0}\left\{\frac{f(x+h)-f(x)}{h}g(x+h)+\frac{g(x+h)-g(x)}{h}f(x)\right\}\end{aligned}$$

이다. 한편 $g(x)$는 미분가능이므로 연속이다. 따라서 $\lim_{h\to 0} g(x+h)=g(x)$이므로

$$(f(x)g(x))' = f'(x)g(x)+f(x)g'(x)$$

을 얻는다.

미분가능한 함수 f와 g의 나눗셈 $\dfrac{f(x)}{g(x)}$에 대하여

$$\begin{aligned}\left(\frac{f(x)}{g(x)}\right)' &= \lim_{h\to 0}\frac{\dfrac{f(x+h)}{g(x+h)}-\dfrac{f(x)}{g(x)}}{h}\\ &= \lim_{h\to 0}\frac{f(x+h)g(x)-f(x)g(x+h)}{h(g(x+h)g(x))}\\ &= \lim_{h\to 0}\frac{f(x+h)g(x)-f(x)g(x)+f(x)g(x)-f(x)g(x+h)}{h}\frac{1}{(g(x+h)g(x))}\\ &= \lim_{h\to 0}\left\{\frac{(f(x+h)-f(x))}{h}g(x)-\frac{(g(x+h)-g(x))}{h}f(x)\right\}\frac{1}{(g(x+h)g(x))}\\ &= \frac{f'(x)g(x)-f(x)g'(x)}{[g(x)]^2}\end{aligned}$$

이 된다.

이 결과를 정리하면 다음과 같다.

정리 3.3

미분가능한 함수 f, g와 상수 c에 대하여 다음이 성립한다.

(1) $f(x)=c$(즉, 상수함수)이면 $f'(x)=0$이다.

(2) $f(x)=x^n$(n은 자연수)이면 $f'(x)=nx^{n-1}$이다. 즉, $(x^n)'=nx^{n-1}$이다.

(3) $(cf(x))'=cf'(x)$

(4) $(f(x) \pm g(x))' = f'(x) \pm g'(x)$

(5) $(f(x)g(x))' = f'(x)g(x) + f(x)g'(x)$

(6) $\left(\dfrac{f(x)}{g(x)}\right)' = \dfrac{f'(x)g(x) - f(x)g'(x)}{[g(x)]^2}$

보기 3.10

다음 함수의 도함수를 구하여라.

(1) $y = 2x^4 - x^3 + 3$

(2) $y = (x^2 - x + 1)^2$

(3) $y = (7x + 3)(x^4 - x)$

(4) $y = \dfrac{x^3 + x^2}{x^2 + x + 1}$

풀이

(1) $y' = 2(x^4)' - (x^3)' + (3)' = 8x^3 - 3x^2$

(2) $y' = ((x^2 - x + 1)(x^2 - x + 1))' = (2x - 1)(x^2 - x + 1) + (x^2 - x + 1)(2x - 1)$
$= 2(2x - 1)(x^2 - x + 1)$

(3) $y' = (7x + 3)'(x^4 - x) + (7x + 3)(x^4 - x)' = 7(x^4 - x) + (7x + 3)(4x^3 - 1)$
$= 35x^4 + 12x^3 - 14x - 3$

(4) $y' = \left(\dfrac{x^3 + x^2}{x^2 + x + 1}\right)' = \dfrac{(x^3 + x^2)'(x^2 + x + 1) - (x^3 + x^2)(x^2 + x + 1)'}{(x^2 + x + 1)^2}$

$= \dfrac{(3x^2 + 2x)(x^2 + x + 1) - (x^3 + x^2)(2x + 1)}{(x^2 + x + 1)^2}$

$= \dfrac{x^4 + 2x^3 + 4x^2 + 2x}{(x^2 + x + 1)^2}$

기본연습문제 3.6 다음 함수의 도함수를 구하여라.

① $y = 4x^3$

② $y = 5x^2$

③ $y = 2x^4 - 3x^2 + 5$

④ $y = 3x^2 - 5x + 2\sqrt{x}$

기본연습문제 3.7 다음 함수의 도함수를 구하여라.

① $y = x^3 + x + 1$

② $y = (x^2 + 1)^2$

③ $y = (x + 1)(x^3 + x)$

④ $y = \dfrac{x^4 + x}{x^2 + x + 1}$

[정리 3.3]의 공식 (2)와 (6)을 이용하면 n이 음의 정수일 때도 미분공식

$$(x^n)' = nx^{n-1}$$

이 성립함을 보일 수 있다. 즉, $n = -m$(m은 양의 정수)이면

$$f(x) = x^n = x^{-m} = \frac{1}{x^m}$$

이다. 따라서,

$$\begin{aligned} f'(x) &= \left(\frac{1}{x^m}\right)' = \frac{(1)' \cdot x^m - 1 \cdot (x^m)'}{(x^m)^2} \\ &= -\frac{mx^{m-1}}{x^{2m}} = -mx^{-m-1} = nx^{n-1} \end{aligned}$$

이 된다.

일반적으로 미분공식 $(x^n)' = nx^{n-1}$이 모든 실수 n에 대하여 성립함을 보일 수 있다.

기본연습문제 3.8 다음 함수의 도함수를 구하여라.

① $y = 2x^{-1} - 3x^{-2}$ ② $y = \dfrac{5x^3 - 2x^2 + 3x + 4}{x^2}$

곱의 미분법을 반복이용하면 미분가능한 세 함수 $f(x)$, $g(x)$, $h(x)$의 곱의 도함수도 구할 수 있다.

$$\begin{aligned} [f(x)g(x)h(x)]' &= [f(x)g(x)]'h(x) + [f(x)g(x)]h'(x) \\ &= [f'(x)g(x) + f(x)g'(x)]h(x) + f(x)g(x)h'(x) \\ &= f'(x)g(x)h(x) + f(x)g'(x)h(x) + f(x)g(x)h'(x) \end{aligned}$$

보기 3.11

다음 함수의 도함수를 구하여라.

(1) $y = (x-1)(x-2)(x-3)$ (2) $y = x^2(x-1)(2x+1)$

풀이

(1) $y' = (x-1)'(x-2)(x-3) + (x-1)(x-2)'(x-3) + (x-1)(x-2)(x-3)'$
$= (x-2)(x-3) + (x-1)(x-3) + (x-1)(x-2)$
$= 3x^2 - 12x + 11$

(2) $y' = (x^2)'(x-1)(2x+1) + x^2(x-1)'(2x+1) + x^2(x-1)(2x+1)'$
$= 2x(x-1)(2x+1) + x^2(2x+1) + x^2(x-1) \cdot 2$
$= 8x^3 - 3x^2 - 2x$

보기 3.12

곡선 $y = \dfrac{x}{1+x^2}$에 대하여 곡선 위의 점 $\left(2, \dfrac{2}{5}\right)$에서 접선의 방정식을 구하여라.

풀이

$$y' = \frac{1(1+x^2) - x(2x)}{(1+x^2)^2} = \frac{1-x^2}{(1+x^2)^2}$$

이므로 $x = 2$에서의 접선의 기울기는

$$m = \frac{1-2^2}{(1+2^2)^2} = -\frac{3}{25}$$

이다. 따라서 접선의 방정식은

$$y - \frac{2}{5} = -\frac{3}{25}(x-2)$$

즉,

$$y = -\frac{3}{25}x + \frac{16}{25}$$

이다.

기본연습문제 3.9 다음 각 함수의 도함수를 구하고, $x = 2$에서의 순간변화율을 각각 구하여라.

① $y = \dfrac{x}{x^2+1}$ ② $y = \dfrac{x^2}{1-x}$ ③ $y = \dfrac{1}{\sqrt{x}-1}$

SECTION

3.2 연습문제

1. 다음 함수의 도함수를 구하여라.

(1) $y = x^4 + 3x^2 - 7$

(2) $y = \dfrac{2}{3}x^3 + \dfrac{1}{2}x^2 - 7x + 8$

(3) $y = (2x-1)(x+1)$

(4) $y = \dfrac{3}{x^2-1}$

(5) $y=\frac{2x-1}{x^2+1}$

(6) $y=2x^{-3}$

(7) $y=\frac{4x^3-x-1}{x^2}$

(8) $y=(x^2+3)(3x-1)(x+3)$

2. 포물선 $y=2x^2-3x$에 대하여 $x=1$에서의 접선의 방정식을 구하여라.

3. $f(x)=x^3+ax^2+bx$가 점 $(1, -1)$을 지나고, 이 점에서의 접선의 기울기가 2일 때, a와 b의 값을 구하여라.

3.3 연쇄법칙

함수 $y=(4x-1)^3$는 두 함수 $g(x)=x^3$, $f(x)=4x-1$의 합성함수 $g(f(x))$로 볼 수 있다. 이 절에서는 합성함수의 미분법에 대하여 알아보고 그 응용으로 음함수 미분법과 역함수의 미분법을 소개한다.

함수 f가 x_0에서 미분가능하고 g가 $f(x_0)$에서 미분가능할 때 새로운 함수 $h=g\circ f$의 x_0에서의 미분에 대하여 생각해 보자. x_0근방에서 정의된 함수

$$\eta(x)=\frac{f(x)-f(x_0)}{x-x_0}-f'(x_0)$$

는 f가 x_0에서 미분가능하므로 $x\to x_0$일 때

$$\eta(x)\to 0$$

이다. x_0근방에서 f는

$$f(x)-f(x_0)=(x-x_0)[f'(x_0)+\eta(x)]$$

로 표현할 수 있다. 비슷하게 g도 $y_0=f(x_0)$에서 미분가능하므로 y_0근방에서

$$g(y)-g(y_0)=(y-y_0)[g'(y_0)+\nu(y)]$$

로 표현할 수 있다. 여기서 $y\to y_0$이면

$$\nu(y)\to 0$$

이다.

$$\begin{aligned}h(x)-h(x_0)&=g(f(x))-g(f(x_0))=g(y)-g(y_0)\\&=(y-y_0)[g'(y_0)+\nu(y)]\\&=[f(x)-f(x_0)][g'(f(x_0))+\nu(f(x))]\\&=(x-x_0)[f'(x_0)+\eta(x)][g'(f(x_0))+\nu(f(x))]\end{aligned}$$

이므로 $x\neq x_0$이면

$$\frac{h(x)-h(x_0)}{x-x_0}=[g'(f(x_0))+\nu(f(x))][f'(x_0)+\eta(x)]$$

을 얻는다. 한편 $x\to x_0$이면 f는 x_0에서 연속이므로

$$y=f(x)\to y_0=f(x_0)$$

이다. 따라서 $x \to x_0$이면 $\eta(x) \to 0$이고 $\nu(f(x)) \to 0$이므로

$$h'(x_0) = \lim_{x \to x_0} \frac{h(x) - h(x_0)}{x - x_0} = g'(y_0)f'(x_0)$$

이다. 이 결과를 정리하면 다음과 같다.

정리 3.4 **연쇄법칙**

함수 f와 g가 미분가능하면 합성함수 $g \circ f$도 미분가능하고

$$(g \circ f)'(x) = g'(f(x))f'(x)$$

이다.

$y = g(u)$, $u = f(x)$로 두면 연쇄법칙은 라이프니츠의 표기법을 이용하여 다음과 같이 표현할 수 있다.

$$\frac{dy}{dx} = \frac{dy}{du} \cdot \frac{du}{dx}$$

보기 3.13

다음 함수의 도함수를 구하여라.

(1) $y = (x^2 + 1)^3 (3x^2 - 1)^4$　　　(2) $y = \dfrac{1}{(x^2 + 1)^2}$

풀이

(1) 곱의 미분법에 의해서

$$y' = [(x^2+1)^3]'(3x^2-1)^4 + (x^2+1)^3[(3x^2-1)^4]'$$

이다. $g(u) = u^3$, $f(x) = x^2 + 1$로 두면 $(x^2+1)^3 = g(f(x))$이므로

$$[(x^2+1)^3]' = [g(f(x))]' = g'(f(x))f'(x) = 3(x^2+1)^2(2x) = 6x(x^2+1)^2$$

이다. 마찬가지로

$$[(3x^2-1)^4]' = 4(3x^2-1)^3(6x) = 24x(3x^2-1)^3$$

이다. 따라서

$$\begin{aligned} y' &= 6x(x^2+1)^2(3x^2-1)^4 + 24x(x^2+1)^3(3x^2-1)^3 \\ &= 6x(x^2+1)^2(3x^2-1)^3(7x^2+3) \end{aligned}$$

이다.

(2) $y=(x^2+1)^{-2}$이므로

$$y' =-2(x^2+1)^{-3}(2x) =-\frac{4x}{(1+x^2)^3}$$

이다.

기본연습문제 3.10 다음 함수의 도함수를 구하여라.

① $y=(3x^2-2)^4$

② $y=\left(1+\frac{2}{x}\right)^4$

보기 3.14

함수 $y=x^r$(r은 유리수)에 대하여 $y'=rx^{r-1}$임을 보여라.

풀이

$r=\frac{p}{q}$(p, q는 정수)라 하자. 그러면 $y=x^r=x^{\frac{p}{q}}$이므로 $y^q=x^p$이다. 양변을 x에 대하여 미분하면 연쇄법칙에 의해서

$$qy^{q-1}y'=px^{p-1}$$

을 얻는다. 따라서

$$y'=\frac{p}{q}x^{p-1}y^{1-q}=\frac{p}{q}x^{p-1}x^{\frac{p}{q}(1-q)}=\frac{p}{q}x^{\frac{p}{q}-1}$$

을 얻는다. 즉,

$$y'=rx^{r-1}$$

이 성립한다.

[보기 3.14]로부터 모든 유리수 n에 대하여 $(x^n)'=nx^{n-1}$이 성립함을 알 수 있다.

보기 3.15

f'을 이용하여 다음 함수의 도함수를 표현하여라.

(1) $y=f(ax+b)$ (a와 b는 상수)

(2) $y=\{f(x)\}^n$

(3) $y=\sqrt{f(x)}$

풀이

(1) 연쇄법칙에 의해서

$$y'=(f(ax+b))'=f'(ax+b)(a)=af'(ax+b)$$

이다.

(2) $y = (\{f(x)\}^n)' = n\{f(x)\}^{n-1}f'(x)$

(3) $y = \sqrt{f(x)} = \{f(x)\}^{\frac{1}{2}}$ 이므로

$$y' = \frac{1}{2}\{f(x)\}^{-\frac{1}{2}}f'(x) = \frac{f'(x)}{2\sqrt{f(x)}}$$

이다.

보기 3.16

다음 함수의 도함수를 구하여라.

(1) $y = (2x+1)^3$ (2) $y = (2x^2-1)^4$ (3) $y = \sqrt{2x-1}$

풀이

[보기 3.15]의 결과를 이용하면 다음과 같다.

(1) $y' = 3(2x+1)^2(2) = 6(2x+1)^2$ (2) $y' = 4(2x^2-1)^3(4x) = 16x(2x^2-1)^3$

(3) $y' = \dfrac{2}{2\sqrt{2x-1}} = \dfrac{1}{\sqrt{2x-1}}$

기본연습문제 3.11 다음 함수의 도함수를 구하여라.

① $y = (x^2+1)^3(3x^2-1)^4$ ② $y = \dfrac{1}{(x^2+1)^2}$ ③ $y = (\sqrt{x}+x^2+1)^3$

④ $y = (x^3+x-1)^5$ ⑤ $y = \sqrt[3]{x^2+1}$ ⑥ $y = \left(\dfrac{x}{x^2+1}\right)^3$

⑦ $y = \sqrt{1+\dfrac{1}{\sqrt{x}}}$

방정식 $x^2+y^2=25$을 y에 대하여 풀면

$$y = \sqrt{25-x^2}, \quad y = -\sqrt{25-x^2}$$

이 된다. 따라서 방정식 $x^2+y^2=25$은 두 함수를 함께 나타낸 것이다.

일반적으로 방정식

$$F(x,y) = 0$$

이 주어졌을 때, x와 y의 범위를 알맞게 정하면 $F(x,y)=0$에서 x의 함수 y를 얻을 수 있다. x의 함수 y가 $F(x,y)=0$의 꼴로 주어지면, y를 x**의 음함수**라 한다. 이에 반하여 x의 함수

y가 $y=f(x)$ 꼴로 주어지면, y를 **x의 양함수**라 한다.

음함수를 양함수 꼴로 바꾸지 않고 음함수 $F(x,y)=0$의 각 항을 x에 대하여 미분함으로써 음함수의 도함수를 구하는 것을 **음함수의 미분법**이라 한다.

보기 3.17

원 $x^2+y^2=4$위의 점 $(1,\ -\sqrt{3})$에서 접선의 기울기를 구하여라.

풀이

접선의 기울기를 두 가지 방법으로 구해 보자.

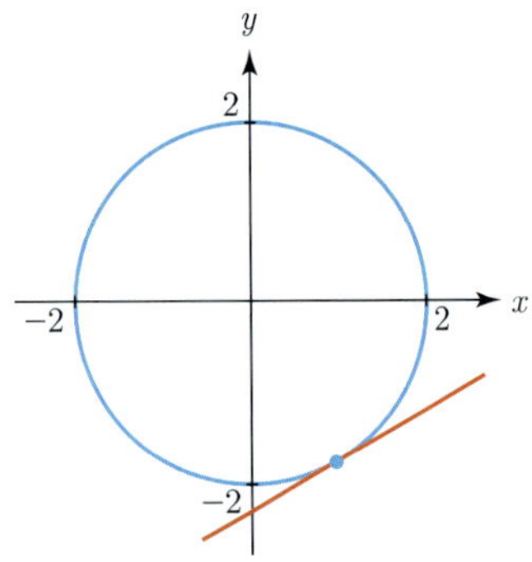

[그림 3.4]

[방법 1] 양함수꼴로 바꿔서 구한다.

점 $(1,-\sqrt{3})$ 근방에서 양함수 꼴로 쓰면 $y=-\sqrt{4-x^2}$ 이다. 따라서

$$y' = -\frac{-2x}{2\sqrt{4-x^2}} = \frac{x}{\sqrt{4-x^2}}$$

이므로 점 $(1,-\sqrt{3})$에서 접선의 기울기는

$$y'|_{x=1} = \frac{1}{\sqrt{3}}$$

이다.

[방법 2] 음함수의 미분법을 이용하여 구한다.

연쇄법칙을 이용하여 $x^2+y^2=4$의 양변을 x에 대하여 미분하면

$$\frac{d}{dx}(x^2+y^2) = \frac{d}{dx}(4) \ \Rightarrow\ 2x+2y\frac{dy}{dx}=0$$

이다. 따라서 점 $(1,-\sqrt{3})$에서

$$\left.\frac{dy}{dx}\right|_{(1,-\sqrt{3})} = -\left.\frac{x}{y}\right|_{(1,-\sqrt{3})} = \frac{1}{\sqrt{3}}$$

이다.

보기 3.18

곡선 $x^3 + y^3 = 6xy$에서 $\dfrac{dy}{dx}$를 구하여라.

풀이

양변을 x에 대하여 미분하면

$$\frac{d}{dx}(x^3+y^3) = \frac{d}{dx}(6xy) \Rightarrow 3x^2 + 3y^2\frac{dy}{dx} = 6y + 6x\frac{dy}{dx}$$

이다. $\dfrac{dy}{dx}$에 대하여 풀면

$$\frac{dy}{dx} = \frac{2y - x^2}{y^2 - 2x}$$

이다.

기본연습문제 3.12 다음 음함수에서 $\dfrac{dy}{dx}$를 구하여라.

① $3x^2 + 2y^2 = 5$ ② $x^2 + y^2 = 2xy$

기울기가 0이 아닌 모든 일차함수

$$y = f(x) = ax + b\,(a \neq 0)$$

의 역함수는

$$y = f^{-1}(x) = \frac{x}{a} - \frac{b}{a}$$

이므로 f의 기울기 a와 f^{-1}의 기울기 $\dfrac{1}{a}$은 항상 역수이다. f와 f^{-1}의 기울기에 대한 역수 관계는 일차함수가 아닌 경우에도 성립한다. 예를 들어, 미분가능한 함수 $y = f(x)$에 대해 미분가능한 역함수 f^{-1}가 존재한다고 하자. 그러면 역함수 관계라는 사실에서

$$f(f^{-1}(x)) = x$$

이므로, 양변을 x에 대해 미분하면

$$f'(f^{-1}(x))(f^{-1})'(x)=1$$

이 성립한다. 따라서

$$(f^{-1})'(x)=\frac{1}{f'(f^{-1}(x))}$$

이 성립한다.

다음의 역함수 정리는 역함수의 존재성과 미분가능성에 관한 정보를 준다.

정리 3.5 역함수 정리

구간에서 정의된 미분가능한 함수 $y=f(x)$가 정의역의 모든 점에서 $f'(x)\neq 0$이면, f의 역함수 f^{-1}가 존재하고 미분가능하다. $b=f(a)$이면 다음 관계식이 성립한다.

$$(f^{-1})'(b)=\frac{1}{f'(f^{-1}(b))}=\frac{1}{f'(a)}$$

역함수 정리의 결론은 라이프니츠의 표기법을 이용하면 다음과 같이 쓸 수 있다.

$$\frac{dx}{dy}=\frac{1}{dy/dx}$$

보기 3.19

함수 $f(x)=x^3+x$는 모든 실수에서 역함수 f^{-1}가 존재함을 설명하고, 미분계수 $(f^{-1})'(2)$를 구하여라.

풀이

임의의 실수 x에 대하여

$$f'(x)=3x^2+1>0$$

이므로 역함수 정리에 의하여 역함수 f^{-1}가 존재한다. $f(a)=a^3+a=2$이면 $a=1$이므로

$$f^{-1}(2)=1$$

이다. 따라서

$$(f^{-1})'(2)=\frac{1}{f'(f^{-1}(2))}=\frac{1}{f'(1)}=\frac{1}{4}$$

이다.

SECTION

3.3 연습문제

1. 다음 함수의 도함수를 구하여라.

(1) $y=(x^2+1)^4(2x^3-1)^3$　　(2) $y=\sqrt{x^4-x^2+1}$

(3) $y=(x^2+3)^4$　　(4) $y=(\sqrt{x+1}+1)^{-3}$

(5) $y=\dfrac{(x^2-1)^2}{(3x+4)^3}$　　(6) $y=\dfrac{(2x-1)^3}{\sqrt{x^2+1}}$

2. $x>0$에서 $\dfrac{d}{dx}(f(x^3))=6x^4$일 때 $f'(x)$를 구하여라.

3. 다음 관계식에서 $\dfrac{dy}{dx}$를 구하여라.

(1) $\sqrt{x}+\sqrt{y}=\sqrt{a}$ (단, $x>0$, $y>0$)　　(2) $x^3-3xy+y^3=3$

(3) $x^2y^2-2x=4-4y$

4. $y^2+xy=1$에서 y'와 y''을 구하여라.

5. 다음 함수가 역함수를 가짐을 보이고, $(f^{-1})'(2)$를 구하여라.

(1) $y=x^5+4x+2$　　(2) $y=\sqrt{x^3+2x+1}$

6. $x=y\sqrt{1+y}$ $(y>-1)$일 때, $\dfrac{dy}{dx}$를 구하여라.

3.4 지수함수, 로그함수, 삼각함수, 역삼각함수의 도함수

지수함수 $f(x)=e^x$의 도함수를 구하여 보자. 도함수의 정의를 이용하여 계산하면

$$f'(x)=\lim_{h\to0}\frac{f(x+h)-f(x)}{h}=\lim_{h\to0}\frac{e^{x+h}-e^x}{h}=e^x\lim_{h\to0}\frac{e^h-1}{h}$$

이다. [보기 2.11]에 의해서 $\lim_{h\to0}\frac{e^h-1}{h}=1$이므로

$$f'(x)=e^x$$

를 얻는다.

일반적인 밑을 갖는 지수함수 $g(x)=a^x\,(a>0, a\neq1)$에 대하여

$$g(x)=a^x=e^{x\log a}$$

이므로 연쇄법칙에 의해서

$$g'(x)=e^{x\log a}\cdot\log a=a^x\log a$$

을 얻는다. 따라서 다음 정리를 얻는다.

정리 3.6

$a>0$, $a\neq1$인 실수 a에 대하여 다음이 성립한다.

(1) $\frac{d}{dx}(e^x)=e^x$ (2) $\frac{d}{dx}(a^x)=a^x\log a$

보기 3.20

다음 함수의 도함수를 구하여라.

(1) $y=4^{\sqrt{x}}$ (2) $y=xe^x$ (3) $y=\frac{e^x}{x}$ (4) $y=3^{5x+4}\sqrt{x}$

풀이

(1) $y'=(4^{\sqrt{x}})'=(4^{\sqrt{x}}\log4)\cdot\left(\frac{1}{2\sqrt{x}}\right)=\frac{\log2}{\sqrt{x}}4^{\sqrt{x}}$

(2) $y'=(x)'e^x+x(e^x)'=e^x+xe^x=(1+x)e^x$

(3) $y' = \dfrac{(e^x)'x - e^x(x)'}{x^2} = \dfrac{e^x x - e^x}{x^2} = \dfrac{(x-1)e^x}{x^2}$

(4) $y' = (3^{5x+4})'\sqrt{x} + 3^{5x+4}(\sqrt{x})' = (3^{5x+4}\log 3)(5)\sqrt{x} + 3^{5x+4}\dfrac{1}{2\sqrt{x}}$

$= 3^{5x+4}\left(5\sqrt{x}\log 3 + \dfrac{1}{2\sqrt{x}}\right)$

보기 3.21

곡선 $y = e^x$에 접하고 기울기가 e인 접선의 식을 구하여라.

풀이

접점의 좌표를 (a, e^a)라 두면 $y' = e^x$이므로 $e^a = e$을 만족해야 한다. 따라서 $a = 1$이고 접점은 $(1, e)$이다. 구하는 접선의 식은

$$y - e = e(x-1)$$

즉,

$$y = ex$$

이다.

기본연습문제 3.13 다음 함수의 도함수를 구하여라.

① $y = 2^{1-3x}$ ② $y = 3^{x+3}$

로그함수 $f(x) = \log x$의 도함수를 구하여 보자. 도함수의 정의를 이용하여 계산하면

$$\begin{aligned} f'(x) &= \lim_{h\to 0}\frac{f(x+h)-f(x)}{h} = \lim_{h\to 0}\frac{\log(x+h)-\log(x)}{h} \\ &= \lim_{h\to 0}\frac{\log(1+h/x)}{h} = \lim_{h\to 0}\frac{\log(1+h/x)}{h/x}\cdot\frac{1}{x} \\ &= \lim_{h\to 0}\log(1+h/x)^{h/x}\cdot\frac{1}{x} = \log e\cdot\frac{1}{x} \\ &= \frac{1}{x} \end{aligned}$$

이다.

일반적인 밑을 갖는 로그함수 $g(x) = \log_a x$에 대하여

$$g(x) = \log_a x = \frac{\log x}{\log a}$$

이므로

$$g'(x) = \frac{1}{x} \cdot \frac{1}{\log a} = \frac{1}{x \log a}$$

이다. 따라서 다음 정리를 얻는다.

정리 3.7

$a > 0$, $a \neq 1$인 실수 a에 대하여 다음이 성립한다.

(1) $\frac{d}{dx}(\log x) = \frac{1}{x}$　　(2) $\frac{d}{dx}(\log_a x) = \frac{1}{x \log a}$

$y = \log x$는 지수함수 $y = e^x$의 역함수이다. 따라서 역함수 미분법을 이용하여 로그함수 $g(x) = \log x$의 도함수를 구할 수 있다. 즉, $f(x) = e^x$라 하면 $f(g(x)) = x$이다. 양변을 x로 미분하면 $f'(g(x))g'(x) = 1$이다. $f'(g(x)) = e^{\log x} = x$이므로 $g'(x) = \frac{1}{x}$을 얻는다.

보기 3.22

함수 $y = \log|x|$의 도함수를 구하여라.

풀이

$x > 0$이면

$$(\log|x|)' = (\log x)' = \frac{1}{x}$$

이고, $x < 0$이면

$$(\log|x|)' = (\log(-x))' = \frac{-1}{-x} = \frac{1}{x}$$

이다. 따라서

$$(\log|x|)' = \frac{1}{x}$$

이다.

기본연습문제 3.14 다음 함수의 도함수를 구하여라.

① $y = \log|3x|$　　② $y = \log|-x+2|$

보기 3.23

다음 함수의 도함수를 구하여라.

(1) $y=\log(1+x^2)$　　(2) $y=(\log(1+x^2))^2$

(3) $y=\log_3(1+x^2)$　　(4) $y=\dfrac{\log x}{x}$

풀이

(1) $y'=\dfrac{(1+x^2)'}{1+x^2}=\dfrac{2x}{1+x^2}$

(2) $y'=2(\log(1+x^2))\cdot(\log(1+x^2))'=2(\log(1+x^2))\cdot\dfrac{2x}{1+x^2}=\dfrac{4x\log(1+x^2)}{1+x^2}$

(3) $y'=\dfrac{1}{\log 3}\cdot\dfrac{(1+x^2)'}{1+x^2}=\dfrac{1}{\log 3}\dfrac{2x}{1+x^2}$

(4) $y'=\dfrac{(\log x)'x-\log x\cdot(x)'}{x^2}=\dfrac{1-\log x}{x^2}$

보기 3.24

함수 $f(x)=\log(1+x)$에 대하여 $x=0$에서 접선의 방정식을 구하여라.

풀이

$$f'(x)=\frac{1}{1+x}$$

이므로 접선의 기울기는 $f'(0)=1$이다. $f(0)=0$이므로 접선의 방정식

$$y=x$$

이다.

곱, 몫 또는 지수로 표현된 함수의 경우 로그를 취하여 도함수를 계산하면 훨씬 계산이 쉬운데 이렇게 도함수를 구하는 방법을 **로그미분법**이라 한다.

보기 3.25

다음 함수의 도함수를 구하여라.

(1) $y=\dfrac{\sqrt{(x^2+1)(x^2+4)}}{x^2+2}$　　(2) $y=\dfrac{x\sqrt{x-1}}{(x^2+1)^{3/2}}$

풀이

(1) 양변에 로그를 취하면

$$\log y = \frac{1}{2}\left[\log(x^2+1)+\log(x^2+4)\right]-\log(x^2+2)$$

이다. 양변을 x로 미분하면

$$\frac{y'}{y}=\frac{1}{2}\left(\frac{2x}{x^2+1}+\frac{2x}{x^2+4}\right)-\frac{2x}{x^2+2}$$

이다. 따라서

$$y'=y\left(\frac{x}{x^2+1}+\frac{x}{x^2+4}-\frac{2x}{x^2+2}\right)=\frac{\sqrt{(x^2+1)(x^2+4)}}{x^2+2}\left(\frac{x}{x^2+1}+\frac{x}{x^2+4}-\frac{2x}{x^2+2}\right)$$

이다.

(2) $y=\dfrac{x\sqrt{x-1}}{(x^2+1)^{3/2}}$의 양변에 절댓값을 취하고 로그를 취하면

$$\log|y|=\log|x|+\frac{1}{2}\log|x-1|-\frac{3}{2}\log(x^2+1)$$

이다. [보기 3.22]에 의해 양변을 x로 미분하면

$$\frac{y'}{y}=\frac{1}{x}+\frac{1}{2}\cdot\frac{1}{x-1}-\frac{3}{2}\frac{2x}{x^2+1}$$

이다. 따라서

$$y'=\frac{x\sqrt{x-1}}{(x^2+1)^{3/2}}\left(\frac{1}{x}+\frac{1}{2(x-1)}-\frac{3x}{x^2+1}\right)$$

이다.

기본연습문제 3.15 다음 함수의 도함수를 구하여라.

① $y=(x+1)^3(x+2)^6$

② $y=(x+1)^2(x+2)^3(x+3)^4$

③ $y=\dfrac{(x-2)(x-1)^3}{(x+1)^3}$

④ $y=\dfrac{x^3\sqrt{x+2}}{x+1}$

보기 3.26

다음 함수의 도함수를 구하여라.

$$y=x^x$$

풀이

양변에 로그를 취하면

$$\log y = x\log x$$

이다. 양변을 x에 대하여 미분하면

$$\frac{y'}{y} = \log x + x \cdot \frac{1}{x} = \log x + 1$$

이므로

$$y' = x^x (\log x + 1)$$

이다.

함수 $y = x^n$에서 n이 유리수일 때, $y' = nx^{n-1}$임을 보였다. 이제 로그미분법을 이용하여 n이 실수일 때도 $(x^n)' = nx^{n-1}$임을 보여보자. $y = x^n$의 양변에 절댓값을 취하고 로그를 취하면

$$\log|y| = n \log|x|$$

이 된다. 양변을 x로 미분하면

$$\frac{y'}{y} = \frac{n}{x}$$

이다. 따라서

$$y' = \frac{ny}{x} = \frac{nx^n}{x} = nx^{n-1}$$

이다. 따라서 n이 실수일 때 함수 $f(x) = x^n$의 도함수는 다음과 같다.

정리 3.8

실수 n에 대하여 $(x^n)' = nx^{n-1}$이다.

기본연습문제 3.16 다음 함수의 도함수를 구하여라.

① $y = 3x^{\sqrt{2}} - 5x^3 + 1$ ② $y = 3x^e + 2x - 3$

이제 삼각함수의 도함수에 대하여 알아보자.

함수 $y = \sin x$의 도함수를 구하여 보자. 사인함수의 덧셈법칙에 의해서

$$\sin(x+h) = \sin x \cos h + \cos x \sin h$$

이므로

$$\sin(x+h)-\sin x=\sin x(\cos h-1)+\cos x\sin h$$

이다. 이제

$$\lim_{h\to 0}\frac{\sin h}{h}=1$$

이고,

$$\lim_{h\to 0}\frac{\cos h-1}{h}=\lim_{h\to 0}\frac{\cos^2 h-1}{h(\cos h+1)}=\lim_{h\to 0}\frac{-\sin^2 h}{h(\cos h+1)}=\lim_{h\to 0}\frac{-\sin^2 h}{h^2}\cdot\frac{h}{(\cos h+1)}=0$$

임을 이용하면

$$\begin{aligned}y'&=\lim_{h\to 0}\frac{\sin(x+h)-\sin h}{h}=\lim_{h\to 0}\left[\sin x\frac{\cos h-1}{h}+\cos x\frac{\sinh}{h}\right]\\&=\sin x\cdot 0+\cos x\cdot 1\\&=\cos x\end{aligned}$$

이 된다.

$y=\cos x=\sin\left(\frac{\pi}{2}-x\right)$이므로 연쇄법칙을 이용하면

$$\begin{aligned}y'&=\left[\sin\left(\frac{\pi}{2}-x\right)\right]'=\cos\left(\frac{\pi}{2}-x\right)\left(\frac{\pi}{2}-x\right)'\\&=-\cos\left(\frac{\pi}{2}-x\right)\\&=-\sin x\end{aligned}$$

이다.

$y=\tan x=\frac{\sin x}{\cos x}$ 이므로

$$\begin{aligned}y&=\left(\frac{\sin x}{\cos x}\right)'=\frac{(\sin x)'\cos x-\sin x(\cos x)'}{\cos^2 x}\\&=\frac{\cos^2 x+\sin^2 x}{\cos^2 x}=\frac{1}{\cos^2 x}=\sec^2 x\end{aligned}$$

이다.

마찬가지로 삼각함수

$$\csc x=\frac{1}{\sin x},\ \sec x=\frac{1}{\cos x},\ \cot x=\frac{1}{\tan x}$$

에 대한 미분공식도 몫의 미분법으로 구할 수 있다. 따라서 다음 정리를 얻는다.

정리 3.9

(1) $(\sin x)' = \cos x$ (2) $(\cos x)' = -\sin x$ (3) $(\tan x)' = \sec^2 x$

(4) $(\csc x)' = -\csc x \cot x$ (5) $(\sec x)' = \sec x \tan x$ (6) $(\cot x)' = -\csc^2 x$

보기 3.27

다음 함수의 도함수를 구하여라.

(1) $y = \sin x \tan x$ (2) $y = \dfrac{\sin x}{1-\cos x}$ (3) $y = \log|\cos x|$ (4) $y = \sin^3 x$

풀이

(1) $y' = (\sin x \tan x)' = (\sin x)' \tan x + \sin x (\tan x)'$

$= \cos x \tan x + \sin x \sec^2 x$

$= \sin x + \sin x \sec^2 x$

(2) $y' = \left(\dfrac{\sin x}{1-\cos x}\right)' = \dfrac{(\sin x)'(1-\cos x) - \sin x(1-\cos x)'}{(1-\cos x)^2} = \dfrac{\cos x(1-\cos x) - \sin x \cdot \sin x}{(1-\cos x)^2}$

$= \dfrac{\cos x - (\cos^2 x + \sin^2 x)}{(1-\cos x)^2} = \dfrac{\cos x - 1}{(1-\cos x)^2}$

$= \dfrac{1}{\cos x - 1}$

(3) $y' = (\log|\cos x|)' = \dfrac{1}{\cos x}(\cos x)' = -\dfrac{\sin x}{\cos x} = -\tan x$

(4) $y' = (\sin^3 x)' = 3\sin^2 x \cdot (\sin x)' = 3\sin^2 x \cos x$

기본연습문제 3.17 다음 함수의 도함수를 구하여라.

① $y = \sin x - x\cos x$ ② $y = x^2 \sin x$ ③ $y = \sin\left(2x + \dfrac{\pi}{3}\right)$ ④ $y = \cos^2 x$

⑤ $y = \tan^3 3x$ ⑥ $y = \sin\sqrt{1+x^2}$ ⑦ $y = \sqrt{\sin x}$

보기 3.28

곡선 $y = \cos x$의 $x = \dfrac{\pi}{6}$에서의 접선의 방정식을 구하여라.

풀이

$y' = -\sin x$이므로 접선의 기울기는

$$y'\bigg|_{x=\frac{\pi}{6}} = -\frac{1}{2}$$

이다. 따라서 곡선 위의점 $\left(\frac{\pi}{6}, \frac{\sqrt{3}}{2}\right)$에서의 접선의 방정식은

$$y - \frac{\sqrt{3}}{2} = -\frac{1}{2}\left(x - \frac{\pi}{6}\right)$$

이다.

1장에서 사인함수 $y = \sin x$의 정의역을 $\left(-\frac{\pi}{2}, \frac{\pi}{2}\right)$로 제한하면 역함수

$$y = \arcsin x \ (-1 < x < 1)$$

가 존재함을 살펴보았다. [정리 3.5]에 의해 역사인함수 $y = \arcsin x$는 미분가능하다. 이제 역사인함수 $y = \arcsin x$의 도함수를 구하여 보자.

$y = \arcsin x$라 하면 $x = \sin y$이므로 양변을 x에 관하여 미분하면

$$1 = \cos y \frac{dy}{dx}$$

을 얻는다. 이제 $-\frac{\pi}{2} < y < \frac{\pi}{2}$이므로

$$\frac{dy}{dx} = \frac{1}{\cos y} = \frac{1}{\sqrt{1 - \sin^2 y}} = \frac{1}{\sqrt{1 - x^2}}$$

이다. 따라서 다음 정리를 얻는다.

정리 3.10

구간 $-1 < x < 1$에서

$$\frac{d}{dx}(\arcsin x) = \frac{1}{\sqrt{1 - x^2}}$$

이다.

탄젠트함수 $y = \tan x$의 정의역을 구간 $\left(-\frac{\pi}{2}, \frac{\pi}{2}\right)$로 제한하면 역함수

$$y = \arctan x$$

이 존재한다. [정리 3.5]에 의해 역탄젠트함수 $y=\arctan x$는 미분가능하다. 역탄젠트함수 $y=\arctan x$의 도함수를 구하여 보자.

$y=\arctan x$라 하면 $x=\tan y$이 된다. 양변을 x에 관하여 미분하면

$$1=\sec^2 y\frac{dy}{dx}=(1+\tan^2 y)\frac{dy}{dx}$$

을 얻는다. $x=\tan y$이므로

$$\frac{dy}{dx}=\frac{1}{1+\tan^2 y}=\frac{1}{1+x^2}$$

이 된다. 따라서 다음 정리를 얻는다.

정리 3.11

$$\frac{d}{dx}(\arctan x)=\frac{1}{1+x^2}$$

보기 3.29

다음 함수의 도함수를 구하여라.

(1) $y=\arcsin(3x^2)$ (2) $y=\arctan(x^2)$

풀이

(1) $y'=(\arcsin(3x^2))'=\frac{1}{\sqrt{1-(3x^2)^2}}(3x^2)'=\frac{6x}{\sqrt{1-9x^4}}$

(2) $y'=(\arctan(x^2))'=\frac{1}{1+(x^2)^2}(x^2)'=\frac{2x}{1+x^4}$

SECTION

3.4 연습문제

1. 다음 함수를 미분하여라.

(1) $y=e^{\cos x}$ (2) $y=\frac{e^x-e^{-x}}{e^x+e^{-x}}$ (3) $y=x^2\log x$

(4) $y=x^3e^{-3x}$ (5) $y=\log|\cos x|$ (6) $y=\log(\log x)$

(7) $y=\log(x+\sqrt{1+x^2})$ (8) $y=(\log x)^x$ (9) $y=(\cos x)^{\cos x}$

2. 다음에서 $\dfrac{dy}{dx}$ 를 구하여라.

(1) $x = \sin y$

(2) $\sin x + \cos y = 1$

3. 다음 함수를 미분하여라.

(1) $y = \dfrac{(x+1)^4}{(x-2)^2(x+3)^2}$

(2) $y = \sqrt[3]{\dfrac{(2x+1)^2}{(x+4)(x-1)}}$

4. 다음 함수의 도함수를 구하여라.

(1) $y = \arctan(\sin 3x)$

(2) $y = \log(\arcsin x)$

3.5 쌍곡선 함수의 도함수

지수함수 e^x와 e^{-x}를 결합하여 쌍곡선 함수를 다음과 같이 정의하였다.

$$\sinh x = \frac{1}{2}(e^x - e^{-x}),\ \cosh x = \frac{1}{2}(e^x + e^{-x}),\ \tanh x = \frac{\sinh x}{\cosh x} = \frac{e^x - e^{-x}}{e^x + e^{-x}},$$

$$\coth x = \frac{1}{\tanh x} = \frac{e^x + e^{-x}}{e^x - e^{-x}}\ (x \neq 0),\ \operatorname{sech} x = \frac{1}{\cosh x} = \frac{2}{e^x + e^{-x}},$$

$$\operatorname{csch} x = \frac{1}{\sinh x} = \frac{2}{e^x - e^{-x}}\ (x \neq 0)$$

쌍곡선 함수 $y = \sinh x$의 도함수는 지수함수의 도함수를 이용하면

$$y = (\sinh x)' = \frac{1}{2}(e^x - e^{-x})' = \frac{1}{2}(e^x + e^{-x}) = \cosh x$$

이 된다. 같은 방법으로 쌍곡선 함수의 도함수를 구하면 다음과 같다.

정리 3.12

(1) $(\sinh x)' = \cosh x$　　(2) $(\cosh x)' = \sinh x$

(3) $(\tanh x)' = \operatorname{sech}^2 x$　　(4) $(\coth x)' = -\operatorname{csch}^2 x$

(5) $(\operatorname{sech} x)' = -\operatorname{sech} x \tanh x$　　(6) $(\operatorname{csch} x)' = -\operatorname{csch} x \coth x$

함수 $y = \sinh x$와 $y = \tanh x$는 [정리 3.5]에 의해서 미분가능한 역함수가 존재함을 알 수 있다. $y = \sinh x$와 $y = \tanh x$의 역함수와 그 도함수를 구하여 보자.

$\sinh x = y = \frac{1}{2}(e^x - e^{-x})$이므로 $e^x - e^{-x} = 2y$이고 양변에 e^x를 곱하여 정리하면

$$(e^x)^2 - 2ye^x + 1 = 0$$

이 된다. e^x에 대하여 풀면

$$e^x = y \pm \sqrt{y^2 + 1}$$

을 얻는다. $e^x > 0$이므로

$$e^x = y + \sqrt{y^2 + 1}$$

이다.

이제 로그를 취하고 x와 y를 바꾸면

$$\operatorname{arcsinh} x = \log(x + \sqrt{x^2+1})$$

를 얻는다. 이 식을 미분하면

$$\frac{d}{dx}\operatorname{arcsinh} x = \frac{1}{\sqrt{x^2+1}}$$

를 얻는다. 이 결과를 정리하면 다음과 같다.

정리 3.13

함수 $f(x) = \sinh x$의 역함수 $f^{-1}(x) = \operatorname{arcsinh} x$에 대하여 다음이 성립한다.

(1) $f^{-1}(x) = \operatorname{arcsinh} x = \log(x + \sqrt{x^2+1})$ (2) $\dfrac{d}{dx}f^{-1}(x) = \dfrac{1}{\sqrt{x^2+1}}$

$y = \tanh x$의 역함수에 대해서도 다음 정리를 얻을 수 있다.

정리 3.14

함수 $f(x) = \tanh x$의 역함수 $f^{-1}(x) = \operatorname{arctanh} x$에 대하여 다음이 성립한다.

(1) $f^{-1}(x) = \operatorname{arctanh} x = \dfrac{1}{2}\log\dfrac{1+x}{1-x}$, $(|x| < 1)$

(2) $\dfrac{d}{dx}f^{-1}(x) = \dfrac{1}{1-x^2}$

SECTION

3.5 연습문제

1. 다음 함수의 도함수를 구하여라.

(1) $y = \sinh 2x$ (2) $y = \sinh\sqrt{x}$

3.6 고계도함수

함수 $y=f(x)$가 미분가능한 함수이면 f의 도함수 f'도 함수이다. 따라서 f'이 미분가능하면 f'의 도함수를 생각할 수 있다. f'의 도함수를 **f의 이계 도함수**라 하고

$$y'',\ f''(x),\ \frac{d^2y}{dx^2},\ \frac{d^2}{dx^2}f(x)$$

로 나타낸다. 마찬가지로 f''가 미분가능할 때 f''의 도함수를 **f의 삼계 도함수**라 하고

$$f''',\ f^{(3)},\ \frac{d^3y}{dx^3}$$

로 나타낸다. 일반적으로 f의 **n계 도함수**는

$$f^{(n)},\ \frac{d^ny}{dx^n}$$

로 나타낸다.

보기 3.30

함수 $y=(x^2-x+1)^2$의 이계 도함수를 구하여라.

풀이

함수 $y=(x^2-x+1)^2$의 도함수는

$$y'=2(2x-1)(x^2-x+1)$$

이므로 곱에 대한 미분법을 사용하면

$$y''=2\cdot 2\cdot (x^2-x+1)+2(2x-1)(2x-1)=12x^2-12x+6$$

이다.

보기 3.31

함수 $y=e^{-x}\cos x$의 이계 도함수를 구하여라.

풀이

$y=e^{-x}\cos x$ 에서

$$\begin{aligned}y'&=-e^{-x}\cos x+e^{-x}(-\sin x)\\&=-e^{-x}(\cos x+\sin x)\end{aligned}$$

이다. 따라서,

$$\begin{aligned} y'' &= e^{-x}(\cos x + \sin x) - e^{-x}(-\sin x + \cos x) \\ &= 2e^{-x}\sin x \end{aligned}$$

이다.

기본연습문제 3.18 다음 함수의 이계 도함수를 구하여라.

① $y = \log(x+2)$ ② $y = e^{x}\sin x$

SECTION

3.6 연습문제

1. $f(x) = \sin x$의 n차 도함수를 구하여라.

2. $y = e^{-x}\cos x$일 때, $y'' + 2y' + 2y = 0$임을 보여라.

3. $x + y\cos x = 1$에서 y'와 y''을 구하여라.

4. 함수 $f(x) = \begin{cases} x^2 \sin\dfrac{1}{x}, & x \neq 0 \\ 0, & x = 0 \end{cases}$에 대하여 실수 전체에서 도함수 $f'(x)$이 존재하지만, 이계 도함수 f''는 $x = 0$에서 존재하지 않음을 보여라.

CHAPTER

04 미분의 응용

이 장에서는 극점과 미분계수와의 관계를 살펴보고 평균값의 정리와 그 응용에 대하여 알아본다.

4.1 함수의 극값

정의역이 D인 함수 $y = f(x)$와 점 $a \in D$에 대하여 D의 모든 점 x에 대하여

$$f(x) \le f(a)$$

을 만족하면 $x = a$를 f의 **최대점**이라 하고, $f(a)$을 f의 **최댓값**이라 한다. 또한 D의 모든 점 x에 대하여

$$f(x) \ge f(a)$$

이면 $x = a$을 f의 **최소점**이라 하고, $f(a)$을 f의 **최솟값**이라 한다.

모든 함수가 최댓값이나 최솟값을 갖는 것은 아니다. 예를 들어, 함수

$$f(x) = x^3 - 12x + 4$$

은

$$\lim_{x \to \infty} f(x) = \infty \text{ 이고 } \lim_{x \to -\infty} f(x) = -\infty$$

이므로 최댓값과 최솟값이 존재하지 않는다. 하지만 정의역을 구간 $[-5, 5]$로 제한하여 그래프를 그려보면

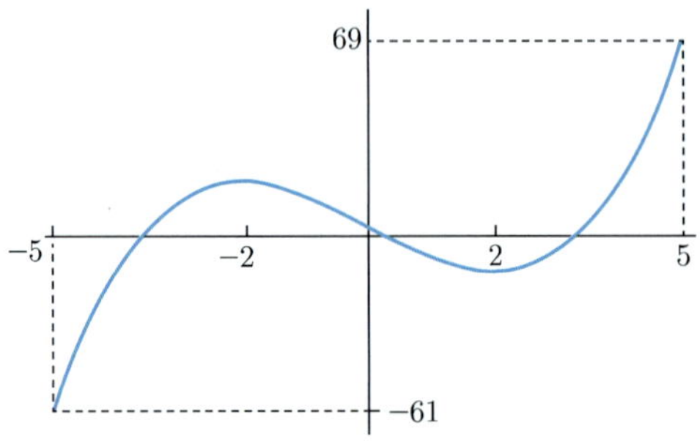

[그림 4.1]

$x=5$일 때 최댓값 $f(5)=69$을 갖고 $x=-5$일 때 최솟값 $f(-5)=-61$를 갖는 것을 알 수 있다.

[그림 4.1]의 그래프를 보면 최대점이나 최소점은 아니지만 함수 $f(x)$는 $x=-2$에서 국소적으로 가장 큰 값을 갖고, $x=2$에서 국소적으로 가장 작은 값을 갖는 것을 알 수 있다. 이런 값을 각각 극댓값, 극솟값이라 한다.

함수 $f(x)$가 $x=c$를 포함하는 어떤 열린 구간의 모든 점 x에 대하여

$$f(x) \le f(c)$$

이면 $x=c$를 **극대점**, $f(c)$를 **극댓값**이라 한다. 또 함수 $f(x)$가 $x=c$를 포함하는 어떤 열린 구간의 모든 점 x에 대하여

$$f(x) \ge f(c)$$

이면 $x=c$를 **극소점**, $f(c)$를 **극솟값**이라 한다. 극대점과 극소점을 통틀어 **극점**, 극댓값과 극솟값을 통틀어 **극값**이라 부른다.

열린 구간 (a,b)에서 정의된 함수 f가 미분가능이고 $x=c$가 극점이라 하자. 만약, 점 $x=c$가 함수 f의 극소점이라면 $x=c$근방의 모든 x에 대하여

$$f(x) \ge f(c)$$

이 성립한다. $x>c$이면

$$\frac{f(x)-f(c)}{x-c} \ge 0$$

이므로

$$\lim_{x\to c+}\frac{f(x)-f(c)}{x-c}\geq 0$$

이다. 마찬가지로 $x<c$이면

$$\frac{f(x)-f(c)}{x-c}\leq 0$$

이므로

$$\lim_{x\to c-}\frac{f(x)-f(c)}{x-c}\leq 0$$

이다. 함수 f가 $x=c$에서 미분가능이므로 두 한쪽 극한값은 같으므로

$$f'(c)=0$$

이다.

점 $x=c$가 함수 f의 극대점인 경우도 같은 결과를 얻을 수 있다. 따라서 다음 정리를 얻는다.

정리 4.1

열린 구간 (a,b)에서 정의된 함수 f가 미분가능하고 $x=c$가 극점이면 $f'(c)=0$이다.

함수 $y=f(x)$가 $x=c$에서 극값을 가지면 $f'(c)$가 존재하지 않거나, $f'(c)=0$임을 알 수 있다. 이러한 성질을 갖는 점 $x=c$를 **임계점**1)이라 한다. 즉, $f'(c)$가 존재하지 않거나, $f'(c)=0$인 점 $x=c$를 임계점이라 한다.

SECTION

4.1 연습문제

1. 다음 함수의 임계점을 구하고, 극값을 모두 구하여라.

(1) $y=x^4-4x^2+2$

(2) $y=|2x-3|$

(3) $y=|x^2-1|$

1) 교재에 따라서는 정의역이 닫힌 구간일 때 구간의 양 끝점을 임계점에 포함시키기도 한다.

4.2 평균값의 정리

함수가 증가하는 구간 또는 감소하는 구간에 대한 정보를 통해 함수의 그래프가 어떤 모양인지 짐작할 수 있다. 이런 정보를 얻는 데 유용하게 사용되는 평균값의 정리에 대하여 알아보자.

구간 $[a, b]$에서 연속이고, 열린 구간 (a, b) 미분가능 함수 $f(x)$가

$$f(a) = f(b)$$

을 만족한다고 하자. 함수 $f(x)$가 닫힌 구간 $[a,b]$에서 연속이므로 최대·최소 정리에 의해서 최댓값 M과 최솟값 m을 갖는다. 만약 $M = m$이면 $f(x)$은 상수함수이므로 $a < c < b$인 c에 대하여

$$f'(c) = 0$$

이다. 이제 $M > m$이면 $f(a) = f(b)$이므로 최대점과 최소점 중 적어도 하나는 양 끝점이 아니므로 열린 구간 (a,b)의 한 점 c에 대하여

$$f(c) = M \text{ 또는 } f(c) = m$$

이 성립한다. $f(c)$는 극값이므로

$$f'(c) = 0$$

이 된다. 따라서 다음 정리를 얻는다.

정리 4.2 롤의 정리

함수 $f(x)$가 닫힌 구간 $[a,b]$에서 연속이고, 열린 구간 (a, b) 미분가능이라 하자.

$$f(a) = f(b)$$

이면

$$f'(c) = 0$$

을 만족하는 c가 구간 (a, b) 안에 적어도 하나 존재한다.

보기 4.1

구간 $[0, 4]$에서 함수

$$f(x) = -3x^2 + 12x$$

은 $f(0) = f(4)$이므로,

$$f'(c) = -16c + 12 = 0$$

인 $c = 2$가 존재한다.

기본연습문제 4.1 구간 $[0, \pi]$에서 함수 $f(x) = \sin x + 3$에 대하여 $f'(c) = 0$인 c $(0 < c < \pi)$의 값을 구하여라.

함수 $f(x)$가 닫힌 구간 $[a, b]$에서 연속이고, 열린 구간 (a, b)미분가능이라 하자.

$$g(x) = f(x) - \left[\frac{f(b) - f(a)}{b - a}(x - a) + f(a)\right]$$

로 두면

$$g(a) = g(b) = 0$$

이므로 [정리 4.2]에 의하여 $g'(c) = 0$이 되는 점 $c \in (a, b)$가 존재한다. 즉,

$$f'(c) = \frac{f(b) - f(a)}{b - a}$$

인 c가 (a,b)안에 적어도 하나 존재한다. 따라서 다음 정리를 얻는다.

정리 4.3 평균값의 정리

함수 $f(x)$가 닫힌 구간 $[a, b]$에서 연속이고, 열린 구간 (a, b)에서 미분가능이라 하자. 그러면

$$f'(c) = \frac{f(b) - f(a)}{b - a}$$

를 만족하는 c가 구간 (a, b) 안에 적어도 하나 존재한다.

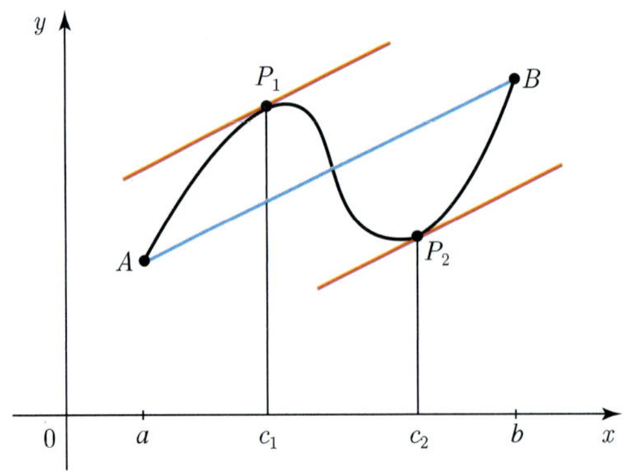

[그림 4.2]

평균값의 정리에 의하면 [그림 4.2]과 같이 선분 AB가 x축에 평행하지 않더라도 선분 AB와 평행한 접선을 가지는 점 P_1, P_2 등이 곡선 AB 위에 적어도 하나 있음을 알 수 있다.

보기 4.2

함수 $f(x)=x^2$에 대하여 구간 $[0, 2]$에서 평균값의 정리를 만족시키는 c의 값을 구하여라.

풀이

함수 $f(x)=x^2$은 실수 전체에서 미분가능이므로 평균값의 정리를 적용할 수 있다. $f(0)=0$이고 $f(2)=4$ 이므로

$$\frac{f(2)-f(0)}{2-0}=2$$

이다. $f'(c)=2c$이므로 $c=1$이다.

기본연습문제 4.2 다음 함수에 대하여 주어진 구간에서 평균값의 정리를 만족시키는 c의 값을 구하여라.

① $f(x)=x^3$, $[-2, 2]$　　② $y=\log x$, $[1, e]$

다음 보기를 통하여 평균값의 정리에서 미분가능 조건이 반드시 필요한 조건인 것을 알 수 있다.

보기 4.3

함수 $f(x)=|x|$는 구간 $(-1, 1)$에서 평균값의 정리가 성립하지 않음을 보이고, 그 이유를 말하여라.

풀이

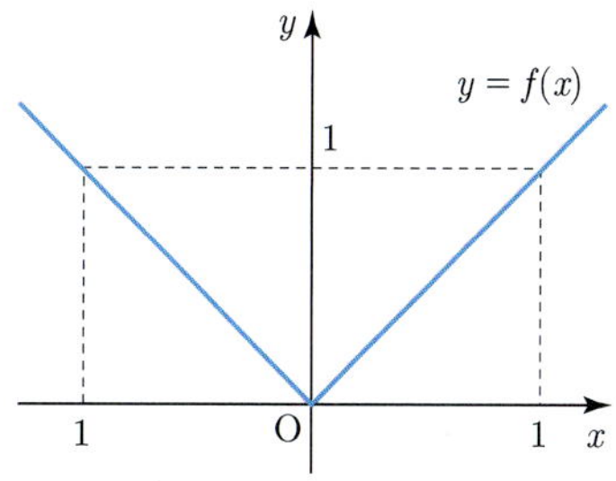

[그림 4.3]

함수 $f(x)=|x|$에 대하여

$$\frac{f(1)-f(-1)}{1-(-1)}=\frac{0}{2}=0$$

이지만, $f'(c)=0$인 c의 값은 없다. 따라서, 함수 $f(x)=|x|$는 구간 $(-1, 1)$에서 평균값의 정리가 성립하지 않는다.

구간 $(-1, 1)$에서 평균값의 정리가 성립하지 않는 이유는 구간 $(-1, 1)$이 $f(x)=|x|$의 미분불가능인 점 $x=0$을 포함하기 때문이다.

기본연습문제 4.3 함수 $f(x)=|x-1|$은 구간 $(0,2)$에서 평균값의 정리가 성립하지 않음을 보여라.

평균값의 정리를 이용하면 중요한 정리를 얻을 수 있다.

함수 f가 구간 I에서 미분가능하고 이 구간에서

$$f'=0$$

라 하자. $a<b$ $(a, b\in I)$인 두 점에 대하여 평균값의 정리를 적용하면

$$f'(c)=\frac{f(b)-f(a)}{b-a}$$

가 되는 $a<c<b$이 존재한다. 그런데 $f'=0$이므로

$$\frac{f(b)-f(a)}{b-a}=0$$

이 되어

$$f(b)=f(a)$$

이 되므로 f의 값은 모든 점에서 $f(a)$와 같게 된다. 따라서 f는 상수함수이다.

함수 $f(x)$와 $g(x)$가 구간 I에서 미분가능하고 이 구간의 모든 점에서 $f'(x)=g'(x)$일 때

$$h(x)=f(x)-g(x)$$

로 놓으면, 구간 I의 모든 점에서

$$h'(x)=0$$

이다. 따라서 앞의 결과에 의해 $h(x)=C$(C는 상수)이다. 즉,

$$f(x)=g(x)+C\ (C\text{는 상수})$$

이다. 따라서 다음 정리를 얻는다.

정리 4.4

(1) 함수 f가 구간 I에서 미분가능하고 이 구간에서 $f'=0$이면 f는 상수함수이다.
(2) 함수 $f(x)$와 $g(x)$가 구간 I에서 미분가능하고 이 구간에서 $f'(x)=g'(x)$이면 $f(x)=g(x)+C$ (C는 상수)이다.

기본연습문제 4.4 함수 $f(x)$는 $f'(x)=3$일 때 일차함수임을 밝혀라.

보기 4.4

임의의 실수 x, y에 대하여 다음 부등식이 성립함을 보여라.

$$|\sin x-\sin y|\le|x-y|$$

풀이

$x=y$이면 등식이 성립한다. 이제 x와 y가 서로 다른 실수라고 하자. $(\sin x)'=\cos x$ 이므로 평균값의 정리에 의해

$$\frac{\sin x-\sin y}{x-y}=\cos c$$

인 c가 x와 y사이에 존재한다. 따라서

$$\left|\frac{\sin x-\sin y}{x-y}\right|=|\cos c|\le 1$$

이므로

$$|\sin x-\sin y|\le|x-y|$$

이 성립한다.

SECTION

4.2 연습문제

1. $x > 0$일 때, 다음 부등식을 증명하여라.

(1) $\dfrac{1}{x+1} < \log(x+1) - \log x < \dfrac{1}{x}$ (2) $0 < \dfrac{1}{x}\log\dfrac{e^x - 1}{x} < 1$

2. 실수 전체에서 정의된 함수 f가 미분가능하고 $\lim_{x\to\infty} f'(x) = 1$일 때 $\lim_{x\to\infty}\{f(x+1) - f(x-1)\}$을 구하여라.

3. 함수 f가 $[0,\ 2]$에서 연속이고, $(0,\ 2)$에서 미분가능이다. $f(0) = 3$이고 $f'(x) \leq 2$일 때 $f(2)$의 범위를 구하여라.

4. 함수 f가 구간에서 미분가능이라 하자. 모든 x에 대하여 $f'(x) < 1$이면 $f(c) = c$인 c는 많아야 하나 존재함을 보여라.

4.3 도함수와 함수의 증감

평균값의 정리를 이용하면 함수가 증가함수인지 감소함수인지에 대한 정보를 얻을 수 있고 이를 통해서 함수의 그래프의 개형을 알 수 있다.

구간 I에서 정의된 함수 f를 생각하자. 구간 I의 임의의 두 점 a와 b에 대하여

$$a < b \text{이면 } f(a) \le f(b) \ \ (\text{또는 } f(a) < f(b))$$

일 때 f를 **증가함수**(또는 **순증가함수**)라 한다. 또 구간 I의 임의의 두 점 a와 b에 대하여

$$a < b \text{이면 } f(a) \ge f(b) \ \ (\text{또는 } f(a) > f(b))$$

일 때 f를 **감소함수**(또는 **순감소함수**)라 한다.

함수 $y=f(x)$가 구간 I의 모든 x에 대하여 $f'(x)>0$이라 하자. 구간 I내의 임의의 두 점 $a<b$를 잡으면 평균값의 정리에 의해

$$\frac{f(b)-f(a)}{b-a}=f'(c)$$

인 점 $c \in (a, b)$가 존재한다. 따라서

$$f(b)-f(a)=(b-a)f'(c)>0$$

가 성립한다. 즉, 구간 I에서 함수 $y=f(x)$는 순증가함수이다. 마찬가지로 $f'(x)<0$이면 $f(x)$는 순감소함수이다. 따라서 다음 정리를 얻는다.

정리 4.5

함수 $y=f(x)$가 구간 I의 모든 x에 대하여

(1) $f'(x)>0$이면 $f(x)$는 구간 I에서 순증가함수이다.

(2) $f'(x)<0$이면 $f(x)$는 구간 I에서 순감소함수이다.

보기 4.5

다음 함수가 증가하는 구간과 감소하는 구간을 구하여라.

$$f(x)=2x^3-3x^2-12x+6, \ -3 \le x \le 4$$

풀이

함수 $f(x)$의 도함수는

$$f'(x) = 6x^2 - 6x - 12 = 6(x-2)(x+1)$$

이므로 $x = -1, 2$에서 $f'(x) = 0$이다. f'의 부호를 조사하면 다음과 같다.

x	$\cdots$	-1	$\cdots$	2	$\cdots$
f'	$+$		$-$		$+$
f	↗		↘		↗

따라서 함수 $y = f(x)$는 구간 $[-3, -1)$에서 증가, $(-1, 2)$에서 감소, $(2, 4]$에서 증가한다.

기본연습문제 4.5 다음 함수의 증가, 감소를 조사하여라.

① $y = x + \sin x$　　　② $y = xe^{-x}$

[정리 4.1]에서 점 $x = c$가 미분가능인 함수 f의 극점이면 $f'(c) = 0$임을 보였다. 즉, 방정식 $f'(x) = 0$의 근 중에는 함수 f의 극점도 있고 극점이 아닌 점도 있을 수 있다. 도함수의 부호를 조사하면 방정식 $f'(x) = 0$의 근이 극점인지 판정할 수 있다.

정리 4.6 극대·극소 판정법

점 $x = c$가 $f'(c) = 0$을 만족한다고 하자.

(1) $x = c$에서 f'의 부호가 $+$에서 $-$로 바뀌면, $x = c$는 f의 극대점이다.

(2) $x = c$에서 f'의 부호가 $-$에서 $+$로 바뀌면, $x = c$는 f의 극소점이다.

보기 4.6

다음 함수의 극값을 모두 구하여라.

(1) $f(x) = x^4 - 2x^2 + 1$　　　(2) $f(x) = x^4 - 4x^3 + 11$

풀이

(1) $f'(x) = 4x^3 - 4x = 4x(x-1)(x+1) = 0$에서 $x = -1, 0, 1$을 얻는다. f'의 부호를 조사하면 다음과 같다.

x	$\cdots$	-1	$\cdots$	0	$\cdots$	1	$\cdots$
f'	$-$	0	$+$	0	$-$	0	$+$
f	↘	극솟값	↗	극댓값	↘	극솟값	↗

따라서 $x = -1$에서 극솟값 $f(-1) = 0$을 갖고, $x = 0$에서 극댓값 $f(0) = 1$을 가지며, $x = 1$에서 극솟값 $f(1) = 0$을 갖는다.

(2) $f'(x)=4x^3-12x^2=4x^2(x-3)=0$에서 $x=0,3$을 얻는다. f'의 부호를 조사하면 다음과 같다.

x	$\cdots$	0	$\cdots$	3	$\cdots$
f'	$-$	0	$-$	3	$-$
f	↘	극값 아님	↘	극솟값	↗

따라서 $x=3$에서 극솟값 $f(3)=-16$을 가지며 다른 극값은 없다.

기본연습문제 4.6 다음 함수의 극값을 구하여라.

① $y=x^3-12x-1$ ② $y=-x^3+3x+1$

SECTION

4.3 연습문제

1. 다음 함수의 임계점을 구하고 극값을 구하여라.

(1) $y=\sqrt{|x|}$ (2) $y=x^{\frac{2}{3}}$ (3) $y=x^{\frac{2}{3}}(x-2)^2$

(4) $y=\sqrt[3]{x^3-x}$ (5) $y=x\sqrt{x-x^2}$

2. 다음 함수의 극값을 구하여라.

(1) $y=x\log x$ (2) $y=x+1-\log x\ (0<x\le e)$

(3) $y=e^x-x$ (4) $y=x+2\cos x\ (0\le x\le 2\pi)$

3. 다음 함수의 그래프의 개형을 그려라.

(1) $y=3x^5-5x^3+3$ (2) $y=x-6\sqrt{x}$

(3) $y=3x+\sin x,\ [-\pi,\ \pi]$ (4) $y=x+\cos x+\sin x,\ [0,\ 2\pi]$

(5) $y=3\cos^3 x-3\cos x,\ [0,\ 2\pi]$

4.4 미분의 응용

이 절에서는 미분을 이용하여 해결할 수 있는 여러 가지 문제를 살펴본다.

미분을 이용하면 함수의 최댓값과 최솟값을 구할 수 있다. 연속함수 $y=f(x)$는 닫힌 구간 $[a,b]$에서 최댓값과 최솟값을 갖는다. 이 점이 구간 내부에 있다면 [정리 4.1]에 의해서 함수 f의 임계점이어야 한다. 따라서 최댓값과 최솟값은 임계점 또는 양 끝점에서 얻어진다. 정리하면 함수 f의 닫힌 구간 $[a,b]$에서의 최댓값, 최솟값을 구하기 위해서는

$$(1)\ f'(x)=0\text{인 점},\ (2)\ f\text{의 미분불가능한 점},\ (3)\ \text{끝점 } a\text{와 } b$$

을 조사해 보면 충분하다.

보기 4.7

다음 함수에 대해 주어진 구간에서 최댓값과 최솟값을 구하여라.

$$f(x)=2x^3-3x^2-12x+6$$

(1) $[-3,\ 4]$ (2) $\left[-\dfrac{1}{2},\ 4\right]$ (3) $\left[-3,\ \dfrac{3}{2}\right]$ (4) $\left[-\dfrac{1}{2},\ \dfrac{3}{2}\right]$

풀이

함수 f의 도함수는

$$f'(x)=6x^2-6x-12=6(x+1)(x-2)$$

이므로 $f'(x)=0$인 점은 $x=-1,\ 2$이다. 이 점에서 f의 값은 각각

$$f(-1)=13,\ f(2)=-14$$

이다.

(1) $f(-3)=-39,\ f(4)=38$이므로 $x=4$에서 최댓값 38을 갖고, $x=-3$에서 최솟값 -39를 갖는다.

(2) 주어진 구간에 $x=-1$은 포함되지 않고 $f\left(-\dfrac{1}{2}\right)=11$이다. $x=-\dfrac{1}{2},\ 2,\ 4$에서 함숫값을 비교하면 $x=4$에서 최댓값 38을 갖고, $x=2$에서 최솟값 -14를 갖는다.

(3) 주어진 구간에 $x=2$는 포함되지 않고 $f\left(\dfrac{3}{2}\right)=-12$이다. $x=-3,\ -1,\ \dfrac{3}{2}$에서 함숫값을 비교하면 $x=-1$에서 최댓값 13을 갖고, $x=-3$에서 최솟값 -39를 갖는다.

(4) 주어진 구간이 $f'(x)=0$인 점들을 포함하지 않으므로 양 끝점만 비교하면 된다. $f\left(-\dfrac{1}{2}\right)=11,\ f\left(\dfrac{3}{2}\right)=-12$이므로 $x=-\dfrac{1}{2}$에서 최댓값 11을 갖고, $x=\dfrac{3}{2}$에서 최솟값 -12를 갖는다.

기본연습문제 4.7 다음 함수의 최댓값과 최솟값을 구하여라.

① $y = x^2 e^{-x}$, $[-1, 3]$　　② $y = x + \sqrt{1 - x^2}$, $[-1, 1]$

③ $y = x\sin x + \cos x$, $[0, 2\pi]$

주어진 구간이 유한한 닫힌 구간 $[a, b]$가 아닌 경우에는 최댓값과 최솟값이 없을 수도 있다. 이 경우에는 $x \to \pm\infty$일 때의 극한값을 고려해 보면 도움이 된다.

보기 4.8

다음 함수의 최댓값과 최솟값이 있으면 구하여라.

(1) $f(x) = \dfrac{x^2 - x + 1}{x^2 + x + 1}$　　(2) $f(x) = xe^{-x^2/2}$, $x \geq 0$

풀이

(1) 함수 $f(x)$의 도함수는

$$f'(x) = \frac{2(x^2 - 1)}{(x^2 + x + 1)^2}$$

이므로 $f'(x) = 0$인 점은 $x = \pm 1$이다. f'의 부호를 조사하면 다음과 같다.

x	$\cdots$	-1	$\cdots$	1	$\cdots$
f'	$+$	0	$-$	0	$+$
f	↗	3	↘	$1/3$	↗

한편,

$$\lim_{x\to\infty} \frac{x^2 - x + 1}{x^2 + x + 1} = \lim_{x\to-\infty} \frac{x^2 - x + 1}{x^2 + x + 1} = 1$$

이므로 함수 f의 그래프의 개형은 다음과 같다.

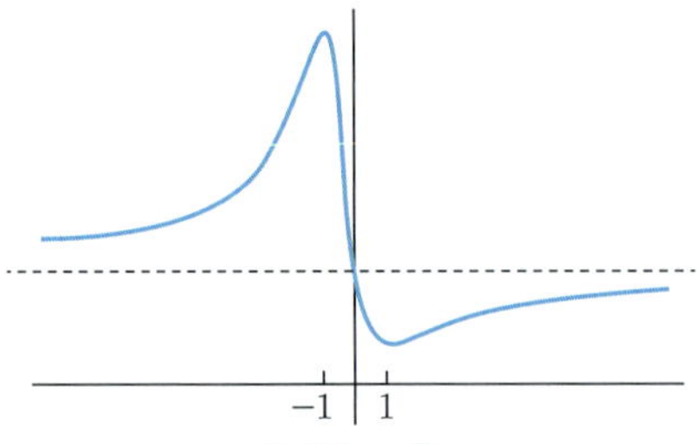

[그림 4.4]

따라서 $x = -1$에서 최댓값 3을 갖고, $x = 1$에서 최솟값 $\dfrac{1}{3}$을 갖는다.

(2) 함수 $f(x)$의 도함수는

$$f'(x) = (1-x^2)e^{-x^2/2}$$

이므로, $x \geq 0$ 에서 $f'(x) = 0$인 점은 $x = 1$이다. f'의 부호를 조사하면 다음과 같다.

x	$\cdots$	1	$\cdots$
f'	+	0	−
f	↗	$e^{-\frac{1}{2}}$	↘

한편 $\lim_{x\to\infty} xe^{-x^2/2} = 0$이고 $f(0) = 0$이므로 함수 f의 그래프의 개형은 다음과 같다.

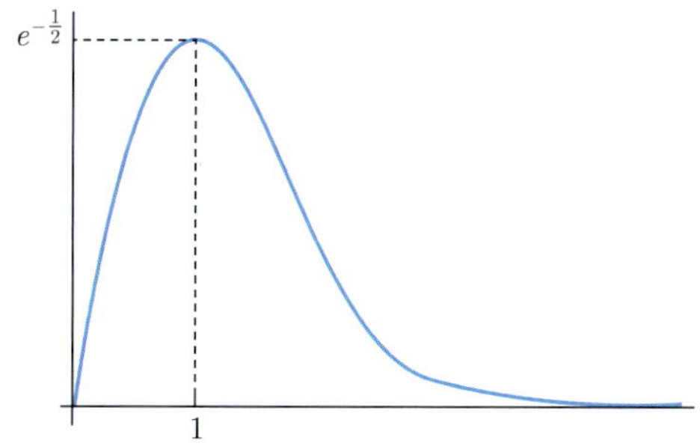

[그림 4.5]

따라서 $x = 0$에서 최솟값 0을 갖고, $x = 1$에서 최댓값 $e^{-\frac{1}{2}}$을 갖는다.

기본연습문제 4.8 다음 함수의 최댓값과 최솟값을 구하여라.

$$y = \frac{1-x}{2+x^2}$$

방정식 $f(x) = 0$의 실근은 함수 $y = f(x)$의 그래프와 x축과의 교점의 x좌표이므로, 서로 다른 실근의 개수는 곡선 $y = f(x)$와 x축과의 교점의 개수를 구하면 된다. 함수 $y = f(x)$의 그래프의 개형은 미분을 이용하여 그릴 수 있으므로 미분을 이용하면 방정식 $f(x) = 0$의 근의 개수를 확인할 수 있다.

보기 4.9

방정식 $x^3 - 3x^2 + 1 = 0$의 서로 다른 실근의 개수를 조사하여라.

풀이

$y = x^3 - 3x^2 + 1$로 두면

$$y' = 3x^2 - 6x = 3x(x-2)$$

이다. y'의 부호를 조사하면 다음과 같다.

x	$\cdots$	0	$\cdots$	2	$\cdots$
y'	$+$	0	$-$	0	$+$
y	↗	1	↘	-3	↗

따라서 $y = x^3 - 3x^2 + 1$의 그래프의 개형은 다음과 같다.

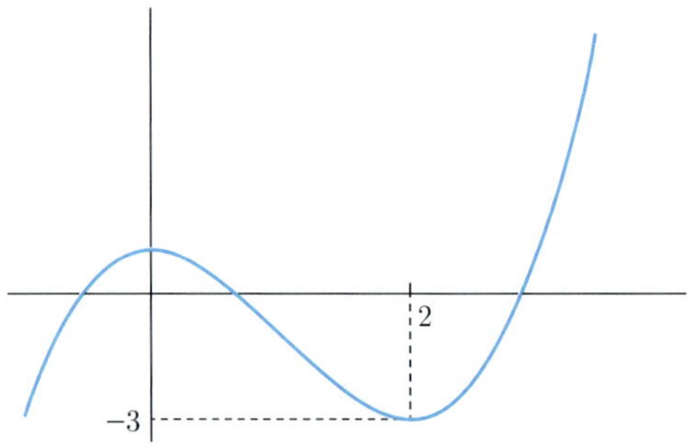

[그림 4.6]

함수 $y = x^3 - 3x^2 + 1$의 그래프와 x축과의 교점이 3개이므로 방정식 $x^3 - 3x^2 + 1 = 0$의 서로 다른 실근의 개수는 3개다.

기본연습문제 4.9 다음 방정식의 서로 다른 실근의 개수를 구하여라.

① $x^3 + x^2 + 2x - 1 = 0$　　② $x^3 - 3x^2 + 6x - 1 = 0$

보기 4.10

함수 $f(x) = x - \cos x$는 구간 $\left(0, \dfrac{\pi}{2}\right)$에서 유일한 근을 가짐을 보여라.

풀이

함수 $f(x)$의 도함수는 $\left(0, \dfrac{\pi}{2}\right)$에서

$$f'(x) = 1 + \sin x > 0$$

이므로 f는 $\left(0, \dfrac{\pi}{2}\right)$에서 순증가함수이다.

$$f(0) = -1 < 0 \text{이고 } f\left(\frac{\pi}{2}\right) = \frac{\pi}{2} > 0$$

이므로 $f(x)$는 $\left(0, \dfrac{\pi}{2}\right)$에서 유일한 근을 갖는다.

[보기 4.10]에서 중간값 정리를 이용하면 $f(x)$는 $\left(0, \dfrac{\pi}{2}\right)$에서 적어도 하나의 근을 갖는 것을 알 수 있다. 하지만 근이 유일한 것에 대한 정보는 중간값 정리를 이용하여 얻을 수 없다.

기본연습문제 4.10 방정식 $e^x = 3x$는 0과 4 사이에서 서로 다른 2개의 실근을 가짐을 보여라.

방정식의 실근의 개수를 미분을 이용하여 확인할 수 있던 것과 같이 함수 $f(x)$와 $g(x)$에 대하여 부등식 $f(x) \geq g(x)$이 성립함을 미분을 이용하여 보일 수도 있다.

보기 4.11

함수 $f(x) = x^3 - 2x^2$와 $g(x) = x^2 - 4x$에 대하여 $x > 0$이면 부등식 $f(x) \geq g(x)$이 성립함을 보여라.

풀이

$h(x) = f(x) - g(x) = x^3 - 3x^2 + 4x$라 하자. 그러면

$$h'(x) = 3x^2 - 6x + 4 = 3(x-1)^2 + 1 > 0$$

이므로 $h(x)$는 증가함수이다. 따라서

$$h(x) \geq h(0) = 0$$

이 성립한다. 즉, $x > 0$에 대하여 부등식 $f(x) \geq g(x)$이 성립한다.

보기 4.12

$x > 0$일 때, $x > \log(1+x)$가 성립함을 보여라.

풀이

$f(x) = x - \log(1+x)$ 두면 구간 $(0, \infty)$에서

$$f'(x) = 1 - \frac{1}{1+x} = \frac{x}{1+x} > 0$$

이므로 $f(x)$는 증가함수이다. 따라서

$$f(x) > f(0) = 0$$

이 성립한다. 즉, $x > 0$이면

$$x > \log(1+x)$$

이 성립한다.

기본연습문제 4.11 $x > 0$일 때 부등식 $e^x > 1 + x + \dfrac{x^2}{2}$이 성립함을 보여라.

SECTION

4.4 연습문제

1. 주어진 구간에서 다음 함수의 최댓값과 최솟값을 구하여라.

(1) $y = (1 - \sin x)\sin x$, $[0, 2\pi]$

(2) $y = x^2 e^{-x}$, $[-2, 2]$

(3) $y = 4e^{2x} + e^{-x}$, $[-2, 2]$

(4) $y = \dfrac{\log x}{x}$, $\left[\dfrac{1}{2}, 2\right]$

2. 가로의 길이가 16, 세로의 길이가 10인 직사각형의 양철판의 네 모퉁이에서 같은 크기의 정사각형을 잘라내고 나머지 부분으로 상자를 만들려고 한다. 이 상자의 부피를 최대가 되도록 하려면, 잘라내는 정사각형의 한 변의 길이를 얼마로 하면 되는가?

3. 반지름의 길이가 r인 구에 내접하는 원기둥 가운데 부피가 최대가 되는 원기둥의 밑면의 반지름의 길이와 높이의 비를 구하여라.

4. 포물선 $y = 12 - x^2$과 x축으로 둘러싸인 부분에 내접하고 한 변이 x축 위에 있는 직사각형의 최대 넓이를 구하여라.

5. 방정식 $\log x = 3x - k$가 실근을 갖도록 실수 k의 범위를 정하여라.

6. 방정식 $x^3 - 3x^2 - 9x + k = 0$에 대하여 다음 물음에 답하여라.

(1) 하나의 실근을 가질 k의 범위를 정하여라.

(2) 두 개의 실근을 가질 k의 범위를 정하여라.

(3) 세 개의 실근을 가질 k의 범위를 정하여라.

7. 다음 물음에 답하여라.

(1) 부등식 $x^4 + 4a^3x + 1 > 0$이 성립하도록 실수 a의 범위를 정하여라.

(2) $x^4 - 4x + a > 0$이 성립하도록 실수 a의 범위를 정하여라.

4.5 함수의 그래프

함수의 그래프를 그릴 때 많은 경우 일계 도함수의 성질만으로 충분하나 이계 도함수의 성질을 조사하면 더 정확히 그릴 수 있다. 이 절에서는 이계 도함수와 함수의 볼록성과의 관계를 살펴보고 이를 이용하여 함수의 그래프를 그려본다.

구간 I에서 정의된 함수 $f(x)$가 구간 I의 임의의 두 점 $a,\ b \in I$에 대하여 그래프상의 두 점 $(a, f(a))$, $(b, f(b))$를 잇는 선분이 항상 f의 그래프 위에 있을 때 f를 구간 I에서 **아래로 볼록**하다고 한다.

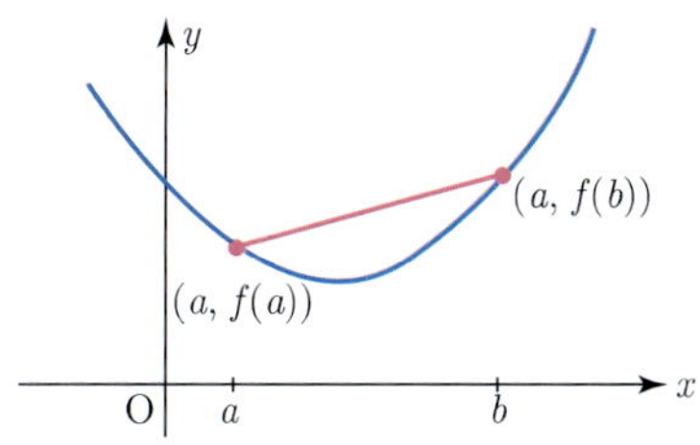

[그림 4.7]

두 점 $(a, f(a))$, $(b, f(b))$를 잇는 직선은

$$g(x) = \frac{f(b) - f(a)}{b - a}(x - a) + f(a)$$

이므로 아래로 볼록의 조건은 $g(x) \geq f(x)$ 또는

$$\frac{f(b) - f(a)}{b - a}(x - a) + f(a) \geq f(x)$$

로 표현할 수 있다.

함수 $f(x)$가 구간 I의 임의의 두 점 $a,\ b \in I$에 대하여 그래프상의 두 점 $(a, f(a))$, $(b, f(b))$를 잇는 선분이 항상 f의 그래프 아래에 있을 때 f를 구간 I에서 **위로 볼록**하다고 한다. 위로 볼록의 조건은

$$\frac{f(b) - f(a)}{b - a}(x - a) + f(a) \leq f(x)$$

로 표현할 수 있다.

함수 f의 도함수 f'이 순증가함수라 할 때

$$g(x) = f(x) - \frac{f(b) - f(a)}{b - a}(x - a)$$

라 하면

$$g(a)=g(b)=f(a)$$

이므로 [정리 4.2]에 의해서 $g'(c)=0$이 되는 $c\in(a, b)$가 존재한다. 한편

$$g'(x)=f'(x)-\frac{f(b)-f(a)}{b-a}$$

이므로 g'도 순증가함수이다. 따라서 g에 대한 증감표는 다음과 같다.

x	$\cdots$	c	$\cdots$
$g'(x)$	$-$	0	$+$
$g(x)$	↘		↗

따라서 g의 최댓값은 $g(a)$나 $g(b)$이다. 한편 $g(a)=g(b)=f(a)$이므로 $a<x<b$인 x에 대하여 $g(x)\le f(a)$이다. 즉,

$$f(x)-\frac{f(b)-f(a)}{b-a}(x-a)\le f(a)$$

이다. 따라서 f는 아래로 볼록인 것을 알 수 있다.

함수 f의 도함수 f'이 순감소이면, $-f$의 도함수는 순증가이므로 앞의 결과를 이용하면 $-f$는 아래로 볼록이다. 이로부터 f가 위로 볼록인 것을 알 수 있다. 이 결과로부터 다음 정리를 얻는다.

정리 4.7

함수 f가 구간 I에서 미분가능이라 하자.

(1) 구간 I에서 f'이 순증가함수이면, 함수 f는 구간 I에서 아래로 볼록이다.

(2) 구간 I에서 f'이 순감소함수이면, 함수 f는 구간 I에서 위로 볼록이다.

함수 f의 이계 도함수가 $f''>0$이면 f'은 순증가함수이다. 따라서 다음 정리를 얻을 수 있다.

정리 4.8

(1) $f''>0$이면 f는 아래로 볼록이다.

(2) $f''<0$이면 f는 위로 볼록이다.

보기 4.13

함수 $f(x)=x^4-2x^2+1$에 대하여 아래로 볼록인 구간과 위로 볼록인 구간을 구하여라.

풀이

함수 $f(x)$의 이계 도함수는

$$f''(x)=12x^2-4=12\left(x+\frac{1}{\sqrt{3}}\right)\left(x-\frac{1}{\sqrt{3}}\right)$$

이므로 $f''(x)$의 부호를 살펴보면 다음과 같다.

x	$\cdots$	$-\frac{1}{\sqrt{3}}$	$\cdots$	$\frac{1}{\sqrt{3}}$	$\cdots$
f''	$+$	0	$-$	0	$+$
f	아래로 볼록		위로 볼록		아래로 볼록

따라서 구간 $\left(-\infty,-\frac{1}{\sqrt{3}}\right)$에서 아래로 볼록, $\left(-\frac{1}{\sqrt{3}},\frac{1}{\sqrt{3}}\right)$에서 위로 볼록, $\left(-\frac{1}{\sqrt{3}},\infty\right)$에서 아래로 볼록이다.

기본연습문제 4.12 다음 곡선의 아래로 볼록인 구간과 위로 볼록인 구간을 구하여라.

① $y=3x^4-8x^3+6x^2+1$ ② $y=\sin x \quad (0<x<2\pi)$

[보기 4.13]에서 $x=-\frac{1}{\sqrt{3}}$의 왼쪽에서 곡선은 아래로 볼록하다가 오른쪽에서는 위로 볼록한 모양으로 변하고, $x=\frac{1}{\sqrt{3}}$의 왼쪽에서 곡선은 위로 볼록하다가 오른쪽에서는 아래로 볼록한 모양으로 변한다. 이렇게 어떤 점을 중심으로 좌우에서 곡선의 볼록성이 바뀔 때 그 점을 **변곡점**이라 한다.

f가 두 번 미분가능이면 변곡점 $x=a$에서

$$f''(a)=0$$

이어야 한다. $f''(a)=0$이고 $x=a$를 기준으로 좌우에서 이계 도함수 $f''(x)$의 부호가 바뀌면 점 $x=a$가 변곡점이다.

보기 4.14

함수 $f(x)=x^5-5x$의 변곡점을 구하여라.

풀이

함수 $f(x)$의 이계 도함수는

$$f''(x)=20x^3$$

이고, $x=0$을 기준으로 f''의 부호가 $-$에서 $+$로 변한다. 즉, $x=0$의 왼쪽에서 f는 위로 볼록이고 $x=0$의 오른쪽에서는 아래로 볼록이다. 따라서 변곡점은 $x=0$이다.

기본연습문제 4.13 함수 $y=e^{-2x^2}$의 변곡점을 구하여라.

앞에서 극점을 판정하는데 f'의 부호를 이용하였다. 이계 도함수 f''를 이용해서도 다음과 같이 극점을 판정할 수 있다.

정리 4.9 이계 도함수 판정법

함수 f가 두 번 미분가능하고, $f'(c)=0$이라 하자.

(1) $f''(c)>0$이면 f는 $x=c$에서 극솟값을 갖는다.

(2) $f''(c)<0$이면 f는 $x=c$에서 극댓값을 갖는다.

$f''(c)=0$인 경우에는 이계 도함수를 이용하여 판정할 수 없다.

보기 4.15

이계 도함수 판정법으로 함수 $f(x)=\dfrac{x}{1+x^2}$의 극값을 구하여라.

풀이

함수 $f(x)$에 대하여

$$f'(x)=\frac{1-x^2}{(1+x^2)^2}$$

이므로 $f'(x)=0$인 점은 $x=-1,\ 1$이다. 함수 $f(x)$의 이계 도함수는

$$f''(x)=\frac{2x(x^2-3)}{(1+x^2)^3}$$

이므로

$$f''(1) = -\frac{1}{2} < 0,\ f''(-1) = \frac{1}{2} > 0$$

이다. 따라서 이계 도함수 판정법에 의해 $x=1$에서 극댓값 $f(1)=\frac{1}{2}$를 $x=-1$에서 극솟값 $f(-1)=-\frac{1}{2}$를 갖는다.

기본연습문제 4.14 이계 도함수 판정법을 이용하여 함수 $f(x)=x^4-8x^2+10$의 극값을 구하여라.

일반적으로 함수의 그래프를 그릴 때는 다음과 같은 것들을 알아보고 종합하여 그리는 것이 좋다.

(1) 함수의 정의역

(2) 좌표축과의 교점

(3) 대칭성(y축, 원점)

(4) 함수의 증감, 극대, 극소

(5) 변곡점, 위로 볼록한 구간과 아래로 볼록한 구간

(6) 점근선[2)]

보기 4.16

함수 $f(x)=\frac{1-x^2}{1+x^2}$의 그래프를 그려라.

풀이

(1) 함수의 정의역은 실수 전체이다.

(2) x절편: $f(x)=0$인 점은 $x=-1,\ 1$이므로 x절편은 $-1,\ 1$이다.
y절편: $f(0)=1$이므로 y절편은 1이다.

(3) 대칭성: $f(-x)=\frac{1-(-x)^2}{1+(-x)^2}=\frac{1-x^2}{1+x^2}=f(x)$이므로 y축 대칭이다.

(4) 극점과 변곡점:

$$f'(x) = -\frac{4x}{(1+x^2)^2} = 0$$

에서 $x=0$을 얻고,

2) $\lim_{x\to\infty} f(x)=L$ 또는 $\lim_{x\to-\infty} f(x)=L$이면 $y=L$은 수평 점근선이다. $\lim_{x\to a} f(x)=\pm\infty$ 또는 $\lim_{x\to a\pm} f(x)=\pm\infty$이면 $x=a$는 수직 점근선이다.

$$f''(x)=\frac{4(3x^2-1)}{(1+x^2)^3}=0$$

에서 $x=\pm\dfrac{1}{\sqrt{3}}$을 얻는다. f'와 f''의 부호를 조사하면 다음과 같다.

x	$\cdots$	$-\frac{1}{\sqrt{3}}$	$\cdots$	0	$\cdots$	$\frac{1}{\sqrt{3}}$	$\cdots$
f'	+		+	0	−		−
f''	+	0	−		−	0	+
f	⤴	변곡점	↱	극대점	↴	변곡점	↳

(5) 점근선: $\lim_{x\to\infty}f(x)=-1$, $\lim_{x\to-\infty}f(x)=-1$이므로 $y=-1$은 수평 점근선이다. 분모가 항상 양수인 유리식이므로 수직 점근선은 존재하지 않는다.

지금까지 살펴본 것을 바탕으로 그래프를 그리면 다음과 같다.

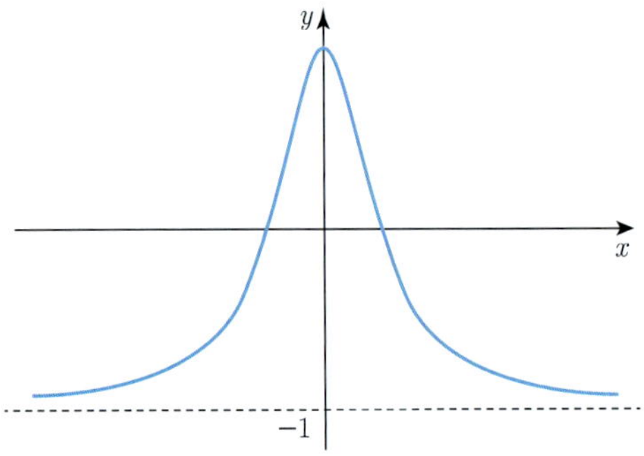

[그림 4.8]

기본연습문제 4.15 함수 $f(x)=\dfrac{x}{x^2+1}$의 그래프를 그려라.

SECTION

4.5 연습문제

1. 다음 함수의 증가하거나 감소하는 구간, 극값, 아래로 볼록하거나 위로 볼록한 구간 및 변곡점을 구하여라.

(1) $f(x)=x^4-2x^2+1$

(2) $f(x)=x+\dfrac{1}{x}$

(3) $f(x)=e^{-x}x^2$

(4) $f(x)=x+\cos x\,(0<x<2\pi)$

2. 함수 $y=f(x)$의 도함수가 $f'(x)=(x-1)^2(x-3)$일 때 극값을 갖는 x의 값을 구하여라. 또 변곡점이 있으면 변곡점의 x좌표를 구하여라.

3. 다음 함수의 그래프를 그려라.

(1) $y=\dfrac{1-x}{x^2}$

(2) $y=2\sin x+\cos 2x \quad (0<x<2\pi)$

(3) $y=\dfrac{\log x}{x}\,(x>0)$

4.6 로피탈의 정리

이 절에서는 미분을 이용하여 $\frac{0}{0}$ 꼴이나 $\frac{\infty}{\infty}$ 꼴의 부정형의 극한을 구하는 방법을 소개한다.

정리 4.10 로피탈의 정리

미분가능 함수 f와 g에 대하여 극한

$$\lim_{x \to a} \frac{f'(x)}{g'(x)}$$

이 존재하고 $a \in [-\infty, \infty]$에 대하여

$$\lim_{x \to a} f(x) = \lim_{x \to a} g(x) = 0 \quad \text{또는} \quad \lim_{x \to a} f(x) = \lim_{x \to a} g(x) = \pm\infty$$

이면 다음 등식이 성립한다.

$$\lim_{x \to a} \frac{f(x)}{g(x)} = \lim_{x \to a} \frac{f'(x)}{g'(x)}$$

[정리 4.10]은 한쪽 극한에 대해서도 성립한다.

보기 4.17

n이 자연수일 때 다음 극한을 구하여라.

$$\lim_{x \to \infty} \frac{x^n}{e^x}$$

풀이

로피탈의 정리를 반복하여 적용하면

$$\lim_{x \to \infty} \frac{x^n}{e^x} = \lim_{x \to \infty} \frac{nx^{n-1}}{e^x} = \cdots = \lim_{x \to \infty} \frac{n!}{e^x} = 0$$

을 얻는다.

기본연습문제 4.16 다음 극한을 구하여라.

① $\lim_{x \to 0} \frac{1 - \cos x}{x^2}$ ② $\lim_{x \to \infty} \frac{e^x}{x}$ ③ $\lim_{x \to 0+} \frac{\log x}{\csc x}$

보기 4.18

다음 극한을 구하여라.

(1) $\lim_{x\to\infty}\frac{\log x}{x^p}\quad (p>0)$

(2) $\lim_{x\to 1}\left(\frac{1}{\log x}-\frac{1}{x-1}\right)$

(3) $\lim_{x\to 0+} x\log x$

(4) $\lim_{x\to 0+} x^x$

풀이

(1) $\frac{\infty}{\infty}$ 꼴의 부정형이다. 로피탈의 정리를 적용하면 다음과 같다.

$$\lim_{x\to\infty}\frac{\log x}{x^p}=\lim_{x\to\infty}\frac{1/x}{px^{p-1}}=\lim_{x\to\infty}\frac{1}{px^p}=0$$

(2) 통분하여 정리하면 $\frac{0}{0}$ 꼴의 부정형을 얻는다.

$$\lim_{x\to 1}\left(\frac{1}{\log x}-\frac{1}{x-1}\right)=\lim_{x\to 1}\frac{(x-1)-\log x}{(x-1)\log x}$$

따라서 로피탈의 정리를 적용하면 다음과 같다.

$$\begin{aligned}\lim_{x\to 1}\left(\frac{1}{\log x}-\frac{1}{x-1}\right)&=\lim_{x\to 1}\frac{(x-1)-\log x}{(x-1)\log x}=\lim_{x\to 1}\frac{1-1/x}{\log x+(x-1)/x}\\&=\lim_{x\to 1}\frac{x-1}{x\log x+x-1}=\lim_{x\to 1}\frac{1}{\log x+x\cdot\frac{1}{x}+1}\\&=\frac{1}{2}\end{aligned}$$

(3) $0\cdot(-\infty)$꼴이지만 다음과 같이 $\frac{\infty}{\infty}$꼴로 고쳐서 로피탈의 정리를 적용할 수 있다.

$$\lim_{x\to 0+}x\log x=\lim_{x\to 0+}\frac{\log x}{1/x}=\lim_{x\to 0+}\frac{1/x}{-1/x^2}=\lim_{x\to 0+}(-x)=0$$

(4) 밑을 변환하면

$$\lim_{x\to 0+}x^x=\lim_{x\to 0+}e^{x\log x}$$

이므로 (3)에 의해서 극한값은 $e^0=1$이다.

기본연습문제 4.17 다음 극한값을 구하여라.

① $\lim_{x\to 1+}x^{\frac{1}{x-1}}$

② $\lim_{x\to 0+}(\sin x)^x$

③ $\lim_{x\to\infty}(x+1)^{\frac{2}{x}}$

보기 4.19

함수 $f(x)=x\log x$의 그래프를 그려라.

풀이

함수는 $x>0$에서 정의된다. 따라서 y절편과 대칭성은 존재하지 않는다. x절편은 1이다.

$$f'(x)=\log x+1$$

이므로 극솟값 $\frac{1}{e}$를 갖는다.

$$\lim_{x\to\infty} x\log x=\infty$$

이므로 수평 점근선은 존재하지 않는다.

$$f''(x)=\frac{1}{x}$$

이므로 곡선은 정의역에서 아래로 볼록하다. 또한

$$\lim_{x\to 0+} x\log x=0$$

이다. 따라서 함수 $f(x)=x\log x$ 의 그래프는 다음과 같다.

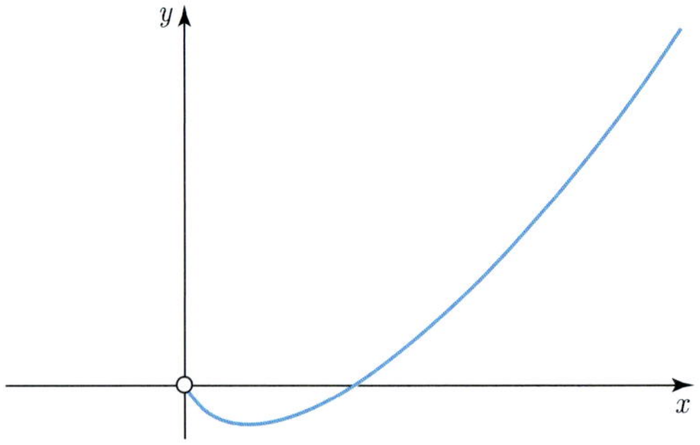

[그림 4.9]

기본연습문제 4.18 함수 $f(x)=x^x$의 그래프를 그려라.

SECTION

4.6 연습문제

1. 다음 극한을 구하여라.

(1) $\lim_{x \to 0} \dfrac{e^x - 1 - x}{x^2}$

(2) $\lim_{x \to 0} \dfrac{x - \tan x}{x - \sin x}$

(3) $\lim_{x \to 0+} \dfrac{\sqrt{x}}{\sqrt{x} + \sin\sqrt{x}}$

(4) $\lim_{x \to 0} \dfrac{e^x - e^{-x}}{\sin x}$

(5) $\lim_{x \to 0} \dfrac{e^x - 1}{\log(1+x)}$

(6) $\lim_{x \to 0} (e^x + x)^{\frac{1}{x}}$

(7) $\lim_{x \to 0} \left(\dfrac{1}{\sin x} - \dfrac{1}{x} \right)$

(8) $\lim_{x \to 0+} \dfrac{\log(\sin x)}{\log x}$

(9) $\lim_{x \to \infty} \dfrac{\log x}{\sqrt{x}}$

(10) $\lim_{x \to \infty} x^{\frac{1}{x}}$

(11) $\lim_{x \to \infty} (\log x)^{\frac{1}{x}}$

2. 함수 $f : (a, b) \to \mathbb{R}$이 두 번 미분가능이면 다음 식이 성립함을 보여라.

$$f''(x) = 2 \lim_{h \to 0} \frac{f(x+h) - f(x) - f'(x)h}{h^2}, \quad x \in (a, b)$$

CHAPTER 05 부정적분

3장 미분에서는 함수 $f(x)$에서 도함수 $f'(x)$를 구하는 방법을 소개하였다. 이 장에서는 주어진 함수 $f(x)$에 대하여

$$F'(x) = f(x)$$

인 함수 $F(x)$를 구하는 방법을 살펴본다.

5.1 부정적분

함수 $f(x)$를 구간에서 정의된 함수라 하자. 같은 구간에서 정의된 함수 $F(x)$가

$$F'(x) = f(x)$$

일 때 함수 $F(x)$를 $f(x)$의 **부정적분**이라 하고, 기호로

$$\int f(x)dx$$

로 나타낸다. 이때 $f(x)$를 **피적분함수**라 하고, 이 함수의 부정적분을 구하는 것을 함수 $f(x)$를 **적분한다**라고 한다.

$G(x)$와 $F(x)$가 $f(x)$의 부정적분이면

$$(G(x) - F(x))' = G'(x) - F'(x) = f(x) - f(x) = 0$$

이므로 [정리 4.4]에 의해서 $G(x)-F(x)$는 상수함수이다. 즉, 상수를 C라 하면

$$G(x)=F(x)+C$$

가 된다. 따라서 $f(x)$의 부정적분의 하나를 $F(x)$라 하면, $f(x)$의 임의의 부정적분은 $F(x)+C$ (C는 상수)이 된다. 이것을

$$\int f(x)dx=F(x)+C$$

로 나타내고, C를 **적분상수**라 한다.

$\int f(x)dx=F(x)+C$의 양변을 x에 대하여 미분하면

$$\frac{d}{dx}\left(\int f(x)dx\right)=f(x)$$

이다. 따라서 미분과 적분 사이에는 다음과 같은 관계가 있다.

(1) $F'(x)=f(x)$일 때, $\int f(x)dx=F(x)+C$ (C는 상수)

(2) $\frac{d}{dx}\left(\int f(x)dx\right)=f(x)$

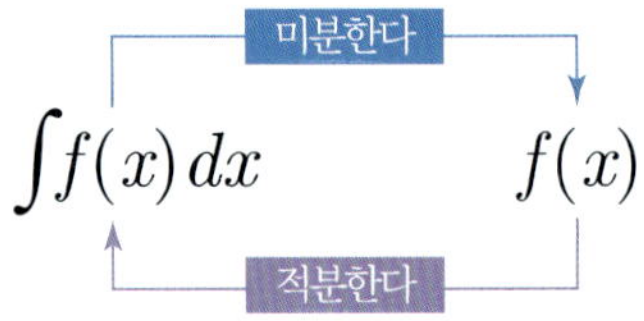

[그림 5.1]

보기 5.1

다음을 구하여라.

(1) $\frac{d}{dx}\left(\int x^2dx\right)$ (2) $\int\left(\frac{d}{dx}x^2\right)dx$

풀이

(1) 부정적분의 정의에 의해서 $\int x^2dx$는 미분하면 x^2이 되는 함수이다. 따라서

$$\frac{d}{dx}\left(\int x^2dx\right)=x^2$$

이다.

(2) $\int f(x)dx$는 미분하여 $f(x)$가 되는 함수들을 나타낸다. 따라서 $\int\left(\frac{d}{dx}x^2\right)dx=x^2+C$이다.

보기 5.2

연속함수 $f(x)$가 다음 등식을 만족할 때 $f(x)$를 구하여라.

$$\int (x+1)f(x)dx = x^4 + 4x + C$$

풀이

양변을 미분하면

$$(x+1)f(x) = 4x^3 + 4$$

이다.

$$4x^3 + 4 = 4(x^3+1) = 4(x+1)(x^2-x+1)$$

이므로 $x \neq -1$이면

$$f(x) = 4(x^2 - x + 1)$$

이다. 따라서 $f(x)$는 연속함수이므로 모든 x에 대하여

$$f(x) = 4(x^2 - x + 1)$$

이다.

기본연습문제 5.1 $\int f(x)dx = 4x^3 + 5x + C$일 때, 함수 $f(x)$를 구하여라.

부정적분을 효과적으로 구하는 방법에 대하여 알아보자.

x의 지수 n이 실수일 때 $n \neq -1$이면

$$\left(\frac{1}{n+1}x^{n+1}\right)' = x^n$$

이므로

$$\int x^n dx = \frac{1}{n+1}x^{n+1} + C, \ (n \neq -1)$$

이다. 또한

$$(\log|x|)' = \frac{1}{x}$$

이므로

$$\int \frac{1}{x}dx = \log|x| + C$$

이다.

함수 $f(x)$와 $g(x)$의 부정적분을 $F(x)$와 $G(x)$라 하고, k를 임의의 상수라 하면

$$F'(x)=f(x),\quad G'(x)=g(x)$$

이므로

$$\{F(x)+G(x)\}'=F'(x)+G'(x)=f(x)+g(x)$$

이다. 따라서

$$\int\{f(x)+g(x)\}dx=\int f(x)dx+\int g(x)dx$$

이다. 또한

$$\{kF(x)\}'=kF'(x)=kf(x)$$

이므로

$$\int kf(x)dx=k\int f(x)dx$$

이다.

이 결과로부터 부정적분에 관한 다음 정리를 얻는다.

정리 5.1

(1) $\displaystyle\int x^n dx=\frac{1}{n+1}x^{n+1}+C,\ n\neq-1$

$\displaystyle\int\frac{1}{x}dx=\log|x|+C$ (C는 적분상수)

(2) $\displaystyle\int\{f(x)\pm g(x)\}dx=\int f(x)dx\pm\int g(x)dx$ (복호동순)

(3) $\displaystyle\int kf(x)dx=k\int f(x)dx$ (k는 상수)

보기 5.3

다음 부정적분을 구하여라.

(1) $\displaystyle\int(x^2+x)dx$

(2) $\displaystyle\int(2x-3)(x+4)dx$

(3) $\displaystyle\int\frac{x^2-2x\sqrt{x}+1}{x}dx$

(4) $\displaystyle\int\frac{x^2}{x-1}dx-\int\frac{1}{x-1}dx$

풀이

(1) $\displaystyle\int(x^2+x)dx=\int x^2dx+\int x\,dx=\left(\frac{1}{3}x^3+C_1\right)+\left(\frac{1}{2}x^2+C_2\right)$

$\displaystyle\quad=\frac{1}{3}x^3+\frac{1}{2}x^2+(C_1+C_2)$

여기서 $C_1+C_2=C$로 놓으면

$$\int(x^2+x)dx=\frac{1}{3}x^3+\frac{1}{2}x^2+C$$

이 된다.

(2) $\displaystyle\int(2x-3)(x+4)dx=\int(2x^2+5x-12)dx$

$\displaystyle\quad=2\int x^2dx+5\int x\,dx-12\int dx$

$\displaystyle\quad=\frac{2}{3}x^3+\frac{5}{2}x^2-12x+C$

(3) $\displaystyle\int\frac{x^2-2x\sqrt{x}+1}{x}dx=\int\left(x-2x^{1/2}+\frac{1}{x}\right)dx$

$\displaystyle\quad=\int xdx-2\int x^{1/2}dx+\int\frac{1}{x}dx$

$\displaystyle\quad=\frac{1}{2}x^2-2\cdot\frac{1}{1/2+1}x^{1/2+1}+\log|x|+C$

$\displaystyle\quad=\frac{1}{2}x^2-\frac{4}{3}x^{3/2}+\log|x|+C$

(4) $\displaystyle\int\frac{x^2}{x-1}dx-\int\frac{1}{x-1}dx=\int\frac{x^2-1}{x-1}dx=\int(x+1)dx$

$\displaystyle\quad=\frac{1}{2}x^2+x+C$

기본연습문제 5.2 다음 부정적분을 구하여라.

① $\displaystyle\int(-2x^3+5x+1)dx$ ② $\displaystyle\int(x-1)(3x-2)dx$ ③ $\displaystyle\int\frac{5x^3+2x-1}{x}dx$

④ $\displaystyle\int\frac{3}{x+1}dx$ ⑤ $\displaystyle\int\frac{1}{x\sqrt{x}}dx$ ⑥ $\displaystyle\int\frac{x-1}{\sqrt[3]{x^2}}dx$

⑦ $\displaystyle\int\frac{(\sqrt[3]{x}+1)^3}{x}dx$

지수함수에 대하여

$$(e^x)'=e^x,\ (a^x)'=a^x\log a\ \ (a>0,\ a\neq1)$$

이므로

$$\int e^x dx = e^x + C,\ \int a^x dx = \frac{a^x}{\log a} + C$$

이다. 따라서 지수함수의 부정적분에 관한 다음 정리를 얻는다.

정리 5.2

(1) $\int e^x dx = e^x + C$

(2) $a > 0, a \neq 1$인 실수 a에 대하여

$$\int a^x dx = \frac{a^x}{\log a} + C$$

이다.

보기 5.4

다음 부정적분을 구하여라.

(1) $\int (e^x - 4x + 2)dx$ (2) $\int (2e^x - 3^x)dx$ (3) $\int \frac{8^x + 1}{2^x + 1}dx$

풀이

(1) $\int (e^x - 4x + 2)dx = \int e^x - \int 4x dx + \int 2dx = e^x - 2x^2 + 2x + C$

(2) $\int (2e^x - 3^x)dx = 2\int e^x dx - \int 3^x dx = 2e^x - \frac{3^x}{\log 3} + C$

(3) $\int \frac{8^x + 1}{2^x + 1}dx = \int \frac{(2^x)^3 + 1}{2^x + 1}dx = \int \frac{(2^x + 1)((2^x)^2 - 2^x + 1)}{(2^x + 1)}dx$

$= \int (4^x - 2^x + 1)dx = \frac{4^x}{\log 4} - \frac{2^x}{\log 2} + x + C$

기본연습문제 5.3 다음 부정적분을 구하여라.

① $\int (3e^t - 2t)dt$ ② $\int e^{x+10}dx$ ③ $\int \frac{e^{2x} - 1}{e^x + 1}dx$ ④ $\int (2^x + 1)^2 dx$

삼각함수에 대하여

$$(\sin x)' = \cos x, \qquad (\cos x)' = -\sin x, \qquad (\tan x)' = \sec^2 x$$

$$(\csc x)' = -\csc x \cot x, \quad (\sec x)' = \sec x \tan x, \quad (\cot x)' = -\csc^2 x$$

이므로, 다음과 같은 삼각함수의 부정적분에 대한 정리를 얻는다.

정리 5.3

(1) $\int \cos x\,dx = \sin x + C$ (2) $\int \sin x\,dx = -\cos x + C$

(3) $\int \sec^2 x\,dx = \tan x + C$ (4) $\int \sec x \tan x\,dx = \sec x + C$

(5) $\int \csc x \cot x\,dx = -\csc x + C$ (6) $\int \csc^2 x\,dx = -\cot x + C$

보기 5.5

다음 부정적분을 구하여라.

(1) $\int (\sin x + 2\cos x)dx$ (2) $\int \tan^2 x\,dx$

(3) $\int \frac{1}{1-\sin^2 x}dx$ (4) $\int \frac{\sin^2 x}{1+\cos x}dx$

풀이

(1) $\int (\sin x + 2\cos x)dx = \int \sin x\,dx + 2\int \cos x\,dx = -\cos x + 2\sin x + C$

(2) $1+\tan^2 x = \sec^2 x$ 이므로 $\int \tan^2 x\,dx = \int (\sec^2 x - 1)dx = \tan x - x + C$

(3) $\cos^2 x + \sin^2 x = 1$ 이므로 $\int \frac{1}{1-\sin^2 x}dx = \int \frac{1}{\cos^2 x}dx = \int \sec^2 x\,dx = \tan x + C$

(4) $\int \frac{\sin^2 x}{1+\cos x}dx = \int \frac{1-\cos^2 x}{1+\cos x}dx = \int \frac{(1-\cos x)(1+\cos x)}{1+\cos x}dx = \int (1-\cos x)dx$

$= x - \sin x + C$

기본연습문제 5.4 다음 부정적분을 구하여라.

① $\int \cos^2 \frac{x}{2} dx$ ② $\int \frac{e^{2x} - \sin^2 x}{e^x + \sin x}dx$

③ $\int \frac{\cos^3 x + 2}{\cos^2 x}dx$ ④ $\int \left(\cos x - \frac{1}{\sin^2 x}\right)dx$

SECTION

5.1 연습문제

1. 다음 부정적분을 구하여라.

(1) $\int (3x^2+6x-5)dx$

(2) $\int \left(\frac{3}{x}-\frac{4}{x^2}\right)dx$

(3) $\int x(x-1)(x-2)dx$

(4) $\int (x^2+x+1)(x^2-x+1)dx$

(5) $\int \frac{x^4+x^2+1}{x^2-x+1}dx$

(6) $\int (\sin x+\cos x)^2dx+\int (\sin x-\cos x)^2dx$

(7) $\int \frac{x^2-3x+2}{\sqrt{x}}dx$

(8) $\int \left(x+\frac{1}{x}\right)^3dx$

(9) $\int \frac{(2\sqrt{x}-1)^2}{x}dx$

(10) $\int (t-x)(x^2+xt+t^2)dt$

(11) $\int \frac{\sin x}{\cos^2 x}dx$

(12) $\int \sin^2\frac{x}{2}dx$

(13) $\int (\tan x+\cot x)^2dx$

(14) $\int \frac{4e^x\cos^2 x-3}{\cos^2 x}dx$

2. 다음 조건을 만족하는 함수 $f(x)$를 구하여라.

(1) $f'(x)=3x^2+2x-1,\ f(1)=4$

(2) $f'(x)=\tan^2 x+2,\ f(0)=-1$

(3) $f'(x)=4e^{2x}+1,\ f(1)=3$

(4) $f''(x)=2x-\frac{4}{x^2},\ f(1)=2,\ f'(1)=3$

(5) $f''(x)=\cos x+\sin x,\ f(0)=2,\ f'(0)=4$

(6) $f''(x)=e^{\frac{x}{2}}+e^{-x},\ f(0)=2,\ f'(0)=1$

3. 곡선 $y=f(x)$ 위의 점 $(x, f(x))$에서의 접선의 기울기가 $3x^2-2x+1$이고, $(1, -2)$를 지나는 곡선의 방정식을 구하여라.

4. 다음 조건을 만족시키는 함수 $f(x)$와 $g(x)$를 구하여라.

$$f'(x)+g'(x)=e^x,\ f'(x)-g'(x)=e^{-x},\ f(0)=g(0)=1$$

5.2 치환적분법

이 절에서는 합성함수 $g(f(x))$에서 $f(x)$를 다른 변수로 치환하여 적분하는 방법인 치환적분법에 대하여 알아본다.

함수 $g(x)$의 부정적분을

$$\int g(x)dx = G(x) + C$$

라 하면

$$G'(x) = g(x)$$

이다. 함수 $f(x)$가 미분가능이면 연쇄법칙에 의해서

$$\{G(f(x))\}' = g(f(x))f'(x)$$

이므로 $u = f(x)$라 하면

$$\int g(f(x))f'(x)dx = G(f(x)) + C = G(u) + C$$

을 얻는다. 한편

$$G(u) + C = \int g(u)du$$

이므로

$$\int g(f(x))f'(x)dx = \int g(u)du$$

이다. 따라서 다음 정리를 얻는다.

정리 5.4

함수 $u = f(x)$가 미분가능일 때 다음 등식이 성립한다.

$$\int g(f(x))f'(x)dx = \int g(u)du$$

이와 같이 치환하여 적분하는 방법을 **치환적분법**이라 한다.

치환적분법에서 $u = f(x)$로 치환할 때 $f'(x)dx$가 du로 바뀐 모양을 하고 있다. 따라서 $u = f(x)$일 때 $\dfrac{du}{dx} = f'(x)$를

$$du = f'(x)dx \text{ 또는 } dx = \frac{1}{f'(x)}du$$

로 나타내기도 한다.

보기 5.6

다음 부정적분을 구하여라.

(1) $\int x^2(x^3+1)^3 dx$

(2) $\int x\sqrt{x-1}\,dx$

(3) $\int xe^{-x^2/2}dx$

(4) $\int x^3\cos(x^4+1)dx$

(5) $\int \frac{1}{x^2}\sin\frac{1}{x}dx$

(6) $\int \frac{\log x}{x}dx$

(7) $\int \frac{e^{\sqrt{x}}}{\sqrt{x}}dx$

풀이

(1) $u = x^3+1$이라 하면 $du = 3x^2dx$이므로

$$x^2dx = \frac{1}{3}du$$

이다. 따라서

$$\int x^2(x^3+1)^3dx = \frac{1}{3}\int u^3du = \frac{1}{3}\cdot\frac{1}{4}u^4 + C = \frac{1}{12}(x^3+1)^4 + C$$

이다.

(2) $u = x-1$이라 하면 $du = dx$이다. 따라서

$$\begin{aligned}\int x\sqrt{x-1}\,dx &= \int (u+1)\sqrt{u}\,du = \int (u^{3/2}+u^{1/2})du \\ &= \frac{2}{5}u^{5/2} + \frac{2}{3}u^{3/2} + C \\ &= \frac{2}{5}(x-1)^{5/2} + \frac{2}{3}(x-1)^{3/2} + C\end{aligned}$$

이다.

(3) $u = -x^2/2$이라 하면 $du = -xdx$이다. 따라서

$$\int xe^{-x^2/2}dx = -\int e^u du = -e^u + C = -e^{-x^2/2} + C$$

이다.

(4) $u = x^4+1$이라 하면 $du = 4x^3dx$이다. 따라서

$$\int x^3\cos(x^4+1)dx = \frac{1}{4}\int \cos u\,du = \frac{1}{4}\sin u + C = \frac{1}{4}\sin(x^4+1) + C$$

이다.

(5) $u=\dfrac{1}{x}$ 이라 하면 $du=-\dfrac{1}{x^2}dx$ 이다. 따라서

$$\int \frac{1}{x^2}\sin\frac{1}{x}dx=-\int \sin u du=\cos u+C=\cos\frac{1}{x}+C$$

이다.

(6) $u=\log x$ 이라 하면 $du=\dfrac{1}{x}dx$ 이다. 따라서

$$\int \frac{\log x}{x}dx=\int u du=\frac{1}{2}u^2+C=\frac{1}{2}(\log x)^2+C$$

이다.

(7) $u=\sqrt{x}$ 이라 하면 $du=\dfrac{1}{2\sqrt{x}}dx$ 이다. 따라서

$$\int \frac{e^{\sqrt{x}}}{\sqrt{x}}dx=2\int e^u du=2e^u+C=2e^{\sqrt{x}}+C$$

이다.

기본연습문제 5.5 다음 부정적분을 구하여라.

① $\int (3x+4)^3dx$ ② $\int e^{-3x+2}dx$ ③ $\int \sqrt[3]{2x-1}\,dx$ ④ $\int (e^x+1)^2e^xdx$

⑤ $\int x(x^2-1)^3dx$ ⑥ $\int \dfrac{x}{e^{x^2+1}}dx$ ⑦ $\int \dfrac{(\log x)^2}{x}dx$

이제 $\int f(x)dx=F(x)+C$이고 $a\neq 0$일 때 $\int f(ax+b)dx$를 구해보자. $u=ax+b$로 두면 $\dfrac{1}{a}du=dx$ 이다. 따라서

$$\int f(ax+b)dx=\frac{1}{a}\int f(u)du=\frac{1}{a}F(u)+C=\frac{1}{a}F(ax+b)+C$$

이다. 즉,

$$\int f(ax+b)dx=\frac{1}{a}F(ax+b)+C$$

이다.

보기 5.7

다음 부정적분을 구하여라.

(1) $\int (2x+3)^5 dx$ (2) $\int e^{-2x+1} dx$

풀이

(1) $\int x^5 dx = \frac{1}{6}x^6 + C$이므로

$$\int (2x+3)^5 dx = \frac{1}{2}\left[\frac{1}{6}(2x+3)^6\right] + C = \frac{1}{12}(2x+3)^6 + C$$

이다.

(2) $\int e^x dx = e^x + C$이므로

$$\int e^{-2x+1} dx = \frac{1}{-2}e^{-2x+1} + C = -\frac{1}{2}e^{-2x+1} + C$$

이다.

기본연습문제 5.6 다음 부정적분을 구하여라.

① $\int (3x-1)^3 dx$ ② $\int e^{3x-2} dx$

부정적분 $\int \frac{f'(x)}{f(x)} dx$에서 $u = f(x)$로 두면 $du = f'(x)dx$이므로

$$\int \frac{f'(x)}{f(x)} dx = \int \frac{1}{u} du = \log|u| + C = \log|f(x)| + C$$

이다. 따라서 피적분함수의 분모를 미분한 것이 그 함수의 분자와 같게 되는 함수의 부정적분은 다음과 같다.

$$\int \frac{f'(x)}{f(x)} dx = \log|f(x)| + C$$

보기 5.8

다음 부정적분을 구하여라.

(1) $\int \frac{x}{x^2+2} dx$ (2) $\int \tan x dx$

풀이

(1) $(x^2+2)'=2x$이므로

$$\int \frac{x}{x^2+2}dx=\frac{1}{2}\int \frac{2x}{x^2+2}dx=\frac{1}{2}\log|x^2+2|+C$$

이다.

(2) $(\cos x)'=-\sin x$이므로

$$\int \tan x dx=\int \frac{\sin x}{\cos x}dx=-\int \frac{-\sin x}{\cos x}dx=-\log|\cos x|+C$$

이다.

기본연습문제 5.7 다음 부정적분을 구하여라.

① $\int \frac{x^2+1}{x^3+3x+2}dx$ ② $\int \frac{dx}{x\log x}$

③ $\int \frac{e^x}{e^x+1}dx$

SECTION

5.2 연습문제

1. 다음 부정적분을 구하여라.

(1) $\int x\cos(x^2)dx$ (2) $\int 2(3x-2)^{-4}dx$ (3) $\int x^3\sqrt{x^4+1}\,dx$

(4) $\int \frac{(\log x)^2}{x}dx$ (5) $\int 6x^2(x^3+1)^2dx$ (6) $\int \frac{3x^2}{\sqrt{1-9x^3}}dx$

(7) $\int \sqrt{x}\sin\sqrt{x^3}\,dx$ (8) $\int \frac{(1+\sqrt{x})^2}{\sqrt{x}}dx$ (9) $\int \frac{1}{x^2e^{\frac{1}{x}}}dx$

(10) $\int \tan^3 x\sec x\,dx$ (11) $\int \tan^2 x\sec^2 x\,dx$

2. 실수 전체에서 정의된 함수 f가 다음을 만족할 때 $f(\sqrt{e-1})$을 구하여라.

$$f(0)=\frac{1}{2},\ f'(x)=\frac{x}{x^2+1}$$

3. $f(x)=\int \frac{\cos(\log x)}{x}dx$ 이고, $f(e^{\frac{\pi}{2}})=0$ 일 때, $f(x)$의 상수항을 구하여라.

4. 구간 $[0, \log 2]$에서 다음과 같이 정의된 함수 $f(x)$의 최댓값을 구하여라.

$$f(x)=\int e^x\sqrt{e^x+2}\,dx,\ \ f(0)=3\sqrt{3}$$

5. $x>0$에서 정의된 함수 $f(x)$와 그 부정적분 $F(x)$가 다음 조건을 만족한다. $f(x)$를 구하여라.

$$F(x)=xf(x)-x^2\sin x,\ \ F\left(\frac{\pi}{2}\right)=\frac{\pi}{2}$$

5.3 부분적분법

미분가능인 두 함수 $f(x)$, $g(x)$에 대하여 두 함수의 곱을 미분하면

$$\{f(x)g(x)\}' = f'(x)g(x) + f(x)g'(x)$$

이다. 이제 양변을 적분하면

$$f(x)g(x) = \int f'(x)g(x)dx + \int f(x)g'(x)dx$$

이 된다. 따라서 다음과 같은 공식을 얻는다.

정리 5.5

$$\int f'(x)g(x)dx = f(x)g(x) - \int f(x)g'(d)dx$$

이와 같이 적분하는 방법을 **부분적분법**이라 한다.

보기 5.9

다음 부정적분을 구하여라.

(1) $\int xe^x dx$ (2) $\int \log x dx$ (3) $\int \arctan x dx$ (4) $\int x \sin x dx$

풀이

(1) $f'(x) = e^x$, $g(x) = x$라 하면

$$f(x) = e^x,\ g'(x) = 1$$

이므로

$$\begin{aligned}\int xe^x dx &= xe^x - \int e^x dx \\ &= xe^x - e^x + C\end{aligned}$$

이다.

(2) $f'(x) = 1$, $g(x) = \log x$ 로 놓으면

$$f(x) = x,\ g'(x) = \frac{1}{x}$$

이므로

$$\int \log x dx = x \log x - \int x \cdot \frac{1}{x} dx = x \log x - x + C$$

이다.

(3) $f'(x)=1$, $g(x)=\arctan x$ 로 놓으면

$$f(x)=x,\ g'(x)=\frac{1}{1+x^2}$$

이므로

$$\int \arctan x\,dx = x\arctan x - \int x\cdot\frac{1}{1+x^2}dx = x\arctan x - \frac{1}{2}\log(1+x^2)+C$$

이다.

(4) $f'(x)=\sin x$, $g(x)=x$로 놓으면

$$f(x)=-\cos x\ ,\ g'(x)=1$$

이므로

$$\begin{aligned}\int x\sin x\,dx &= x\cdot(-\cos x)-\int(-\cos x)dx\\ &=-x\cos x+\int\cos x\,dx\\ &=-x\cos x+\sin x+C\end{aligned}$$

이다.

보기 5.10

다음 부정적분을 구하여라.

(1) $\int x^2e^x dx$

(2) $\int x\log x\,dx$

풀이

(1) $f'(x)=e^x$, $g(x)=x^2$로 놓으면

$$f(x)=e^x,\ g'(x)=2x$$

이므로

$$\int x^2e^x dx = x^2e^x - \int 2xe^x dx$$

이다. $\int xe^x dx$에 다시 한번 부분적분을 하면

$$\int xe^x dx = xe^x - \int e^x dx = xe^x - e^x + C$$

이다. 따라서

$$\int x^2e^x dx = x^2e^x - 2xe^x + e^x + C$$

이다.

(2) $f'(x)=x$, $g(x)=\log x$ 로 놓으면

$$f(x)=\frac{1}{2}x^2,\ g'(x)=\frac{1}{x}$$

이므로

$$\begin{aligned}\int x\log x dx &= \frac{1}{2}x^2\log x-\int\frac{1}{2}x^2\cdot\frac{1}{x}dx=\frac{1}{2}x^2\log x-\int\frac{1}{2}xdx\\ &=\frac{1}{2}x^2\log x-\frac{1}{4}x^2+C\end{aligned}$$

이다.

기본연습문제 5.8 다음 부정적분을 구하여라.

① $\int xe^{-x}dx$　② $\int (x+1)e^x dx$　③ $\int x^2\log x\,dx$

④ $\int(\log x)^2 dx$　⑤ $\int x^2\sin x\,dx$

보기 5.11

부정적분 $\int e^x\sin x dx$를 구하여라.

풀이

$f'(x)=\sin x$, $g(x)=e^x$로 두면

$$f(x)=-\cos x\ ,\ g'(x)=e^x$$

이므로 부분적분법에 의해

$$\begin{aligned}\int e^x\sin x dx &= -e^x\cos x-\int e^x(-\cos x)dx\\ &= -e^x\cos x+\int e^x\cos x dx\end{aligned}$$

이다. 부정적분 $\int e^x\cos x dx$ 을 구하기

$$f'(x)=\cos x,\ g(x)=e^x$$

로 두고 부분적분을 이용하면

$$\int e^x\cos x dx=e^x\sin x-\int e^x\sin x dx$$

이다. 따라서

$$\int e^x\sin x dx=-e^x\cos x+e^x\sin x-\int e^x\sin x dx$$

이다. 이 식으로부터

$$\int e^x \sin x dx = \frac{1}{2} e^x (\sin x - \cos x) + C$$

을 얻는다.

기본연습문제 5.9 다음 부정적분을 구하여라.

$$\int e^x \cos x dx$$

SECTION

5.3 연습문제

1. 다음 부정적분을 구하여라.

(1) $\int \arcsin x\, dx$ (2) $\int \frac{1}{(1+x^2)^2} dx$ (3) $\int x \arctan x dx$

(4) $\int x^2 \arcsin x\, dx$ (5) $\int x \cosh x\, dx$

2. 다음 적분을 구하여라.

(1) $\int e^{\sqrt{x}} dx$ (2) $\int x^3 e^{-x^2} dx$ (3) $\int \sin \sqrt{x}\, dx$

(4) $\int x^3 \sin(x^2) dx$ (5) $\int \sqrt{x} \log x\, dx$ (6) $\int x (\log x)^2 dx$

3. $I_n = \int x^n \sin x\, dx$, $J_n = \int x^n \cos x\, dx$일 때 다음 물음에 답하여라.

(1) $I_n = -x^n \cos x + n I_{n-1}$, $J_n = x^n \sin x - n I_{n-1}$임을 보여라.

(2) I_3, J_3을 계산하여라.

4. $I_{m,n} = \int x^m (\log x)^n dx$일 때 다음 물음에 답하여라.

(1) $I_{m,n} = \frac{x^{m+1}(\log x)^n}{m+1} - \frac{n}{m+1} I_{m,n-1}$임을 보여라.

(2) $I_{3,2}$를 계산하여라.

5.4 여러 가지 함수의 적분

이 절에서는 삼각함수와 관련된 부정적분, 유리함수의 적분, 무리함수의 부정적분에 대하여 더 자세히 알아본다.

삼각함수 사이의 관계식

$$\sin^2 x = \frac{1-\cos 2x}{2},\ \cos^2 x = \frac{1+\cos 2x}{2},\ 1+\tan^2 x = \sec^2 x,\ 1+\cot^2 x = \csc^2 x$$

를 이용하여 삼각함수의 부정적분을 구할 수 있다.

보기 5.12

다음 부정적분을 구하여라.

(1) $\int \sin^2 x dx$　　(2) $\int \cos^2 x dx$　　(3) $\int \tan^2 x dx$

풀이

(1) $\sin^2 x = \frac{1-\cos 2x}{2}$ 이므로

$$\begin{aligned}\int \sin^2 x dx &= \int \frac{1-\cos 2x}{2} dx = \int \frac{1}{2} dx - \frac{1}{2}\int \cos 2x dx \\ &= \frac{1}{2}x - \frac{1}{4}\sin 2x + C\end{aligned}$$

이다.

(2) $\cos^2 x = \frac{1+\cos 2x}{2}$ 이므로

$$\int \cos^2 x dx = \int \frac{1+\cos 2x}{2} dx = \frac{1}{2}x + \frac{1}{4}\sin 2x + C$$

이다.

(3) $1+\tan^2 x = \sec^2 x$ 이므로

$$\begin{aligned}\int \tan^2 x dx &= \int (\sec^2 x - 1) dx = \int \sec^2 x dx - \int 1 dx \\ &= \tan x - x + C\end{aligned}$$

이다.

보기 5.13

$|x| < \frac{\pi}{4}$ 일 때 다음 부정적분을 구하여라.

$$\int \sqrt{1+\cos 4x}\, dx$$

풀이

공식 $\cos^2 x = \frac{1+\cos 2x}{2}$ 을 이용하면

$$1+\cos 4x = 2\cos^2 2x$$

이 된다. 따라서

$$\int \sqrt{1+\cos 4x}\, dx = \int \sqrt{2\cos^2 2x}\, dx = \int \sqrt{2}\,|\cos 2x|\, dx$$

이다. 이제 $|x| < \frac{\pi}{4}$ 이므로

$$\int \sqrt{1+\cos 4x}\, dx = \int \sqrt{2}\,|\cos 2x| dx = \int \sqrt{2} \cos 2x dx$$
$$= \frac{\sqrt{2}}{2} \sin 2x + C$$

이다.

기본연습문제 5.10 다음 부정적분을 구하여라.

① $\int \frac{1}{\sin^2 x} dx$　　② $\int (2-\tan x)\cos x\, dx$

③ $\int \frac{1}{\cos^2 x} dx$　　④ $\int \frac{1}{1-\cos 2x} dx$

삼각함수의 곱을 합 또는 차로 고치는 공식

$$\sin\alpha\cos\beta = \frac{1}{2}\{\sin(\alpha+\beta)+\sin(\alpha-\beta)\}$$
$$\cos\alpha\cos\beta = \frac{1}{2}\{\cos(\alpha+\beta)+\cos(\alpha-\beta)\}$$

를 이용하여 삼각함수의 부정적분을 구할 수 있다.

보기 5.14

부정적분 $\int \sin 3x \cos 5x\, dx$를 구하여라.

풀이

삼각함수의 곱을 합 또는 차로 고치는 공식을 적용하면

$$\int \sin 3x \cos 5x\, dx = \frac{1}{2}\int [\sin 8x + \sin(-2x)]dx = \frac{1}{2}\int [\sin 8x - \sin 2x]dx$$
$$= -\frac{\cos 8x}{16} + \frac{\cos 2x}{4} + C$$

이다.

기본연습문제 5.11 다음 부정적분을 구하여라.

① $\int \sin 2x \cos x dx$ ② $\int \cos 2x \cos x\, dx$ ③ $\int \sin 3x \cos x\, dx$ ④ $\int \sin 3x \sin x\, dx$

자연수 n에 대하여 $\int \sin^n x dx$을 구하여 보자. 먼저

$$I_n = \int \sin^n x dx = \int \sin^{n-1} x \sin x dx$$

로 고쳐서 $f'(x) = \sin x$, $g(x) = \sin^{n-1} x$라 놓으면

$$f(x) = -\cos x,\ g'(x) = (n-1)\sin^{n-2} x \cos x$$

이므로 부분적분법에 의해서

$$\begin{aligned} I_n &= -\sin^{n-1} x \cos x + (n-1)\int \sin^{n-2} x \cos^2 x dx \\ &= -\sin^{n-1} x \cos x + (n-1)\int \sin^{n-2} x (1-\sin^2 x) dx \\ &= -\sin^{n-1} x \cos x + (n-1)\int \sin^{n-2} x dx - (n-1) I_n \end{aligned}$$

이 된다. 이로부터 점화식

$$I_n = -\frac{1}{n}\sin^{n-1} x \cos x + \frac{n-1}{n}\int \sin^{n-2} x dx$$

을 얻는다. 따라서 다음 정리를 얻는다.

정리 5.6

자연수 n에 대하여 다음이 성립한다.

$$\int \sin^n x dx = -\frac{1}{n}\sin^{n-1}x\cos x + \frac{n-1}{n}\int \sin^{n-2}x dx$$

이 결과로부터 자연수 n에 대하여 $\int \sin^n x dx$는 $\int \sin^{n-2}x dx$의 적분으로 나타내는 점화식을 이용하여 $\int \sin x dx$와 $\int \sin^2 x dx$의 적분으로 바꿔서 구할 수 있음을 알 수 있다.

같은 방법으로 $\cos^n x$에 대한 점화공식을 얻을 수 있다.

정리 5.7

자연수 n에 대하여 다음이 성립한다.

$$\int \cos^n x dx = \frac{1}{n}\cos^{n-1}x\sin x + \frac{n-1}{n}\int \cos^{n-2}x dx$$

보기 5.15

부정적분 $\int \cos^6 x dx$를 구하여라.

풀이

점화공식을 반복하여 사용하면

$$\int \cos^6 x dx = \frac{1}{6}\cos^5 x\sin x + \frac{5}{24}\cos^3 x\sin x + \frac{5}{16}\cos x\sin x + \frac{5}{16}x + C$$

를 얻는다.

기본연습문제 5.12 다음 부정적분을 구하여라.

$$\int \sin^6 x dx$$

$\cos x$와 $\sin x$가 서로 섞인 거듭제곱을 적분할 때는 $\sin^2 x + \cos^2 x = 1$을 이용하여 [정리 5.6] 또는 [정리 5.7]을 적용할 수 있는 형태로 변형시키거나 더 일반적인 점화공식을 이용하여 구할 수 있다.

보기 5.16

부정적분 $\int \sin^2 x \cos^2 x dx$를 구하여라.

풀이

[방법 1]

$$\begin{aligned}\int \sin^2 x \cos^2 x dx &= \int \sin^2 x (1-\sin^2 x) dx = \int \sin^2 dx - \int \sin^4 x dx \\ &= \int \sin^2 x dx - \left[-\frac{1}{4}\sin^3 x \cos x + \frac{3}{4}\int \sin^2 x dx\right] \\ &= \frac{1}{8}x + \frac{1}{4}\sin^3 x \cos x - \frac{1}{4}\sin x + C\end{aligned}$$

[방법 2]

$$\begin{aligned}\int \sin^2 x \cos^2 x dx &= \frac{1}{4}\int \sin^2 2x dx = \frac{1}{4}\int \frac{1-\cos 4x}{2} dx \\ &= \frac{1}{8}x - \frac{1}{32}\sin 4x + C\end{aligned}$$

보기 5.17

2보다 크거나 같은 자연수 m, n에 대하여 $I_{m,n} = \int \sin^m x \cos^n x dx$라 할 때 다음이 성립함을 보여라.

(1) $I_{m,n} = \dfrac{1}{m+n}\sin^{m+1} x \cos^{n-1} x + \dfrac{n-1}{m+n} I_{m,n-2}$

(2) $I_{m,n} = -\dfrac{1}{m+n}\sin^{m-1} x \cos^{n+1} x + \dfrac{m-1}{m+n} I_{m-2,n}$

풀이

(1) $I_{m,n} = \int (\sin^m x \cos x) \cos^{n-1} x dx$ 에서

$$f'(x) = \sin^m x \cos x, \quad g(x) = \cos^{n-1} x$$

로 놓으면

$$f(x) = \frac{1}{m+1}\sin^{m+1} x, \quad g'(x) = -(n-1)\cos^{n-2} x \sin x$$

이므로 부분적분법에 의해서

$$I_{m,n} = \frac{1}{m+1}\sin^{m+1} x \cos^{n-1} x + \frac{n-1}{m+1}\int \sin^{m+2} x \cos^{n-2} x dx$$

이 된다. $\sin^2 x = 1 - \cos^2 x$ 을 오른쪽 적분에 적용하면

$$I_{m,n} = \frac{1}{m+1}\sin^{m+1}x\cos^{n-1}x + \frac{n-1}{m+1}I_{m,n-2} - \frac{n-1}{m+1}I_{m,n}$$

을 얻는다. $I_{m,n}$에 대하여 정리하면

$$I_{m,n} = \frac{1}{m+n}\sin^{m+1}x\cos^{n-1}x + \frac{n-1}{m+n}I_{m,n-2}$$

이 된다.

(2) $I_{m,n} = \int(\cos^n x\sin x)\sin^{m-1}x dx$ 로 두고 같은 방법을 적용하면

$$I_{m,n} = -\frac{1}{m+n}\sin^{m-1}x\cos^{n+1}x + \frac{m-1}{m+n}I_{m-2,n}$$

을 얻는다.

실수 $a>0$에 대하여 피적분함수가

$$\sqrt{a^2-x^2}\,,\ \sqrt{a^2+x^2}\,,\ \sqrt{x^2-a^2}$$

인 형태의 항을 포함하면 삼각함수를 이용한 치환을 하여 부정적분을 구할 수 있다. 이 방법으로 부정적분을 구하는 것을 **삼각치환법**이라 한다.

실수 $a>0$에 대하여 피적분함수가

$$\sqrt{a^2-x^2}$$

형태의 항을 포함하고 있다면

$$x = a\sin\theta\left(-\frac{\pi}{2} < \theta < \frac{\pi}{2}\right)$$

로 치환하면 다음과 같이 근호를 없앨 수 있다.

$$\begin{aligned}\sqrt{a^2-x^2} &= \sqrt{a^2-(a\sin\theta)^2} = \sqrt{a^2-a^2\sin^2\theta} \\ &= a\sqrt{1-\sin^2\theta} = a\sqrt{\cos^2\theta} \\ &= a\cos\theta\end{aligned}$$

보기 5.18

다음 부정적분을 구하여라.

$$\int\frac{1}{x^2\sqrt{4-x^2}}dx$$

풀이

$x = 2\sin\theta\left(-\frac{\pi}{2} < \theta < \frac{\pi}{2}\right)$로 치환하면 $dx = 2\cos\theta d\theta$ 이므로

$$\begin{aligned}\int \frac{1}{x^2\sqrt{4-x^2}}dx &= \int \frac{2\cos\theta}{(2\sin\theta)^2\sqrt{4-(2\sin\theta)^2}}d\theta \\ &= \int \frac{\cos\theta}{4\sin^2\theta\cos\theta}d\theta = \frac{1}{4}\int \csc^2\theta\, d\theta \\ &= -\frac{1}{4}\cot\theta + C\end{aligned}$$

이 된다.

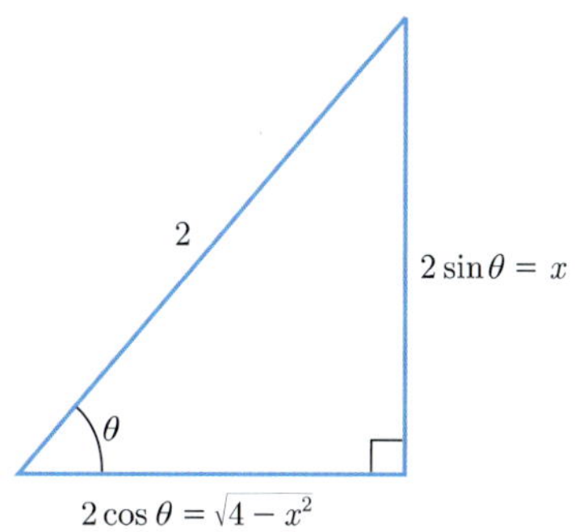

[그림 5.2]

[그림 5.2]를 참조하면 $\cot\theta = \dfrac{\sqrt{4-x^2}}{x}$ 이므로

$$\int \frac{1}{x^2\sqrt{4-x^2}}dx = -\frac{1}{4}\frac{\sqrt{(4-x^2)}}{x} + C$$

이다.

실수 $a > 0$에 대하여 피적분함수가

$$\sqrt{a^2+x^2}$$

형태의 항을 포함하고 있으면

$$x = a\tan\theta\left(-\frac{\pi}{2} < \theta < \frac{\pi}{2}\right)$$

로 치환하여 다음과 같이 근호를 없앨 수 있다.

$$\begin{aligned}\sqrt{a^2+x^2} &= \sqrt{a^2+(a\tan\theta)^2} = \sqrt{a^2+a^2\tan^2\theta} \\ &= a\sqrt{1+\tan^2\theta} = a\sqrt{\sec^2\theta} \\ &= a\sec\theta\end{aligned}$$

보기 5.19

다음 부정적분을 구하여라.

$$\int \frac{1}{9+x^2}dx$$

풀이

$x = 3\tan\theta \left(-\frac{\pi}{2} < \theta < \frac{\pi}{2}\right)$로 치환하면 $dx = 3\sec^2\theta\, d\theta$ 이므로

$$\begin{aligned}\int \frac{1}{9+x^2}dx &= \int \frac{3\sec^2\theta}{9+(3\tan\theta)^2}d\theta = \int \frac{3\sec^2\theta}{9(1+\tan^2\theta)}d\theta \\ &= \int \frac{3\sec^2\theta}{9\sec^2\theta}d\theta = \frac{1}{3}\int 1 d\theta \\ &= \frac{1}{3}\theta + C\end{aligned}$$

한편 $\tan\theta = \frac{1}{3}x$ 이므로 $\theta = \arctan\left(\frac{1}{3}x\right)$ 이 된다. 따라서

$$\int \frac{1}{9+x^2}dx = \frac{1}{3}\arctan\left(\frac{1}{3}x\right) + C$$

이다.

마지막으로 실수 $a > 0$에 대하여 피적분함수가

$$\sqrt{x^2-a^2}$$

형태의 항을 포함하고 있다면

$$x = a\sec\theta \left(\theta \in \left[0, \frac{\pi}{2}\right) \cup \left(\frac{\pi}{2}, \pi\right]\right)$$

로 치환하면 다음과 같이 근호를 없앨 수 있다.

$$\begin{aligned}\sqrt{x^2-a^2} &= \sqrt{(a\sec\theta)^2-a^2} = \sqrt{a^2\sec^2\theta - a^2} \\ &= a\sqrt{\sec^2\theta - 1} = a\sqrt{\tan^2\theta} \\ &= a|\tan\theta|\end{aligned}$$

보기 5.20

$x > 5$일 때 다음 부정적분을 구하여라.

$$\int \frac{\sqrt{x^2-25}}{x}dx$$

풀이

$x > 5$이므로 $x = 5\sec\theta \quad \left(\theta \in \left[0, \frac{\pi}{2}\right)\right)$로 치환하면 $dx = 5\sec\theta\tan\theta\, d\theta$이므로

$$\begin{aligned}\int \frac{\sqrt{x^2-25}}{x}dx &= \int \frac{\sqrt{(5\sec\theta)^2-25}}{5\sec\theta}(5\sec\theta\tan\theta)dx \\ &= \int 5\sqrt{\sec^2\theta-1}\,\tan\theta\, d\theta \\ &= \int 5\tan^2\theta\, d\theta = \int 5(\sec^2\theta-1)d\theta \\ &= 5(\tan\theta-\theta)+C\end{aligned}$$

이다. $x = 5\sec\theta \quad \left(\theta \in \left[0, \frac{\pi}{2}\right)\right)$이므로

$$\begin{aligned}\tan\theta &= \sqrt{\sec^2\theta-1} = \sqrt{\left(\frac{x}{5}\right)^2-1} \\ &= \frac{1}{5}\sqrt{x^2-25}\end{aligned}$$

이다. 따라서

$$\begin{aligned}\int \frac{\sqrt{x^2-25}}{x}dx &= 5(\tan\theta-\theta)+C \\ &= \sqrt{x^2-25} - 5\,\mathrm{arcsec}\left(\frac{x}{5}\right)+C\end{aligned}$$

이다.

기본연습문제 5.13 다음 부정적분을 구하여라.

① $\int \frac{1}{\sqrt{1-x^2}}dx$ ② $\int \frac{1}{x^2\sqrt{9-x^2}}dx$ ③ $\int x^3\sqrt{x^2-1}\,dx$ ④ $\int x^3\sqrt{x^2+8}\,dx$

이제 유리함수의 적분 $\int \frac{p(x)}{q(x)}dx$을 알아보자. $p(x)$, $q(x)$가 x에 관한 다항식일 때 $\frac{p(x)}{q(x)}$를 유리함수라 한다. $p(x)$의 차수가 $q(x)$의 차수보다 클 때 $p(x)$를 $q(x)$로 나눈 몫을 $f(x)$, 나머지를 $r(x)$라 하면

$$\frac{p(x)}{q(x)} = f(x) + \frac{r(x)}{q(x)}$$

로 고칠 수 있다. 여기서 $f(x)$는 다항식이고 $r(x)$의 차수는 $q(x)$의 차수보다 작으므로 유리함수 $\frac{p(x)}{q(x)}$의 적분에서는 $p(x)$의 차수가 $q(x)$의 차수보다 작은 경우만 생각하면 된다.

보기 5.21

$p(x) = x^3 - x + 1$, $q(x) = x^2 + 1$라 하면

$$\frac{p(x)}{q(x)} = x + \frac{2x+1}{x^2+1}$$

이다.

유리함수의 부정적분을 구하는 데는 다음의 부분분수분해 정리가 유용하다.

정리 5.8 부분분수분해 정리

자연수 m, n에 대하여 $m > n$이고

$$\begin{aligned} p(x) &= x^n + a_{n-1}x^{n-1} + \cdots + a_0, \\ q(x) &= x^m + b_{m-1}x^{m-1} + \cdots + b_0 \\ &= (x-\alpha_1)^{r_1} \cdots (x-\alpha_k)^{r_k}(x^2+\beta_1 x+\gamma_1)^{s_1} \cdots (x^2+\beta_l x+\gamma_l)^{s_l} \end{aligned}$$ [1)]

일 때 다음이 성립한다.

$$\begin{aligned} \frac{p(x)}{q(x)} = &\left[\frac{a_{1,1}}{(x-\alpha_1)} + \cdots + \frac{a_{1,r_1}}{(x-\alpha_1)^{r_1}}\right] + \cdots + \left[\frac{a_{k,1}}{(x-\alpha_k)} + \cdots + \frac{a_{k,r_k}}{(x-\alpha_k)^{r_k}}\right] \\ &+ \left[\frac{b_{1,1}x + c_{1,1}}{(x^2+\beta_1 x+\gamma_1)} + \cdots + \frac{b_{1,s_1}x + c_{1,s_1}}{(x^2+\beta_1 x+\gamma_1)^{s_1}}\right] + \cdots + \left[\frac{b_{l,1}x + c_{l,1}}{(x^2+\beta_l x+\gamma_l)} + \cdots + \frac{b_{l,s_l}x + c_{l,s_l}}{(x^2+\beta_l x+\gamma_l)^{s_l}}\right] \end{aligned}$$

---

1) $q(x)$는 실수계수를 갖는 m차 다항식이므로 방정식 $q(x)=0$은 '대수학의 기본정리'에 의하여 중복을 허락하고 m개의 근을 갖는다. 여기서 한 허근을 가지면 이의 켤레복소수도 근이된다. 따라서 $q(x) = (x-\alpha_1)^{r_1} \cdots (x-\alpha_k)^{r_k}(x^2+\beta_1 x+\gamma_1)^{s_1} \cdots (x^2+\beta_l x+\gamma_l)^{s_l}$으로 표현할 수 있다. 여기서 α_i는 실근을 나타내고 2차식 $x^2+\beta_j x+\gamma_j$는 켤레복소근을 가지므로 $\beta_j^2 - 4\gamma_j < 0$이다.

보기 5.22

차수가 분모보다 작은 다항식 $r(x)$에 대하여 유리함수

$$\frac{a_1x+b_1}{(a_2x+b_2)(a_3x+b_3)},\ \frac{r(x)}{(a_1x+b_1)(a_2x+b_2)\cdots(a_nx+b_n)},\ \frac{r(x)}{(ax+b)^n},$$
$$\frac{r(x)}{(a_1x^2+b_1x+c_1)(a_2x^2+b_2x+c_2)\cdots(a_nx^2+b_nx+c_n)}$$

는 다음과 같이 나타낼 수 있다.

$$\frac{a_1x+b_1}{(a_2x+b_2)(a_3x+b_3)}=\frac{A}{a_2x+b_2}+\frac{B}{a_3x+b_3},$$

$$\frac{r(x)}{(a_1x+b_1)(a_2x+b_2)\cdots(a_nx+b_n)}=\frac{c_1}{a_1x+b_1}+\frac{c_2}{a_2x+b_2}+\cdots+\frac{c_n}{a_nx+b_n},$$

$$\frac{r(x)}{(ax+b)^n}=\frac{c_1}{ax+b}+\frac{c_2}{(ax+b)^2}+\cdots+\frac{c_n}{(ax+b)^n},$$

$$\frac{r(x)}{(a_1x^2+b_1x+c_1)(a_2x^2+b_2x+c_2)\cdots(a_nx^2+b_nx+c_n)}$$
$$=\frac{A_1x+B_1}{a_1x^2+b_1x+c_1}+\frac{A_2x+B_2}{a_2x^2+b_2x+c_2}+\cdots+\frac{A_nx+B_n}{a_nx^2+b_nx+c_n}$$

기본연습문제 5.14 다음 유리함수를 부분분수로 나타내어라.

① $\frac{1}{x^2-1}$ ② $\frac{8x+3}{x^2-x-6}$ ③ $\frac{2x+3}{(x+2)^2}$ ④ $\frac{4x-2}{x^4-1}$

이차식 $x^2+\beta x+\gamma$를 완전제곱식으로 고치면

$$x^2+\beta x+\gamma=\left(x+\frac{\beta}{2}\right)^2+\gamma-\frac{\beta^2}{4}=(x+a)^2+b^2\quad\left(a=\frac{\beta}{2},\ b^2=\gamma-\frac{\beta^2}{4}\right)$$

이 되므로 $t=\dfrac{x+a}{b}$로 치환하면

$$\int\frac{Ax+B}{(x^2+\beta x+\gamma)^n}dx=b\int\frac{Abt+(B-Aa)}{[b^2(t^2+1)]^n}dt$$
$$=\frac{A}{b^{2n-2}}\int\frac{t}{(t^2+1)^n}dt+\frac{B-Aa}{b^{2n-1}}\int\frac{1}{(t^2+1)^n}dt$$

가 된다. 따라서 일반적인 유리함수의 부정적분을 구하기 위해서는

$$(1)\ \int \frac{1}{(x-c)^n}dx \quad (2)\ \int \frac{x}{(x^2+1)^n}dx \quad (3)\ \int \frac{1}{(x^2+1)^n}dx$$

만 구하면 된다.

적분 (1)과 (2)는 치환적분을 이용하면 쉽게 구할 수 있으므로, 적분 (3)을 더 살펴보자.

$$I_n = \int \frac{1}{(x^2+1)^n}dx$$

으로 두면, $I_{n-1} = \int \frac{1}{(x^2+1)^{n-1}}dx$ 에서

$$f'(x) = 1,\ g(x) = \frac{1}{(x^2+1)^{n-1}}$$

로 놓고 부분적분을 적용하면

$$I_{n-1} = \frac{x}{(x^2+1)^{n-1}} + 2(n-1)\int \frac{x^2}{(x^2+1)^n}dx$$

을 얻는다. $x^2 = (x^2+1)-1$이므로

$$I_{n-1} = \frac{x}{(x^2+1)^{n-1}} + 2(n-1)I_{n-1} - 2(n-1)I_n$$

이다. 따라서, I_n에 대하여 정리하면

$$I_n = \frac{1}{2(n-1)} \cdot \frac{x}{(x^2+1)^{n-1}} + \frac{2n-3}{2(n-1)}I_{n-1}$$

을 얻는다. 이 결과들을 정리하면 다음과 같다.

정리 5.9

(1) $\int \frac{1}{(x-c)^n}dx = \begin{cases} -\frac{1}{n-1} \cdot \frac{1}{(x-c)^{n-1}} + C, & n \neq 1 \\ \log|x-c| + C, & n = 1 \end{cases}$

(2) $\int \frac{x}{(x^2+1)^n}dx = \begin{cases} -\frac{1}{2(n-1)} \cdot \frac{1}{(x^2+1)^{n-1}} + C, & n \neq 1 \\ \frac{1}{2}\log(x^2+1) + C, & n = 1 \end{cases}$

(3) $I_n = \int \frac{1}{(x^2+1)^n}dx$ 으로 두면

$I_n = \frac{1}{2(n-1)} \cdot \frac{x}{(x^2+1)^{n-1}} + \frac{2n-3}{2(n-1)}I_{n-1}$ 이고, $I_1 = \arctan x + C$이다.

이 정리로부터 유리함수는 항상 적분할 수 있고 그 결과는 유리함수, 역삼각함수, 로그함수로 표시됨을 알 수 있다.

보기 5.23

다음 부정적분을 구하여라.

(1) $\displaystyle\int \frac{1}{x^2+x-2}dx$ (2) $\displaystyle\int \frac{2x^3-4x^2-15x+5}{x^2-2x-8}dx$ (3) $\displaystyle\int \frac{5x^2+20x+6}{x^3+2x^2+x}dx$

풀이

(1)

$$\frac{1}{x^2+x-2}=\frac{1}{(x-1)(x+2)}=\frac{A}{x-1}+\frac{B}{x+2}$$

로 놓고 풀면

$$A=\frac{1}{3},\ B=-\frac{1}{3}$$

이 된다. 따라서

$$\begin{aligned}\int \frac{1}{x^2+x-2}dx &= \frac{1}{3}\int \frac{1}{x-1}dx-\frac{1}{3}\int \frac{1}{x+2}dx\\ &=\frac{1}{3}\log|x-1|-\frac{1}{3}\log|x+2|+C\end{aligned}$$

이다.

(2)

$$\frac{2x^3-4x^2-15x+5}{x^2-2x-8}=2x+\frac{x+5}{x^2-2x-8}$$

이고

$$\frac{x+5}{x^2-2x-8}=\frac{x+5}{(x-4)(x+2)}=\frac{A}{x-4}+\frac{B}{x+2}$$

로 놓고 풀면

$$A=\frac{3}{2},\ B=-\frac{1}{2}$$

이 된다. 따라서

$$\begin{aligned}\int \frac{2x^3-4x^2-15x+5}{x^2-2x-8}dx &= \int \left[2x+\frac{3}{2}\left(\frac{1}{x-4}\right)-\frac{1}{2}\left(\frac{1}{x+2}\right)\right]dx\\ &=x^2+\frac{3}{2}\log|x-4|-\frac{1}{2}\log|x+2|+C\end{aligned}$$

이다.

(3)

$$\frac{5x^2+20x+6}{x^3+2x^2+x}=\frac{5x^2+20x+6}{x(x+1)^2}=\frac{A}{x}+\frac{B}{x+1}+\frac{C}{(x+1)^2}$$

로 놓고 풀면

$$A=6,\ B=-1,\ C=9$$

이 된다. 따라서

$$\int \frac{5x^2+20x+6}{x^3+2x^2+x}dx = \int \left[\frac{6}{x}-\frac{1}{x+1}+\frac{9}{(x+1)^2}\right]dx$$
$$=6\log|x|-\log|x+1|-9(x+1)^{-1}+C$$

이 된다.

보기 5.24

다음 부정적분을 구하여라.

$$\int \frac{x^4+x^2-1}{x^3+1}dx$$

풀이

$$\frac{x^4+x^2-1}{x^3+1}=x+\frac{x^2-x-1}{x^3+1}$$

이고

$$\frac{x^2-x-1}{x^3+1}=\frac{x^2-x+1}{(x+1)(x^2-x+1)}=\frac{A}{x+1}+\frac{Bx+C}{x^2-x+1}$$

로 놓고 풀면

$$A=\frac{1}{3},\ B=\frac{2}{3},\ C=-\frac{4}{3}$$

이 된다. 따라서

$$\int \frac{x^4+x^2-1}{x^3+1}dx = \int x\,dx+\frac{1}{3}\int \frac{1}{x+1}dx+\frac{1}{3}\int \frac{2x-4}{x^2-x+1}dx$$
$$=\frac{1}{2}x^2+\frac{1}{3}\log|x+1|+\frac{1}{3}\int \frac{2x-1}{x^2-x+1}dx-\int \frac{1}{\left(x-\frac{1}{2}\right)^2+\left(\frac{\sqrt{3}}{2}\right)^2}dx$$
$$=\frac{1}{2}x^2+\frac{1}{3}\log|x+1|+\frac{1}{3}\log|x^2-x+1|-\frac{2}{\sqrt{3}}\arctan\left(\frac{2x-1}{\sqrt{3}}\right)+C$$

이다.

기본연습문제 5.15 다음 부정적분을 구하여라.

① $\int \frac{3}{x^2+x}dx$　　② $\int \frac{1}{x(x+1)(x-2)}dx$　　③ $\int \frac{3x^2-7x-2}{x^3-x}dx$

④ $\int \frac{2x^2-5x+2}{x^3+x}dx$ ⑤ $\int \frac{5x^2+6x+2}{(x+2)(x^2+2x+5)}dx$

피적분함수가 다음과 같은 무리함수를 포함하고 있을 때, 적당한 치환을 사용하면 유리함수로 바꿀 수 있다. 따라서 적분도 가능하다.

(1) $\sqrt[n]{ax+b}$ $(a\neq 0)$을 포함하면 $u=\sqrt[n]{ax+b}$로 치환해 본다.

(2) $\sqrt[n]{\frac{ax+b}{cx+d}}$을 포함하면 $u=\sqrt[n]{\frac{ax+b}{cx+d}}$로 치환해 본다.

(3) $\sqrt[m]{ax+b}$, $\sqrt[n]{ax+b}$을 포함하면 m과 n의 최소공배수 k를 구하여 $u=\sqrt[k]{ax+b}$로 치환해 본다.

(4) $\sqrt{ax^2+bx+c}$ $(a\neq 0)$을 포함하면

(i) $a>0$일 때 $\sqrt{ax^2+bx+c}=u-\sqrt{a}$로 치환해 본다.

(ii) $a<0$이면 $ax^2+bx+c=0$의 서로 다른 실근 α, $\beta(\alpha<\beta)$에 대하여

$u=\sqrt{\frac{x-\alpha}{\beta-x}}$로 치환해 본다.[2)]

보기 5.25

다음 부정적분을 구하여라.

(1) $\int \frac{dx}{x+\sqrt{x+1}}$ (2) $\int \frac{dx}{\sqrt{x}(1+\sqrt[3]{x})}$

(3) $\int \frac{dx}{(x-1)\sqrt{x^2-4x-2}}$ (4) $\int \frac{dx}{(x-1)\sqrt{2+x-x^2}}$

풀이

(1) $u=\sqrt{x-1}$로 두면 $x=1+u^2$이므로 $dx=2udu$이다. 따라서

$$\begin{aligned}\int \frac{dx}{x+\sqrt{x+1}} &= \int \frac{2u}{1+u^2+u}du \\ &= \int \frac{2u+1}{u^2+u+1}du - \int \frac{du}{u^2+u+1} \\ &= \log|u^2+u+1| - \frac{2}{\sqrt{3}}\arctan\frac{2u+1}{\sqrt{3}}+C \\ &= \log|x+\sqrt{x-1}| - \frac{2}{\sqrt{3}}\arctan\left(\frac{2\sqrt{x-1}+1}{\sqrt{3}}\right)+C\end{aligned}$$

2) $b^2-4ac\leq 0$이면 $ax^2+bx+c\leq 0$이므로 $b^2-4ac>0$인 경우만 생각한다. 이 경우에는 $ax^2+bx+c=0$은 서로 다른 실근 α, β를 갖는다.

이다.

(2) $u=\sqrt[6]{x}$ 라 하면, $x=u^6$ 이므로 $dx=6u^5du$ 이다. 따라서

$$\begin{aligned}\int\frac{dx}{\sqrt{x}(1+\sqrt[3]{x})}&=\int\frac{6u^5}{u^3(1+u^2)}du=6\int\frac{u^2}{1+u^2}du\\&=6\int\left(1-\frac{1}{1+u^2}\right)du=6(u-\arctan u)+C\\&=6(\sqrt[6]{x}-\arctan(\sqrt[6]{x}))+C\end{aligned}$$

이다.

(3) $\sqrt{x^2-4x-2}=u-x$ 라 하면 $x^2-4x-2=u^2-2ux+x^2$ 이므로 $x=\dfrac{u^2+2}{2(u-2)}$ 이므로

$$dx=\frac{u^2-4u-2}{2(u-2)^2}du$$

이다. 따라서,

$$\begin{aligned}\int\frac{dx}{(x-1)\sqrt{x^2-4x-2}}&=2\int\frac{1}{u^2-2u+6}du=2\int\frac{1}{(u-1)^2+5}du\\&=\frac{2}{\sqrt{5}}\arctan\frac{u-1}{\sqrt{5}}+C\\&=\frac{2}{\sqrt{5}}\arctan\left(\frac{(x-1)+\sqrt{x^2-4x-2}}{\sqrt{5}}\right)+C\end{aligned}$$

이다.

(4) $2+x-x^2=(x+1)(2-x)$ 이므로 $u=\sqrt{\dfrac{x+1}{2-x}}$ 라 하면 $x=\dfrac{2u^2-1}{1+u^2}$ 이므로

$$dx=\frac{6u}{(1+u^2)^2}du$$

이다. 따라서,

$$\begin{aligned}\int\frac{dx}{(x-1)\sqrt{2+x-x^2}}&=\int\frac{2}{u^2-2}du=\frac{1}{\sqrt{2}}\int\left(\frac{1}{u-\sqrt{2}}-\frac{1}{u+\sqrt{2}}\right)\\&=\frac{1}{\sqrt{2}}\log\left|\frac{u-\sqrt{2}}{u+\sqrt{2}}\right|+C\\&=\frac{1}{\sqrt{2}}\log\left|\frac{\sqrt{\mathrm{x}+1}-\sqrt{2(2-\mathrm{x})}}{\sqrt{\mathrm{x}+1}+\sqrt{2(2-\mathrm{x})}}\right|+\mathrm{C}\end{aligned}$$

이다.

삼각함수를 포함하는 유리함수의 적분에 대하여 알아보자. $u=\tan\dfrac{x}{2}$ 라 하고 사인함수의 배각의 공식을 이용하면

$$\sin x = 2\sin\frac{x}{2}\cos\frac{x}{2} = 2\cos^2\frac{x}{2}\frac{\sin\frac{x}{2}}{\cos\frac{x}{2}} = \frac{2\tan\frac{x}{2}}{\sec^2\frac{x}{2}}$$

$$= \frac{2\tan\frac{x}{2}}{1+\tan^2\frac{x}{2}} = \frac{2u}{1+u^2}$$

이다. 또한, 코사인함수의 배각의 공식을 이용하면

$$\cos x = 2\cos^2\frac{x}{2} - 1 = \frac{2}{\sec^2\frac{x}{2}} - 1 = \frac{2}{1+\tan^2\frac{x}{2}} - 1$$

$$= \frac{1-\tan^2\frac{x}{2}}{1+\tan^2\frac{x}{2}} = \frac{1-u^2}{1+u^2}$$

이다. 탄젠트함수의 배각의 공식을 이용하면

$$\tan x = \frac{2\tan\frac{x}{2}}{1-\tan^2\frac{x}{2}} = \frac{2u}{1-u^2}$$

이다. 따라서, 다음과 같은 결과를 얻을 수 있다.

정리 5.10

$u = \tan\frac{x}{2}$ 라 하면 다음이 성립한다.

(1) $\sin x = \frac{2u}{1+u^2}$ (2) $\cos x = \frac{1-u^2}{1+u^2}$ (3) $\tan x = \frac{2u}{1-u^2}$

이 결과를 이용하면 피적분함수가 $\sin x$, $\cos x$, $\tan x$ 의 유리함수인 경우는 $u = \tan\frac{x}{2}$ 라 놓으면

$$dx = \frac{2}{1+u^2}du,\ \sin x = \frac{2u}{1+u^2},\ \cos x = \frac{1-u^2}{1+u^2},\ \tan x = \frac{2u}{1-u^2}$$

가 되어 u에 관한 유리함수가 되므로 적분이 항상 가능함을 알 수 있다.

보기 5.26

다음 부정적분을 구하여라.

$$\int \frac{1}{\sin x + \cos x} dx$$

풀이

$u = \tan\frac{x}{2}$ 로 치환하면

$$\int \frac{1}{\sin x + \cos x} dx = \int \frac{2}{1+2u-u^2} du = \int \frac{2}{2-(u-1)^2} du$$

이 된다. 이제 $t = u - 1$로 치환하면

$$\begin{aligned} \int \frac{2}{2-(u-1)^2} du = \int \frac{-2}{t^2-1} dt &= -\frac{1}{\sqrt{2}} \int \left(\frac{1}{t-\sqrt{2}} - \frac{1}{t+\sqrt{2}} \right) dt \\ &= -\frac{1}{\sqrt{2}} \log \left| \frac{t-\sqrt{2}}{t+\sqrt{2}} \right| + C \\ &= -\frac{1}{\sqrt{2}} \log \left| \frac{u-1-\sqrt{2}}{u-1+\sqrt{2}} \right| + C \end{aligned}$$

이므로

$$\int \frac{1}{\sin x + \cos x} dx = -\frac{1}{\sqrt{2}} \log \left| \frac{\tan\frac{x}{2} - 1 - \sqrt{2}}{\tan\frac{x}{2} - 1 + \sqrt{2}} \right| + C$$

이다.

SECTION

5.4 연습문제

1. 다음 부정적분을 구하여라.

(1) $\int \tan^2 3x\, dx$　(2) $\int \cot^3 x\, dx$　(3) $\int \sec^3 x \tan x\, dx$

(4) $\int \sin^4 x \cos^4 x\, dx$　(5) $\int \sin^7 x\, dx$

2. 다음 부정적분을 구하여라.

(1) $\int \frac{1}{x\sqrt{x^2+9}} dx$　(2) $\int \frac{1}{x\sqrt{1-x^2}} dx$　(3) $\int \frac{1}{\sqrt{1+x^2}} dx$

(4) $\int \sqrt{x^2-1}\, dx$

3. 다음 부정적분을 구하여라.

(1) $\displaystyle\int \frac{x^2-2x-2}{x^3-1}dx$ (2) $\displaystyle\int \frac{1}{x^4-1}dx$ (3) $\displaystyle\int \frac{6x^2-15x-33}{(x+3)(x^2+2)^2}$

(4) $\displaystyle\int \frac{x^2}{(x+1)^2(x-2)}dx$ (5) $\displaystyle\int \frac{1}{x^3+1}dx$ (6) $\displaystyle\int \frac{x^5}{(1+x^2)^3}dx$

4. 다음 부정적분을 구하여라.

(1) $\displaystyle\int \frac{x^3}{\sqrt[3]{(x^2-1)^4}}dx$ (2) $\displaystyle\int \frac{1-\sqrt{x}}{1+\sqrt[4]{x}}dx$ (3) $\displaystyle\int \frac{x^5}{\sqrt{x^3+1}}dx$

(4) $\displaystyle\int \frac{1}{1+\sqrt[3]{x^2}}dx$ (5) $\displaystyle\int \frac{1}{1+\sqrt{x+4}}dx$

5. 다음 부정적분을 구하여라.

(1) $\displaystyle\int \frac{1}{3\sin x+4\cos x}dx$ (2) $\displaystyle\int \frac{1}{2+\cos x}dx$

CHAPTER

06 정적분

구간 $[a, b]$에서 정의된 함수 $f(x)$에 대하여 임의의 $x \in [a, b]$에 대하여 $|f(x)| \le M$이 되는 M이 존재하면 함수 $f(x)$를 구간 $[a,b]$에서 **유계**라 한다. 이 장에서는 유계인 함수 f의 정적분의 정의와 성질을 살펴보고, 정적분을 계산하는데 유용한 미적분학의 기본정리와 그 응용에 관하여 알아본다.

6.1 정적분의 정의

구간 $[a, b]$에서 $n+1$개의 점

$$x_0(=a),\ x_1,\ x_2,\ \cdots,\ x_{n-1},\ x_n(=b)$$

를 잡으면 구간 $[a, b]$는 n개의 부분 구간으로 나누어진다. 이렇게 하나의 구간을 여러 개의 부분 구간으로 나누는 점들의 집합

$$P = \{x_0, x_1, \cdots, x_n\}$$

를 구간 $[a,b]$의 **분할**이라 한다.

보기 6.1

집합 $\{0,1\}$과 $\left\{0, \frac{1}{3}, \frac{1}{2}, 1\right\}$는 구간 $[0, 1]$의 분할이다.

함수 $f(x)$가 구간 $[a, b]$에서 정의된 유계인 함수라 하자. 구간 $[a, b]$의 분할

$$P = \{x_0, x_1, \cdots, x_n\}$$

에 대하여

$$\Delta x_k = x_k - x_{k-1}$$

라 두자. 각 부분 구간 $[x_{k-1}, x_k]$에 대하여 $c_k \in [x_{k-1}, x_k]$일 때,

$$R(P, f) = f(c_1)\Delta x_1 + \cdots + f(c_n)\Delta x_n = \sum_{k=1}^{n} f(c_k)\Delta x_k$$

을 분할 P에 대한 f의 **리만합**이라 한다.

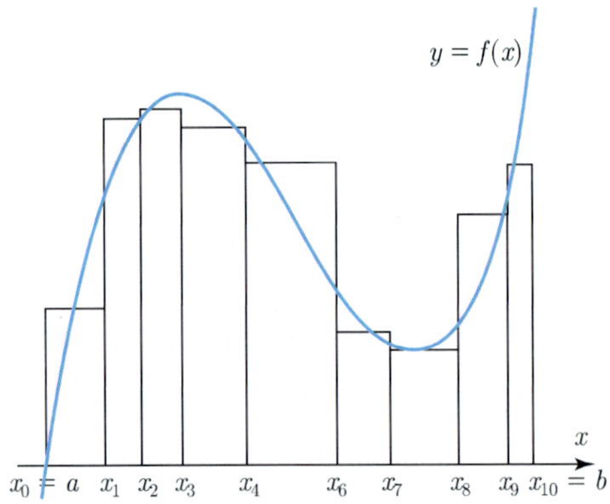

[그림 6.1] 리만합

보기 6.2

$[0, 1]$의 분할 $P = \left\{0, \frac{1}{4}, \frac{1}{2}, 1\right\}$와 $c_1 = \frac{1}{7}$, $c_2 = \frac{2}{7}$, $c_3 = \frac{4}{7}$에 대하여 함수 $f(x) = x^2$의 리만합 $R(P, f)$을 구하여라.

풀이

분할 P는 구간 $[0, 1]$을 세 개의 부분 구간

$$\left[0, \frac{1}{4}\right], \left[\frac{1}{4}, \frac{1}{2}\right], \left[\frac{1}{2}, 1\right]$$

로 나눈다. 따라서

$$\begin{aligned} R(P, f) &= \sum_{k=1}^{3} f(c_k)\Delta x_k \\ &= \left(\frac{1}{7}\right)^2\left(\frac{1}{4} - 0\right) + \left(\frac{2}{7}\right)^2\left(\frac{1}{2} - \frac{1}{4}\right) + \left(\frac{4}{7}\right)^2\left(1 - \frac{1}{2}\right) = \frac{37}{196} \end{aligned}$$

이다.

이제 분할 P에 대하여

$$\| P \| = \max\{\Delta x_1, \Delta x_2, \cdots, \Delta x_n\}$$

라 할 때, 임의의 리만합 $R(P, f)$의 극한

$$\lim_{\| P \| \to 0} R(P, f) = \lim_{\| P \| \to 0} \sum_{k=1}^{n} f(c_k)\Delta x_k$$

이 항상 존재하고 같으면, f는 구간 $[a, b]$에서 **적분가능**이라 하고, 그 극한을 구간 $[a,b]$에서 함수 $f(x)$의 **정적분**이라 하고

$$\int_a^b f(x)dx$$

로 나타낸다. 즉,

$$\int_a^b f(x)dx = \lim_{\| P \| \to 0} R(P, f) = \lim_{\| P \| \to 0} \sum_{k=1}^{n} f(c_k)\Delta x_k$$

이다.

정적분 $\int_a^b f(x)dx$을 구하는 것을 함수 $f(x)$를 a에서 b까지 **적분한다**고 하고, a를 **아래끝**, b를 **윗끝**이라 한다.

정적분에 대하여 다음 성질이 성립함이 알려져 있다.

정리 6.1

구간 $[a,b]$에서 적분가능한 함수 $f(x)$, $g(x)$와 상수 k에 대하여 다음이 성립한다.

(1) 함수 $kf(x)$도 적분가능하고,

$$\int_a^b kf(x)dx = k\int_a^b f(x)dx$$

이 성립한다.

(2) 함수 $f(x) \pm g(x)$도 적분가능하고,

$$\int_a^b [f(x) \pm g(x)]dx = \int_a^b f(x)dx \pm \int_a^b g(x)dx \quad \text{(복호동순)}$$

이 성립한다.

(3) $a < c < b$에 대하여 함수 $f(x)$는 $[a,c]$와 $[c,b]$에서 적분가능하고,

$$\int_a^b f(x)dx = \int_a^c f(x)dx + \int_c^b f(x)dx$$

이 성립한다.

(4) 구간 $[a,b]$에서 $f(x) \le g(x)$이 성립하면,

$$\int_a^b f(x)dx \le \int_a^b g(x)dx$$

이 성립한다.

(5) $f(x)$가 구간 $[a,b]$에서 연속이면, $f(x)$는 적분가능하다.

$a < b$에 대하여 정적분을 정의하였다. $a > b$인 경우에 다음과 같이 정적분을 정의한다.

$$\int_a^b f(x)dx = -\int_b^a f(x)dx$$

또한,

$$\int_a^a f(x)dx = 0$$

로 정의한다.

보기 6.3

함수 $f(x)$, $g(x)$가 적분가능하고,

$$\int_1^2 f(x)dx = -2,\ \int_2^3 f(x)dx = -1,\ \int_1^2 g(x)dx = 3$$

일 때 다음을 구하여라.

(1) $\int_1^3 4f(x)dx$ (2) $\int_1^2 [2f(x)+g(x)]dx$

(3) $\int_3^2 f(x)dx$ (4) $\int_2^2 f(x)dx$

풀이

[정리 6.1]에 의해서

(1) $\int_1^3 4f(x)dx = 4\int_1^3 f(x)dx = 4\left[\int_1^2 f(x)dx + \int_2^3 f(x)dx\right] = 4\times(-3) = -12$

(2) $\int_1^2 [2f(x)+g(x)]dx = 2\int_1^2 f(x)dx + \int_1^2 g(x)dx = -4+3 = -1$

(3) $\int_3^2 f(x)dx = -\int_2^3 f(x)dx = 1$

(4) $\int_2^2 f(x)dx = 0$

함수 $f(x)$가 구간 $[a, b]$에서 적분가능할 때, 정적분의 정의에서 분할의 간격을 일정하게

$$\Delta x_k = x_k - x_{k-1} = \frac{b-a}{n}$$

가 되도록 잡으면

$$x_k = a + \frac{k}{n}(b-a),\ (k = 1, 2, \cdots, n)$$

이고,

$$\| P \| = \frac{b-a}{n}$$

이므로 $\| P \| \to 0$은 $n \to \infty$와 같다. 따라서 c_k를 각 부분 구간의 끝점 x_k로 잡으면

$$\begin{aligned}\int_a^b f(x)dx &= \lim_{\| P \| \to 0} \sum_{k=1}^{n} f(c_k)\Delta x_k \\ &= \lim_{n\to\infty} \sum_{k=1}^{n} f\left(a + \frac{k}{n}(b-a)\right) \cdot \frac{(b-a)}{n}\end{aligned}$$

이다.

보기 6.4

정적분 $\int_0^2 x^2 dx$를 구하여라.

풀이

함수 $f(x) = x^2$은 연속함수이므로 [정리 6.1]에 의해서 구간 $[0, 2]$에서 적분가능하다. 따라서 구간 $[0, 2]$에서 함수 $f(x) = x^2$의 정적분은

$$\begin{aligned}\int_0^2 f(x)dx &= \lim_{n\to\infty} \sum_{k=1}^{n} f(c_k)\Delta x = \lim_{n\to\infty} \sum_{k=1}^{n} \left(\frac{2k}{n}\right)^2 \frac{2}{n} \\ &= \lim_{n\to\infty} \left(\frac{8}{n^3} \sum_{k=1}^{n} k^2\right) = \lim_{n\to\infty} \left(\frac{8}{n^3} \cdot \frac{n(n+1)(2n+1)}{6}\right) = \frac{8}{3}\end{aligned}$$

이다.

기본연습문제 6.1 정적분 $\int_0^1 1dx$을 구하여라.

보기 6.5

다음의 극한을 정적분으로 나타내어라.

$$\lim_{n\to\infty}\sum_{k=1}^{n}\sqrt{1+\left(3+\frac{k}{n}\right)^2}\cdot\frac{1}{n}$$

풀이

구간 $[3,4]$을 n 등분하는 분할 P와 함수 $f(x)=\sqrt{1+x^2}$에 대하여 $c_k=3+\frac{k}{n}$으로 택하면

$$R(P,\ f)=\sum_{k=1}^{n}f(c_k)\Delta x_k=\sum_{k=1}^{n}\sqrt{1+\left(3+\frac{k}{n}\right)^2}\cdot\frac{1}{n}$$

이다. 따라서,

$$\lim_{n\to\infty}\sum_{k=1}^{n}\sqrt{1+\left(3+\frac{k}{n}\right)^2}\cdot\frac{1}{n}=\int_3^4 f(x)dx$$

이다.

기본연습문제 6.2 다음 극한을 정적분으로 나타내어라.

$$\lim_{n\to\infty}\frac{1}{n^2}\sum_{k=1}^{n}k\sin\frac{k}{n}$$

SECTION

6.1 연습문제

1. 다음 함수와 분할에 대하여 각 부분 구간의 오른쪽 끝점을 이용한 리만합을 구하여라.

(1) $f(x)=1-x,\ P=\left\{0,\ \frac{1}{3},\ \frac{2}{3},\ \frac{3}{4},\ 1,\ 2\right\}$

(2) $f(x)=\sqrt{x},\ P=\left\{0,\ \frac{1}{25},\ \frac{4}{25},\ \frac{9}{25},\ \frac{16}{25},\ 1\right\}$

2. 적분가능한 함수 $f(x)$와 $g(x)$ 대하여 다음이 성립한다.

$$\int_1^2 f(x)dx=-4,\quad \int_1^5 f(x)dx=6,\quad \int_1^5 g(x)dx=8$$

다음 적분값을 구하여라.

(1) $\int_{2}^{2} g(x)dx$ (2) $\int_{5}^{1} g(x)dx$ (3) $\int_{1}^{2} \sqrt{2} f(x)dx$

(4) $\int_{2}^{5} f(x)dx$ (5) $\int_{1}^{5} \{f(x)-g(x)\}dx$ (6) $\int_{1}^{5} \{f(x)-3g(x)\}dx$

3. 다음 물음에 답하여라.

(1) 정적분 $\int_{0}^{2} x\,dx$ 을 구하여라.

(2) [보기 6.3]을 이용하여 정적분 $\int_{0}^{2} (2x-3x^2)dx$ 를 구하여라.

4. 다음 극한을 정적분으로 나타내어라.

(1) $\lim_{n\to\infty} \left\{ \frac{1}{n}\log\left(1+\frac{1}{n}\right)+\frac{1}{n}\log\left(1+\frac{2}{n}\right)+\cdots+\frac{1}{n}\log\left(1+\frac{n}{n}\right) \right\}$

(2) $\lim_{n\to\infty} \frac{1}{n}\left\{ \left(\frac{n+1}{n}\right)^2+\left(\frac{n+2}{n}\right)^2+\cdots+\left(\frac{n+n}{n}\right)^2 \right\}$

(3) $\lim_{n\to\infty} \frac{\sqrt{1}+\sqrt{2}+\cdots+\sqrt{n}}{n\sqrt{n}}$

(4) $\lim_{n\to\infty} \frac{\pi}{n^2}\left(\cos\frac{\pi}{n}+2\cos\frac{2\pi}{n}+3\cos\frac{3\pi}{n}+\cdots+n\cos\frac{n\pi}{n} \right)$

6.2 미적분학의 기본정리

정적분의 정의를 이용하여 정적분을 계산하는 것은 쉽지 않다. 이 절에서는 정적분을 쉽게 계산하는 방법에 대하여 알아본다.

함수 $f(x)$가 구간 $[a, b]$에서 연속함수이면 최대·최소정리에 의해서 최솟값 m과 최댓값 M을 갖는다. 즉, 모든 $x \in [a, b]$에 대하여

$$m \leq f(x) \leq M$$

이다. 따라서 [정리 6.1]에 의해서

$$\int_a^b m dx \leq \int_a^b f(x) dx \leq \int_a^b M dx$$

이고, m과 M은 상수이므로

$$m(b-a) \leq \int_a^b f(x) dx \leq M(b-a)$$

이 된다. 즉,

$$m \leq \frac{1}{b-a} \int_a^b f(x) dx \leq M$$

이 된다.

$$\frac{1}{b-a} \int_a^b f(x) dx$$

는 구간 $[a, b]$에서 $f(x)$의 최댓값과 최솟값 사이에 있으므로 연속함수의 중간값의 정리에 의해서

$$f(c) = \frac{1}{b-a} \int_a^b f(x) dx$$

인 $c \in (a, b)$가 존재한다. 따라서 다음 정리를 얻는다.

정리 6.2 정적분의 평균값의 정리

함수 $f(x)$가 구간 $[a, b]$에서 연속이면

$$f(c) = \frac{1}{b-a}\int_a^b f(x)dx$$

를 만족하는 $c \in (a, b)$가 적어도 하나 존재한다.

[정리 6.2]를 이용하면 정적분으로 정의된 함수에 관한 성질을 얻을 수 있다.

구간 $[a, b]$에서 연속인 함수 $f(x)$에 대하여

$$F(x) = \int_a^x f(t)dt$$

라 하자. 그러면 $x \in (a, b)$에 대하여 [정리 6.1]에 의해서

$$F(x+h) - F(x) = \int_x^{x+h} f(t)dt$$

이 된다. 구간

$$[x, x+h](h > 0\text{일 때}) \text{ 또는 } [x+h, x](h < 0\text{일 때})$$

에서 [정리 6.2]를 적용하면

$$F(x+h) - F(x) = f(c_x)h$$

이 되는 c_x가 x와 $x+h$사이에 존재한다. 따라서

$$\frac{F(x+h) - F(x)}{h} = f(c_x)$$

이다. $h \to 0$일때 $c_x \to x$이고, 함수 $f(x)$가 연속이므로

$$F'(x) = \lim_{h\to 0}\frac{F(x+h) - F(x)}{h} = \lim_{h\to 0} f(c_x) = f(x)$$

이 된다. 즉, $F(x)$는 구간 (a,b)에서 미분가능하다.

한편,

$$\begin{aligned}\lim_{x\to a+} F(x) &= \lim_{x\to a+}\int_a^x f(t)dt = \lim_{x\to a+}(x-a)f(c_x)\\ &= 0\end{aligned}$$

이므로

$$\lim_{x \to a+} F(x) = F(0)$$

이고,

$$\begin{aligned}\lim_{x \to b-} \{F(b) - F(x)\} &= \lim_{x \to b-} \left\{ \int_a^b f(t)dt - \int_a^x f(t)dt \right\} \\ &= \lim_{x \to b-} \int_x^b f(t)dt = \lim_{x \to b-} (b-x) \cdot f(c_x) \\ &= 0\end{aligned}$$

이므로

$$\lim_{x \to b-} F(x) = F(b)$$

이다. 따라서 $F(x)$는 구간 $[a, b]$에서 연속이다. 이로부터 다음 정리를 얻는다.

정리 6.3

구간 $[a, b]$에서 연속인 함수 $f(x)$에 대하여

$$F(x) = \int_a^x f(t)dt$$

라 하면, $F(x)$는 $[a,b]$에서 연속이고, (a,b)에서 미분가능하고, $F'(x) = f(x)$이다. 즉,

$$\frac{d}{dx}\left(\int_a^x f(t)dt\right) = f(x)$$

이다.

보기 6.6

연속함수 $f(x)$에 대하여 다음을 $f(x)$를 이용하여 나타내어라.

$$\frac{d}{dx}\left(\int_a^{x^2} f(t)dt\right)$$

풀이

$F(x) = \int_a^x f(t)dt$라 하자. 그러면

$$F(x^2) = \int_a^{x^2} f(t)dt$$

이 된다. 합성함수의 미분법에 의해서

$$\frac{d}{dx}\left(\int_a^{x^2} f(t)dt\right) = \frac{d}{dx}F(x^2) = F'(x^2)(x^2)' = f(x^2)\cdot(2x) = 2xf(x^2)$$

이다.

보기 6.7

$G(x) = \int_{2x}^{x^2} \sqrt{t^2+1}\,dt$일 때 $G'(x)$를 구하여라.

풀이

$F(x) = \int_0^x \sqrt{t^2+1}\,dt$라 하자. 그러면

$$\begin{aligned} G(x) &= \int_0^{x^2} \sqrt{t^2+1}\,dt + \int_{2x}^0 \sqrt{t^2+1}\,dt = \int_0^{x^2} \sqrt{t^2+1}\,dt - \int_0^{2x} \sqrt{t^2+1}\,dt \\ &= F(x^2) - F(2x) \end{aligned}$$

이다. 따라서

$$G'(x) = F'(x^2)\cdot 2x - F'(2x)\cdot 2 = 2x\sqrt{x^4+1} - 2\sqrt{4x^2+1}$$

이다.

기본연습문제 6.3 다음 함수의 도함수를 구하여라.

① $F(x) = \int_a^{x^4} \sin^3 t\,dt$　　② $F(x) = \int_x^b \frac{1}{1+t^2+\sin^2 t}dt$

함수 $f(x)$를 구간 $[a, b]$에서 연속이고, $F(x)$가 $f(x)$의 한 부정적분이라 하자. 즉,

$$F'(x) = f(x)$$

이다. 그러면 [정리 6.3]에 의해서

$$\frac{d}{dx}\left(\int_a^x f(t)dt\right) = f(x)$$

이므로

$$\int_a^x f(x)dx = F(x) + C$$

이 된다. 이제 $x = a$를 대입하면

$$\int_a^a f(x)dx = F(a) + C = 0$$

이므로

$$C = -F(a)$$

이다. 따라서

$$\int_a^x f(x)dx = F(x) - F(a)$$

이 성립한다. 이제 $x = b$로 놓으면

$$\int_a^b f(x)dx = F(b) - F(a)$$

이 된다. 따라서 다음 정리를 얻는다.

정리 6.4 미적분학의 기본정리

함수 $f(x)$가 구간 $[a,b]$에서 연속이고 $F(x)$가 $f(x)$의 한 부정적분이면

$$\int_a^b f(x)dx = F(b) - F(a)$$

이 성립한다.

[정리 6.4]에서

$$F(b) - F(a) = [F(x)]_a^b$$

로 나타낸다. 즉,

$$\int_a^b f(x)dx = [F(x)]_a^b = F(b) - F(a)$$

이다.

보기 6.8

다음 정적분을 구하여라.

(1) $\int_0^2 (x^2 - 2x)dx$ (2) $\int_0^\pi \sin x dx$ (3) $\int_0^{\log 3} e^{2x} dx$

풀이

(1) $\int (x^2-2x)dx = \frac{1}{3}x^3 - x^2 + C$이므로

$$\int_1^2 (x^2-2x)dx = \left[\frac{1}{3}x^3 - x^2\right]_1^2 = \left(\frac{8}{3}-4\right)-\left(\frac{1}{3}-1\right) = -\frac{2}{3}$$

이다.

(2) $\int \sin x dx = -\cos x + C$이므로

$$\int_0^\pi \sin x dx = [-\cos x]_0^\pi = (-\cos\pi)-(-\cos 0) = 2$$

이다.

(3) $\int e^{2x}dx = \frac{1}{2}e^{2x} + C$이므로

$$\int_0^{\log 3} e^{2x}dx = \left[\frac{1}{2}e^{2x}\right]_0^{\log 3} = \frac{1}{2}[e^{2\log 3} - e^0] = \frac{1}{2}[9-1] = 4$$

이다.

정적분의 계산에서 적분상수는 무관하므로, $C=0$이라 놓고 계산한다.

기본연습문제 6.4 다음 정적분을 구하여라.

① $\int_{-1}^3 (3x+1)(x-1)dx$

② $\int_0^1 \sqrt[3]{x}\,dx$

③ $\int_1^2 e^t dt$

④ $\int_0^\pi \sin x\,dx$

[보기 6.8] (1)은 다음과 같이 정적분의 성질을 이용하여 풀 수도 있다.

$$\int_0^2 (x^2-2x)dx = \int_0^2 x^2 dx - \int_0^2 2x dx = \left[\frac{1}{3}x^3\right]_1^2 - [x^2]_1^2 = \frac{7}{3} - 3 = -\frac{2}{3}$$

보기 6.9

다음 정적분을 구하여라.

$$\int_{-1}^2 (4x^3-3x^2+1)dx - \int_{-1}^2 (4t^3+2t^2-t)dt$$

풀이

정적분은 함수 $f(x)$와 양 끝점만으로 정해지는 실수값이므로

$$\int_{-1}^{2}(4t^3+2t^2-t)dt=\int_{-1}^{2}(4x^3+2x^2-x)dx$$

이다. 따라서

$$\begin{aligned}\int_{-1}^{2}(4x^3-3x^2+1)dx-\int_{-1}^{2}(4t^3+2t^2-t)dt&=\int_{-1}^{2}(4x^3-3x^2+1)dx-\int_{-1}^{2}(4x^3+2x^2-x)dx\\&=\int_{-1}^{2}\{(4x^3-3x^2+1)-(4x^3+2x^2-x)\}dx\\&=\int_{-1}^{2}(-5x^2+x+1)dx\\&=\left[-\frac{5}{3}x^3+\frac{1}{2}x^2+x\right]_{-1}^{2}\\&=-\frac{21}{2}\end{aligned}$$

이다.

기본연습문제 6.5 다음 정적분을 구하여라.

$$\int_{1}^{2}(-x^3+2x)dx+\int_{2}^{3}(-t^3+2t)dt$$

보기 6.10

정적분 $\int_{0}^{2}|x-1|dx$를 구하여라.

풀이

$|x-1|=\begin{cases}x-1, & x\geq 1\\1-x, & x<1\end{cases}$ 이므로

$$\begin{aligned}\int_{0}^{2}|x-1|dx&=\int_{0}^{1}(1-x)dx+\int_{1}^{2}(x-1)dx\\&=\left[x-\frac{1}{x^2}\right]_{0}^{1}+\left[\frac{1}{x^2}-x\right]_{1}^{2}\\&=1\end{aligned}$$

이다.

기본연습문제 6.6 다음 정적분을 구하여라.

① $\int_{-1}^{3}|x^2-1|dx$ ② $\int_{0}^{2}|x^2+x-2|dx$

SECTION

6.2 연습문제

1. 함수 $f(x)$가 닫힌 구간 $[0, 1]$에서 연속이고 $\int_0^1 f(x)dx = 0$이면 $f(x)$는 0과 1사이에 근을 갖는 것을 보여라.

2. 다음 함수의 도함수를 구하여라.

(1) $F(x) = \int_x^2 2t^2 e^t dt$ (2) $F(x) = \int_2^{\sqrt{x}} t^2 e^{-t^2} dt$

(3) $F(x) = \int_0^x x f(t) dt$ (4) $F(x) = \int_0^x \sin tx\, dt$

3. 다음 극한값을 구하여라.

(1) $\lim_{x \to 0} \frac{1}{x} \int_0^x (1 + \sin t)^2 dt$ (2) $\lim_{x \to 1} \frac{1}{x-1} \int_1^x e^{-t^2} dt$

(3) $\lim_{x \to 1} \frac{1}{x^3 - 1} \int_1^x e^{-t^2} dt$ (4) $\lim_{x \to 0} \frac{1}{x} \int_0^x \sin(x - t) \sin t\, dt$

4. 다음 함수의 극값을 구하여라.

(1) $f(x) = \int_0^{(x-1)^2} (t - \sqrt{t}) dt$ (2) $f(x) = \int_1^x (1 - \log t) dt \ (x > 0)$

(3) $f(x) = \int_0^x t \sin^3 t\, dt \ (x > 0)$

5. 다음 정적분을 구하여라.

(1) $\int_0^1 (1 + \sqrt{x}) dx$ (2) $\int_0^1 (\sqrt{t} + \sqrt[3]{t}) dt$

(3) $\int_0^{\frac{\pi}{2}} (\sin 2x + \cos x) dx$ (4) $\int_{-1}^{-4} \left(\frac{2}{x^2} + \frac{1}{x} \right) dx$

(5) $\int_1^2 (3^x - 2^x) dx$ (6) $\int_0^3 \frac{x^4}{x^2+1} dx - \int_0^3 \frac{1}{y^2+1} dy$

(7) $\int_0^2 \frac{x^3}{x^2+x+1} dx + \int_2^0 \frac{1}{x^2+x+1} dx$ (8) $\int_0^1 |e^x - 2| dx$

(9) $\int_0^\pi |\cos x| dx$ (10) $\int_0^5 \sqrt{|x-1|}\, dx$

(11) $\int_0^\pi |\sin x + \cos x| dx$

6. 등식 $f(x) = \log x + \int_1^2 t f(t) dt$를 만족시키는 함수 $f(x)$를 구하여라.

6.3 정적분의 치환적분법과 부분적분법

이 절에서는 정적분의 치환적분법과 부분적분법에 관하여 알아본다.

도함수가 연속인 함수 $g:[a, b] \to [c, d]$에 대하여 $g(a)=\alpha$, $g(b)=\beta$라 하자. 연속함수 $f:[c, d] \to \mathbb{R}$에 대하여 함수 $F:[c, d] \to \mathbb{R}$를

$$F(x) = \int_c^x f(t)dt$$

라 하면, [정리 6.3]에 의해서

$$(F(g(x)))' = f(g(x))g'(x)$$

이다. 따라서, [정리 6.4]에 의해서

$$\begin{aligned}\int_a^b f(g(x))g'(x)dx &= [F(g(x))]_a^b = F(g(b)) - F(g(a)) \\ &= F(\beta) - F(\alpha) = \int_\alpha^\beta f(u)du\end{aligned}$$

이다. 이로부터 다음 정리를 얻는다.

정리 6.5 정적분의 치환적분법

함수 $g:[a, b] \to [c, d]$는 도함수가 연속이고, 함수 $f:[c, d] \to \mathbb{R}$는 연속함수라 하자. $g(a)=\alpha$, $g(b)=\beta$이면 다음 등식이 성립한다.

$$\int_a^b f(g(x))g'(x)dx = \int_\alpha^\beta f(u)du$$

보기 6.11

다음 정적분을 구하여라.

(1) $\displaystyle\int_1^e \frac{\log x}{x}dx$ (2) $\displaystyle\int_1^4 \frac{e^{\sqrt{x}}}{\sqrt{x}}dx$

(3) $\displaystyle\int_1^2 x\sqrt{x-1}\,dx$ (4) $\displaystyle\int_{\frac{1}{\pi}}^{\frac{2}{\pi}} \frac{1}{x^2}\sin\frac{1}{x}dx$

풀이

(1) $u=\log x$ 로 놓으면

$$du=\frac{1}{x}dx$$

이고 $x=1$일 때 $u=0$, $x=e$일 때 $u=1$이다. 따라서

$$\int_1^e \frac{\log x}{x}dx=\int_0^1 u\,du=\left[\frac{1}{2}u^2\right]_0^1=\frac{1}{2}$$

이다.

(2) $u=\sqrt{x}$ 로 놓으면

$$du=\frac{1}{2\sqrt{x}}dx$$

이고 $x=1$일 때 $u=1$, $x=4$일 때 $u=2$이다. 따라서

$$\int_1^4 \frac{e^{\sqrt{x}}}{\sqrt{x}}dx=\int_1^2 2e^u du=\left[2e^u\right]_1^2=2(e^2-e)$$

이다.

(3) $u=x-1$로 놓으면

$$du=dx$$

이고 $x=1$일 때 $u=0$, $x=2$일 때 $u=1$이다. 따라서

$$\begin{aligned}\int_1^2 x\sqrt{x-1}\,dx &=\int_0^1 (u+1)\sqrt{u}\,du=\int_0^1 (u^{3/2}+u^{1/2})du\\ &=\left[\frac{2}{5}u^{5/2}+\frac{2}{3}u^{3/2}\right]_0^1=\frac{16}{15}\end{aligned}$$

이다.

(4) $u=\frac{1}{x}$로 놓으면

$$du=-\frac{1}{x^2}dx$$

이고 $x=\frac{1}{\pi}$일 때 $u=\pi$, $x=\frac{2}{\pi}$일 때 $u=\frac{\pi}{2}$이다. 따라서

$$\int_{\frac{1}{\pi}}^{\frac{2}{\pi}} \frac{1}{x^2}\sin\frac{1}{x}dx=-\int_\pi^{\pi/2}\sin u\,du=[\cos u]_\pi^{\pi/2}=\cos\frac{\pi}{2}-\cos\pi=1$$

이다.

기본연습문제 6.7 다음 정적분을 구하여라.

① $\int_0^1 (2x+1)^3 dx$ ② $\int_0^1 \frac{x}{(2x+1)^3}dx$ ③ $\int_0^1 \frac{1}{1+x^2}dx$ ④ $\int_0^{\frac{\pi}{2}} \cos^3 x\sin x\,dx$

기본연습문제 6.8 $f(x)$가 연속함수이고 $\int_0^2 f(x)dx = 4$일 때, $\int_{-3}^{-2} f(2x+6)dx$의 값을 구하여라.

함수 $f(x)$가 **짝함수**일 때 즉,

$$f(-x) = f(x)$$

을 만족할 때, $\int_{-a}^{a} f(x)dx$를 계산해 보자. 우선 정적분 $\int_{-a}^{0} f(x)dx$에서 $x=-t$로 놓으면

$$dx = -dt$$

이고, $x=-a$일 때 $t=a$이고, $x=0$일 때, $t=0$이다. 따라서

$$\int_{-a}^{0} f(x)dx = \int_{a}^{0} f(-t)(-1)dt = \int_{0}^{a} f(-t)dt$$

이다. 한편, $f(x)$는 짝함수이므로 $f(-t)=f(t)$이다. 따라서,

$$\int_{-a}^{0} f(x)dx = \int_{0}^{a} f(t)dt = \int_{0}^{a} f(x)dx$$

이다. 이로부터

$$\int_{-a}^{a} f(x)dx = \int_{-a}^{0} f(x)dx + \int_{0}^{a} f(x)dx = 2\int_{0}^{a} f(x)dx$$

를 얻는다. 마찬가지로 함수 $f(x)$가 **홀함수**일 때, 즉,

$$f(-x) = -f(x)$$

일 때

$$\int_{-a}^{a} f(x)dx = 0$$

을 얻는다. 따라서 다음 정리를 얻는다.

정리 6.6

구간 $[-a,a]$에서 연속인 함수 $f(x)$에 대하여 다음이 성립한다.

(1) $f(x)$가 짝함수이면 $\int_{-a}^{a} f(x)dx = 2\int_{0}^{a} f(x)dx$이다.

(2) $f(x)$가 홀함수이면 $\int_{-a}^{a} f(x)dx = 0$이다.

보기 6.12

다음 정적분을 구하여라.

(1) $\int_{-2}^{2}(x^4 - x^3 + x^2 + x + 1)dx$ (2) $\int_{-1}^{1}\frac{\sin x}{1+x^2}dx$

풀이

(1) $y=x^n$은 n이 홀수면 홀함수, n짝수이면 짝함수이므로

$$\int_{-2}^{2}(x^4-x^3+x^2+x+1)dx = 2\int_{0}^{2}(x^4+x^2+1)dx = \frac{332}{15}$$

이다.

(2) $f(x) = \frac{\sin x}{1+x^2}$라 하면

$$f(-x) = \frac{\sin(-x)}{1+(-x)^2} = -\frac{\sin x}{1+x^2} = -f(x)$$

이므로 홀함수이다. 따라서

$$\int_{-1}^{1}\frac{\sin x}{1+x^2}dx = 0$$

이다.

기본연습문제 6.9 다음 정적분을 구하여라.

① $\int_{-2}^{2}(x^4 - 4x^2 + 6)dx$ ② $\int_{-1}^{1} x\sqrt{1-x^2}\,dx$

기본연습문제 6.10 $\int_{0}^{2} f(x)dx = 1$일 때 다음 물음에 답하여라.

① f가 홀함수일 때, 정적분 $\int_{-2}^{0} f(x)dx$을 구하여라.

② f가 짝함수일 때, 정적분 $\int_{-2}^{0} f(x)dx$을 구하여라.

이제 정적분의 부분적분법에 대하여 알아보자. 연속함수 $f(x)$, $f'(x)$, $g(x)$, $g'(x)$에 대하여

$$(f(x)g(x))' = f'(x)g(x) + f(x)g'(x)$$

이므로, [정리 6.4]에 의해서

$$\begin{aligned}\int_a^b \{f'(x)g(x)+f(x)g'(x)\}dx &= \int_a^b (f(x)g(x))'dx \\ &= [f(x)g(x)]_a^b\end{aligned}$$

이다. 따라서,

$$\int_a^b f(x)g'(x)dx = [f(x)g(x)]_a^b - \int_a^b f'(x)g(x)dx$$

이다. 이로부터 다음 정리를 얻는다.

정리 6.7 정적분의 부분적분법

연속함수 $f(x)$, $f'(x)$, $g(x)$, $g'(x)$에 대하여 다음이 성립한다.

$$\int_a^b f(x)g'(x)dx = [f(x)g(x)]_a^b - \int_a^b f'(x)g(x)dx$$

보기 6.13

다음 정적분의 값을 구하여라.

(1) $\int_0^{\pi} x\sin x dx$ (2) $\int_0^{\pi/2} e^{2x}\sin x dx$

풀이

(1) $f(x)=x$ $g'(x)=\sin x$로 놓으면

$$\begin{aligned}\int_0^{\pi} x\sin x dx &= [-x\cos x]_0^{\pi} + \int_0^{\pi}\cos x dx \\ &= \pi + [\sin x]_0^{\pi} \\ &= \pi\end{aligned}$$

이다.

(2) $f(x)=e^{2x}$, $g'(x)=\sin x$로 놓으면

$$\begin{aligned}\int_0^{\pi/2} e^{2x}\sin x dx &= [-e^{2x}\cos x]_0^{\pi/2} + \int_0^{\pi/2} 2e^{2x}\cos x dx \\ &= 1 + 2\int_0^{\pi/2} e^{2x}\cos x dx\end{aligned}$$

이다. 마지막 정적분에 다시 부분적분을 적용하면

$$\begin{aligned}\int_0^{\pi/2} e^{2x}\cos x dx &= [e^{2x}\sin x]_0^{\pi/2} - \int_0^{\pi/2} 2e^{2x}\sin x\, dx \\ &= e^{\pi} - 2\int_0^{\pi/2} e^{2x}\sin x\, dx\end{aligned}$$

이다. 이로부터

$$\int_0^{\pi/2} e^{2x}\sin x dx = 1+2e^{\pi} - 4\int_0^{\pi/2} e^{2x}\cos x dx$$

을 얻는다. 따라서

$$\int_0^{\pi/2} e^{2x}\sin x dx = \frac{1}{5}(1+2e^{\pi})$$

이다.

기본연습문제 6.11 다음 정적분을 구하여라.

① $\int_1^e x\log x\, dx$ ② $\int_0^1 xe^x dx$ ③ $\int_0^1 (x-1)e^{-x}dx$ ④ $\int_0^{\frac{\pi}{2}} x\sin x dx$

SECTION

6.3 연습문제

1. 다음 정적분을 구하여라.

(1) $\int_1^2 (-x+3)^4 dx$

(2) $\int_0^1 \frac{x}{(x+2)^2}dx$

(3) $\int_0^3 x\sqrt{4-x}\, dx$

(4) $\int_e^{e^2} \frac{1}{x\log x}dx$

(5) $\int_{-\sqrt{3}}^1 \frac{1}{1+x^2}dx$

(6) $\int_0^3 \sqrt{9-x^2}\, dx$

(7) $\int_0^{\sqrt{\pi}} x\cos x^2 dx$

(8) $\int_0^{\frac{\pi}{2}} \cos^3 x\, dx$

(9) $\int_3^6 \frac{x}{\sqrt{x-2}}dx$

(10) $\int_1^2 \frac{1}{x^2}\cos\frac{\pi}{x}dx$

(11) $\int_0^1 x\sqrt{1-x^4}\, dx$

(12) $\int_{-1}^1 (4x^3-x)dx$

(13) $\int_{-3}^3 (x^4+3x^2+1)dx$

(14) $\int_{-a}^a \frac{\sin x\cos x}{1+x^4}dx$

(15) $\int_{-\frac{\pi}{2}}^{\frac{\pi}{2}} 15\sin^4 3x\cos 3x\, dx$

2. 연속함수 f에 대하여 다음 등식이 성립함을 보여라.

(1) $\int_0^{\frac{\pi}{2}} f(\sin x)dx = \int_0^{\frac{\pi}{2}} f(\cos x)dx$　　(2) $\int_0^{\pi} f(\sin x)dx = 2\int_0^{\frac{\pi}{2}} f(\sin x)dx$

(3) $\int_0^1 f(x)dx = \int_0^1 f(1-x)dx$

3. 연속함수 f에 대하여 다음 정적분을 구하여라.

$$I = \int_0^a \frac{f(x)}{f(x)+f(a-x)}dx$$

4. 다음 정적분을 구하여라.

(1) $\int_0^{\pi} x\sin 2x\,dx$　　(2) $\int_0^1 \frac{x}{e^x}dx$　　(3) $\int_0^{\pi} e^{-x}\cos x\,dx$

(4) $\int_0^{\pi} x\cos^2 x\,dx$　　(5) $\int_1^e x^2\log x\,dx$　　(6) $\int_e^{e^2} \frac{\log x}{\sqrt{x}}dx$

(7) $\int_0^1 \arcsin x\,dx$　　(8) $\int_0^{\sqrt{3}} \arctan x\,dx$

5. 다음 정적분을 구하여라.

(1) $\int_1^4 e^{\sqrt{x}}dx$　　(2) $\int_0^{\sqrt{3}} x^3 e^{-x^2}dx$　　(3) $\int_0^{\pi^2} \sin\sqrt{x}\,dx$

(4) $\int_1^e x(\log x)^2 dx$　　(5) $\int_1^{e^2} \sqrt{x}\log x\,dx$

6. (1) 자연수 m, n에 대하여 다음이 성립함을 보여라.

$$\int_0^1 x^n(1-x)^m dx = \frac{n}{m+1}\int_0^1 x^{n-1}(1-x)^{m+1}dx$$

(2) 다음 등식이 성립함을 보여라.

$$\int_0^1 x^n(1-x)^m dx = \frac{n!\,m!}{(n+m+1)!}$$

(3) 다음 정적분을 계산하여라.

$$\int_0^1 x^2(1-x)^9 dx$$

CHAPTER

07 정적분의 성질과 응용

7.1 조각적 연속함수의 적분

지금까지 닫힌 구간 $[a, b]$에서 연속인 함수의 정적분에 대하여 살펴보았다. 그러나 실제 문제에 있어서는

$$f(x) = \begin{cases} x, & 0 \le x \le 1 \\ 2, & 1 < x \le 2 \end{cases}$$

와 같은 함수를 적분하는 경우가 많다.

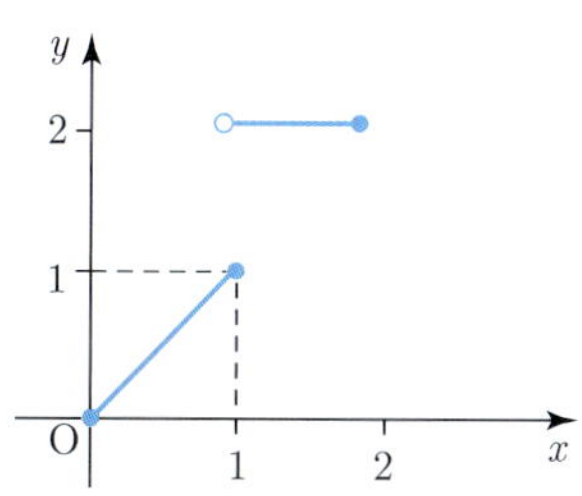

[그림 7.1]

$f(x)$와 같은 함수의 적분에 대하여 알아보자.

구간 $[a, b]$에서 정의된 함수 $f(x)$에 대하여 구간 $[a, b]$의 점

$$a_0(=a),\ a_1,\ \cdots,\ a_n(=b)$$

이 있어서 각 작은 구간

$$[a_{i-1},\ a_i]\ \ (i=1,\ \cdots,\ n)$$

에서 연속인 함수 $f_i(x)$이 존재하여

$$f(x)=f_i(x),\quad a_{i-1}<x<a_{i,}\quad i=1,\ 2,\ \cdots,\ n$$

일 때 $f(x)$는 구간 $[a,b]$에서 **조각적 연속**이라 한다.

함수 $f(x)$가 구간 $[a,b]$에서 조각적 연속이면 적분가능하고 정적분

$$\int_{a_{i-1}}^{a_i} f(x)dx\ (i=1,\ 2,\ \cdots,\ n)$$

에 대하여 $[a,b]$에서 조각적 연속함수 $f(x)$의 적분은

$$\int_a^b f(x)dx=\int_a^{a_1} f(x)dx+\int_{a_1}^{a_2} f(x)dx+\cdots+\int_{a_{n-1}}^b f(x)dx$$

이 된다.

보기 7.1

함수 $f(x)=\begin{cases} x,\ 0\le x\le 1 \\ 2,\ 1<x\le 2 \end{cases}$일 때 정적분 $\int_0^2 f(x)dx$를 구하여라.

풀이

구간 $[0,\ 1]$, $(1,\ 2]$에서 연속이므로

$$\int_0^2 f(x)dx=\int_0^1 xdx+\int_1^2 2dx=\frac{5}{2}$$

이다.

SECTION

7.1 연습문제

1. 다음 함수에 대하여 정적분 $\int_0^2 f(x)dx$을 구하여라.

(1) $f(x)=\begin{cases} x, & 0\le x\le 1 \\ x-2, & 1<x\le 2 \end{cases}$

(2) $f(x)=[x]$ ($[x]$는 x를 넘지 않는 최대정수이다)

(3) $f(x)=x-[x]$

7.2 부등식

이 절에서는 정적분과 관련된 부등식에 대하여 알아본다.

[정리 6.1]의 (5)에 의해서 함수 $f(x)$와 $g(x)$가 구간 $[a, b]$에서 연속이면 적분가능하다. 또한 (4)에 의해서

$$f(x) \leq g(x)$$

이면

$$\int_a^b f(x)dx \leq \int_a^b g(x)dx$$

이 성립함을 알 수 있다. 따라서 다음 정리를 얻는다.

정리 7.1

함수 $f(x)$, $g(x)$가 구간 $[a, b]$에서 연속이고

$$f(x) \leq g(x)$$

를 만족하면

$$\int_a^b f(x)dx \leq \int_a^b g(x)dx$$

이 성립한다.

보기 7.2

정적분을 이용하여 다음 부등식이 성립함을 보여라.

$$\log(1+n) < 1 + \frac{1}{2} + \frac{1}{3} + \cdots + \frac{1}{n}$$

풀이

함수 $y = \frac{1}{x}$은 $x > 0$일 때 감소하므로 $k < x < k+1 (k = 1, 2, \cdots, n)$에서

$$\frac{1}{x} < \frac{1}{k}$$

이다. [정리 7.1]에 의해서

$$\int_k^{k+1} \frac{1}{x} dx < \int_k^{k+1} \frac{1}{k} dx = \frac{1}{k}$$

이므로

$$\sum_{k=1}^{n}\int_{k}^{k+1}\frac{1}{x}dx<\sum_{k=1}^{n}\frac{1}{k}$$

이다. 한편

$$\sum_{k=1}^{n}\int_{k}^{k+1}\frac{1}{x}dx=\int_{1}^{n+1}\frac{1}{x}dx=[\log x]_{1}^{n+1}=\log(n+1)$$

이므로,

$$\log(1+n)<1+\frac{1}{2}+\frac{1}{3}+\cdots+\frac{1}{n}$$

을 얻는다.

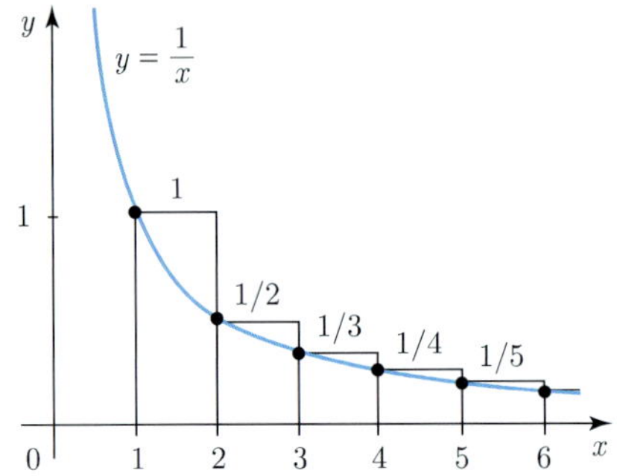

[그림 7.2]

기본연습문제 7.1 다음 부등식이 성립함을 보여라.

① $1+\frac{1}{2}+\frac{1}{3}+\cdots+\frac{1}{n}<1+\log n,\ (n\geq 2)$

② $\frac{1}{2}+\frac{1}{3}+\cdots+\frac{1}{n}<\log n<1+\frac{1}{2}+\frac{1}{3}+\cdots+\frac{1}{n-1}$

함수 $f(x)$가 구간 $[a, b]$에서 연속일 때, 모든 $x\in[a, b]$에 대하여

$$-|f(x)|\leq f(x)\leq|f(x)|$$

이므로 [정리 7.1]에 의하여

$$-\int_{a}^{b}|f(x)|dx\leq\int_{a}^{b}f(x)dx\leq\int_{a}^{b}|f(x)|dx$$

이다. 이로부터

$$\left|\int_a^b f(x)dx\right| \le \int_a^b |f(x)|dx$$

을 얻는다. 따라서 다음 정리를 얻는다.

정리 7.2

구간 $[a, b]$에서 연속인 함수 $f(x)$에 대하여 다음이 성립한다.

$$\left|\int_a^b f(x)dx\right| \le \int_a^b |f(x)|dx$$

만약 구간 $[a, b]$에서 연속인 함수 $f(x)$가 모든 $x \in [a, b]$에 대하여 $|f(x)| \le M$이면 [정리 7.1]과 [정리 7.2]에 의해서

$$\left|\int_a^b f(x)dx\right| \le \int_a^b |f(x)|dx \le \int_a^b M dx = M(b-a)$$

이다. 따라서 다음 정리를 얻는다.

정리 7.3

구간 $[a, b]$에서 연속인 함수 $f(x)$에 대하여 모든 $x \in [a, b]$에 대하여 $|f(x)| \le M$이면

$$\left|\int_a^b f(x)dx\right| \le M(b-a)$$

이다.

SECTION

7.2 연습문제

1. 다음 부등식이 성립함을 보여라.

(1) $\dfrac{1}{2} \le \displaystyle\int_1^2 \frac{1}{x}\,dx \le 1$

(2) $\dfrac{1}{2(n+1)} \le \displaystyle\int_0^1 \frac{x^n}{1+x^2}\,dx \le \frac{1}{n+1}$

2. 함수 $f(x)$는 구간 $[1, \infty)$에서 증가하는 연속함수이고 $f(x) \geq 0$라 할 때, 다음이 성립함을 보여라.

$$f(1)+ \cdots +f(n-1) \leq \int_1^n f(x)dx \leq f(2)+ \cdots +f(n)$$

3. 다음이 성립함을 보여라.

(1) 함수 $f(x)$와 $g(x)$가 구간 $[a,b]$에서 연속이면

$$\left(\int_a^b f(x)g(x)dx\right)^2 \leq \left(\int_a^b f(x)^2dx\right)\left(\int_a^b g(x)^2dx\right)$$

이다.

(2) $\left(\int_0^1 f(x)dx\right)^2 \leq \int_0^1 f(x)^2dx$

4. $n > 2$일 때 부등식 $\log(1+\sqrt{2}) \leq \int_0^1 \frac{1}{\sqrt{1+x^n}}dx \leq 1$을 보여라.

7.3 특이적분

지금까지 유한한 닫힌 구간 $[a, b]$에서 정의된 유계인 함수 $f(x)$의 정적분에 대하여 알아보았다. 이제부터는 두 가지 조건 중에서 적어도 하나가 성립하지 않는 경우의 정적분을 다루기로 한다. 이러한 정적분을 **특이적분**이라 한다.

유한하지 않은 구간에서 정의된 연속함수의 적분에 대하여 생각해 보자. 구간 $[a, \infty)$에서 정의된 연속함수 $f(x)$에 대하여 특이적분

$$\int_a^{\infty} f(x)dx$$

는 다음과 같이 정의한다.

$$\int_a^{\infty} f(x)dx = \lim_{t\to\infty}\int_a^t f(x)dx$$

마찬가지로 구간 $(-\infty, a]$에서 정의된 연속함수 $f(x)$에 대하여 특이적분

$$\int_{-\infty}^{a} f(x)dx$$

는

$$\int_{-\infty}^{a} f(x)dx = \lim_{t\to-\infty}\int_t^a f(x)dx$$

로 정의한다. 위의 두 극한이 존재하면 두 특이적분은 **수렴한다**고 하고, 극한이 존재하지 않으면 **발산한다**고 한다.

$(-\infty, \infty)$에서 정의된 연속함수 $f(x)$에 대하여 특이적분

$$\int_{-\infty}^{\infty} f(x)dx$$

는 임의의 상수 a에 대하여 다음과 같이 정의한다.

$$\int_{-\infty}^{\infty} f(x)dx = \int_{-\infty}^{a} f(x)dx + \int_a^{\infty} f(x)dx$$

두 특이적분 $\int_a^{\infty} f(x)dx$와 $\int_{-\infty}^{a} f(x)dx$이 모두 수렴하면 $\int_{-\infty}^{\infty} f(x)dx$는 **수렴한다**고 한다.

보기 7.3

다음 특이적분이 수렴하는지 판정하고, 수렴하면 적분값을 구하여라.

(1) $\int_1^\infty \frac{\log x}{x^2}dx$ (2) $\int_1^\infty \frac{1}{x}dx$ (3) $\int_{-\infty}^0 xe^x dx$ (4) $\int_{-\infty}^\infty xe^{-x^2}dx$

풀이

(1) 구간 $[1,\infty)$에서 피적분 함수 $\frac{\log x}{x^2}$는 연속이다. $u=\log x$로 치환하면 $du=\frac{1}{x}dx$이다. 따라서

$$\int_1^t \frac{\log x}{x^2}dx=\int_0^{\log t}\frac{u}{e^u}du=\int_0^{\log t}ue^{-u}du$$

이다. 한편

$$\int ue^{-u}du=-(u+1)e^{-u}+C$$

이므로

$$\int_0^{\log t}ue^{-u}du=-\frac{\log t}{t}-\frac{1}{t}+1$$

이고 이 값은 $t\to\infty$일 때 1로 수렴한다. 따라서 특이적분은 수렴하고,

$$\int_1^\infty \frac{\log x}{x^2}dx=\lim_{t\to\infty}\int_1^t \frac{\log x}{x^2}dx=1$$

을 얻는다.

(2)

$$\int_1^\infty \frac{1}{x}dx=\lim_{t\to\infty}\int_1^t \frac{1}{x}dx=\lim_{t\to\infty}[\log x]_1^t=\lim_{t\to\infty}\log t=\infty$$

이므로 발산한다.

(3) 부분적분법에 의해서

$$\int_t^0 xe^x dx=[xe^x]_t^0-\int_t^0 e^x dx=-te^t-1+e^t$$

을 얻는다.

$$\lim_{t\to-\infty}e^t=0$$

이고 로피탈의 정리에 의해서

$$\lim_{t\to-\infty}te^t=\lim_{t\to-\infty}\frac{t}{e^{-t}}=\lim_{t\to-\infty}\frac{1}{-e^{-t}}=0$$

이므로 특이적분은 수렴하고,

$$\int_{-\infty}^0 xe^x dx=\lim_{t\to-\infty}\int_t^0 xe^x dx=-1$$

이다.

(4) 임의의 상수 a에 대하여

$$\int_a^{\infty} xe^{-x^2}dx = \lim_{t\to\infty}\int_a^t xe^{-x^2}dx = \lim_{t\to\infty}\left[-\frac{1}{2}e^{-x^2}\right]_a^t = \frac{1}{2}e^{-a^2}$$

이다. 마찬가지로

$$\int_{-\infty}^{a} xe^{-x^2}dx = -\frac{1}{2}e^{-a^2}$$

이다. 따라서 특이적분은 수렴하고,

$$\int_{-\infty}^{\infty} xe^{-x^2}dx = \int_{-\infty}^{a} xe^{-x^2}dx + \int_a^{\infty} xe^{-x^2}dx = 0$$

이다.

보기 7.4

특이적분 $\int_1^{\infty}\frac{1}{x^p}dx$이 수렴하는 p의 범위를 구하여라.

풀이

$p=1$이면

$$\int_1^{\infty}\frac{1}{x}dx = \lim_{t\to\infty}\int_1^t \frac{1}{x}dx = \lim_{t\to\infty}[\log t] = \infty$$

이므로 특이적분은 발산한다. $p\neq 1$이면

$$\int_1^t \frac{1}{x^p}dx = \int_1^t x^{-p}dx = \left[\frac{1}{1-p}x^{1-p}\right]_1^t = \frac{1}{1-p}(t^{1-p}-1)$$

이다. $p>1$이면 $1-p<0$이므로 $t\to\infty$일 때 $t^{1-p}\to 0$이다. 따라서

$$\int_1^{\infty}\frac{1}{x^p}dx = \lim_{t\to\infty}\int_1^t \frac{1}{x^p}dx = \frac{1}{1-p}$$

이다. 반면 $p<1$이면 $t\to\infty$일 때 $t^{1-p}\to\infty$이므로 특이적분은 발산한다. 따라서 주어진 특이적분은 $p>1$일 때만 수렴한다.

기본연습문제 7.2 다음 특이적분이 수렴하는지 판정하고, 수렴하면 적분값을 구하여라.

① $\int_0^{\infty}\frac{1}{x^{3/2}}dx$　② $\int_0^{\infty}\frac{1}{1+x^2}dx$　③ $\int_{-\infty}^{\infty}\frac{1}{4+x^2}dx$

구간 $(a, b]$에서 정의된 연속함수 $f(x)$에 대하여 $\lim_{x\to a+} f(x)$가 유한하지 않을 때의 적분에 대하여 알아보자.

함수 $f(x)$가 구간 $(a, b]$에서 연속일 때 특이적분

$$\int_a^b f(x)dx$$

를 다음과 같이 정의한다.

$$\int_a^b f(x)dx = \lim_{t \to a+} \int_t^b f(x)dx$$

마찬가지로 함수 $f(x)$가 구간 $[a, b)$에서 연속일

$$\int_a^b f(x)dx = \lim_{t \to b-} \int_a^t f(x)dx$$

로 정의한다. 위의 두 극한이 존재하면 두 특이적분은 **수렴한다**고 하고, 극한이 존재하지 않으면 **발산한다**고 한다.

함수 $f(x)$가 구간 $[a, c)$와 구간 $(c, b]$에서 각각 연속이라하자. 특이적분 $\int_a^b f(x)dx$는

$$\int_a^b f(x)dx = \int_a^c f(x)dx + \int_c^b f(x)dx$$

로 정의한다. 두 특이적분 $\int_a^c f(x)dx$와 $\int_c^b f(x)dx$이 모두 수렴하면 $\int_a^b f(x)dx$는 **수렴한다**고 하고, 특이적분 $\int_a^c f(x)dx$나 $\int_c^b f(x)dx$가 발산하면 $\int_a^b f(x)dx$는 **발산한다**고 한다.

보기 7.5

다음 특이적분이 수렴하는지 판정하고 수렴하면 적분값을 구하여라.

(1) $\int_0^1 \frac{1}{x}dx$ (2) $\int_{-1}^1 \frac{1}{x}dx$ (3) $\int_{-1}^2 x^{-2/3}dx$ (4) $\int_0^1 \log x\, dx$

풀이

(1) 함수 $f(x) = \frac{1}{x}$는 $(0,1]$에서 연속이다. 특이적분의 정의에 의해서

$$\begin{aligned}\int_0^1 \frac{1}{x}dx &= \lim_{t \to 0+} \int_t^1 \frac{1}{x}dx = \lim_{t \to 0+} [\log x]_t^1 \\ &= \lim_{t \to 0+} (-\log t) = \infty\end{aligned}$$

이므로 주어진 특이적분은 발산한다.

(2) 특이적분 $\int_0^1 \frac{1}{x}dx$ 이 발산하므로 주어진 특이적분 $\int_{-1}^1 \frac{1}{x}dx$ 도 발산한다.

(3) 함수 $f(x)=x^{-2/3}$는 $x=0$에서 정의되지 않는다. 따라서

$$\int_{-1}^2 x^{-2/3}dx = \int_{-1}^0 x^{-2/3}dx + \int_0^2 x^{-2/3}dx$$

이다.

$$\begin{aligned}\int_{-1}^0 x^{-2/3}dx &= \lim_{t\to 0-}\int_{-1}^t x^{-2/3}dx = \lim_{t\to 0-}[3x^{1/3}]_{-1}^t \\ &= \lim_{t\to 0-}3(t^{1/3}+1)=3\end{aligned}$$

이고,

$$\begin{aligned}\int_0^2 x^{-2/3}dx &= \lim_{t\to 0+}\int_t^2 x^{-2/3}dx = \lim_{t\to 0+}[3x^{1/3}]_t^2 \\ &= \lim_{t\to 0+}3(2^{1/3}-t^{1/3}) = 3(2^{1/3})\end{aligned}$$

이므로 특이적분은 수렴하고

$$\int_{-1}^2 x^{-2/3}dx = 3(1+2^{1/3})$$

이다.

(4) 함수 $f(x)=\log x$ 는 $x=0$에서 정의되지 않으므로

$$\begin{aligned}\int_0^1 \log x\,dx &= \lim_{t\to 0+}\int_t^1 \log x\,dx = \lim_{t\to 0+}[x\log x - x]_t^1 \\ &= \lim_{t\to 0+}(t-1-t\log t)\end{aligned}$$

이다. 한편 로피탈의 정리에 의해서

$$\lim_{t\to 0+}(t\log t)=0$$

이므로 특이적분은 수렴하고,

$$\int_0^1 \log x\,dx = -1$$

이다.

기본연습문제 7.3 다음 특이적분이 수렴하는지 판정하고, 수렴하면 적분값을 구하여라.

① $\int_0^5 \frac{1}{5-x}dx$ ② $\int_0^2 \frac{1}{x^2-2x}dx$

특이적분의 수렴성만 조사할 때는 직접 계산하지 않고 수렴·발산이 알려져 있는 다른 특이적분과 비교해서 판정하는 방법이 있다. 이러한 판정법 중 하나를 소개한다.

정리 7.4 특이적분의 비교판정법

연속인 두 함수 $f(x)$와 $g(x)$가 구간 $[a, \infty)$에서 $0 \le f(x) \le g(x)$라 하자.

(1) $\int_a^\infty g(x)dx$가 수렴하면 $\int_a^\infty f(x)dx$도 수렴한다.

(2) $\int_a^\infty f(x)dx$가 발산하면 $\int_a^\infty g(x)dx$도 발산한다.

보기 7.6

다음 특이적분의 수렴 · 발산을 판정하여라.

(1) $\int_0^\infty \frac{1}{x+e^x}dx$　　　(2) $\int_1^\infty \frac{2+\sin x}{\sqrt{x}}dx$

풀이

(1) 구간 $[0, \infty)$에서

$$0 \le \frac{1}{x+e^x} \le \frac{1}{e^x}$$

이 성립한다. 한편

$$\int_0^\infty e^{-x}dx = \lim_{t\to\infty}\int_0^t e^{-x}dx = \lim_{t\to\infty}[-e^{-x}]_0^t$$
$$= \lim_{t\to\infty}(-e^{-t}+1) = 1$$

이므로 특이적분

$$\int_0^\infty e^{-x}dx$$

은 수렴한다. 따라서 특이적분의 비교판정법에 의해서

$$\int_0^\infty \frac{1}{x+e^x}dx$$

도 수렴한다.

(2) 모든 x에 대하여

$$-1 \le \sin x \le 1$$

이므로 구간 $[1, \infty)$에서

$$0 \le \frac{1}{\sqrt{x}} \le \frac{2+\sin x}{\sqrt{x}}$$

이 성립한다. [보기 7.4]에 의해서

$$\int_1^\infty \frac{1}{\sqrt{x}}dx$$

는 발산하므로 특이적분의 비교판정법에 의해서

$$\int_1^\infty \frac{2+\sin x}{\sqrt{x}}dx$$

도 발산한다.

보기 7.7

특이적분 $\int_0^\infty e^{-x^2}dx$ 이 수렴함을 보여라.

풀이

$$\int_0^\infty e^{-x^2}dx = \int_0^1 e^{-x^2}dx + \int_1^\infty e^{-x^2}dx$$

이고,

$$\int_0^1 e^{-x^2}dx$$

는 유한한 구간에서 연속인 함수의 정적분이므로 유한값을 갖는다. 따라서

$$\int_1^\infty e^{-x^2}dx$$

이 수렴함을 보이면 된다. 구간 $[1, \infty)$ 에서

$$0 \le e^{-x^2} \le e^{-x}$$

이고

$$\begin{aligned}\int_1^\infty e^{-x}dx &= \lim_{t\to\infty}\int_1^t e^{-x}dx = \lim_{t\to\infty}[-e^{-x}]_1^t \\ &= \lim_{t\to\infty}(-e^{-t}+e^{-1}) = e^{-1}\end{aligned}$$

이므로 특이적분의 비교판정법에 의해서 $\int_1^\infty e^{-x^2}dx$ 는 수렴한다. 따라서

$$\int_0^\infty e^{-x^2}dx$$

도 수렴한다.

기본연습문제 7.4 다음 특이적분의 수렴 · 발산을 판정하여라.

① $\int_1^\infty \frac{x}{1+x^3}dx$ ② $\int_0^\infty \frac{\sin^2 x}{1+e^x}dx$

SECTION

7.3 연습문제

1. 다음 특이적분의 수렴 · 발산을 판정하고 수렴하면 적분값을 구하여라.

(1) $\int_{-\infty}^1 e^x$ (2) $\int_0^3 \frac{2}{x^2-1}dx$

(3) $\int_0^\pi \tan x dx$ (4) $\int_{-\infty}^0 xe^x dx$

(5) $\int_0^5 \frac{1}{\sqrt{25-x^2}}dx$ (6) $\int_0^\infty \frac{1}{\sqrt{x}\,e^{\sqrt{x}}}dx$

(7) $\int_0^1 x\log x\,dx$ (8) $\int_0^1 (\log x)^n dx$

(9) $\int_0^1 \frac{x\log x}{(1+x)^4}dx$ (10) $\int_0^\infty \frac{1}{e^x+e^{-x}}dx$

(11) $f(x)=\begin{cases} \frac{1}{\sqrt{x}}, & 0<x\le 1 \\ \frac{1}{x^2}, & x\ge 1 \end{cases}$ 일 때, $\int_0^\infty f(x)dx$

2. 특이적분의 비교판정법을 사용하여 다음 특이적분의 수렴 · 발산을 판정하여라.

(1) $\int_2^\infty \frac{x}{x^{3/2}-1}dx$ (2) $\int_2^\infty \frac{x^2e^x}{\log x}dx$

(3) $\int_0^\infty \frac{1}{e^x+1}dx$ (4) $\int_1^\infty \frac{1}{x+\sqrt{x}}dx$

7.4 정적분의 응용

연속함수 $y=f(x)$가 닫힌 구간 $[a, b]$에서 $f(x) \geq 0$이면 곡선 $y=f(x)$와 두 직선 $x=a$, $x=b$ 그리고 x축으로 둘러싸인 부분의 넓이 S는

$$S=\int_a^b f(x)dx$$

이다.

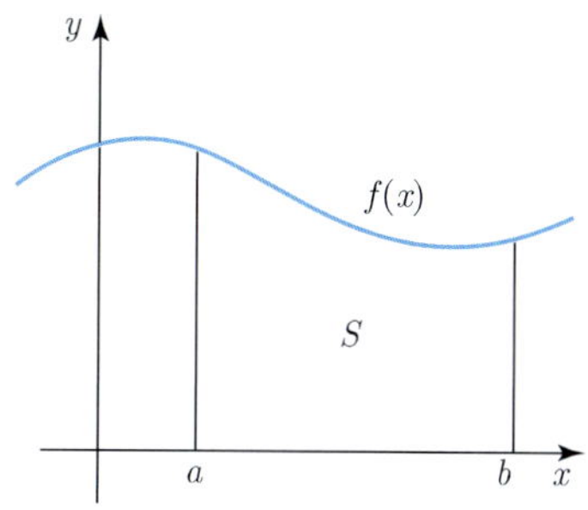

[그림 7.3]

보기 7.8

구간 $\left[0, \frac{\pi}{2}\right]$에서 정의된 곡선 $y=\cos x$와 x축, y축으로 둘러싸인 부분의 넓이를 구하여라.

풀이

주어진 부분의 넓이를 S라 하자. 그러면

$$S=\int_0^{\frac{\pi}{2}} \cos x\,dx = [\sin x]_0^{\frac{\pi}{2}} = \sin\left(\frac{\pi}{2}\right) - \sin 0 = 1$$

이다.

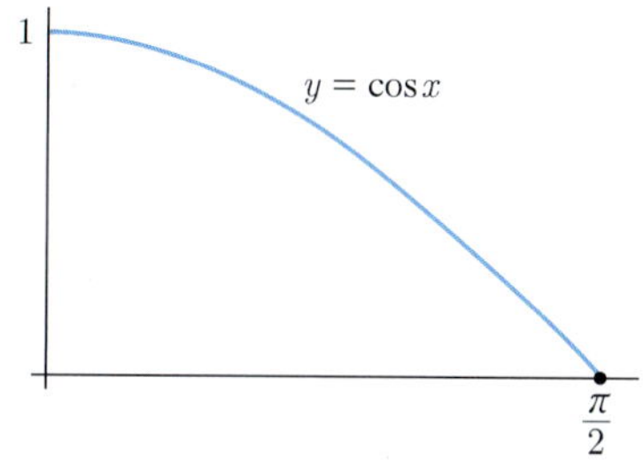

[그림 7.4]

기본연습문제 7.5 함수 $y = x^2 - 2x$의 그래프와 x축으로 둘러싸인 부분의 넓이를 구하여라.

연속함수 $y = f(x)$가 닫힌 구간 $[a,b]$에서 $f(x) \le 0$이면, $-f(x) \ge 0$이므로 곡선 $y = f(x)$와 두 직선 $x = a$, $x = b$ 그리고 x축으로 둘러싸인 부분의 넓이 S는

$$S = \int_a^b \{-f(x)\}dx = -\int_a^b f(x)dx$$

이다.

보기 7.9

곡선 $y = \log x$와 x축 및 직선 $x = \frac{1}{e}$로 둘러싸인 부분의 넓이를 구하여라.

풀이

[그림 7.5]에서와 같이 $y = \log x$의 그래프는 $0 < x < 1$에서 $y < 0$이다.

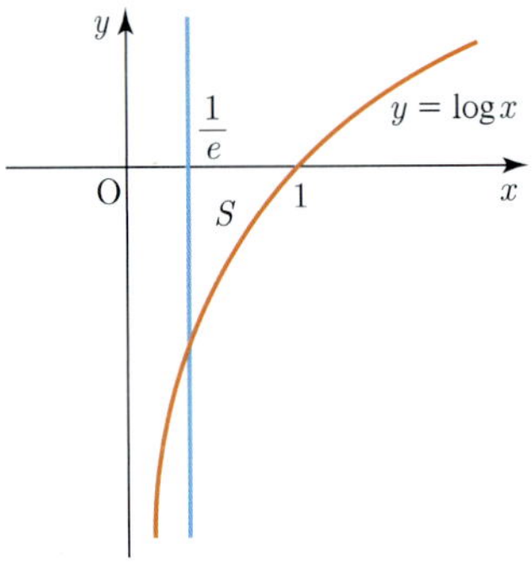

[그림 7.5]

따라서 구하는 넓이를 S라 하면

$$\begin{aligned} S &= -\int_{\frac{1}{e}}^{1} \log x\, dx = -\left[x\log x - x\right]_{\frac{1}{e}}^{1} \\ &= 1 - \frac{2}{e} \end{aligned}$$

이다.

기본연습문제 7.6 다음 포물선과 x축으로 둘러싸인 부분의 넓이를 구하여라.

① $y = x^2 - 4$　　② $y = x^2 + x - 2$

닫힌 구간 $[a, b]$에서 연속인 함수 $y=f(x)$가 $[a, c]$에서 $f(x) \geq 0$이고, $[c, b]$에서 $f(x) \leq 0$이면 곡선 $y=f(x)$와 x축 및 두 직선 $x=a$, $x=b$로 둘러싸인 부분의 넓이 S는 [그림 7.6]와 같이 S_1과 S_2로 나누어 구한다.

$$\begin{aligned} S &= S_1 + S_2 \\ &= \int_a^c f(x)dx - \int_c^b f(x)dx \\ &= \int_a^b |f(x)|dx \end{aligned}$$

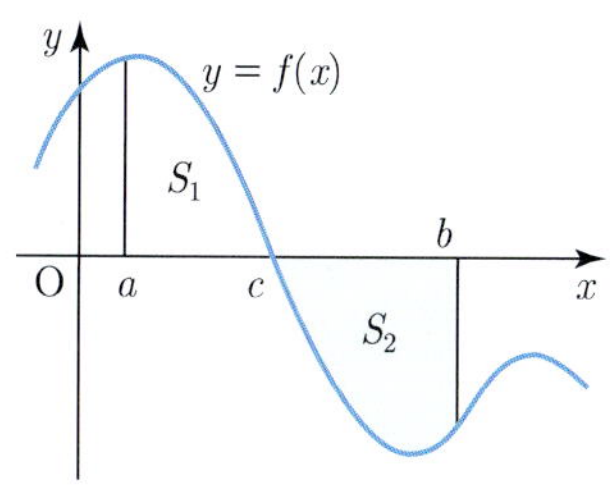

[그림 7.6]

보기 7.10

구간 $[0, 2\pi]$에서 곡선 $y=\sin x$와 x축으로 둘러싸인 부분의 넓이를 구하여라.

풀이

[그림 7.7]에서와 같이 구간 $[0, \pi]$에서 $\sin x \geq 0$이고, $[\pi, 2\pi]$에서 $\sin x \leq 0$이다.

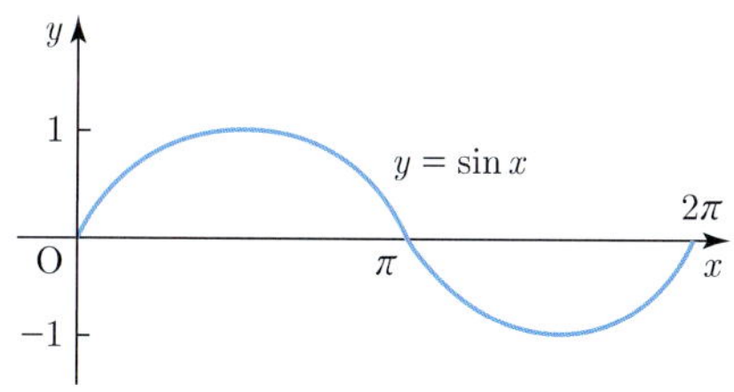

[그림 7.7]

따라서 구하는 넓이 S는

$$\begin{aligned} S &= \int_0^{2\pi} |\sin x| dx \\ &= \int_0^{\pi} \sin x\, dx - \int_{\pi}^{2\pi} \sin x\, dx \\ &= [-\cos x]_0^{\pi} - [-\cos x]_{\pi}^{2\pi} \\ &= 4 \end{aligned}$$

이다.

기본연습문제 7.7 다음 곡선과 x축으로 둘러싸인 부분의 넓이를 구하여라.

① $y = x(x-1)(x-2)$ ② $y = x^3 - 5x^2 + 6x$

[그림 7.6]과 같이 $f(x)$가 양의 값과 음의 값을 모두 가지면 정적분은 x축 위쪽의 넓이에서 x축 아래쪽의 넓이를 뺀 값과 같다.

$$\int_a^b f(x)dx = S_1 - S_2$$

보기 7.11

다음 정적분을 넓이를 이용하여 구하여라.

(1) $\int_{-2}^{2} \sqrt{4-x^2}\,dx$ (2) $\int_{-1}^{2} 2x\,dx$

풀이

(1) $\int_{-2}^{2} \sqrt{4-x^2}\,dx$의 값은 반지름이 2인 반원의 넓이와 같다. 따라서 $\int_{-2}^{2} \sqrt{4-x^2}\,dx = 2\pi$이다.

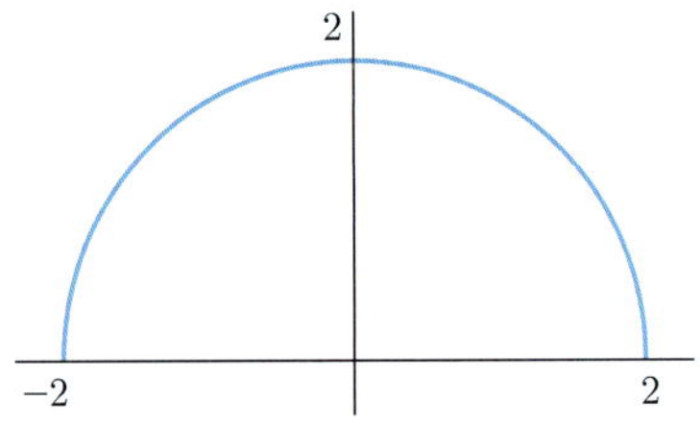

[그림 7.8]

(2) 직선 $y=2x$, $x=-1$, x축으로 둘러싸인 부분의 넓이는 1이고, 직선 $y=2x$, $x=2$, x축으로 둘러싸인 부분의 넓이는 4이다.

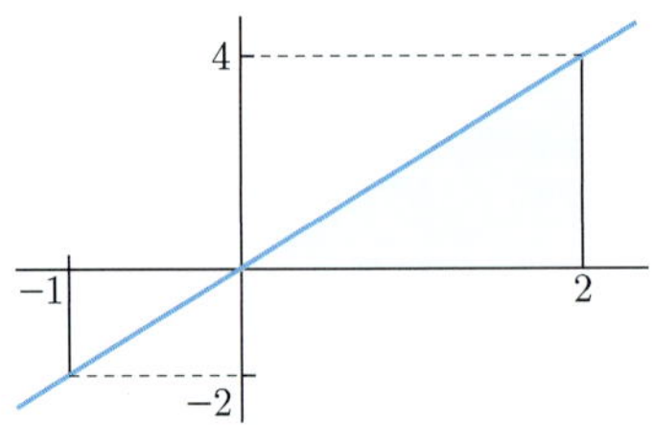

[그림 7.9]

따라서 $\int_{-1}^{2} 2x\,dx = 4 - 1 = 3$이다.

보기 7.12

연속함수 $f(x)$에 대하여 $f(0)=1$, $f(1)=4$, $\int_0^1 f(x)dx = \frac{3}{2}$라 하자. f의 역함수 f^{-1}이 존재할 때 $\int_1^4 f^{-1}(x)dx$를 구하여라.

풀이

함수 $f(x)$의 그래프는 점 $(0, 1)$과 $(1, 4)$를 지나고, 역함수 $f^{-1}(x)$의 그래프는 $f(x)$의 그래프와 직선 $y=x$에 대하여 대칭이다.

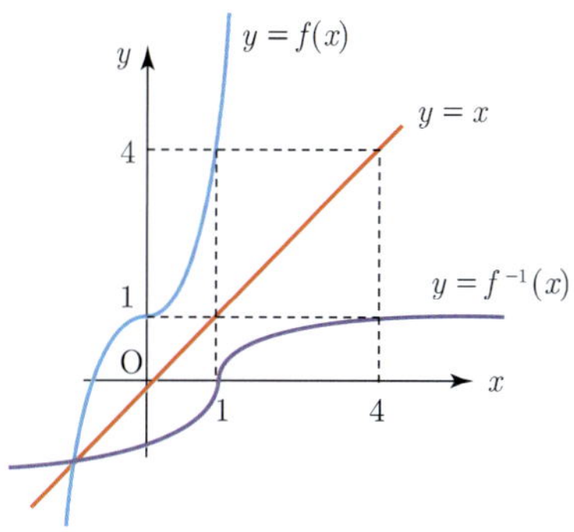

[그림 7.10]

따라서 정적분 $\int_0^1 f(x)dx$와 $\int_1^4 f^{-1}(x)dx$의 값은 각각 [그림 7.10]에서 어두운 부분의 넓이이고 두 넓이를 합하면 꼭지점이 $(0, 0)$, $(4, 0)$, $(4, 1)$, $(0, 1)$인 직사각형의 넓이 4가 된다. 즉,

$$\int_0^1 f(x)dx + \int_1^4 f^{-1}(x)dx = 4$$

이다. 따라서

$$\int_1^4 f^{-1}(x)dx = 4 - \frac{3}{2} = \frac{5}{2}$$

이다.

기본연습문제 7.8 다음 적분값을 넓이를 이용하여 구하여라.

① $\int_0^1 4x\,dx$ ② $\int_0^1 \sqrt{1-x^2}\,dx$ ③ $\int_{-2}^2 \sqrt{1-\frac{x^2}{4}}\,dx$

구간 $[a, b]$에서 $f(x) \geq g(x)$인 두 곡선 $y=f(x)$와 $y=g(x)$ 사이의 영역의 넓이를 구하여 보자.

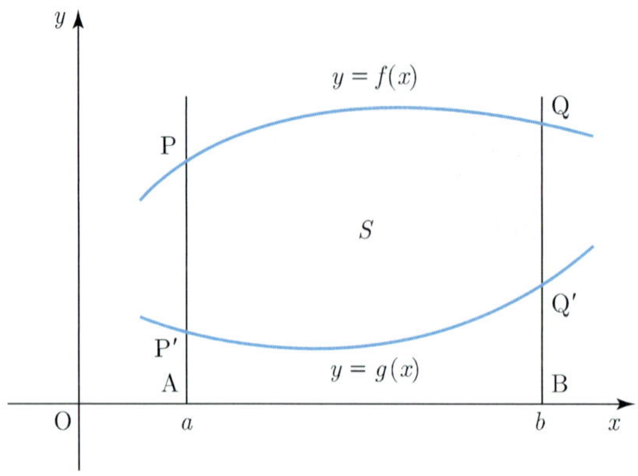

[그림 7.11]

구간 $[a, b]$에서 $f(x) \geq g(x) \geq 0$이면 두 곡선 사이의 넓이 S는 [그림 7.11]을 참조하면

$$\begin{aligned} S &= (\text{도형 PABQ의 넓이}) - (\text{도형 P}'\text{ABQ}'\text{의 넓이}) \\ &= \int_a^b f(x)dx - \int_a^b g(x)dx \\ &= \int_a^b \{f(x) - g(x)\}dx \end{aligned}$$

이다.

구간 $[a, b]$에서 $f(x)$나 $g(x)$가 음의 값을 가지면 적당한 양수 k에 대하여

$$f(x) + k \geq g(x) + k \geq 0$$

이 되고, $f(x) + k$와 $g(x) + k$로 둘러싸인 영역의 넓이는 $f(x)$와 $g(x)$로 둘러싸인 넓이와 같다.

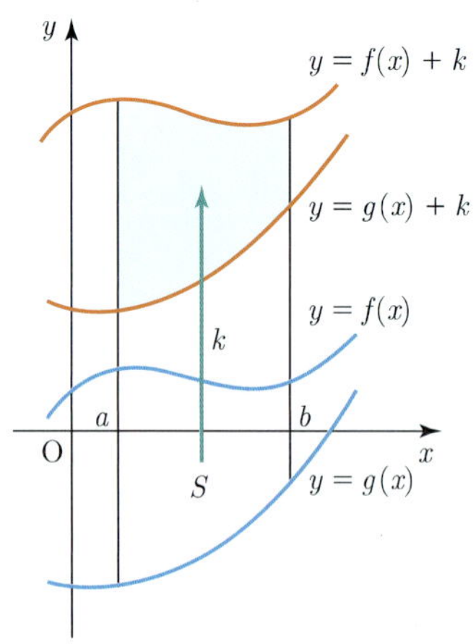

[그림 7.12]

따라서 두 곡선 $y = f(x)$와 $y = g(x)$ 사이의 영역의 넓이 S는

$$
\begin{aligned}
S &= \int_a^b \{(f(x)+k)-(g(x)+k)\}dx \\
&= \int_a^b \{f(x)-g(x)\}dx
\end{aligned}
$$

이다.

정리 7.5 **두 곡선 사이의 넓이**

닫힌 구간 $[a, b]$에서 $f(x) \geq g(x)$인 두 연속함수와 두 직선 $x=a$, $x=b$로 둘러싸인 부분의 넓이 S는

$$S = \int_a^b \{f(x)-g(x)\}dx$$

이다.

보기 7.13

두 곡선 $y=x^2$와 $y=\sqrt{x}$로 둘러싸인 부분의 넓이를 구하여라.

풀이

두 곡선의 교점의 x좌표는

$$x=0, \quad x=1$$

이고, $[0, 1]$에서

$$\sqrt{x} \geq x^2$$

이므로, 구하는 넓이 S는

$$
\begin{aligned}
S &= \int_0^1 (\sqrt{x}-x^2)dx \\
&= \left[\frac{2}{3}x^{3/2}-\frac{1}{3}x^3\right]_0^1 \\
&= \frac{1}{3}
\end{aligned}
$$

이다.

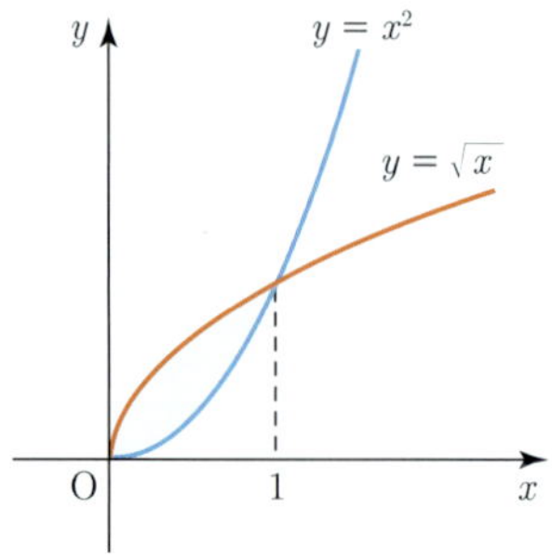

[그림 7.13]

기본연습문제 7.9 다음 곡선 및 직선으로 둘러싸인 부분의 넓이를 구하여라.

① $y = |\log x|,\ y = 1$　　② $y = \tan x,\ x = 0,\ y = 1$

구간별로 두 함수의 대소관계가 달라지는 경우 두 곡선 사이의 넓이를 구할 때 $f(x) \geq g(x)$ 인 구간에서는

$$f(x) - g(x)$$

를 $f(x) \leq g(x)$ 인 구간에서는

$$g(x) - f(x) = -(f(x) - g(x))$$

를 적분하면 된다. 따라서 $[a, b]$ 에서 두 곡선 사이의 넓이는 다음과 같이 구할 수 있다.

정리 7.6 두 곡선 사이의 넓이

두 곡선 $y = f(x)$와 $y = g(x)$와 두 직선 $x = a,\ x = b$로 둘러싸인 영역의 넓이 S는

$$S = \int_a^b |f(x) - g(x)|\, dx$$

이다.

보기 7.14

두 함수 $f(x) = 2x^3 - x + 1$와 $g(x) = x^3 + 3x + 1$의 그래프로 둘러싸인 부분의 넓이를 구하여라.

풀이

두 곡선이 만나는 점의 x 좌표를 구하면

$$f(x)-g(x)=x^3-4x=x(x-2)(x+2)=0$$

이므로 $x=-2, 0, 2$에서 두 곡선은 만나고 두 곡선으로 둘러싸인 영역은 다음과 같이 두 개의 영역으로 이루어져 있다.

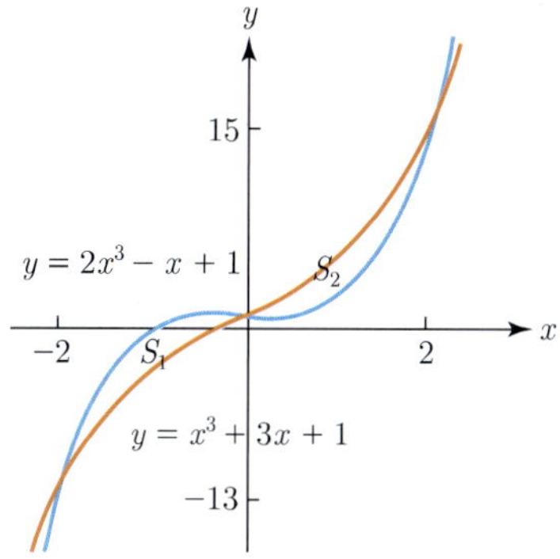

[그림 7.14]

구간 $[-2, 0]$에서는 $f(x) \geq g(x)$이고 구간 $[0, 2]$에서는 $f(x) \leq g(x)$이므로 구하는 넓이 S는

$$\begin{aligned} S &= \int_{-2}^{2} |f(x)-g(x)|dx = \int_{-2}^{0} (f(x)-g(x))dx + \int_{0}^{2} (g(x)-f(x))dx \\ &= \int_{-2}^{0} (x^3-4x)dx + \int_{0}^{2} (4x-x^3)dx \\ &= \left[\frac{1}{4}x^4-2x^2\right]_{-2}^{0} + \left[2x^2-\frac{1}{4}x^4\right]_{0}^{2} \\ &= 4+4=8 \end{aligned}$$

이다.

기본연습문제 7.10 구간 $[0, 2\pi]$에서 다음 두 곡선으로 둘러싸인 부분의 넓이를 구하여라.

$$y=\sin x, \ y=\cos 2x$$

기본연습문제 7.11 다음 곡선과 직선으로 둘러싸인 부분의 넓이를 구하여라.

① $y^2=-x, \ y=x$ ② $y^2=x, \ y=-x+2$

구간 $[c, d]$에서 $g(y) \geq 0$일 때 곡선 $x=g(y)$와 두 직선 $y=c$, $y=d$ 및 y축으로 둘러싸인 부분의 넓이 S는

$$S=\int_{c}^{d} x\,dy=\int_{c}^{d} g(y)\,dy$$

로 구할 수 있다.

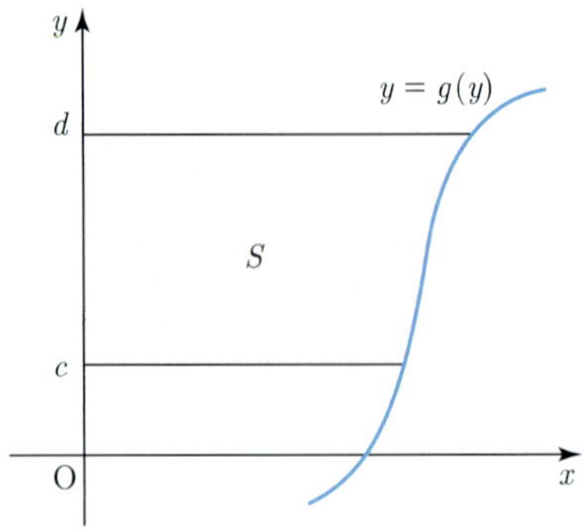

[그림 7.15]

보기 7.15

다음 세 곡선으로 둘러싸인 영역의 넓이를 구하여라.

$$y=\frac{1}{4}x^2,\ y=x,\ y=2$$

풀이

구하는 넓이 S를 x에 대한 적분으로 구하려면 $[0, 2]$와 $[2, 2\sqrt{2}]$의 두 구간에서 적분을 해야 한다. 그러나 y에 관한 적분으로는 $[0, 2]$에서만 적분하면 넓이를 구할 수 있다.

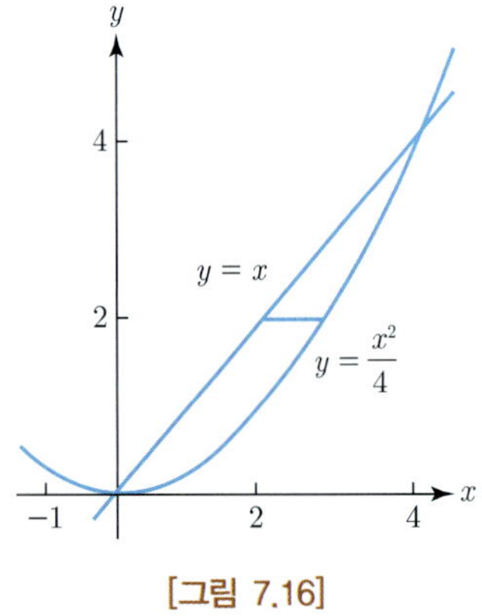

[그림 7.16]

따라서 y에 대한 적분으로 넓이를 구하면

$$\begin{aligned} S &= \int_0^2 (2\sqrt{y}-y)dy = \left[2\cdot\frac{2}{3}y^{3/2}-\frac{1}{2}y^2\right]_0^2 \\ &= \frac{8\sqrt{2}}{3}-2 \end{aligned}$$

이다.

기본연습문제 7.12 곡선 $y=\log x$와 x축, y축, $y=-1$로 둘러싸인 부분의 넓이를 구하여라.

기본연습문제 7.13 곡선 $y=\log x$위의 점 $(e, 1)$에서 그은 접선과 이 곡선 및 x축으로 둘러싸인 부분의 넓이를 구하여라.

이제 정적분을 이용하여 입체의 부피를 구하여 보자.

두 평면 α, β와 x축과의 교점의 좌표를 각각 a, $b(a<b)$라 하자. 좌표가 x인 점을 지나고, x축에 수직인 평면으로 입체를 잘랐을 때, 생기는 단면의 넓이는 x의 함수이다. 이 넓이를 $S(x)$라 하고 x가 Δx만큼 변할 때, 부피가 ΔV만큼 변한다고 하면 $S(x)\Delta x$는 ΔV의 근삿값이다. 즉,

$$\Delta V \approx S(x)\Delta x$$

이다.

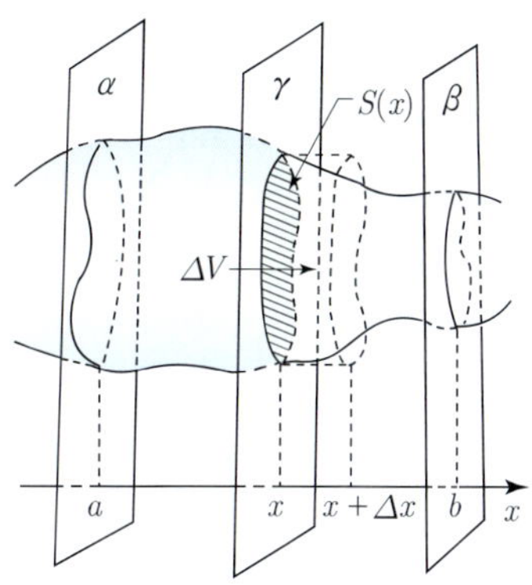

[그림 7.17]

이제 구간 $[a, b]$를 n등분하여 양 끝점과 각 분점의 x좌표를

$$x_0(=a),\ x_1,\ x_2,\ \cdots,\ x_n(=b)$$

이라 하면, 부분 구간의 길이는 $\Delta x=\dfrac{b-a}{n}$이고 x가 x_k에서 x_{k+1}까지 변할 때, 부피의 변화량을 ΔV_k라 하면

$$\Delta V_k \approx S(x_k)\Delta x$$

이므로, $x=a$에서 $x=b$까지의 입체의 부피 V는

$$V=\lim_{n\to\infty}\sum_{k=1}^{n}\Delta V_k=\lim_{n\to\infty}\sum_{k=1}^{n}S(x_k)\Delta x=\int_a^b S(x)dx$$

이다. 따라서, 다음 정리를 얻는다.

정리 7.7 입체의 부피

$x=a$와 $x=b$ 사이에 있는 입체를 x축에 수직인 평면으로 자른 단면의 넓이 $S(x)$가 연속함수이면 입체의 부피 V는 다음과 같다.

$$V=\int_a^b S(x)dx$$

보기 7.16

[그림 7.18]과 같이 두 점 $\mathrm{P}(x,\ 0)$와 $\mathrm{Q}(x,\ \sqrt{x}-x^2)$을 잇는 선분을 한 변으로 하는 평면에 수직으로 세운 정삼각형을 생각하자. 점 P가 x축 위를 원점에서 점 $\mathrm{C}(1,\ 0)$까지 움직일 때, 이 정삼각형이 그리는 입체의 부피를 구하여라.

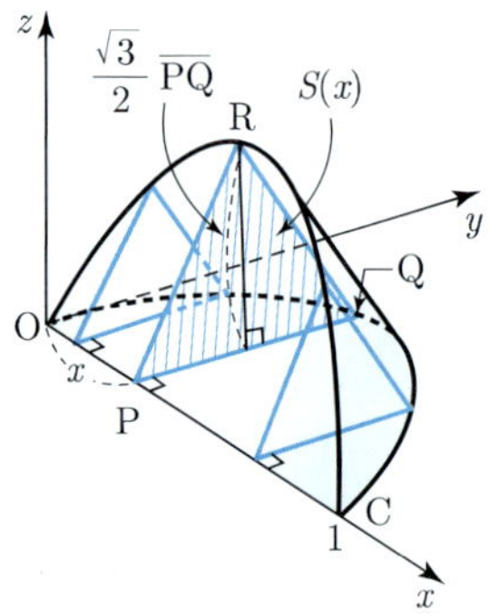

[그림 7.18]

풀이

선분 PQ의 길이는 $\sqrt{x}-x^2$이므로 선분 PQ를 한 변으로 하는 정삼각형의 넓이는

$$\begin{aligned}S(x)&=\frac{\sqrt{3}}{4}\overline{\mathrm{PQ}}^2\\&=\frac{\sqrt{3}}{4}(\sqrt{x}-x^2)^2\end{aligned}$$

이다. 따라서

$$\begin{aligned}V&=\int_0^1\frac{\sqrt{3}}{4}(\sqrt{x}-x^2)^2dx\\&=\int_0^1\frac{\sqrt{3}}{4}(x-2x^{5/2}+x^4)dx\\&=\frac{\sqrt{3}}{4}\left[\frac{1}{2}x^2-\frac{4}{7}x^{7/2}+\frac{1}{5}x^5\right]_0^1\\&=\frac{9\sqrt{3}}{280}\end{aligned}$$

이다.

기본연습문제 7.14 [그림 7.19]와 같이 중심 O, 반지름 a인 원을 밑면으로 하는 원기둥에서 점 O를 지나고 밑면과 $45°$의 각을 이루는 평면으로 잘라낸 원기둥의 일부분을 생각하자. 이 입체의 부피를 구하여라.

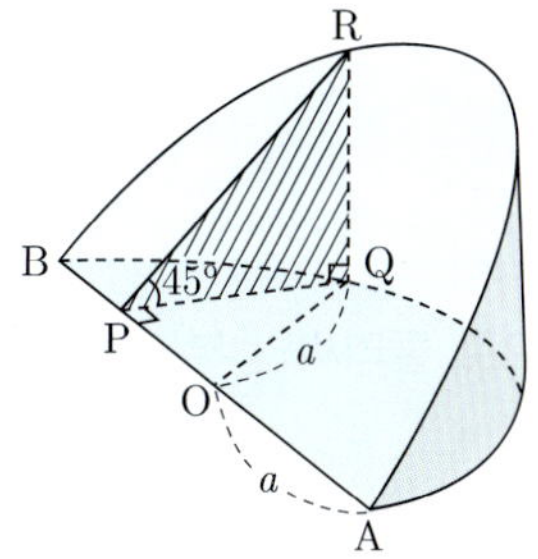

[그림 7.19]

연속인 함수 $y=f(x)(a \le x \le b)$와 x축 사이에 있는 부분을 x축의 둘레로 회전할 때 생기는 회전체의 부피를 구해보자.

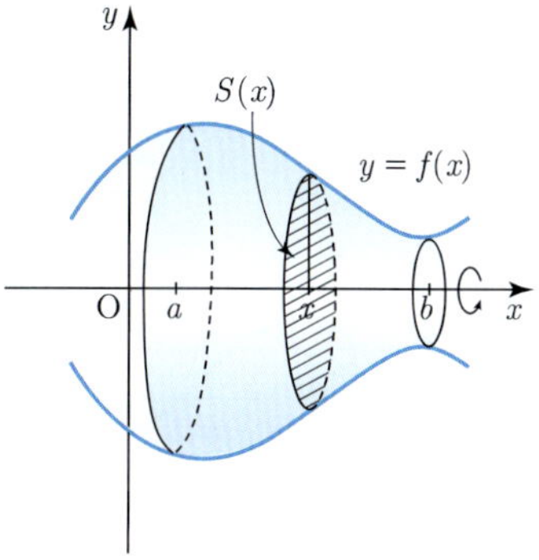

[그림 7.20]

x축 위의 좌표가 x인 점을 지나 x축에 수직인 평면에 의해 잘린 단면은 원이고 그 반지름의 길이는 $|f(x)|$이다. 이 단면의 넓이를 $S(x)$라 하면

$$S(x)=\pi[f(x)]^2$$

이므로 곡선 $y=f(x)(a \le x \le b)$를 x축 둘레로 회전하여 생기는 회전체의 부피는 다음과 같다.

정리 7.8 회전체의 부피 I

곡선 $y=f(x)(a \le x \le b)$를 x축으로 회전하여 생기는 회전체의 부피는 다음과 같다.

$$V=\int_a^b \pi y^2 dx=\int_a^b \pi[f(x)]^2 dx$$

보기 7.17

곡선 $y=\sin x\,(0 \le x \le \pi)$와 x축으로 둘러싸인 부분을 x축 둘레로 회전하여 생기는 회전체의 부피를 구하여라.

풀이

구하는 부피를 V라 두면

$$V=\int_0^\pi \pi y^2 dx=\pi\int_0^\pi \sin^2 x\,dx=\pi\int_0^\pi \frac{1-\cos 2x}{2}dx=\frac{\pi}{2}\left[x-\frac{\sin 2x}{2}\right]_0^\pi$$
$$=\frac{\pi^2}{2}$$

이다.

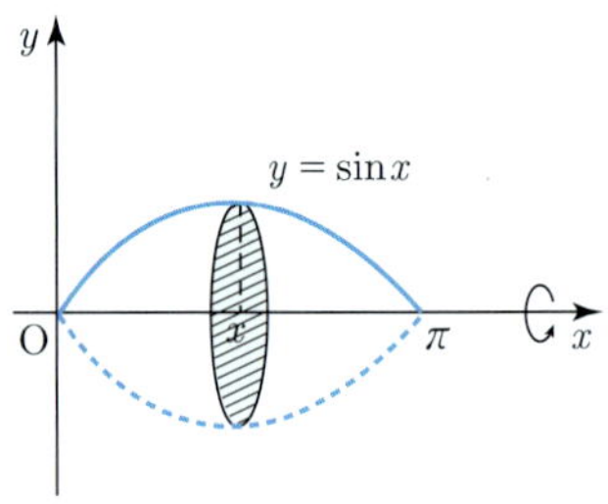

[그림 7.21]

보기 7.18

곡선 $y=\cosh x\,(-3 \le x \le 3)$을 x축 둘레로 회전하여 생기는 회전체의 부피를 구하여라.

풀이

구하는 부피를 V라 두면

$$V=\int_{-3}^3 \pi y^2 dx=\pi\int_{-3}^3 \cosh^2 x\,dx=\pi\int_{-3}^3\left(\frac{e^x+e^{-x}}{2}\right)^2 dx=\pi\int_{-3}^3 \frac{1}{4}(e^{2x}+2+e^{-2x})dx$$
$$=\frac{\pi}{4}\left[\frac{1}{2}e^{2x}+2x-\frac{1}{2}e^{-2x}\right]_{-3}^3$$
$$=\frac{\pi}{4}(e^6+12-e^{-6})$$

이다.

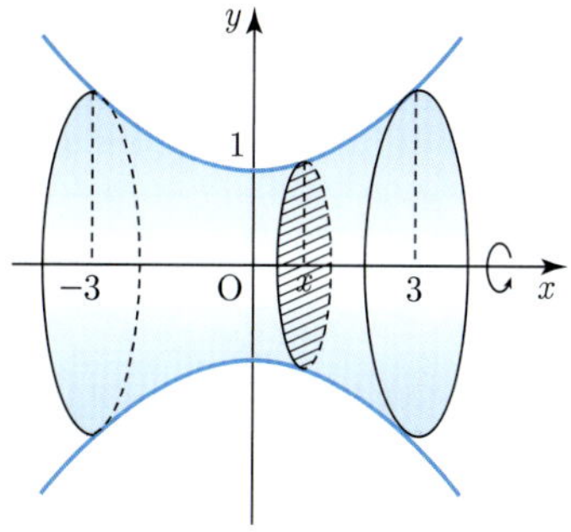

[그림 7.22]

기본연습문제 7.15 곡선 $y = \cos x \left(0 \le x \le \dfrac{\pi}{2}\right)$와 x축으로 둘러싸인 부분을 x축 둘레로 회전하여 생기는 회전체의 부피를 구하여라.

기본연습문제 7.16 곡선 $y = e^x$와 x축, y축, $x = 2$로 둘러싸인 부분을 x축 둘레로 회전하여 생기는 회전체의 부피를 구하여라.

곡선 $x = g(y)\ (c \le y \le d)$와 y축 사이에 있는 부분을 y축 둘레로 회전하여 생기는 회전체의 부피는 다음과 같다.

$$V = \int_c^d \pi x^2 dy = \int_c^d \pi [g(y)]^2 dy$$

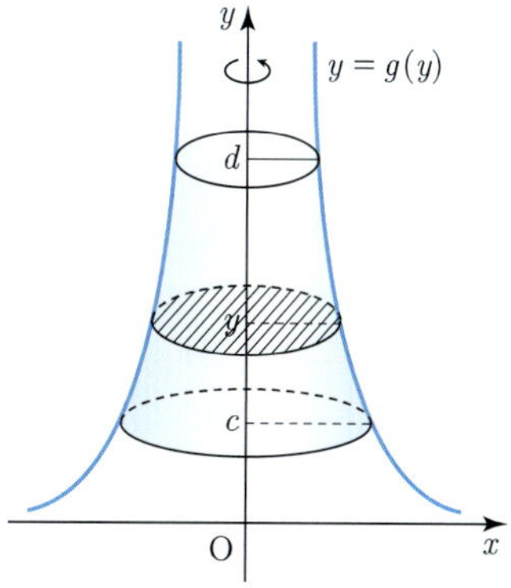

[그림 7.23]

보기 7.19

곡선 $y=\sqrt{x}$ 와 직선 $y=1$ 및 y축으로 둘러싸인 부분을 y축 둘레로 회전해서 생기는 입체의 부피를 구하여라.

풀이

구하는 부피를 V라 하면

$$V=\int_0^1 \pi x^2 dy=\pi\int_0^1 y^4 dy=\pi\left[\frac{1}{5}y^5\right]_0^1$$
$$=\frac{\pi}{5}$$

이다.

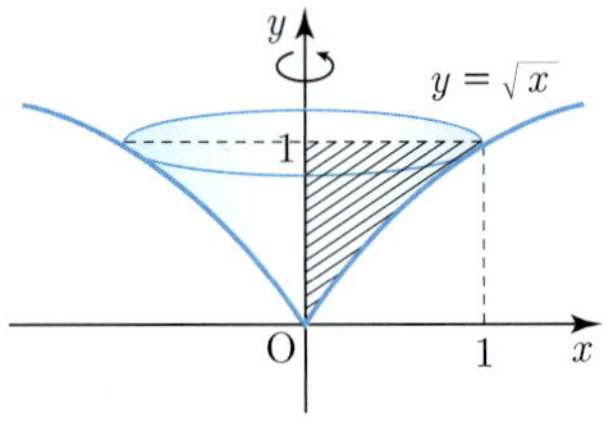

[그림 7.24]

두 곡선으로 둘러싸인 영역을 회전하여 생긴 회전체의 부피는 외부곡선으로 생긴 회전체의 부피에서 내부곡선에 의하여 생긴 회전체의 부피를 빼면 된다.

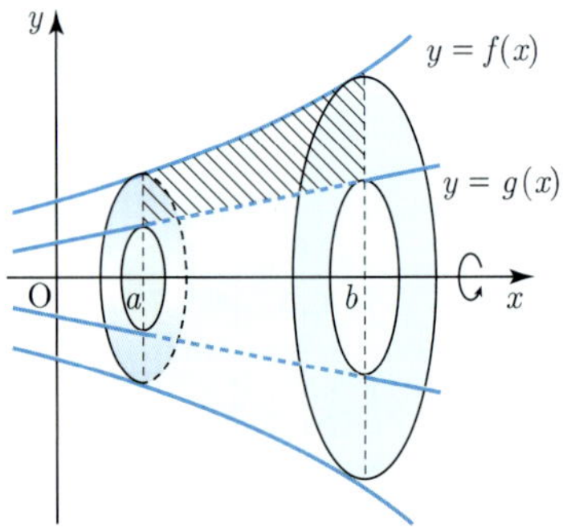

[그림 7.25]

따라서 구간 $[a,b]$에서 연속인 두 함수 $y=f(x)$와 $y=g(x)$에 대하여

$$0\le g(x)\le f(x)$$

일 때, 두 곡선 $y=f(x)$와 $y=g(x)$와 두 직선 $x=a$, $x=b$로 둘러싸인 부분을 x축 둘레로 회전하여 생기는 회전체의 부피 V는 다음과 같다.

$$V = \int_a^b \pi\{f(x)\}^2 dx - \int_a^b \pi\{g(x)\}^2 dx$$
$$= \int_a^b \pi\left[\{f(x)\}^2 - \{g(x)\}^2\right] dx$$

보기 7.20

구간 $[0, 3]$에서 두 곡선 $y=3x$와 $y=x^2$로 둘러싸인 부분을 x축 둘레로 회전하여 생기는 회전체의 부피를 구하여라.

풀이

구하는 부피를 V라 하면

$$V = \int_0^3 \pi\left[(3x)^2 - (x^2)^2\right] dx = \int_0^3 \pi\left[9x^2 - x^4\right] dx = \pi\left[3x^3 - \frac{1}{5}x^5\right]_0^3$$
$$= \frac{162}{5}\pi$$

이다.

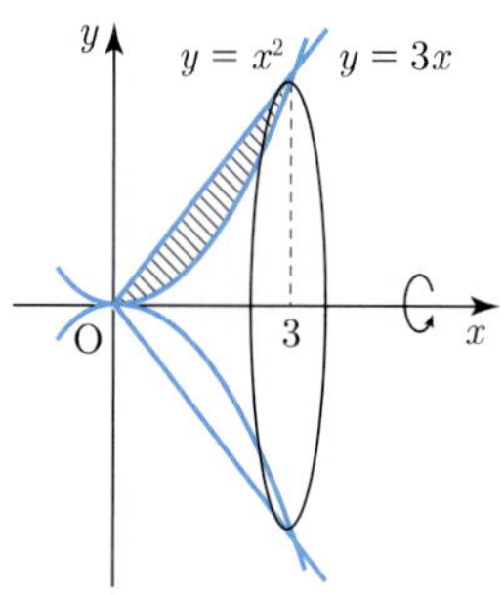

[그림 7.26]

기본연습문제 7.17 두 곡선 $y=2\sin x$, $y=\tan x$ $\left(0 \le x \le \frac{\pi}{3}\right)$로 둘러싸인 부분을 x축 둘레로 회전하여 생기는 회전체의 부피를 구하여라.

보기 7.21

곡선 $y=x^2$과 두 직선 $x=0$, $y=1$로 둘러싸인 부분을 다음 직선을 축으로 회전하여 생기는 회전체의 부피를 각각 구하여라.

(1) x축 (2) y축 (3) $y=2$

풀이

(1) 구하는 부피 V는

$$V=\int_0^1 \pi(1)^2dx-\int_0^1 \pi(x^2)^2dx=\pi\int_0^1(1-x^4)dx=\pi\left[x-\frac{1}{5}x^5\right]_0^1$$
$$=\frac{4}{5}\pi$$

이다.

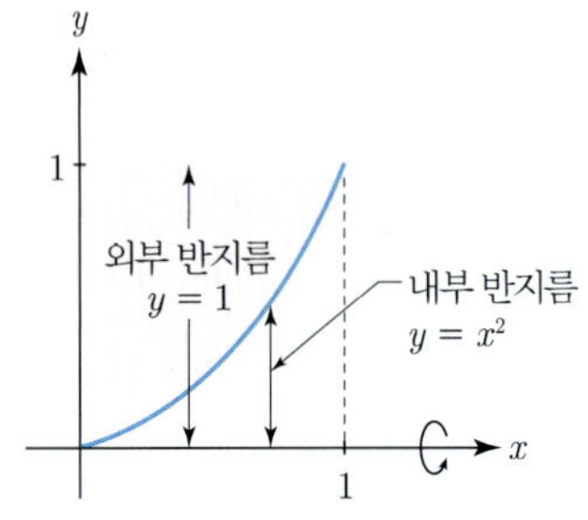

[그림 7.27]

(2) 구하는 부피 V는

$$V=\int_0^1 \pi(\sqrt{y})^2dy=\pi\left[\frac{1}{2}y^2\right]_0^1=\frac{1}{2}\pi$$

이다.

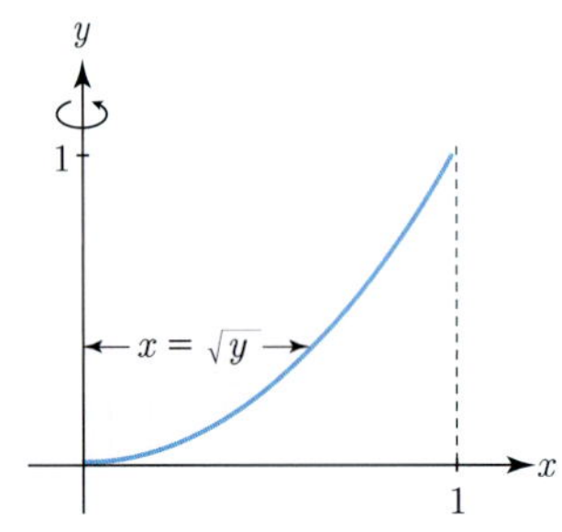

[그림 7.28]

(3) [그림 7.29]을 참조하면 구하는 부피 V는

$$V=\int_0^1 \pi(2-x^2)^2dx-\int_0^1 \pi(1)^2dx=\pi\int_0^1(3-4x^2+x^4)dx=\pi\left[3x-\frac{4}{3}x^3+\frac{1}{5}x^5\right]_0^1$$
$$=\frac{28}{15}\pi$$

이다.

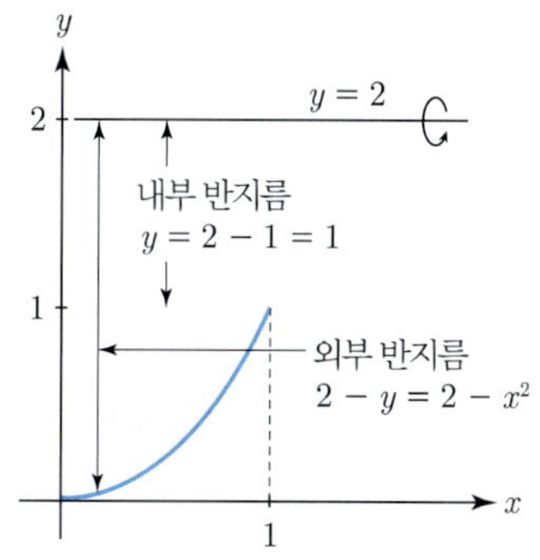

[그림 7.29]

기본연습문제 7.18 곡선 $y=4-x^2$와 직선 $y=0$으로 둘러싸인 부분을 다음 직선을 축으로 회전하여 생기는 회전체의 부피를 각각 구하여라.

① y축 ② $y=-3$ ③ $y=7$ ④ $x=3$

구간 $[a, b]$에서 연속인 곡선 $y=f(x)$와 x축 사이에 있는 부분을 y축으로 회전하여 생기는 회전체의 부피를 구하는 새로운 방법을 생각해 보자.

구간 $[a, b]$을 n등분하여 양끝점과 각 분점의 x좌표를

$$x_0(=a),\ x_1,\ x_2,\ \cdots,\ x_n(=b)$$

이라 하면 부분 구간의 길이는

$$\Delta x=\frac{b-a}{n}$$

이다. 부분 구간 $[x_{k-1}, x_k]$에서 적당한 $c_k \in [x_{k-1}, x_k]$에 대하여 $f(c_k)$를 높이로 하는 직사각형을 만들면 [그림 7.30]과 같다.

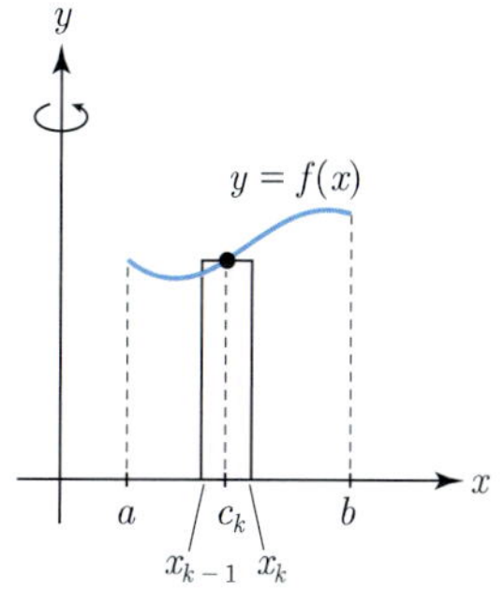

[그림 7.30]

이 사각형을 y축 둘레로 회전하여 생긴 회전체는 바깥 원의 반지름이 x_k, 안쪽 원의 반지름이 x_{k-1}, 높이는 $f(c_k)$인 구멍이 난 원기둥이다.

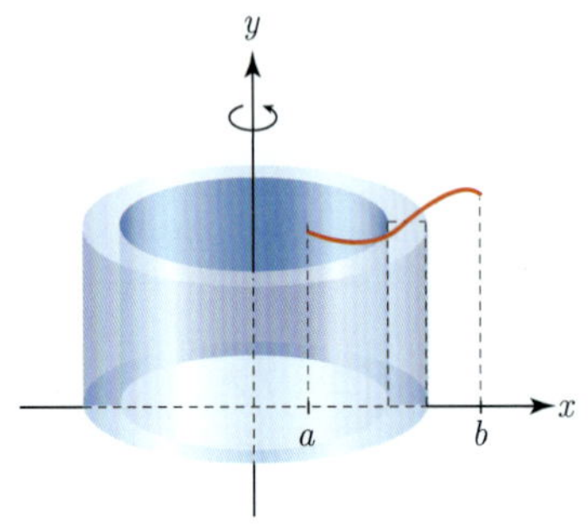

[그림 7.31]

이 원기둥의 부피는

$$V_k \approx (2\pi c_k)\Delta x f(c_k)$$

로 근사시킬 수 있다. 따라서 회전체의 부피는

$$V \approx \sum_{k=1}^{n} V_k = \sum_{k=1}^{n} (2\pi c_k) f(c_k)\Delta x$$

로 근사시킬 수 있고 n이 커지면 이 값은

$$\int_a^b 2\pi x f(x) dx$$

로 수렴한다. 따라서 다음 결과를 얻는다.

정리 7.9 회전체의 부피 II

곡선 $y = f(x) \geq 0 (0 \leq a \leq x \leq b)$와 x축 사이의 부분을 y축으로 회전하여 생긴 회전체의 부피는 다음과 같다.

$$V = \int_a^b 2\pi x f(x) dx$$

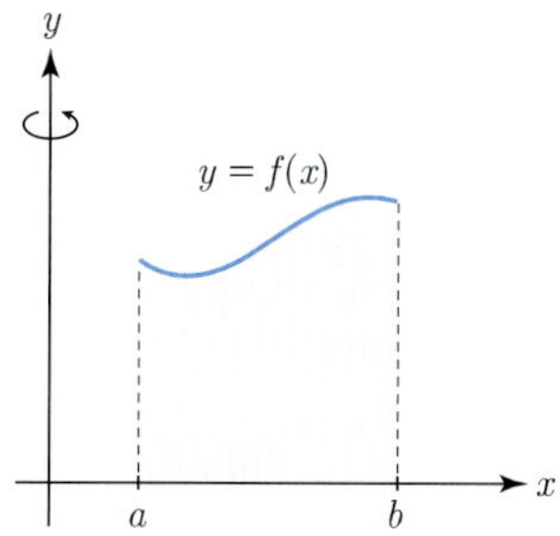

[그림 7.32]

보기 7.22

다음 곡선으로 둘러싸인 부분을 y축 둘레로 회전한 회전체의 부피를 구하여라.

$$y=\frac{1}{x},\ x=1,\ x=2,\ y=0$$

풀이

[정리 7.9]을 이용하면 회전체의 부피는

$$\int_1^2 2\pi x\cdot\frac{1}{x}dx=2\pi$$

이다.

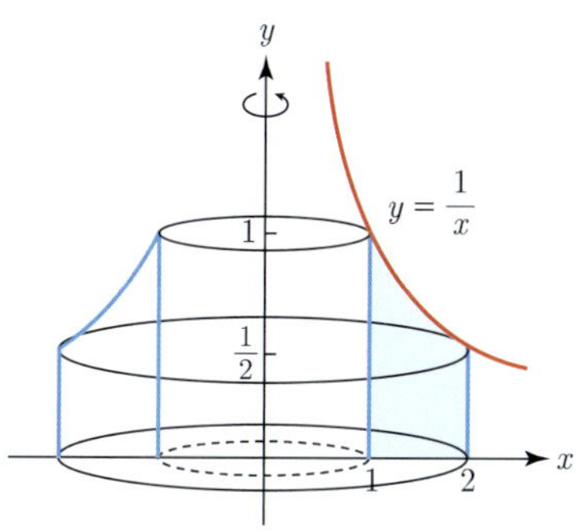

[그림 7.33]

기본연습문제 7.19 곡선 $y=2x-x^2$와 x축으로 둘러싸인 부분을 y축 둘레로 회전하여 생기는 회전체의 부피를 구하여라.

기본연습문제 7.20 곡선 $y=4-x^2$와 x축으로 둘러싸인 부분을 직선 $x=3$을 회전축으로 하여 회전할 때 생기는 회전체의 부피를 구하여라.

구간 $[a, b]$에서 곡선 $y=f(x)$의 길이 L을 구하여 보자. 구간 $[a, b]$을 n등분하여 양 끝점과 각 분점의 x좌표를

$$x_0(=a),\ x_1,\ x_2,\ \cdots,\ x_n(=b)$$

이라 하면 각 부분 구간 $[x_{k-1}, x_k]$의 길이는

$$\Delta x=\frac{b-a}{n}$$

이다. 부분 구간 $[x_{k-1}, x_k]$에서 그래프의 길이 L_k는 두 점 $(x_{k-1}, f(x_{k-1}))$와 $(x_k, f(x_k))$을 연결한 선분의 길이로 근사할 수 있다.

$$L_k \approx \sqrt{(x_k-x_{k-1})^2+(f(x_k)-f(x_{k-1}))^2}$$

함수 $f(x)$가 구간 $[a, b]$에서 연속이고 열린 구간 (a,b)에서 미분가능하면 각 부분 구간 $[x_{k-1}, x_k]$에서도 연속이고 (x_{k-1}, x_k)에서 미분가능하므로 평균값의 정리에 의하여

$$f(x_k)-f(x_{k-1})=f'(c_k)(x_k-x_{k-1})$$

을 만족하는

$$c_k \in (x_{k-1}, x_k)$$

가 존재한다.

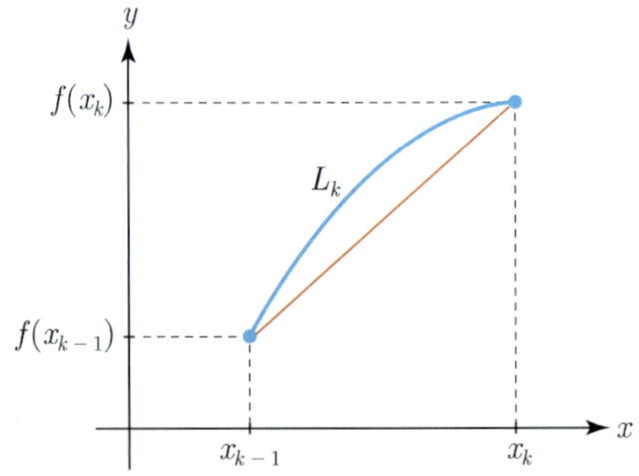

[그림 7.34] 호의 길이의 선분근사

따라서

$$\begin{aligned} L_k &\approx \sqrt{(x_k-x_{k-1})^2+(f(x_k)-f(x_{k-1}))^2} \\ &= \sqrt{(x_k-x_{k-1})^2+(f'(c_k)(x_k-x_{k-1}))^2} \\ &= \sqrt{1+[f'(c_k)]^2}\,(x_k-x_{k-1}) \\ &= \sqrt{1+[f'(c_k)]^2}\,\Delta x \end{aligned}$$

이다. n개의 선분의 길이를 모두 합하면 전체 길이

$$\sum_{k=1}^{n} \sqrt{1+[f'(c_k)]^2}\,\Delta x$$

는 곡선의 길이의 근삿값이 된다. 이제 n이 커지면 이 값은

$$\int_a^b \sqrt{1+[f'(x)]^2}\,dx$$

로 수렴한다. 따라서 다음 결과를 얻는다.

정리 7.10 **곡선의 길이**

곡선 $y=f(x)\ (a \le x \le b)$의 길이 L은 다음과 같다.

$$L = \int_a^b \sqrt{1+[f'(x)]^2}\,dx$$

보기 7.23

구간 $[0,\ 2]$에서 곡선 $f(x)=\cosh x$의 길이를 구하여라.

풀이

함수 $f(x)$는

$$f(x)=\cosh x=\frac{e^x+e^{-x}}{2}$$

이므로

$$f'(x)=\frac{e^x-e^{-x}}{2}$$

이다. 따라서

$$1+[f'(x)]^2=\left(\frac{e^x+e^{-x}}{2}\right)^2$$

이므로, 구하는 곡선의 길이는

$$\int_0^1 \sqrt{1+[f'(x)]^2}\,dx=\int_0^1\left(\frac{e^x+e^{-x}}{2}\right)dx=\frac{1}{2}\left(e-\frac{1}{e}\right)$$

이다.

기본연습문제 7.21 구간 $[1, 2]$에서 곡선 $y=\frac{1}{2}x^2$의 길이를 구하여라.

SECTION

7.4 연습문제

1. 주어진 구간에서 두 곡선 사이의 넓이를 구하여라.

(1) $y=x^3,\ y=x^2-1,\ [1, 3]$

(2) $y=e^x,\ y=x-1,\ [-2, 0]$

(3) $y=1-x,\ y=x^2-1,\ [0, 2]$

(4) $y=x^3-1,\ y=1-x,\ [-2, 2]$

2. 다음 두 곡선으로 둘러싸인 부분의 넓이를 구하여라.

(1) $y=x^2-1,\ y=7-x^2$

(2) $y=x^2+1,\ y=3x-1$

(3) $y=x^3,\ y=3x+2$

(4) $y=x^3,\ y=x^2$

3. 다음 주어진 부분을 회전축으로 회전하여 생기는 회전체의 부피를 구하여라.

(1) $y=4-x,\ y=4,\ y=x$로 둘러싸인 부분

회전축: ① x축 ② y축 ③ $x=4$ ④ $y=4$

(2) $y=x,\ y=x^2-6$로 둘러싸인 부분

회전축: ① $x=3$ ② $y=3$ ③ $x=-3$ ④ $y=-6$

(3) $y=x-2,\ y=2-x,\ x=y^2$로 둘러싸인 부분

회전축: ① x축 ② y축

(4) $y=x^2,\ y=2-x,\ x\geq 0$로 둘러싸인 부분

회전축: ① x축 ② y축 ③ $x=1$ ④ $y=2$

4. 주어진 구간에서 곡선의 길이를 구하여라.

(1) $y=\log(\cos x),\ \left[0, \frac{\pi}{6}\right]$

(2) $y=x^{\frac{3}{2}},\ \left[0, \frac{1}{4}\right]$

(3) $y=\frac{x^3}{6}+\frac{1}{2x},\ [1, 3]$

CHAPTER 08 극좌표

직교좌표에서는 평면 위의 점을 원점 O에서 수직으로 만나는 두 직선을 좌표축으로 하여 좌표로 나타내었다. 이 장에서는 직교좌표와 다른 극좌표에 대하여 알아본다.

8.1 극좌표의 정의

평면에서 **극점**이라 불리는 한 점 O와 이 점을 시점으로 하는 **극축**이라 불리는 반직선을 정하면, 평면의 임의의 점 P에 대하여 극점 O부터 점 P까지의 거리를 r, 극점과 점 P를 잇는 선분이 극축과 이루는 각을 θ라 하면 점 P를 한 쌍의 실수

$$(r,\ \theta)$$

로 나타낼 수 있다. 이렇게 주어진 $(r,\ \theta)$를 점 P의 **극좌표**라 한다.

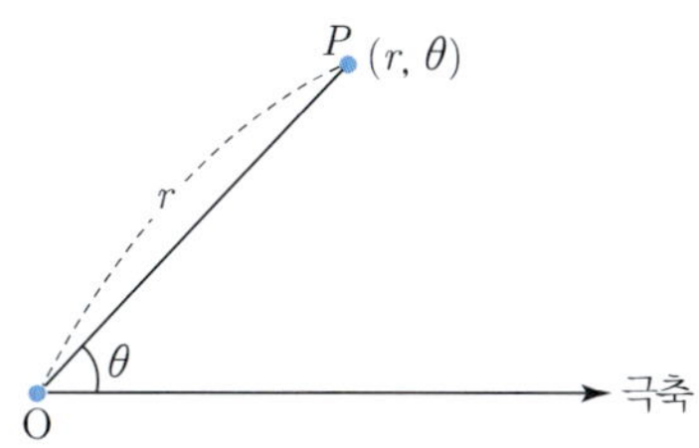

[그림 8.1] 극좌표

평면의 점을 극좌표로 표현하는 방법을 **극좌표계**라 한다.

직교좌표계가 주어진 평면에서는 원점을 극점으로, x축의 양의 방향을 극축으로 하여 극좌표계를 정한다.

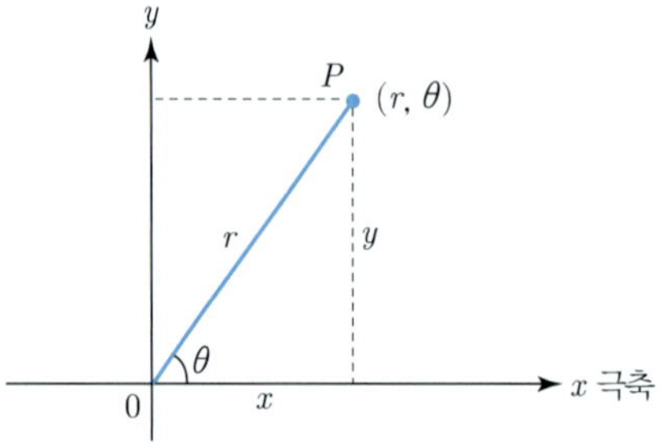

[그림 8.2] 극좌표와 직교좌표

이때 점 P의 직교좌표 (x, y)와 극좌표 (r, θ) 사이에는 다음 관계가 있다.

$$x = r\cos\theta,\ \ y = r\sin\theta$$

또한, 다음 관계도 성립한다.

$$r^2 = x^2 + y^2,\ \ \tan\theta = \frac{y}{x}(x \neq 0)$$

직교좌표계에서는 주어진 점을 나타내는 직교좌표가 한 가지뿐이지만 극좌표계에서는 주어진 점을 나타내는 극좌표가 여러 가지 있다는 것을 주의해야 한다. 차이가 2π의 정수배가 되는 점들은 구별할 수가 없으므로 극좌표가

$$(r,\ \theta)\text{인 점과 } (r,\ \theta+2n\pi)\text{인 점}$$

들은 같은 점을 나타낸다. 하지만 극좌표계의 정의역을 제한하면 각의 값을 하나로 정할 수 있다.

보기 8.1

직교좌표가 $(1, \sqrt{3})$인 점 P의 극좌표를 구하여라.

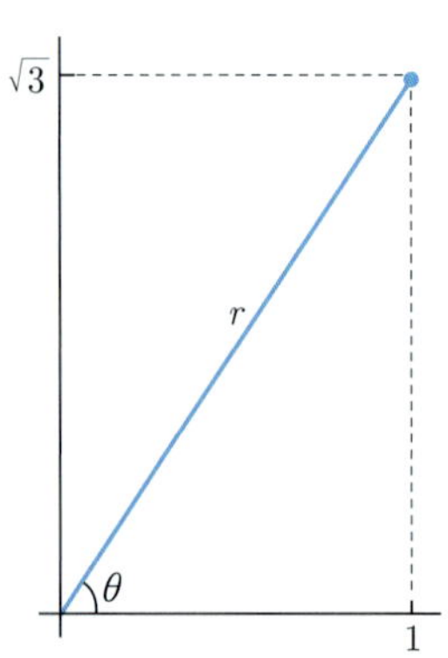

[그림 8.3]

풀이

$x=1,\ y=\sqrt{3}$ 이므로

$$r = \sqrt{x^2+y^2} = \sqrt{1+3} = 2$$

이고,

$$\cos\theta = \frac{x}{r} = \frac{1}{2},\ \sin\theta = \frac{y}{r} = \frac{\sqrt{3}}{2}$$

이므로 $\theta = \frac{\pi}{3} + 2n\pi$($n$은 정수)이 되어 점 P의 극좌표는

$$\left(2, \frac{\pi}{3} + 2n\pi\right) \ (n\text{은 정수})$$

이다.

보기 8.2

직교좌표가 $(1, 1)$인 점 P의 극좌표 (r, θ) $(-\pi < \theta \le \pi)$를 구하여라.

풀이

$x = 1$, $y = 1$이므로

$$r = \sqrt{x^2 + y^2} = \sqrt{1+1} = \sqrt{2}$$

이고,

$$\cos\theta = \frac{x}{r} = \frac{1}{\sqrt{2}}, \ \sin\theta = \frac{y}{r} = \frac{1}{\sqrt{2}}$$

이므로 $\theta = \frac{\pi}{4}$이 되어 점 P의 극좌표는

$$\left(\sqrt{2}, \frac{\pi}{4}\right)$$

이다.

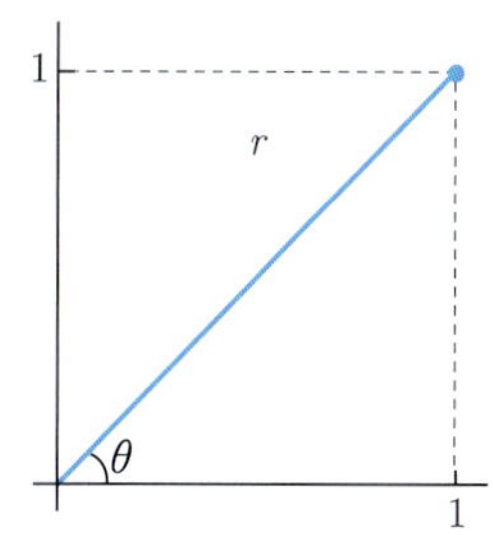

[그림 8.4]

한 점 P의 극좌표 (r, θ)에서 r은 극점 O에서 점 P까지의 거리를 나타내었으므로 $r \ge 0$이다. 하지만 $r < 0$일 때 θ가 가리키는 방향과 반대방향으로 거리 r만큼 떨어진 점을 뜻하는 것으로 정의하면 $r < 0$인 경우도 허용된다.

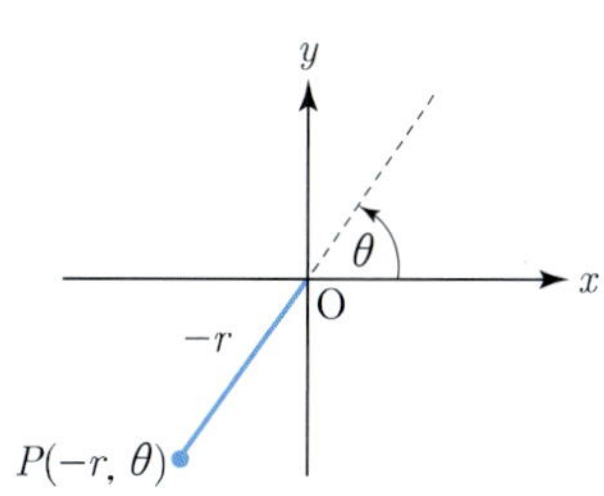

[그림 8.5]

즉, $r < 0$일 때는

$$(r, \theta) = (-r, \theta + \pi)$$

로 정의한다. 한편 삼각함수의 성질에 의해서

$$r\cos\theta = (-r)\cos(\theta+\pi),\ \ r\sin\theta = (-r)\sin(\theta+\pi)$$

이 성립하므로, $r<0$일 때도 직교좌표 $(x,\ y)$와 극좌표 $(r,\ \theta)$ 사이에는 다음 관계가 성립한다.

$$x = r\cos\theta,\ \ y = r\sin\theta$$

보기 8.3

극좌표가 $\left(-2,\ \frac{4}{3}\pi\right)$인 점 P의 직교좌표를 구하여라.

풀이

변환공식에 의해서

$$x = -2\cos\frac{4}{3}\pi = 1,\ \ y = -2\sin\frac{4}{3}\pi = \sqrt{3}$$

이므로 점 P의 직교좌표는 $(1,\ \sqrt{3})$이다.

기본연습문제 8.1 직교좌표계에서 다음과 같이 주어진 점의 극좌표를 구하여라.

① $(3,\ 3\sqrt{3})$ ② $(-1,\ 1)$ ③ $(-1,\ 0)$ ④ $(2,\ 3)$

기본연습문제 8.2 극좌표계에서 다음과 같이 주어진 점의 직교좌표를 구하여라.

① $\left(2,\ \frac{\pi}{6}\right)$ ② $\left(1,\ -\frac{\pi}{4}\right)$ ③ $\left(-2,\ \frac{\pi}{3}\right)$

이제 극좌표에서의 곡선의 방정식에 대하여 살펴보자.

보기 8.4

극좌표계에서 실수 θ_0에 대하여 방정식

$$\theta = \theta_0$$

는 원점을 지나고 극축과 이루는 각이 θ_0인 직선을 나타낸다.

또한, 방정식

$$r = a\ \ (a>0)$$

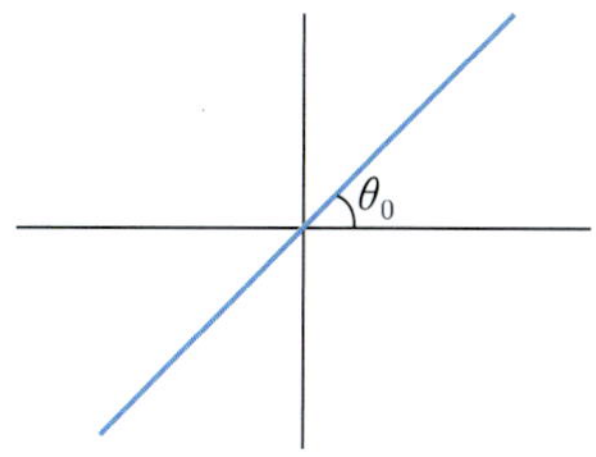

[그림 8.6] 방정식 $\theta=\theta_0$의 그래프

는 원점이 중심이고, 반지름의 길이가 a인 원을 나타낸다.

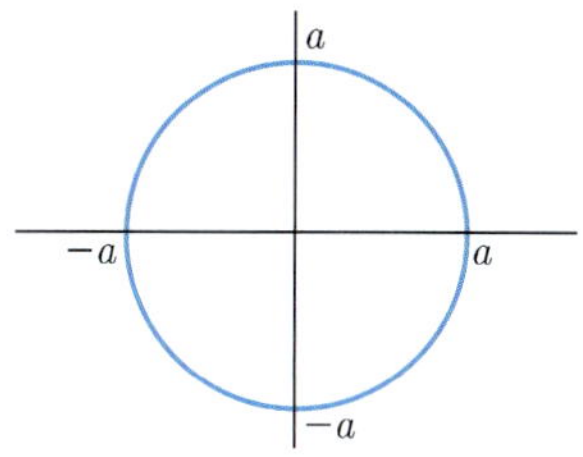

[그림 8.7] 방정식 $r=a$의 그래프

보기 8.5

다음 극좌표계에서의 방정식을 직교좌표계에서의 방정식으로 나타내고 곡선의 개형을 말하여라.

(1) $r\cos\theta=2$

(2) $r^2\cos\theta\sin\theta=1$

(3) $r=2\sin\theta$

(4) $r=\dfrac{1}{2\cos\theta-\sin\theta}$

풀이

(1) $x=r\cos\theta$이므로 방정식 $r\cos\theta=2$은

$$x=2$$

이다. 주어진 방정식은 x축에 수직인 직선이다.

(2) $x=r\cos\theta$, $y=r\sin\theta$이므로 $r^2\cos\theta\sin\theta=1$은

$$xy=1$$

이다. 따라서 주어진 방정식은 쌍곡선이다.

(3) $r=2\sin\theta$의 양변에 r을 곱하면

$$r^2=2r\sin\theta$$

이다. 이제 $r^2=x^2+y^2$, $y=r\sin\theta$이므로

$$x^2+y^2=2y$$

이다. 따라서 주어진 방정식은 중심이 $(0, 1)$이고 반지름이 1인 원이다.

(4) $r=\dfrac{1}{2\cos\theta-\sin\theta}$을 변형하면

$$r(2\cos\theta-\sin\theta)=1$$

이다. $x=r\cos\theta$, $y=r\sin\theta$이므로

$$2x-y=1$$

이 된다. 따라서 주어진 방정식은 기울기가 2이고 y절편이 -1인 직선이다.

기본연습문제 8.3 다음 극좌표계에서의 방정식을 직교좌표계에서의 방정식으로 나타내어라.

① $r\cos\theta=2$ ② $r=4\csc\theta$ ③ $r=\cot\theta\csc\theta$ ④ $r=\csc\theta e^{r\cos\theta}$

⑤ $r=-4\cos\theta$ ⑥ $r=2\cos\theta+2\sin\theta$ ⑦ $r\sin\left(\theta+\dfrac{\pi}{6}\right)=2$

보기 8.6

다음 직교좌표계에서의 방정식을 극좌표계에서의 방정식으로 나타내어라.

(1) $x-y=1$ (2) $x^2-y^2=1$ (3) $x^2+(y-3)^2=9$

풀이

(1) $x=r\cos\theta$, $y=r\sin\theta$을 대입하면

$$x-y=1 \Rightarrow r\cos\theta-r\sin\theta=1$$

이다.

(2) $x=r\cos\theta$, $y=r\sin\theta$을 대입하면

$$x^2-y^2=1 \Rightarrow r^2\cos^2\theta-r^2\sin^2\theta=1$$

이다.

(3)
$$\begin{aligned} x^2+(y-3)^2=9 &\Rightarrow x^2+y^2-6y+9=9 \\ &\Rightarrow x^2+y^2-6y=0 \end{aligned}$$

이다. $x=r\cos\theta$, $y=r\sin\theta$을 대입하면

$$x^2+y^2-6y=0 \Rightarrow r^2-6r\sin\theta=0$$

이다. 따라서

$$r=0 \text{ 또는 } r=6\sin\theta$$

를 얻는다. $r=0$은 $r=6\sin\theta$에 포함되므로

$$r=6\sin\theta$$

이다.

기본연습문제 8.4 다음 직교좌표계에서의 방정식을 극좌표계에서의 방정식으로 나타내어라.

① $x = 3$ ② $x = y$

③ $y^2 = 4x$ ④ $(x-2)^2 + (y-3)^2 = 4$

SECTION

8.1 연습문제

1. 극좌표로 다음과 같이 주어진 점의 직교좌표를 구하여라.

(1) $\left(3, \frac{\pi}{6}\right)$ (2) $\left(1, -\frac{\pi}{4}\right)$ (3) $\left(-2, -\frac{\pi}{2}\right)$

(4) $\left(-3, \frac{5\pi}{6}\right)$ (5) $\left(5, \arctan\left(\frac{4}{3}\right)\right)$

2. 직교좌표로 다음과 같이 주어진 점의 극좌표를 구하여라.

(1) $(\sqrt{3}, -1)$ (2) $(-3, 4)$

(3) $(-2, -2)$ (4) $(5, -12)$

3. 직교좌표로 다음과 같이 주어진 점의 극좌표 $(r, \theta)\,(-\pi < \theta \le \pi,\ r \ge 0)$를 구하여라.

(1) $(0, 2)$ (2) $(-\sqrt{3}, 1)$

(3) $\left(\frac{\sqrt{3}}{2}, \frac{1}{2}\right)$ (4) $(4, -3)$

4. 다음 극좌표계에서의 방정식을 직교좌표계에서의 방정식으로 나타내어라.

(1) $r\sin\theta = 3$ (2) $\sin\theta = \cos\theta$ (3) $r^2\sin 2\theta = 3$

(4) $r\sin\theta = \log r + \log\cos\theta$ (5) $r = 2\cos\theta - 3\sin\theta$

5. 다음 직교좌표계에서의 방정식을 극좌표계에서의 방정식으로 나타내어라.

(1) $\frac{x^2}{9} + \frac{y^2}{4} = 1$ (2) $x^2 + xy + y^2 = 1$ (3) $(x+3)^2 + (y-2)^2 = 4$

8.2 극좌표 곡선의 개형

이 절에서는 극좌표에서의 함수 $r=f(\theta)$의 그래프의 개형을 살펴본다.

보기 8.7 아르키메데스의 나선

극좌표로 주어진 곡선 $r=\theta$ $(\theta \geq 0)$의 개형을 그려라.

풀이

θ가 증가하면 r도 증가한다. 따라서 개형은 다음과 같다.

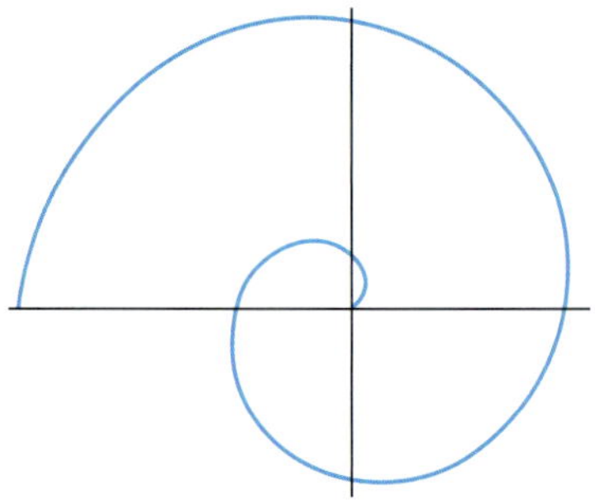

[그림 8.8]

보기 8.8

극좌표로 주어진 곡선 $r=3+2\cos\theta$의 개형을 그려라.

풀이

주어진 함수는 주기가 2π이므로 구간 $[0, 2\pi]$에서만 생각하면 된다. 구간 $[0, 2\pi]$에서 함수

$$y=3+2\cos x$$

의 그래프는 다음과 같다.

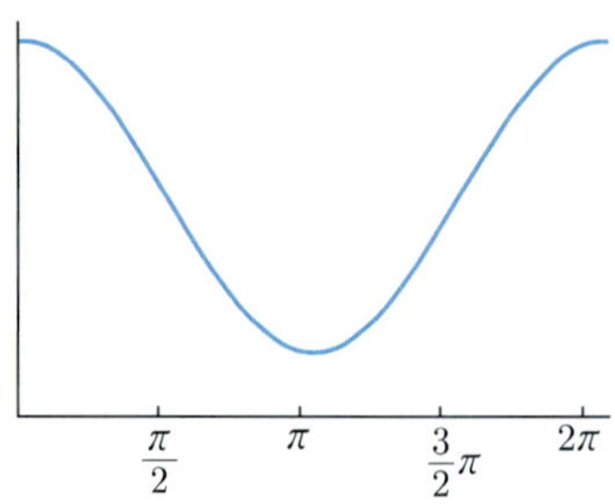

[그림 8.9]

이 그래프를 참고하여 r의 증가구간과 감소구간을 조사하면 다음과 같다.

구간	$\cos\theta$	$r=3+2\cos\theta$
$[0, \pi/2]$	1에서 0까지 감소	5에서 3까지 감소
$[\pi/2, \pi]$	0에서 -1까지 감소	3에서 1까지 감소
$[\pi, 3\pi/2]$	-1에서 0까지 증가	1에서 3까지 증가
$[3\pi/2, 2\pi]$	0에서 1까지 증가	3에서 5까지 증가

따라서 곡선의 개형은 다음과 같다.

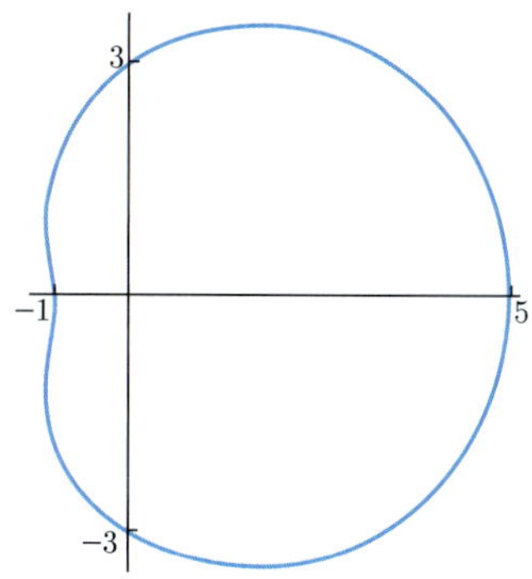

[그림 8.10]

보기 8.9

극좌표로 주어진 곡선 $r=1-\sin\theta$의 개형을 그려라.

풀이

주어진 함수는 주기가 2π이므로 구간 $[0, 2\pi]$에서만 생각하면 된다. 구간 $[0, 2\pi]$에서 함수

$$y=1-\sin x$$

의 그래프는 다음과 같다.

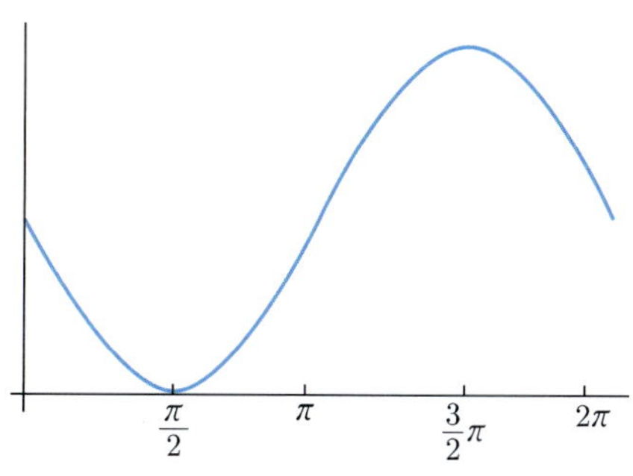

[그림 8.11]

이 그래프를 참고하여 r의 증가구간과 감소구간을 조사하면 다음과 같다.

구간	$\sin\theta$	$r=1-\sin\theta$
$[0, \pi/2]$	0에서 1까지 증가	1에서 0까지 감소
$[\pi/2, \pi]$	1에서 0까지 감소	0에서 1까지 증가
$[\pi, 3\pi/2]$	0에서 -1까지 감소	1에서 2까지 증가
$[3\pi/2, 2\pi]$	-1에서 0까지 증가	2에서 1까지 감소

따라서 곡선의 개형은 다음과 같다.

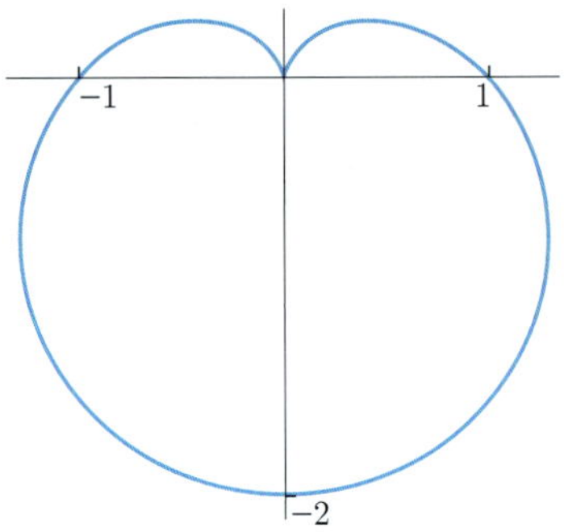

[그림 8.12]

보기 8.10

극좌표로 주어진 곡선 $r=1-2\sin\theta$의 개형을 그려라.

풀이

주어진 함수는 주기가 2π이므로 구간 $[0, 2\pi]$에서만 생각하면 된다. 구간 $[0, 2\pi]$에서 함수

$$y=1-2\sin x$$

의 그래프는 다음과 같다.

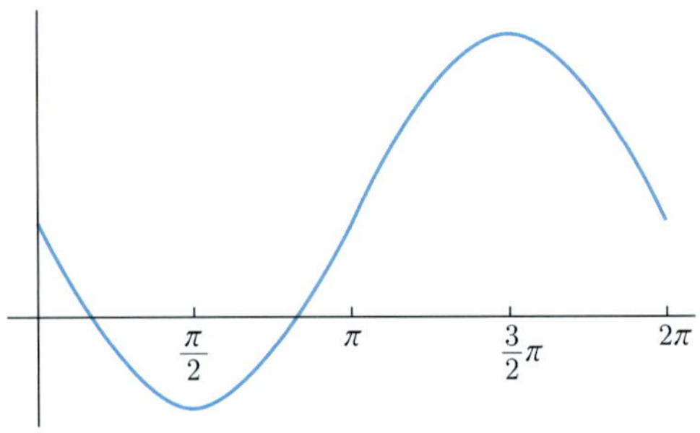

[그림 8.13]

이 그래프를 참고하여 r의 증가구간과 감소구간을 조사하면 다음과 같다.

구간	$\sin\theta$	$r=1-2\sin\theta$
$[0, \pi/6]$	0에서 1/2까지 증가	1에서 0까지 감소
$[\pi/6, \pi/2]$	1/2에서 1까지 증가	0에서 −1까지 감소
$[\pi/2, 5\pi/6]$	1에서 1/2까지 감소	−1에서 0까지 증가
$[5\pi/6, \pi]$	1/2에서 0까지 감소	0에서 1까지 증가
$[\pi, 3\pi/2]$	0에서 −1까지 감소	1에서 3까지 감소
$[3\pi/2, 2\pi]$	−1에서 0까지 감소	3에서 1까지 감소

$r<0$이면 곡선이 반대쪽 사분면에 나타난다는 사실에 유의하여 곡선의 개형을 그리면 다음과 같다.

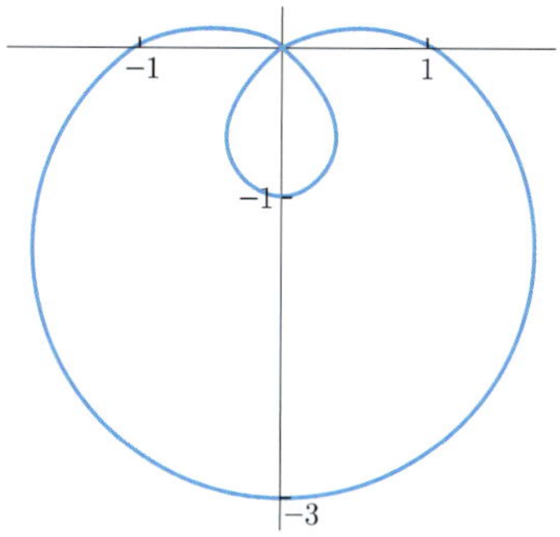

[그림 8.14]

보기 8.11

극좌표로 주어진 곡선 $r=\sin 2\theta$의 개형을 그려라.

풀이

주어진 함수는 주기가 π이므로 구간 $[0, \pi]$에서만 생각하면 된다. 구간 $[0, \pi]$에서 함수

$$y=\sin 2x$$

의 그래프는 다음과 같다.

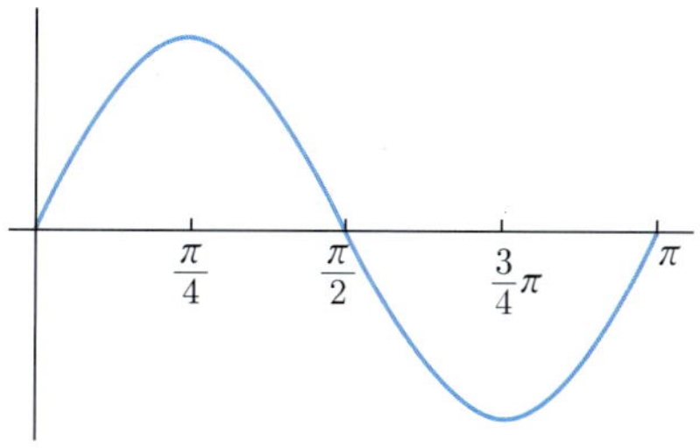

[그림 8.15]

이 그래프를 참고하여 r의 증가구간과 감소구간을 조사하면 다음과 같다.

구간	$\sin 2\theta$	$r=\sin 2\theta$
$[0, \pi/4]$	0에서 1까지 증가	0에서 1까지 감소
$[\pi/4, \pi/2]$	1에서 0까지 감소	1에서 0까지 증가
$[\pi/2, 3\pi/4]$	0에서 -1까지 감소	0에서 -1까지 감소
$[3\pi/4, \pi]$	-1에서 0까지 증가	-1에서 0까지 증가

$r<0$이면 곡선이 반대쪽 사분면에 나타난다는 사실에 유의하여 $[0,\pi]$에서 곡선의 개형을 그리면 다음과 같다.

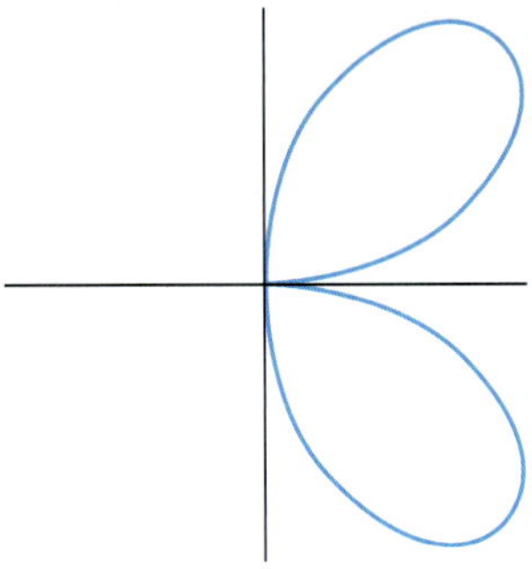

[그림 8.16]

$[\pi, 2\pi]$에서의 곡선을 추가로 그려주면 다음과 같다.

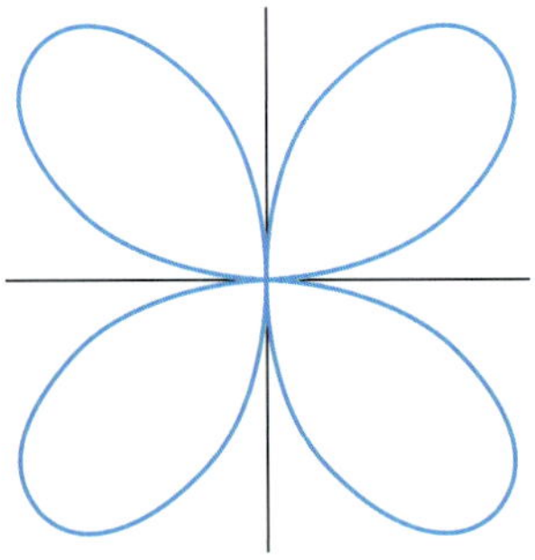

[그림 8.17]

SECTION

8.2 연습문제

1. 극좌표로 주어진 다음 곡선의 개형을 그려라.

(1) $r=\cos\theta$ (2) $r=|\cos 2\theta|$ (3) $r=\sin 3\theta$

(4) $r=1+\sin\theta$ (5) $r^2=\cos 2\theta$ (6) $r=1+2\cos\theta$

(7) $r=\tan\theta$ (8) $r=\dfrac{2}{2-\cos\theta}$ (9) $r^2=\sin 2\theta$

(10) $r=1+\dfrac{1}{2}\sin\theta$ (11) $r=\dfrac{1}{\cos\theta}$

8.3 극좌표와 미분적분

이 절에서는 극좌표로 주어진 곡선 $r=f(\theta)$ 위의 점에서의 접선의 기울기, 길이 등에 관하여 알아본다. 이를 위하여 1장 6절에서 소개한 매개변수 방정식과 매개곡선에 관하여 더 자세히 살펴본다.

평면 위의 점 (x,y)의 좌표가

$$x=f(t),\ y=g(t),\ a\le t\le b$$

와 같이 t의 함수로 표시될 때 이 방정식을 **매개변수**를 t로 하는 **매개변수방정식**이라고 한다. 그리고 이 방정식에 의해서 정의된 점들의 집합

$$\{(x,\ y)=(f(t),\ g(t))\mid t\in[a,\ b]\}$$

를 **매개곡선**이라 한다.

$f(t)$와 $g(t)$가 미분가능일 때 매개곡선 $x=f(t),\ y=g(t)$는 **미분가능**이라 한다. 매개곡선 $x=f(t),\ y=g(t)$이 미분가능이고, y 또한 x에 관하여 미분가능이면 도함수

$$\frac{dy}{dt},\ \frac{dx}{dt},\ \frac{dy}{dx}$$

사이에는 연쇄법칙에 의해서 다음과 같은 관계가 있다.

$$\frac{dy}{dt}=\frac{dy}{dx}\cdot\frac{dx}{dt}$$

따라서, $\dfrac{dx}{dt}\neq 0$이면 다음과 같은 결과를 얻을 수 있다.

정리 8.1

미분가능한 매개곡선 $x=f(t),\ y=g(t)$에 대하여 도함수 $\dfrac{dy}{dt},\ \dfrac{dx}{dt},\ \dfrac{dy}{dx}$이 존재하고 $\dfrac{dx}{dt}\neq 0$이면,

$$\frac{dy}{dx}=\frac{dy/dt}{dx/dt}$$

이다.

보기 8.12

매개곡선 $x=\sec t,\ y=\tan t,\ -\frac{\pi}{2}<t<\frac{\pi}{2}$ 위의 점 $(\sqrt{2},\ 1)$에서의 접선의 방정식을 구하여라.

풀이

$t=\frac{\pi}{4}$일 때, $x=\sec\frac{\pi}{4}=\sqrt{2}$이고, $y=\tan\frac{\pi}{4}=1$이다. 따라서, 접선의 기울기는

$$\left.\frac{dy}{dx}\right|_{t=\frac{\pi}{4}}$$

이다. 한편 [정리 8.1]에 의해서

$$\frac{dy}{dx}=\frac{dy/dt}{dx/dt}=\frac{\sec^2 t}{\sec t\tan t}=\frac{\sec t}{\tan t}$$

이므로

$$\left.\frac{dy}{dx}\right|_{t=\frac{\pi}{4}}=\frac{\sec(\pi/4)}{\tan(\pi/4)}=\frac{\sqrt{2}}{1}=\sqrt{2}$$

이다. 따라서 접선의 방정식은

$$y-1=\sqrt{2}(x-\sqrt{2})$$

이다.

기본연습문제 8.5 주어진 t에서 매개곡선의 접선의 방정식을 구하여라.

① $x=\cos t,\ y=\sin t,\ t=\frac{\pi}{4}$

② $x=4\sin t,\ y=2\cos t,\ t=\frac{\pi}{4}$

③ $x=2t,\ y=t^2,\ t=1$

이제 매개곡선 $x=f(t),\ y=g(t),\ a\le t\le b$의 길이 L을 구하여 보자. 구간 $[a,b]$을 n등분하여 양 끝점과 각 분점의 t좌표를

$$t_0(=a),\ t_1,\ t_2,\ \cdots,\ t_n(=b)$$

이라 하면 각 부분 구간 $[t_{k-1},\ t_k]$의 길이는

$$\Delta t=\frac{b-a}{n}$$

이다. 부분 구간 $[t_{k-1},\ t_k]$에서 그래프의 길이 L_k는 두 점 $(f(t_{k-1}),\ g(t_{k-1}))$와 $(f(t_k),\ g(t_k))$을 연결한 선분의 길이로 근사할 수 있다.

$$L_k \approx \sqrt{[f(t_k) - f(t_{k-1})]^2 + [g(t_k) - g(t_{k-1})]^2}$$

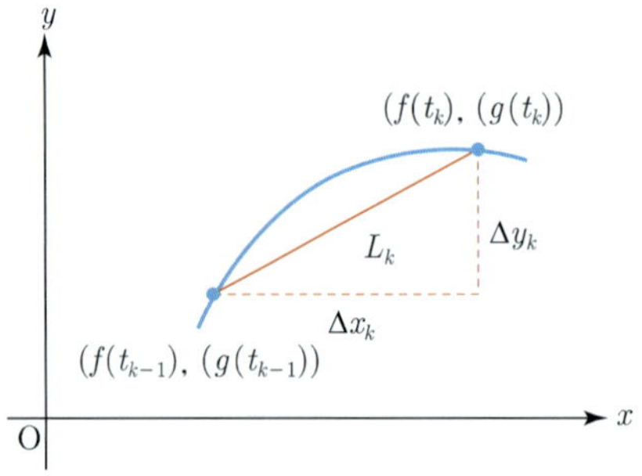

[그림 8.18] 호의 길이의 선분근사

구간 $[t_{k-1}, t_k]$에서 평균값의 정리를 적용하면

$$f(t_k) - f(t_{k-1}) = f'(c_k)(t_k - t_{k-1})$$
$$g(t_k) - g(t_{k-1}) = g'(d_k)(t_k - t_{k-1})$$

을 만족하는

$$c_k,\ d_k \in (t_{k-1}, t_k)$$

가 존재한다. 따라서

$$\begin{aligned} L_k &\approx \sqrt{[f(t_k) - f(t_{k-1})]^2 + [g(t_k) - g(t_{k-1})]^2} \\ &= \sqrt{[f'(c_k)(t_k - t_{k-1})]^2 + [g'(d_k)(t_k - t_{k-1})]^2} \\ &= \sqrt{[f'(c_k)]^2 + [g'(d_k)]^2}\,(t_k - t_{k-1}) \\ &= \sqrt{[f'(c_k)]^2 + [g'(d_k)]^2}\,\Delta t \end{aligned}$$

이다. n개의 선분의 길이를 모두 합한 전체 길이

$$\sum_{k=1}^{n} \sqrt{[f'(c_k)]^2 + [g'(d_k)]^2}\,\Delta t$$

는 곡선의 길이의 근삿값이 된다. n이 커지면 이 값은 $\int_a^b \sqrt{[f'(t)]^2 + [g'(t)]^2}\,dt$으로 수렴한다. 따라서 다음 결과를 얻는다.

정리 8.2 매개곡선의 길이

매개곡선 $x=f(t)$, $y=g(t)$, $a\le t\le b$의 길이 L은 다음과 같다.

$$L=\int_a^b \sqrt{[f'(t)]^2+[g'(t)]^2}\,dt$$

보기 8.13

다음 매개곡선의 길이를 구하여라.

$$x=\cos t,\ y=\sin t,\ 0\le t\le 2\pi$$

풀이

주어진 곡선의 길이를 L이라 하자. 그러면

$$\frac{dx}{dt}=-\sin t,\ \frac{dy}{dt}=\cos t$$

이므로

$$\begin{aligned}L&=\int_0^{2\pi}\sqrt{\left(\frac{dx}{dt}\right)^2+\left(\frac{dy}{dt}\right)^2}\,dt=\int_0^{2\pi}\sqrt{\cos^2 t+\sin^2 t}\,dt\\&=\int_0^{2\pi}1dt\\&=2\pi\end{aligned}$$

이다.

기본연습문제 8.6 다음 매개곡선의 길이를 구하여라.

$$x=\cos^3 t,\ y=\sin^3 t,\ 0\le t\le 2\pi$$

극좌표로 주어진 곡선 $r=f(\theta)$ 위의 점에서의 접선의 기울기, 길이 등에 관하여 알아보자. 곡선 $r=f(\theta)$위의 점 (x, y)는 다음과 같이 매개변수 θ로 표현할 수 있다.

$$x=r\cos\theta=f(\theta)\cos\theta$$
$$y=r\sin\theta=f(\theta)\sin\theta$$

따라서 $\theta=\alpha$에 대응되는 점에서의 접선의 기울기는

$$\left.\frac{dy}{dx}\right|_{\theta=\alpha}=\left.\frac{dy/d\theta}{dx/d\theta}\right|_{\theta=\alpha}$$

이다. 이제

$$\frac{dx}{d\theta} = f'(\theta)\cos\theta - f(\theta)\sin\theta$$

$$\frac{dy}{d\theta} = f'(\theta)\sin\theta + f(\theta)\cos\theta$$

이므로

$$\left.\frac{dy}{dx}\right|_{\theta=\alpha} = \frac{f'(\alpha)\sin\alpha + f(\alpha)\cos\alpha}{f'(\alpha)\cos\alpha - f(\alpha)\sin\alpha}$$

이 된다.

보기 8.14

극좌표로 주어진 곡선 $r = \sin 3\theta$위의 $\theta = \frac{\pi}{4}$에 대응하는 점에서의 접선의 기울기를 구하여라.

풀이

$f(\theta) = \sin 3\theta$라 하면 $f'(\theta) = 3\cos 3\theta$이므로,

$$f\left(\frac{\pi}{4}\right) = \frac{1}{\sqrt{2}},\ f'\left(\frac{\pi}{4}\right) = -\frac{3}{\sqrt{2}}$$

이다. 따라서 접선의 기울기는

$$\left.\frac{dy}{dx}\right|_{\theta=\frac{\pi}{4}} = \frac{f'\left(\frac{\pi}{4}\right)\sin\frac{\pi}{4} + f\left(\frac{\pi}{4}\right)\cos\frac{\pi}{4}}{f'\left(\frac{\pi}{4}\right)\cos\frac{\pi}{4} - f\left(\frac{\pi}{4}\right)\sin\frac{\pi}{4}} = \frac{1}{2}$$

이다.

곡선 $r = f(\theta)$, $\alpha \le \theta \le \beta$의 길이를 구하여 보자. 곡선 $r = f(\theta)$ 위의 점 (x, y)를 매개변수 θ로 표현하면

$$x = r\cos\theta = f(\theta)\cos\theta$$

$$y = r\sin\theta = f(\theta)\sin\theta$$

이므로

$$\left(\frac{dx}{d\theta}\right)^2 + \left(\frac{dy}{d\theta}\right)^2 = (f'(\theta)\cos\theta - f(\theta)\sin\theta)^2 + (f'(\theta)\sin\theta + f(\theta)\cos\theta)^2$$
$$= (f'(\theta))^2 + (f(\theta))^2$$

이다. 따라서 곡선의 길이 L은

$$L = \int_{\alpha}^{\beta} \sqrt{(f'(\theta))^2 + (f(\theta))^2}\, d\theta$$

이다.

보기 8.15

극좌표로 주어진 곡선 $r = 1 - \cos\theta$의 길이를 구하여라.

풀이

$f(\theta) = 1 - \cos\theta$라 하면 $f'(\theta) = \sin\theta$이므로,

$$\begin{aligned}(f'(\theta))^2 + (f(\theta))^2 &= (1 - \cos\theta)^2 + (\sin\theta)^2 \\ &= 2 - 2\cos\theta\end{aligned}$$

이다. 따라서 곡선의 길이 L은

$$\begin{aligned}L &= \int_0^{2\pi} \sqrt{(f'(\theta))^2 + (f(\theta))^2}\, d\theta = \int_0^{2\pi} \sqrt{2 - 2\cos\theta}\, d\theta \\ &= \int_0^{2\pi} \sqrt{4\sin^2\frac{\theta}{2}}\, d\theta \\ &= \int_0^{2\pi} \left|2\sin\frac{\theta}{2}\right| d\theta \\ &= \left[-4\cos\frac{\theta}{2}\right]_0^{2\pi} \\ &= 8\end{aligned}$$

이다.

기본연습문제 8.7 극좌표로 주어진 곡선 $r = 1 + \cos\theta$의 길이를 구하여라.

다음과 같이 극좌표로 주어진 세 곡선 $r = f(\theta)$, $\theta = \alpha$, $\theta = \beta$로 둘러싸인 부분의 넓이 A를 구해 보자.

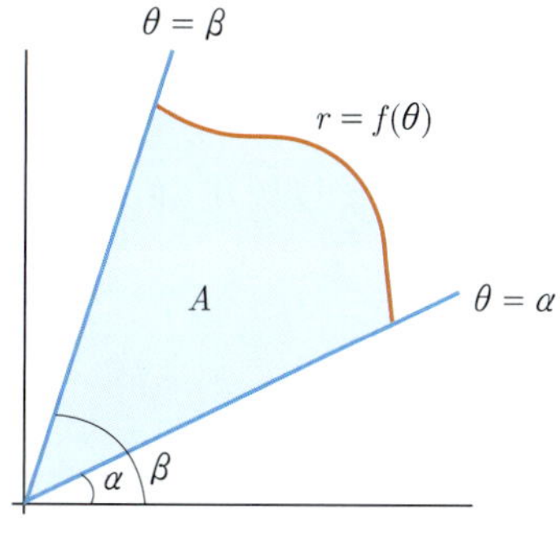

[그림 8.19]

구간 $[\alpha, \beta]$를 n등분하여 양 끝점과 각 분점의 θ좌표를

$$\theta_0(=\alpha),\ \theta_1,\ \theta_2,\ \cdots,\ \theta_n(=\beta)$$

이라 하면 각 부분 구간 $[\theta_{k-1}, \theta_k]$의 길이는

$$\Delta\theta = \frac{\beta-\alpha}{n}$$

이다. 부분 구간 $[\theta_{k-1}, \theta_k]$에서 곡선을 호 $r=f(\theta_k)$로 근사시키면,

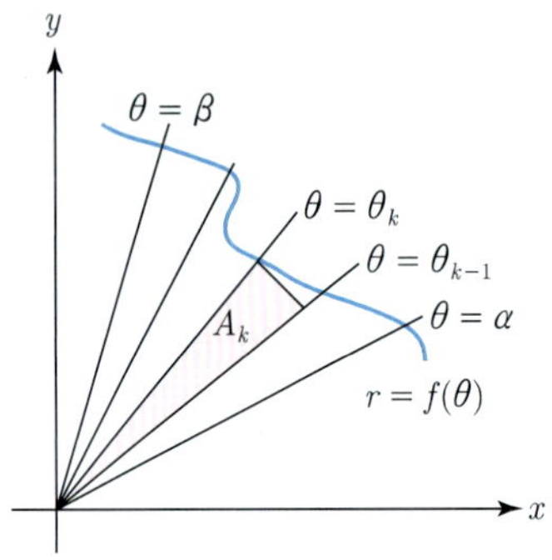

[그림 8.20]

반지름이 $f(\theta_k)$이고, 중심각이 $\Delta\theta$인 부채꼴의 넓이는 곡선으로 둘러싸인 넓이 A_k의 근삿값이 된다.

$$A_k \approx \frac{1}{2}r^2\Delta\theta = \frac{1}{2}(f(\theta_k))^2\triangle\theta$$

n개의 부채꼴의 넓이를 모두 합한 넓이는 세 곡선 $r=f(\theta)$, $\theta=\alpha$, $\theta=\beta$으로 둘러싸인 부분의 넓이 A의 근삿값이 된다.

$$A = \sum_{k=1}^{n} A_k \approx \sum_{k=1}^{n} \frac{1}{2}(f(\theta k)^2\Delta\theta$$

이제 n이 커지면 이 값은

$$\int_{\alpha}^{\beta} \frac{1}{2}(f(\theta))^2 d\theta$$

로 수렴한다. 따라서 다음 결과를 얻는다.

정리 8.3

극좌표로 주어진 세 곡선 $r=f(\theta)$, $\theta=\alpha$, $\theta=\beta$로 둘러싸인 부분의 넓이 A는 다음과 같다.

$$A=\int_{\alpha}^{\beta}\frac{1}{2}(f(\theta))^2 d\theta$$

보기 8.16

극좌표로 주어진 곡선 $r=1+\cos\theta$로 둘러싸인 부분의 넓이를 구하여라.

풀이

[정리 8.3]에 의해서 구하는 넓이 A는

$$\begin{aligned}A&=\int_0^{2\pi}\frac{1}{2}(1+\cos\theta)^2 d\theta=\frac{1}{2}\int_0^{2\pi}(1+2\cos\theta+\cos^2\theta)d\theta\\&=\frac{1}{2}\int_0^{2\pi}(1+2\cos\theta+\frac{1+\cos 2\theta}{2})d\theta\\&=\frac{1}{2}\left[\frac{3}{2}\theta+2\sin\theta+\frac{1}{4}\sin 2\theta\right]_0^{2\pi}\\&=\frac{3}{2}\pi\end{aligned}$$

이다.

보기 8.17

극좌표로 주어진 곡선 $r=1-\cos\theta$의 바깥쪽에 있고, 원 $r=1$ 안쪽에 있는 부분의 넓이를 구하여라.

풀이

곡선 $r=1-\cos\theta$의 바깥쪽에 있고, 원 $r=1$ 안쪽에 있는 부분은 아래와 같다.

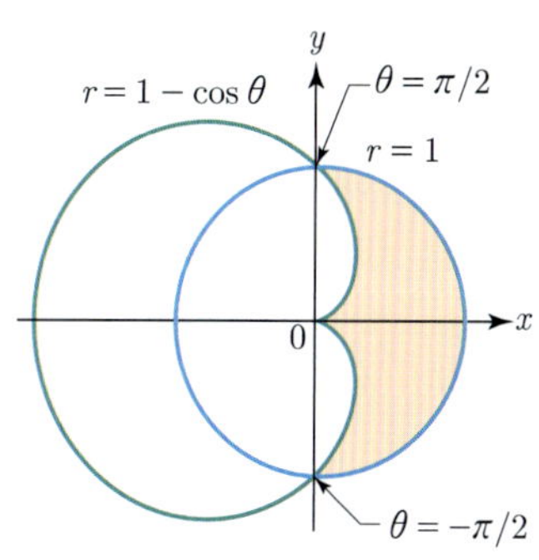

[그림 8.21]

따라서 구하는 넓이 A는

$$\begin{aligned} A &= \int_{-\frac{\pi}{2}}^{\frac{\pi}{2}} \frac{1}{2}(1)^2 d\theta - \int_{-\frac{\pi}{2}}^{\frac{\pi}{2}} \frac{1}{2}(1-\cos\theta)^2 d\theta \\ &= 2\int_0^{\frac{\pi}{2}} \frac{1}{2}[(1)^2-(1-\cos\theta)^2]\,d\theta \\ &= \int_0^{\frac{\pi}{2}} (2\cos\theta - \cos^2\theta)\,d\theta \\ &= \int_0^{\frac{\pi}{2}} \left(2\cos\theta - \frac{1+\cos 2\theta}{2}\right) d\theta \\ &= \left[2\sin\theta - \frac{1}{2}\theta - \frac{\sin 2\theta}{4}\right]_0^{\frac{\pi}{2}} \\ &= 2-\frac{\pi}{4} \end{aligned}$$

이다.

기본연습문제 8.8 원 $r=2\cos\theta$의 내부와 $r=1$로 둘러싸인 부분의 넓이를 구하여라.

SECTION

8.3 연습문제

1. 주어진 t에서 매개곡선의 접선의 방정식을 구하여라.

(1) $x=\cos t,\ y=\sqrt{3}\sin t,\ t=\frac{\pi}{3}$

(2) $x=4\sin t,\ y=2\cos t,\ t=\frac{\pi}{4}$

(3) $x=t,\ y=\sqrt{t},\ t=\frac{1}{4}$

(4) $x=2t^2+3,\ y=t^4,\ t=-1$

(5) $x=t-\sin t,\ y=1-\cos t,\ t=\frac{\pi}{3}$

(6) $x=t+e^t,\ y=1-e^t,\ t=0$

2. 다음 매개곡선의 길이를 구하여라.

(1) $x=t-1,\ y=\frac{1}{2}t^2,\ [0,\ \sqrt{3}]$

(2) $x=e^t\sin t,\ y=e^t\cos t,\ [0,\ \pi]$

(3) $x=t-\sin t,\ y=1-\cos t,\ [0,\ \pi]$

(4) $x=8\cos t+8t\sin t,\ y=8\sin t-8t\cos t,\ \left[0,\ \frac{\pi}{2}\right]$

3. 다음 극좌표로 주어진 곡선의 주어진 점에서의 접선의 기울기를 구하여라.

(1) $r = -1 + \cos\theta,\ \theta = \dfrac{\pi}{2}$ (2) $r = \sin 2\theta,\ \theta = \dfrac{\pi}{4}$

4. 극좌표로 주어진 곡선의 길이를 구하여라.

(1) $r = 3\theta^2,\ [0, 2]$ (2) $r = e^{-4\theta},\ [1, 2]$ (3) $r = \dfrac{2}{\theta},\ [\sqrt{3}, \sqrt{8}]$

(4) $r = \sin^2\dfrac{\theta}{2},\ [0, \pi]$ (5) $r = \dfrac{6}{1+\cos\theta},\ \left[0, \dfrac{\pi}{3}\right]$

5. 극좌표로 주어진 다음 곡선으로 둘러싸인 부분의 넓이를 구하여라.

(1) $r = \sin 3\theta$의 한잎

(2) $r = \sqrt{1-\cos\theta}$

(3) $r = 1 + \sin 2\theta$

(4) $r = 2$와 $r = 2(1-\cos\theta)$의 공통부분

(5) $r = 2(1+\cos\theta)$와 $r = 2(1-\cos\theta)$의 공통부분

(6) $r = -2\cos\theta$ 내부와 $r = 1$의 외부의 공통부분

CHAPTER 09

급수

이 장에서는 수열과 급수의 정의 및 성질에 대하여 알아보고, 급수가 수렴하는 조건에 대하여 살펴본다.

9.1 수열

자연수 전체의 집합 $\mathbb{N}$을 정의역으로 하는 함수를 **수열**이라 한다. 수열 $f : \mathbb{N} \to \mathbb{R}$이 주어졌을 때 보통

$$f(1) = a_1, \ \cdots, \ f(n) = a_n, \ \cdots$$

등으로 표시하고, 수열 f를

$$\{a_1, \ a_2, \cdots, \ a_n, \ \cdots\}, \ \{a_n\}_{n=1}^{\infty}, \ \{a_n\}$$

등으로 나타낸다. 이때 a_n을 **일반항**이라 한다.

수열을 정의할 때 정의역을 자연수 전체집합 $\mathbb{N}$ 대신에

$$\{0, 1, 2, \cdots\} \text{ 또는 } \{2, 3, 4, \cdots\}$$

등으로 잡을 수도 있다. 이 장에서는 정의역이 자연수 전체의 집합 $\mathbb{N}$인 수열을 주로 다루기로 한다.

수열 $\left\{\dfrac{1}{n}\right\}$에 대하여 n이 커지면 $\dfrac{1}{n}$은 0에 가까워진다. 이러한 보기를 일반화시키면 다음

과 같이 수열의 극한에 대한 직관적인 정의를 얻을 수 있다.

수열 $\{a_n\}$에서 n이 커질 때 a_n이 일정한 값 ℓ로 가까워지면 수열 $\{a_n\}$은 ℓ에 **수렴**한다고 하고, ℓ를 수열 $\{a_n\}$의 **극한값** 또는 **극한**이라 하고

$$\lim_{n\to\infty} a_n = \ell \quad \text{또는} \quad n\to\infty \;\Rightarrow\; a_n \to \ell$$

로 나타낸다. 수렴하지 않는 수열은 **발산한다**고 한다.

수열 $\{a_n\}$에서 n이 커질 때 a_n이 한없이 커지면 수열 $\{a_n\}$은 **양의 무한대로 발산**한다 또는 수열 $\{a_n\}$의 극한은 ∞라고 하고

$$\lim_{n\to\infty} a_n = \infty \quad \text{또는} \quad n\to\infty \;\Rightarrow\; a_n \to \infty$$

로 나타낸다. 마찬가지로 수열 $\{a_n\}$에서 n이 커질 때 a_n이 음수로서 그 절대값이 한없이 커지면 수열 $\{a_n\}$은 **음의 무한대로 발산**한다 또는 수열 $\{a_n\}$의 극한은 $-\infty$라고 하고

$$\lim_{n\to\infty} a_n = -\infty \quad \text{또는} \quad n\to\infty \;\Rightarrow\; a_n \to -\infty$$

로 나타낸다.

보기 9.1

$a_n = 2 - \dfrac{1}{2^n}$일 때 n이 커지면 a_n은 2로 다가간다. 따라서 $\lim\limits_{n\to\infty} a_n = 2$이다.

기본연습문제 9.1 다음 수열 $\{a_n\}$의 수렴 · 발산을 조사하여라.

① $\dfrac{1+1}{1},\ \dfrac{2+1}{2},\ \dfrac{3+1}{3},\ \cdots$

② $\dfrac{1^2}{2},\ \dfrac{2^2}{4},\ \dfrac{3^2}{6},\ \cdots$

③ $\sin\dfrac{\pi}{2},\ \sin\pi,\ \sin\dfrac{3\pi}{2},\ \sin 2\pi,\ \cdots$

함수의 극한에서와 마찬가지로 수열의 극한에서도 다음 정리가 성립한다.

정리 9.1

수열 $\{a_n\}$, $\{b_n\}$에 대하여 $\lim_{n\to\infty} a_n = \ell$, $\lim_{n\to\infty} b_n = m$이면

(1) $\lim_{n\to\infty} ca_n = c\ell$ (c는 상수)

(2) $\lim_{n\to\infty} (a_n \pm b_n) = \ell \pm m$

(3) $\lim_{n\to\infty} a_n b_n = \ell m$

(4) $\lim_{n\to\infty} \dfrac{a_n}{b_n} = \dfrac{\ell}{m}$ ($b_n \neq 0$, $m \neq 0$)

보기 9.2

$\lim_{n\to\infty} \dfrac{n+3}{2n-1}$을 구하여라.

풀이

분자 분모를 n으로 나누면

$$\frac{n+3}{2n-1} = \frac{1+\dfrac{3}{n}}{2-\dfrac{1}{n}}$$

이다. 그런데 $\lim_{n-\infty} \dfrac{3}{n} = 0$, $\lim_{n-\infty} \dfrac{1}{n} = 0$이므로 [정리 9.1]에 의해서

$$\lim_{n\to\infty} \frac{n+3}{2n-1} = \lim_{n\to\infty} \frac{1+\dfrac{3}{n}}{2-\dfrac{1}{n}} = \frac{1}{2}$$

이다.

기본연습문제 9.2 다음 극한값을 구하여라.

① $\lim_{n\to\infty} \dfrac{2n+7}{-3n+2}$

② $\lim_{n\to\infty} \dfrac{n+1}{3n^2-n+2}$

③ $\lim_{n\to\infty} \dfrac{1}{1+n^4}$

④ $\lim_{n\to\infty} \dfrac{n^2+5}{n+2}$

⑤ $\lim_{n\to\infty} (\sqrt{n^2+3n} - \sqrt{n})$

정리 9.2

수열 $\{a_n\}$, $\{b_n\}$, $\{p_n\}$에 대하여

(1) $a_n \le b_n$이고, $\lim_{n\to\infty} a_n = \ell$, $\lim_{n\to\infty} b_n = m$이면, $\ell \le m$이다.

(2) $a_n \le p_n \le b_n$이고, $\lim_{n\to\infty} a_n = \lim_{n\to\infty} b_n = \ell$이면, $\lim_{n\to\infty} p_n = \ell$이다.

보기 9.3

$\lim_{n\to\infty}\frac{1}{n}\sin n\theta$를 구하여라.

풀이

$-1 \le \sin n\theta \le 1$이므로,

$$-\frac{1}{n} \le \frac{\sin n\theta}{n} \le \frac{1}{n}$$

이다. 그런데

$$\lim_{n\to\infty}\left(-\frac{1}{n}\right) = \lim_{n\to\infty}\frac{1}{n} = 0$$

이므로 [정리 9.2]에 의해

$$\lim_{n\to\infty}\frac{1}{n}\sin n\theta = 0$$

이다.

기본연습문제 9.3 다음 극한값을 구하여라.

① $\lim_{n\to\infty}\frac{1}{n}\cos n\theta = 0$ ② $\lim_{n\to\infty}\frac{\sin n\theta}{1+2n} = 0$

보기 9.4

$\lim_{n\to\infty}|a_n| = 0$이면, $\lim_{n\to\infty}a_n = 0$임을 보여라.

풀이

모든 n에 대하여

$$-|a_n| \le a_n \le |a_n|$$

이 성립한다. 따라서 [정리 9.2]로부터

$$\lim_{n\to\infty}a_n = 0$$

을 얻는다.

수열 $\{a_n\}$과 함수 $f:\mathbb{R}\to\mathbb{R}$에 대하여 수열 $\{f(a_n)\}$의 극한을 구할 때,

$$\lim_{n\to\infty}f(a_n) = f\left(\lim_{n\to\infty}a_n\right)$$

인 성질을 사용할 때가 많다. 예를 들어

$$\lim_{n\to\infty} e^{\frac{2n+1}{n}}$$

을 구하는데

$$\lim_{n\to\infty} e^{\frac{2n+1}{n}} = e^{\lim_{n\to\infty}\frac{2n+1}{n}} = e^2$$

와 같이 계산한다. 다음 정리는 함수 f가 연속이면 위 성질이 성립한다는 것을 말해준다.

정리 9.3

함수 f와 수열 $\{a_n\}$이 주어졌을 때

$$\lim_{n\to\infty} a_n = a$$

이고, 모든 a_n이 f의 정의역에 속하며 함수 f가 a에서 연속이면

$$\lim_{n\to\infty} f(a_n) = f(a)$$

이다.

보기 9.5

극한 $\lim_{n\to\infty}\tan\left(\sqrt{\dfrac{\pi^2 n^2 - 8}{16n^2}}\right)$을 구하여라.

풀이

$$\frac{\pi^2 n^2 - 8}{16n^2} \to \frac{\pi^2}{16}$$

이고, $\tan x$와 $\sqrt{x}$는 연속함수이므로

$$\lim_{n\to\infty}\tan\left(\sqrt{\frac{\pi^2 n^2 - 8}{16n^2}}\right) = \tan\left(\sqrt{\frac{\pi^2}{16}}\right) = \tan\frac{\pi}{4} = 1$$

이다.

마지막으로 수열의 수렴성을 판정할 수 있는 중요한 결과를 소개한다.

수열 $\{a_n\}$이

$$a_1 \le a_2 \le a_3 \le \cdots \le a_n \le a_{n+1} \le \cdots$$

을 만족하면 수열 $\{a_n\}$을 **증가수열**이라 하고,

$$a_1 \ge a_2 \ge a_3 \ge \cdots \ge a_n \ge a_{n+1} \ge \cdots$$

이면 **감소수열**이라 한다. 증가수열과 감소수열을 **단조수열**이라 한다.

한편, 모든 n에 대하여

$$a_n \le M$$

을 만족하는 실수 M이 있으면 수열 $\{a_n\}$을 **위로 유계**라 하고,

$$a_n \ge L$$

을 만족하는 실수 L이 있으면 수열 $\{a_n\}$을 **아래로 유계**라 한다. 위로 유계이고 동시에 아래로 유계인 수열을 **유계**라 한다.

보기 9.6

수열 $\left\{\dfrac{n}{n+1}\right\}_{n=1}^{\infty}$ 이 증가수열임을 보여라.

풀이

$a_n = \dfrac{n}{n+1}$ 로 두면

$$a_{n+1} - a_n = \frac{n+1}{n+2} - \frac{n}{n+1} = \frac{2n+1}{(n+2)(n+1)} > 0$$

이므로 주어진 수열은 증가수열이다.

수열의 수렴에 관한 다음 정리가 잘 알려져 있다.

정리 9.4

(1) 수열 $\{a_n\}$이 위로 유계이고 증가수열이면 수열 $\{a_n\}$은 수렴한다.

(2) 수열 $\{a_n\}$이 아래로 유계이고 감소수열이면 수열 $\{a_n\}$은 수렴한다.

보기 9.7

수열 $\left\{\dfrac{2^n}{n!}\right\}_{n=1}^{\infty}$ 이 수렴함을 보여라.

풀이

주어진 수열의 일반항을

$$a_n = \frac{2^n}{n!}$$

로 두면

$$\frac{a_{n+1}}{a_n} = \frac{2}{n+1} < 1$$

이므로 모든 n에 대하여

$$a_{n+1} \leq a_n$$

이다. 따라서 수열 $\left\{\dfrac{2^n}{n!}\right\}_{n=1}^{\infty}$ 은 감소수열이다. 한편

$$a_n \geq 0$$

이므로 $\left\{\dfrac{2^n}{n!}\right\}_{n=1}^{\infty}$ 은 아래로 유계이다. 따라서 [정리 9.4]로부터 수열 $\left\{\dfrac{2^n}{n!}\right\}_{n=1}^{\infty}$ 은 수렴한다.

SECTION

9.1 연습문제

1. 다음 극한을 구하여라.

(1) $\lim\limits_{n\to\infty} \dfrac{2n^2 - 3n}{3n^2 + 2n - 1}$　　(2) $\lim\limits_{n\to\infty} \dfrac{n^2 + 3n}{2n - 1}$

(3) $\lim\limits_{n\to\infty} \dfrac{n^2 + 1}{n^3 - 2n}$　　(4) $\lim\limits_{n\to\infty} \{\log(n+2) - \log n\}$

2. 다음 극한을 구하여라.

(1) $\lim\limits_{n\to\infty} \dfrac{1^2 + 2^2 + \cdots + n^2}{n^3 + 2}$　　(2) $\lim\limits_{n\to\infty} \dfrac{1\cdot 2 + 2\cdot 3 + \cdots + n(n+1)}{n(1 + 2 + \cdots + n)}$

3. 다음 극한을 구하여라.

(1) $\lim\limits_{n\to\infty} (\sqrt{n+2} - \sqrt{n})$　　(2) $\lim\limits_{n\to\infty} (\sqrt{n^2 + n} - \sqrt{n})$　　(3) $\lim\limits_{n\to\infty} (2 + 3n^2 - n^3)$

4. a_n이 다음과 같은 수열의 수렴 · 발산을 조사하고, 수렴하면 그 극한을 구하여라.

(1) $\dfrac{\sqrt{3^n}+2^n}{2^n}$ (2) $\dfrac{2^{2n}+3^{n+1}}{5^n+3^n}$ (3) 5^n-6^n

5. 수열 $\{a_n\}$에서 $\lim_{n\to\infty}\dfrac{a_n+5}{a_n+2}=3$일 때, $\lim_{n\to\infty}a_n$를 구하여라.

6. 수열 $\left\{\dfrac{(n!)^2}{(2n)!}\right\}_{n=1}^{\infty}$이 수렴함을 보여라.

9.2 급수

수열 $\{a_n\}_{n=1}^{\infty}$에서 각 항을 모두 더한 것을

$$a_1 + a_2 + a_3 \cdots + a_n + \cdots$$

로 나타내고 **무한급수** 또는 **급수**라 부른다. 급수를 간단히

$$\sum_{n=1}^{\infty} a_n, \ \sum a_n$$

로 나타낸다.

주어진 수열 $\{a_n\}_{n=1}^{\infty}$에 대하여 **제 n항까지의 부분합**을 s_n이라 하자. 즉,

$$s_n = a_1 + a_2 + \cdots a_n = \sum_{k=1}^{n} a_k$$

이다. 부분합 수열 $\{s_n\}_{n=1}^{\infty}$이 L로 수렴하면 **급수** $\sum_{n=1}^{\infty} a_n$**가** L**로 수렴한다**고 하고,

$$\sum_{n=1}^{\infty} a_n = L$$

로 나타낸다. 이때 L을 **급수의 합**이라 한다. 부분합 수열 $\{s_n\}_{n=1}^{\infty}$이 발산하면 **급수** $\sum_{n=1}^{\infty} a_n$**가 발산한다**고 한다.

보기 9.8

다음 급수의 수렴 · 발산을 판정하여라.

(1) $1+2+3+\cdots+n+\cdots$

(2) $1-\frac{1}{3}+\frac{1}{3^2}-\frac{1}{3^3}+\cdots+\left(-\frac{1}{3}\right)^{n-1}+\cdots$

풀이

(1) n항까지의 부분합 s_n을 계산하면

$$s_n = 1+2+3+\cdots+n = \frac{n(n+1)}{2}$$

이다.

$$\lim_{n\to\infty} s_n = \lim_{n\to\infty}\frac{n(n+1)}{2} = \infty$$

이므로, 주어진 급수는 발산한다.

(2)

$$s_n = 1 - \frac{1}{3} + \frac{1}{3^2} - \frac{1}{3^3} + \cdots + \left(-\frac{1}{3}\right)^{n-1} = \frac{1-\left(-\frac{1}{3}\right)^n}{1-\left(-\frac{1}{3}\right)} = \frac{3}{4}\left\{1-\left(-\frac{1}{3}\right)^n\right\}$$

이므로

$$\lim_{n\to\infty} s_n = \lim_{n\to\infty} \frac{3}{4}\left\{1-\left(-\frac{1}{3}\right)^n\right\} = \frac{3}{4}$$

이다. 따라서 주어진 급수는 수렴하고 급수의 합은 $\frac{3}{4}$ 이다.

기본연습문제 9.4 다음 급수의 수렴 · 발산을 판정하여라.

① $27 + 9 + 3 + 1 + \cdots + 27\left(\frac{1}{3}\right)^{n-1} + \cdots$ ② $1 + (-1) + 1 + (-1) + \cdots + (-1)^{n-1} + \cdots$

보기 9.9

다음 급수의 합을 구하여라.

$$\sum_{n=1}^{\infty} \frac{1}{n(n+1)}$$

풀이

n항까지의 부분합 s_n을 계산하면

$$s_n = \sum_{k=1}^{n} \frac{1}{k(k+1)} = \sum_{k=1}^{n}\left(\frac{1}{k} - \frac{1}{k+1}\right) = 1 - \frac{1}{n+1}$$

이므로

$$\lim_{n\to\infty} s_n = \lim_{n\to\infty}\left(1 - \frac{1}{n+1}\right) = 1$$

이다. 따라서

$$\sum_{n=1}^{\infty} \frac{1}{n(n+1)} = 1$$

이다.

기본연습문제 9.5 다음 급수의 수렴 · 발산을 판정하고, 수렴하면 그 합을 구하여라.

① $\sum_{n=1}^{\infty} \frac{1}{n(n+2)}$ ② $\sum_{n=1}^{\infty} \frac{1}{\sqrt{n} + \sqrt{n+1}}$

급수 $\sum_{n=1}^{\infty} a_n$와 $\sum_{n=1}^{\infty} b_n$의 n항까지의 부분합을 각각 s_n와 t_n이라 하고 각각 L과 M으로 수렴한다고 하자. 그러면 급수

$$\sum_{n=1}^{\infty}(a_n+b_n)\text{와 } \sum_{n=1}^{\infty} ca_n \quad (c\text{는 상수})$$

의 n항까지의 부분합은 각각

$$s_n+t_n\text{와 } cs_n$$

이 되고, $L+M$과 cL로 수렴한다. 따라서 다음 정리를 얻는다.

정리 9.5

급수 $\sum_{n=1}^{\infty} a_n$와 $\sum_{n=1}^{\infty} b_n$이 각각 L과 M으로 수렴하면 다음이 성립한다.

(1) 급수 $\sum_{n=1}^{\infty}(a_n+b_n)$도 수렴하고, $\sum_{n=1}^{\infty}(a_n+b_n)=L+M$이다.

(2) 상수 c에 대하여 $\sum_{n=1}^{\infty} ca_n$도 수렴하고, $\sum_{n=1}^{\infty} ca_n=cL$이다.

보기 9.10

$|r|<1$일 때 다음 급수의 합을 구하여라.

$$1+2r+r^2+2r^3+r^4+2r^5+\cdots$$

풀이

수열 $\{a_n\}$과 $\{b_n\}$을 다음과 같이 정의하자.

$$a_n=r^{n-1},\ b_n=\begin{cases}0, & n\text{이 홀수}\\ r^{n-1}, & n\text{이 짝수}\end{cases}$$

그러면

$$1+2r+r^2+2r^3+r^4+2r^5+\cdots=\sum_{n=1}^{\infty}(a_n+b_n)$$

이 된다. $\sum_{n=1}^{\infty} a_n$과 $\sum_{n=1}^{\infty} b_n$은 각각 공비가 $r,\ r^2$인 등비급수이므로

$$\sum_{n=1}^{\infty} a_n = \frac{1}{1-r}, \quad \sum_{n=1}^{\infty} b_n = \frac{r}{1-r^2}$$

이다. 따라서 급수의 합은

$$\sum_{n=1}^{\infty}(a_n + b_n) = \sum_{n=1}^{\infty} a_n + \sum_{n=1}^{\infty} b_n = \frac{1}{1-r} + \frac{r}{1-r^2} = \frac{1+2r}{1-r^2}$$

이다.

기본연습문제 9.6 다음 급수의 합을 구하여라.

① $\sum_{n=1}^{\infty} \frac{2^n + 3^n}{6^n}$ ② $\sum_{n=1}^{\infty} \frac{2^n + 1}{4^n}$

급수 $\sum_{n=1}^{\infty} a_n$이 L로 수렴할 때 극한 $\lim_{n\to\infty} a_n$을 구해보자. 급수 $\sum_{n=1}^{\infty} a_n$의 부분합을 s_n이라 하면

$$a_n = s_n - s_{n-1}$$

이므로

$$\lim_{n\to\infty} a_n = \lim_{n\to\infty}(s_n - s_{n-1}) = L - L = 0$$

이다. 따라서 다음 결과를 얻는다.

정리 9.11 일반항 판정법

(1) 급수 $\sum_{n=1}^{\infty} a_n$이 수렴하면, $\lim_{n\to\infty} a_n = 0$이다.

(2) $\lim_{n\to\infty} a_n$이 존재하지 않거나, $\lim_{n\to\infty} a_n \neq 0$이면 $\sum_{n=1}^{\infty} a_n$은 발산한다.

일반적으로 일반항 판정법의 역은 참이 아니다.

보기 9.11

급수 $\sum_{n=1}^{\infty} \frac{1}{n}$이 발산함을 보여라.

풀이

급수 $\sum_{n=1}^{\infty} \frac{1}{n}$의 n항까지의 부분합 $s_n = \sum_{k=1}^{n} \frac{1}{n}$을 생각하자. 그러면 [보기 7.2]에 의해서

$$s_n = \sum_{k=1}^{n} \frac{1}{n} > \log(1+n)$$

이 성립한다. 이제

$$\lim_{n\to\infty} \log(1+n) = \infty$$

이므로 부분합 수열 $\{s_n\}$은 발산한다. 따라서 급수

$$\sum_{n=1}^{\infty} \frac{1}{n}$$

는 발산한다.

보기 9.12

다음 급수의 수렴 · 발산을 판정하여라.

$$\sum_{n=1}^{\infty} \frac{n}{n+1}$$

풀이

$$\lim_{n\to\infty} \frac{n}{n+1} = 1$$

이므로 일반항 판정법에 의해 주어진 급수는 발산한다.

기본연습문제 9.7 다음 급수의 수렴 · 발산을 판정하여라.

① $\sum_{n=1}^{\infty} (-1)^{n+1}$　　② $\sum_{n=1}^{\infty} \frac{n}{2n+5}$

SECTION

9.2 연습문제

1. 다음 급수의 n항까지의 합을 구하고, 수렴 · 발산을 판정하여라.

(1) $\frac{1}{1\cdot 2\cdot 4} + \frac{1}{2\cdot 3\cdot 5} + \frac{1}{3\cdot 4\cdot 6} + \cdots + \frac{1}{n(n+1)(n+3)} + \cdots$

(2) $\dfrac{3}{1\cdot 2\cdot 4}+\dfrac{4}{2\cdot 3\cdot 5}+\dfrac{5}{3\cdot 4\cdot 6}+\cdots+\dfrac{(n+2)}{n(n+1)(n+3)}+\cdots$

(3) $\dfrac{1}{1+\sqrt{3}}+\dfrac{1}{\sqrt{3}+\sqrt{5}}+\dfrac{1}{\sqrt{5}+\sqrt{7}}+\cdots+\dfrac{1}{\sqrt{2n-1}+\sqrt{2n+1}}+\cdots$

2. 일반항 판정법을 이용하여 다음 급수가 발산함을 보일 수 있는지 말하여라.

(1) $\displaystyle\sum_{n=1}^{\infty}\frac{n(n+1)}{(n+3)(n+5)}$

(2) $\displaystyle\sum_{n=1}^{\infty}\frac{1}{n+5}$

(3) $\displaystyle\sum_{n=1}^{\infty}\frac{n}{n^2+4}$

(4) $\displaystyle\sum_{n=1}^{\infty}\frac{e^n}{e^n+n}$

(5) $\displaystyle\sum_{n=1}^{\infty}\cos\frac{1}{n}$

3. 다음 급수의 수렴 · 발산을 판정하고, 수렴하면 급수의 합을 구하여라.

(1) $\displaystyle\sum_{n=1}^{\infty}\left(\frac{3}{n^2}-\frac{3}{(n+1)^2}\right)$

(2) $\displaystyle\sum_{n=1}^{\infty}\left(\log\sqrt{n+1}-\log\sqrt{n}\right)$

(3) $\displaystyle\sum_{n=1}^{\infty}\frac{4}{(4n-3)(4n+1)}$

(4) $\displaystyle\sum_{n=1}^{\infty}\frac{2n+1}{n^2(n+1)^2}$

(5) $\displaystyle\sum_{n=1}^{\infty}(\arctan(n)-\arctan(n+1))$

9.3 비교판정법, 극한비교판정법, 적분판정법

수열 $\{a_n\}$이 모든 n에 대하여 $a_n \geq 0$일 때 $\sum_{n=1}^{\infty} a_n$을 **양항급수**라 한다.[1] 이 절과 다음 절에서는 양항급수의 수렴판정법을 소개한다.

양항급수 $\sum_{n=1}^{\infty} a_n$와 $\sum_{n=1}^{\infty} b_n$이 주어졌을 때 모든 자연수 n에 대하여

$$0 \leq a_n \leq b_n$$

이 성립한다고 하자. 이제 $s_n = \sum_{k=1}^{n} a_k$이라고 하면,

$$s_n \leq \sum_{k=1}^{n} b_k \leq \sum_{n=1}^{\infty} b_n$$

이 성립한다. 만약 $\sum_{n=1}^{\infty} b_n$이 수렴하면, 수열 $\{s_n\}$은 위로 유계인 증가수열이 된다. 따라서 [정리 9.4]에 의해서 수열 $\{s_n\}$은 수렴한다. 즉, 급수 $\sum_{n=1}^{\infty} a_n$이 수렴한다. 이 결과를 정리하면 다음을 얻는다.

정리 9.7 비교판정법

모든 n에 대하여 $0 \leq a_n \leq b_n$라 하자.

(1) 급수 $\sum_{n=1}^{\infty} b_n$이 수렴하면, 급수 $\sum_{n=1}^{\infty} a_n$도 수렴한다.

(2) 급수 $\sum_{n=1}^{\infty} a_n$이 발산하면, 급수 $\sum_{n=1}^{\infty} b_n$도 발산한다.

급수의 수렴·발산은 첫 유한개의 항에는 영향을 받지 않는다. 따라서 비교판정법에서 부등식이 자연수 N에 대하여 $n \geq N$인 모든 n에 대하여만 성립하여도 비교판정법이 성립한다.

1) 양항급수 $\sum_{n=1}^{\infty} a_n$의 부분합의 수열은 증가수열이므로, 무한대로 발산하는 경우가 아니면 수렴하는 경우이다. 따라서 양항급수에서 $\sum_{n=1}^{\infty} a_n < \infty$와 같은 표현은 수렴한다는 뜻이고, $\sum_{n=1}^{\infty} a_n = \infty$는 발산한다는 뜻이다.

보기 9.13

다음 급수의 수렴 · 발산을 판정하여라.

(1) $\sum_{n=1}^{\infty} \frac{1}{n^2}$　　(2) $\sum_{n=2}^{\infty} \frac{\log n}{n^3}$　　(3) $\sum_{n=1}^{\infty} \frac{1}{\sqrt{n}}$　　(4) $\sum_{n=0}^{\infty} \frac{1}{n!}$

풀이

(1) $n \geq 2$이면

$$\frac{1}{n^2} \leq \frac{1}{n(n-1)}$$

이고, 급수

$$\sum_{n=2}^{\infty} \frac{1}{n(n-1)}$$

은 [보기 9.9]에 의해서 수렴한다. 따라서 비교판정법에 의해서 주어진 급수는 수렴한다.

(2) 모든 n에 대하여

$$\log n < n$$

이므로

$$\frac{\log n}{n} \leq \frac{n}{n^3} = \frac{1}{n^2}$$

이고, 급수 $\sum_{n=1}^{\infty} \frac{1}{n^2}$은 (1)에 의해 수렴하므로 비교판정법에 의해서 주어진 급수는 수렴한다.

(3) 모든 n에 대하여

$$\frac{1}{\sqrt{n}} \geq \frac{1}{n}$$

이고, [보기 9.11]에 의해 급수 $\sum_{n=1}^{\infty} \frac{1}{n}$은 발산하므로 비교판정법에 의해서 주어진 급수는 발산한다.

(4) $n \geq 2$이면

$$\frac{1}{n!} \leq \frac{1}{2^{n-1}}$$

이고,

$$\sum_{n=2}^{\infty} \frac{1}{2^{n-1}} = \frac{1/2}{1-1/2} = 1$$

이므로, 비교판정법에 의해서 주어진 급수는 수렴한다.

기본연습문제 9.8 다음 급수의 수렴 · 발산을 판정하여라.

① $\sum_{n=1}^{\infty} \frac{1}{2n-1}$　　② $\sum_{n=1}^{\infty} \frac{1}{3^n + \sqrt{2}}$　　③ $\sum_{n=1}^{\infty} \frac{1}{2n^2+1}$　　④ $\sum_{n=1}^{\infty} \frac{1}{\log(n+3)}$

이제 극한을 이용한 비교판정법에 대하여 알아보자.

급수 $\sum_{n=1}^{\infty} a_n$과 $\sum_{n=1}^{\infty} b_n$에 대하여 $a_n > 0$, $b_n > 0$이라 하자. 만약

$$\lim_{n\to\infty} \frac{a_n}{b_n} = L(\neq 0)$$

이면, 충분히 큰 모든 n에 대하여 $\frac{a_n}{b_n}$은 L 근처에 모여있어야 한다. 따라서 큰 자연수 N이 있어서 $n \geq N$인 모든 n에 대하여

$$\left| \frac{a_n}{b_n} - L \right| < \frac{L}{2}$$

이 되게 할 수 있다. 즉, $n \geq N$인 모든 n에 대하여

$$\left(\frac{L}{2}\right) b_n < a_n < \left(\frac{3L}{2}\right) b_n$$

이 된다. 이제 비교판정법을 적용하면 다음 결과를 얻을 수 있다.

정리 9.8 극한비교판정법

급수 $\sum_{n=1}^{\infty} a_n$과 $\sum_{n=1}^{\infty} b_n$에 대하여 $a_n > 0$, $b_n > 0$이고,

$$\lim_{n\to\infty} \frac{a_n}{b_n} = L(\neq 0)$$

이라 하자. 그러면 $\sum_{n=1}^{\infty} a_n$이 수렴하기 위한 필요충분조건은 $\sum_{n=1}^{\infty} b_n$가 수렴하는 것이다.

보기 9.14

다음 급수의 수렴 · 발산을 판정하여라.

(1) $\sum_{n=1}^{\infty} \frac{n^2+2}{2n^4-n+3}$ (2) $\sum_{n=1}^{\infty} \sin\frac{\pi}{n}$ (3) $\sum_{n=1}^{\infty} \frac{1}{2^n-1}$

풀이

(1) a_n과 b_n을

$$a_n = \frac{n^2+2}{2n^4-n+3}, \quad b_n = \frac{1}{n^2}$$

라 하면

$$\lim_{n\to\infty}\frac{a_n}{b_n}=\lim_{n\to\infty}\frac{n^4+2n^2}{2n^4-n+3}=\frac{1}{2}$$

이고 $\sum_{n=1}^{\infty}\frac{1}{n^2}$은 수렴하므로 극한비교판정법에 의해서 $\sum_{n=1}^{\infty}\frac{n^2+2}{2n^4-n+3}$은 수렴한다.

(2) a_n과 b_n을

$$a_n=\sin\frac{\pi}{n},\ b_n=\frac{\pi}{n}$$

라 하면

$$\lim_{n\to\infty}\frac{a_n}{b_n}=\lim_{n\to\infty}\frac{\sin\frac{\pi}{n}}{\frac{\pi}{n}}=1$$

이고 $\sum_{n=1}^{\infty}\frac{\pi}{n}$가 발산하므로 극한비교판정법에 의해서 $\sum_{n=1}^{\infty}\sin\frac{\pi}{n}$는 발산한다.

(3) a_n과 b_n을

$$a_n=\frac{1}{2^n-1},\ b_n=\frac{1}{2^n}$$

라 하면

$$\lim_{n\to\infty}\frac{a_n}{b_n}=\lim_{n\to\infty}\frac{2^n}{2^n-1}=1$$

이고 $\sum_{n=1}^{\infty}\frac{1}{2^n}$가 수렴하므로 극한비교판정법에 의해서 $\sum_{n=1}^{\infty}\frac{1}{2^n-1}$는 수렴한다.

기본연습문제 9.9 다음 급수의 수렴 · 발산을 판정하여라.

① $\sum_{n=1}^{\infty}\frac{3n^2-5n+6}{n^3+1}$ ② $\sum_{n=1}^{\infty}\frac{2n+1}{n^3+3n+1}$

다음은 적분에 의한 양항급수의 수렴판정법에 관하여 소개한다.

함수 f가 $[1,\infty)$에서 정의된 감소하는 연속함수이고 모든 x에 대하여 $f(x)>0$이라 하자. 이제 $a_n=f(n)$이라 하면

$$a_2\le\int_1^2 f(x)dx,\ a_3\le\int_2^3 f(x)dx,\ \cdots,\ a_n\le\int_{n-1}^{n} f(x)dx$$

이다.

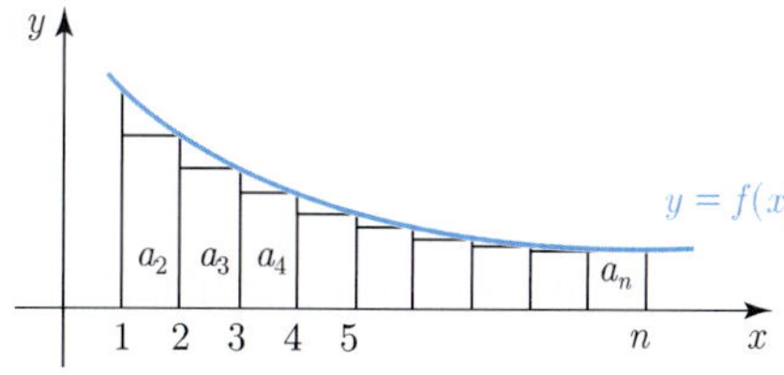

[그림 9.1]

만약 특이적분 $\int_1^\infty f(x)dx$ 이 수렴하면

$$\sum_{k=2}^{n} a_k \le \int_1^n f(x)dx \le \int_1^\infty f(x)dx$$

이므로 급수 $\sum_{n=2}^{\infty} a_k$ 의 부분합은 위로 유계이다. 또한 $a_n = f(n) > 0$ 이므로 부분합은 증가수열이다. 따라서 급수 $\sum_{n=2}^{\infty} a_n$ 는 수렴한다.

한편

$$\int_1^2 f(x)dx \le a_1, \ \int_2^3 f(x)dx \le a_2, \ \cdots, \ \int_{n-1}^n f(x)dx \le a_{n-1}$$

이다.

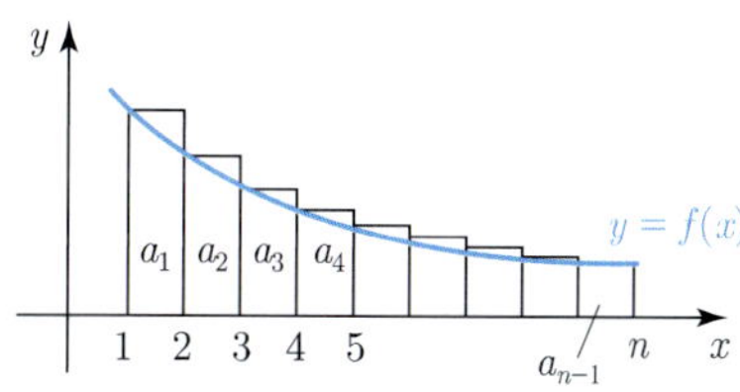

[그림 9.2]

따라서

$$\int_1^n f(x)dx \le \sum_{k=1}^{n-1} a_k \le \sum_{n=1}^{\infty} a_n$$

이므로, $\sum_{n=1}^{\infty} a_n$ 이 수렴하면

$$b_n = \int_1^n f(x)dx$$

로 정의된 수열 $\{b_n\}$은 위로 유계이다. 또한 $f(x) > 0$이므로 수열 $\{b_n\}$은 증가수열이다. 따라서 수열 $\{b_n\}$은 수렴한다.

$$\lim_{n\to\infty} b_n = \int_1^\infty f(x)dx$$

이므로, 특이적분 $\int_1^\infty f(x)dx$ 도 수렴한다. 따라서 다음 정리를 얻는다.

정리 9.9 적분판정법

함수 f가 $[1,\infty)$에서 정의된 감소하는 연속함수이고 모든 x에 대하여 $f(x) \ge 0$이라 하자. $a_n = f(n)$이라 하면 급수 $\sum_{n=1}^{\infty} a_n$이 수렴하기 위한 필요충분조건은 특이적분 $\int_1^\infty f(x)dx$가 수렴하는 것이다.

보기 9.15

다음 급수의 수렴 · 발산을 판정하여라.

(1) $\sum_{n=1}^{\infty} \frac{1}{n}$ (2) $\sum_{n=1}^{\infty} \frac{1}{n^2}$ (3) $\sum_{n=2}^{\infty} \frac{1}{n\log n}$

풀이

(1) $f(x) = \frac{1}{x}$로 놓으면 $f(n) = \frac{1}{n}$이다. 한편

$$\begin{aligned}\int_1^\infty f(x)dx &= \lim_{R\to\infty}\int_1^R \frac{1}{x}dx = \lim_{R\to\infty}[\log x]_1^R \\ &= \lim_{R\to\infty}\log R \\ &= \infty\end{aligned}$$

이므로, 적분판정법에 의해서 $\sum_{n=1}^{\infty}\frac{1}{n}$는 발산한다.

(2) $f(x) = \frac{1}{x^2}$로 놓으면 $f(n) = \frac{1}{n^2}$이다. 한편

$$\begin{aligned}\int_1^\infty f(x)dx &= \lim_{R\to\infty}\int_1^R \frac{1}{x^2}dx = \lim_{R\to\infty}\left[-\frac{1}{x}\right]_1^R \\ &= \lim_{R\to\infty}\left(-\frac{1}{R}+1\right) \\ &= 1\end{aligned}$$

이므로, 적분판정법에 의해서 $\sum_{n=1}^{\infty}\frac{1}{n^2}$는 수렴한다.

(3) $f(x)=\frac{1}{x\log x}$로 놓으면 $f(n)=\frac{1}{n\log n}$이다. 한편

$$\begin{aligned}\int_2^{\infty}f(x)dx&=\lim_{R\to\infty}\int_2^R\frac{1}{x\log x}dx=\lim_{R\to\infty}[\log(\log x)]_2^R\\&=\lim_{R\to\infty}(\log(\log R)-\log(\log 2))\\&=\infty\end{aligned}$$

이므로, 적분판정법에 의해서 $\sum_{n=2}^{\infty}\frac{1}{n\log n}$는 발산한다.

보기 9.16 (p-급수)

급수 $\sum_{n=1}^{\infty}\frac{1}{n^p}(p>0)$의 수렴 · 발산을 판정하여라.

풀이

[보기 7.4]에 의해 특이적분

$$\int_1^{\infty}\frac{1}{x^p}dx$$

은 $0<p\le 1$일 때 발산하고, $p>1$일 때 수렴한다. 따라서 적분판정법에 의해서

$$\sum_{n=1}^{\infty}\frac{1}{n^p}$$

은 $0<p\le 1$일 때 발산하고, $p>1$일 때 수렴한다.

기본연습문제 9.10 다음 급수의 수렴 · 발산을 판정하여라.

① $\sum_{n=1}^{\infty}\frac{1}{n^2+1}$

② $\sum_{n=2}^{\infty}\frac{1}{n(\log n)^2}$

SECTION

9.3 연습문제

1. 비교판정법을 이용하여 다음 급수의 수렴 · 발산을 판정하여라.

(1) $\displaystyle\sum_{n=1}^{\infty}\frac{1}{n^3+30}$ (2) $\displaystyle\sum_{n=1}^{\infty}\frac{n-1}{n^3+2}$ (3) $\displaystyle\sum_{n=1}^{\infty}\frac{1}{\sqrt{n}+2}$

(4) $\displaystyle\sum_{n=1}^{\infty}\frac{\sin^2 n}{n^2+1}$ (5) $\displaystyle\sum_{n=1}^{\infty}\frac{1}{n3^n}$ (6) $\displaystyle\sum_{n=1}^{\infty}\sqrt{\frac{n+1}{n^4+3}}$

(7) $\displaystyle\sum_{n=1}^{\infty}\frac{1}{\sqrt{n^2+3}}$

2. 극한비교판정법을 이용하여 다음 급수의 수렴 · 발산을 판정하여라.

(1) $\displaystyle\sum_{n=1}^{\infty}\frac{n+1}{n^3-n^2+4}$ (2) $\displaystyle\sum_{n=1}^{\infty}\sqrt{\frac{n+2}{n^4+3}}$

(3) $\displaystyle\sum_{n=1}^{\infty}\frac{2^n}{3+4^n}$ (4) $\displaystyle\sum_{n=1}^{\infty}\frac{n+1}{n^2\sqrt{n}}$

3. 적분판정법을 이용하여 다음 급수의 수렴 · 발산을 판정하여라.

(1) $\displaystyle\sum_{n=1}^{\infty}\frac{1}{n+2}$ (2) $\displaystyle\sum_{n=1}^{\infty}\frac{n}{n^2+3}$

(3) $\displaystyle\sum_{n=1}^{\infty}\frac{n^2}{e^n}$ (4) $\displaystyle\sum_{n=1}^{\infty}\frac{\log(n^2)}{n}$

4. 다음 급수의 수렴 · 발산을 판정하여라.

(1) $\displaystyle\sum_{n=1}^{\infty}\frac{1}{\sqrt{n^2+1}}$ (2) $\displaystyle\sum_{n=1}^{\infty}\frac{n}{n^2+2}$ (3) $\displaystyle\sum_{n=1}^{\infty}\frac{1}{n(1+(\log n)^2)\}}$

(4) $\displaystyle\sum_{n=1}^{\infty}\frac{1}{1+2^{-n}}$ (5) $\displaystyle\sum_{n=1}^{\infty}\frac{2n+5}{5n^3+2n^2}$ (6) $\displaystyle\sum_{n=1}^{\infty}\frac{2n+1}{\sqrt{n^2+1}}$

(7) $\displaystyle\sum_{n=1}^{\infty}\frac{1}{\sqrt{2n(n+1)}}$ (8) $\displaystyle\sum_{n=1}^{\infty}ne^{-n^2}$ (9) $\displaystyle\sum_{n=2}^{\infty}\frac{1}{\log n}$

(10) $\displaystyle\sum_{n=1}^{\infty}\frac{n^{10}}{n^n}$ (11) $\displaystyle\sum_{n=1}^{\infty}\left(1+\cos\frac{\pi}{n}\right)$ (12) $\displaystyle\sum_{n=2}^{\infty}\frac{\log n}{n^{3/2}}$

(13) $\displaystyle\sum_{n=2}^{\infty}\frac{1}{n\log n(\log\log n)^2}$ (14) $\displaystyle\sum_{n=1}^{\infty}n\sin\frac{1}{n}$ (15) $\displaystyle\sum_{n=1}^{\infty}\frac{8\arctan n}{1+n^2}$

9.4 근판정법과 비판정법

이 절에서는 등비급수 $\sum_{n=1}^{\infty} r^n$ 나 p-급수 $\sum_{n=1}^{\infty} \frac{1}{n^p}$ 의 수렴·발산을 검토하여 얻을 수 있는 양항급수의 수렴성을 판정하는데 매우 유용한 근판정법과 비판정법에 관하여 알아본다.

양항급수 $\sum_{n=1}^{\infty} a_n$ 에 대하여

$$\lim_{n\to\infty} \sqrt[n]{a_n} = \rho$$

라 하자. 만약 $\rho < 1$ 이면,

$$\rho < r < 1$$

인 실수 r 이 존재하고, 충분히 큰 자연수 N 이 있어서 $n \geq N$ 인 모든 n 에 대하여

$$\sqrt[n]{a_n} < r < 1$$

이 된다. 즉, $n \geq N$ 인 모든 n 에 대하여

$$a_n < r^n \quad (r < 1)$$

이 된다. 이제 $\sum_{n=N+1}^{\infty} r^n$ 이 수렴하므로 비교판정법에 의해서 급수 $\sum_{n=N+1}^{\infty} a_n$ 도 수렴한다.

한편 $\rho > 1$ 이면,

$$\rho > \mu > 1$$

인 실수 μ 가 존재하고, 충분히 큰 자연수 N 이 있어서 $n \geq N$ 인 모든 n 에 대하여

$$\sqrt[n]{a_n} > \mu > 1$$

이 된다. 즉, $n \geq N$ 인 모든 n 에 대하여

$$a_n > \mu^n \quad (\mu > 1)$$

이 된다. $\lim_{n\to\infty} \mu^n = \infty$ 이므로 $\lim_{n\to\infty} a_n = \infty$ 이다. 따라서 일반항 판정법에 의해서 급수 $\sum_{n=1}^{\infty} a_n$ 는 발산한다.

$\rho = 1$ 일 때는 급수

$$\sum_{n=1}^{\infty} \frac{1}{n},\ \sum_{n=1}^{\infty} \frac{1}{n^2}$$

을 생각하면 수렴하는 급수도 있고 발산하는 급수도 있음을 알 수 있다. 따라서 다음 정리를 얻는다.

정리 9.10 근판정법

양항급수 $\sum_{n=1}^{\infty} a_n$에서 극한

$$\lim_{n\to\infty} \sqrt[n]{a_n} = \rho$$

이 존재한다고 하자. 이때

(1) $\rho < 1$이면 $\sum_{n=1}^{\infty} a_n$은 수렴한다.

(2) $\rho > 1$이면 $\sum_{n=1}^{\infty} a_n$은 발산한다.

(3) $\rho = 1$이면 이 방법으로는 판정이 불가능하다.

보기 9.17

다음 급수의 수렴 · 발산을 판정하여라.

(1) $\sum_{n=2}^{\infty} \frac{1}{(\log n)^n}$ (2) $\sum_{n=1}^{\infty} \left(\frac{2n+4}{5n-1}\right)^n$ (3) $\sum_{n=1}^{\infty} \frac{2^n}{n^3}$ (4) $\sum_{n=1}^{\infty} \left(1-\frac{1}{n}\right)^n$

풀이

(1) $a_n = \frac{1}{(\log n)^n}$으로 두면

$$\lim_{n\to\infty} a_n^{\frac{1}{n}} = \lim_{n\to\infty} \frac{1}{\log n} = 0 < 1$$

이므로 근판정법에 의해서 수렴한다.

(2) $a_n = \left(\frac{2n+4}{5n-1}\right)^n$으로 두면

$$\lim_{n\to\infty} a_n^{\frac{1}{n}} = \lim_{n\to\infty} \frac{2n+4}{5n-1} = \frac{2}{5} < 1$$

이므로 근판정법에 의하여 수렴한다.

(3) $a_n = \dfrac{2^n}{n^3}$ 으로 두면

$$\lim_{n\to\infty} a_n^{\frac{1}{n}} = \lim_{n\to\infty} 2\left(\frac{1}{n}\right)^{\frac{3}{n}} = 2 > 1$$

이므로 발산한다.

(4) $a_n = \left(1 - \dfrac{1}{n}\right)^n$ 으로 두면

$$\lim_{n\to\infty} a_n^{\frac{1}{n}} = \lim_{n\to\infty}\left(1 - \frac{1}{n}\right) = 1$$

이므로 근판정법으로 수렴 여부를 판정할 수 없다. 하지만

$$\lim_{n\to\infty} a_n = \frac{1}{e} \neq 0$$

이므로 일반항 판정법에 의해서 발산한다.

기본연습문제 9.11 다음 급수의 수렴 · 발산을 판정하여라.

① $\displaystyle\sum_{n=1}^{\infty} \frac{n}{2^n}$ ② $\displaystyle\sum_{n=1}^{\infty} \frac{3^n}{n^2}$ ③ $\displaystyle\sum_{n=1}^{\infty} \left(\frac{1}{n+1}\right)^n$

양항급수 $\displaystyle\sum_{n=1}^{\infty} a_n$에 대하여 $a_n > 0$이고

$$\lim_{n\to\infty} \frac{a_{n+1}}{a_n} = \lambda$$

라 하자. 만약 $\lambda < 1$이면,

$$\lambda < r < 1$$

인 실수 r이 존재하고, 충분히 큰 자연수 N이 있어서 $n \geq N$인 모든 n에 대하여

$$\frac{a_{n+1}}{a_n} < r < 1$$

이 된다. 즉, $n \geq N$인 모든 n에 대하여

$$a_{n+1} < r a_n \quad (r < 1)$$

이 된다. 따라서

$$a_{N+1} < r a_N$$

$$a_{N+2} < r a_{N+1} < r^2 a_N$$
$$\vdots$$
$$a_{N+k} < r^k a_N \ (r < 1)$$

이다. 이제 $\sum_{n=k}^{\infty} r^n a_N$이 수렴하므로 비교판정법에 의해서 급수 $\sum_{n=N+1}^{\infty} a_n$도 수렴한다.

한편 $\lambda > 1$이면,

$$\lambda > \mu > 1$$

인 실수 μ가 존재하고, 충분히 큰 자연수 N이 있어서 $n \geq N$인 모든 n에 대하여

$$\frac{a_{n+1}}{a_n} > \mu > 1$$

이 된다. 즉, $n \geq N$인 모든 n에 대하여

$$a_{n+1} \geq \mu a_n \ (\mu > 1)$$

이 된다. 앞에서와 같은 방법으로

$$a_{N+k} > \mu^k a_N \ (\mu > 1)$$

을 얻을 수 있고 $\lim_{k \to \infty} \mu^k = \infty$이므로 $\lim_{n \to \infty} a_n = \infty$이다. 따라서 일반항 판정법에 의해서 급수 $\sum_{n=1}^{\infty} a_n$는 발산한다.

$\lambda = 1$일 때는 급수

$$\sum_{n=1}^{\infty} \frac{1}{n}, \ \sum_{n=1}^{\infty} \frac{1}{n^2}$$

을 생각하면 수렴하는 급수도 있고 발산하는 급수도 있음을 알 수 있다. 따라서 다음 정리를 얻는다.

정리 9.11 비판정법

급수 $\sum_{n=1}^{\infty} a_n$에 대하여 모든 n에 대하여 $a_n > 0$이고

$$\lim_{n \to \infty} \frac{a_{n+1}}{a_n} = \lambda$$

이 존재한다고 하자. 이때

(1) $\lambda < 1$이면 $\sum_{n=1}^{\infty} a_n$은 수렴한다.

(2) $\lambda > 1$이면 $\sum_{n=1}^{\infty} a_n$은 발산한다.

(3) $\lambda = 1$이면 이 방법으로는 판정이 불가능하다.

보기 9.18

다음 급수의 수렴 · 발산을 판정하여라.

(1) $\sum_{n=1}^{\infty} \frac{n}{3^n}$

(2) $\sum_{n=1}^{\infty} \frac{n^n}{n!}$

풀이

(1) $a_n = \frac{n}{3^n}$으로 두면

$$\lim_{n\to\infty} \frac{a_{n+1}}{a_n} = \lim_{n\to\infty} \frac{n+1}{3n} = \frac{1}{3} < 1$$

이므로 비판정법에 의해서 수렴한다.

(2) $a_n = \frac{n^n}{n!}$으로 두면

$$\lim_{n\to\infty} \frac{a_{n+1}}{a_n} = \lim_{n\to\infty} \left(\frac{n+1}{n}\right)^n = e > 1$$

이므로 비판정법에 의해서 발산한다.

보기 9.19

다음과 같이 정의된 수열 $\{a_n\}$에 대하여 급수 $\sum_{n=1}^{\infty} \frac{1}{a_n}$이 수렴함을 보여라.

$$a_1 = a_2 = 1, \quad a_{n+2} = a_{n+1} + a_n \ (n \geq 1)$$

풀이

수열 $\{a_n\}$은

$$a_{n+2} = a_{n+1} + a_n$$

을 만족시키므로 $r_n = \frac{a_n}{a_{n+1}}$으로 두면

$$\frac{1}{r_{n+1}}=1+r_n$$

을 얻는다. 만약 $\lim_{n\to\infty} r_n$의 극한 a가 존재하면 위의 식에 극한을 취하여

$$\frac{1}{a}=1+a$$

을 얻는다. 따라서 $a=\frac{-1+\sqrt{5}}{2}$을 얻는다. 이제 실제로 $\lim_{n\to\infty} r_n=a$임을 보이자.

$$r_{n+1}-a=\left(\frac{1}{1+r_n}\right)-\left(\frac{1}{1+a}\right)=-\frac{1}{1+r_n}a(r_n-a)$$

이므로

$$|r_{n+1}-a|\le a|r_n-a|\le\cdots\le a^n|r_1-a|$$

을 얻는다. $a<1$이므로 $\lim_{n\to\infty}|r_n-a|=0$, 즉

$$\lim_{r\to\infty} r_n=a$$

이다.

이제 $\sum_{n=1}^{\infty}\frac{1}{a_n}$의 수렴문제를 생각해 보자.

$$\lim_{n\to\infty}\frac{1/a_{n+1}}{1/a_n}=\lim_{n\to\infty}\frac{a_n}{a_{n+1}}=\lim_{n\to\infty} r_n=\frac{-1+\sqrt{5}}{2}<1$$

이므로, 비판정법에 의해서 급수 $\sum_{n=1}^{\infty}\frac{1}{a_n}$는 수렴한다.

기본연습문제 9.12 다음 급수의 수렴 · 발산을 판정하여라.

① $\sum_{n=1}^{\infty}\frac{(2n)!}{n!\,n!}$　　② $\sum_{n=1}^{\infty}\frac{4^n n!n!}{(2n)!}$

SECTION

9.4 연습문제

1. 다음 급수의 수렴 · 발산을 판정하여라.

(1) $\sum_{n=1}^{\infty}\frac{10^n}{n!}$　　(2) $\sum_{n=1}^{\infty}\frac{1}{n3^n}$　　(3) $\sum_{n=1}^{\infty}\frac{n^{\sqrt{2}}}{2^n}$

(4) $\sum_{n=1}^{\infty}\left(\frac{n}{3n+1}\right)^n$　　(5) $\sum_{n=1}^{\infty}\frac{n!}{100^n}$　　(6) $\sum_{n=1}^{\infty}\sin^n\left(\frac{1}{\sqrt{n}}\right)$

(7) $\sum_{n=1}^{\infty}\frac{3^n n!}{n^n}$　　(8) $\sum_{n=1}^{\infty}\frac{n!}{(n+2)!}$　　(9) $\sum_{n=2}^{\infty}\frac{1}{n}\left(\frac{1}{\log n}\right)^{\frac{3}{2}}$

(10) $\sum_{n=1}^{\infty}\frac{n^n}{e^n}$　　(11) $\sum_{n=1}^{\infty}\frac{\log n}{n^2}$　　(12) $\sum_{n=1}^{\infty}\frac{(n+1)(n+2)}{n!}$

2. 다음 점화식으로 정의된 급수 $\sum_{n=1}^{\infty}a_n$의 수렴 · 발산을 판정하여라.

(1) $a_1 = 2,\ a_{n+1} = \frac{1+\sin n}{n}a_n$　　(2) $a_1 = \frac{1}{3},\ a_{n+1} = \frac{3n-1}{2n+5}a_n$

(3) $a_1 = \frac{1}{3},\ a_{n+1} = \sqrt[n]{a_n}$　　(4) $a_1 = \frac{1}{2},\ a_{n+1} = (a_n)^{n+1}$

9.5 절대수렴급수와 교대급수

이제부터 양항급수가 아닌 일반적인 급수에 대하여 생각한다.

급수 $\sum_{n=1}^{\infty} a_n$이 주어 졌을 때

$$\sum_{n=1}^{\infty} |a_n|$$

이 수렴하면 $\sum_{n=1}^{\infty} a_n$은 **절대수렴**한다고 한다. 급수 $\sum_{n=1}^{\infty} |a_n|$의 수렴·발산을 판단할 때, 각 항이 양수이므로 앞에서 공부한 양항급수의 수렴판정법을 사용할 수 있다.

이제 급수 $\sum_{n=1}^{\infty} a_n$이 절대수렴한다고 하자. 그러면 $\sum_{n=1}^{\infty} |a_n|$이 수렴하므로 $\sum_{n=1}^{\infty} 2|a_n|$도 수렴한다. 한편 모든 n에 대하여

$$-|a_n| \le a_n \le |a_n|$$

이므로

$$0 \le |a_n| + a_n \le 2|a_n|$$

이다. 비교판정법에 의해 급수

$$\sum_{n=1}^{\infty} (|a_n| + a_n)$$

는 수렴한다. 이제 $a_n = a_n + |a_n| - |a_n|$이므로 $\sum_{n=1}^{\infty} a_n$은 수렴하는 두 급수의 차로 표현된다.

$$\sum_{n=1}^{\infty} a_n = \sum_{n=1}^{\infty} (a_n + |a_n| - |a_n|) = \sum_{n=1}^{\infty} (a_n + |a_n|) - \sum_{n=1}^{\infty} |a_n|$$

따라서 급수 $\sum_{n=1}^{\infty} a_n$는 수렴한다. 이 결과로부터 다음 정리를 얻는다.

정리 9.12

급수 $\sum_{n=1}^{\infty} |a_n|$이 수렴하면, $\sum_{n=1}^{\infty} a_n$은 수렴한다.

보기 9.20

다음 급수가 절대수렴하는 것을 보여라.

(1) $\sum_{n=1}^{\infty}(-1)^{n-1}\frac{1}{n^2}$ (2) $\sum_{n=1}^{\infty}\frac{\sin n}{n^2}$

풀이

(1) $a_n = (-1)^{n-1}\frac{1}{n^2}$으로 두면

$$\sum_{n=1}^{\infty}|a_n| = \sum_{n=1}^{\infty}\frac{1}{n^2}$$

이 수렴하므로 급수 $\sum_{n=1}^{\infty}(-1)^{n-1}\frac{1}{n^2}$는 절대수렴한다.

(2) $a_n = \frac{\sin n}{n^2}$로 두면

$$|a_n| \le \frac{1}{n^2}$$

이고, $\sum_{n=1}^{\infty}\frac{1}{n^2}$이 수렴하므로 $\sum_{n=1}^{\infty}|a_n|$도 수렴한다. 따라서 $\sum_{n=1}^{\infty}\frac{\sin n}{n^2}$는 절대수렴한다.

기본연습문제 9.13 다음 급수가 절대수렴하는 것을 보여라.

① $\sum_{n=1}^{\infty}(-1)^n\frac{1}{n!}$ ② $\sum_{n=1}^{\infty}(-1)^n\frac{n}{2^n}$

급수 $\sum_{n=1}^{\infty}a_n$에 대하여

$$\lim_{n\to\infty}\sqrt[n]{|a_n|} = \rho$$

이라 하자. 만약 $\rho < 1$이면 [정리 9.10]에 의해 $\sum_{n=1}^{\infty}|a_n|$는 수렴하므로 $\sum_{n=1}^{\infty}a_n$는 절대수렴한다.

한편 $\rho > 1$이면,

$$\rho > \mu > 1$$

인 실수 μ가 존재하고, 충분히 큰 자연수 N이 있어서 $n \ge N$인 모든 n에 대하여

$$\sqrt[n]{|a_n|} > \mu > 1$$

이 된다. 즉, $n \geq N$인 모든 n에 대하여

$$|a_n| > \mu^n \quad (\mu > 1)$$

이 된다. $\lim_{n\to\infty} \mu^n = \infty$이므로 $\lim_{n\to\infty} |a_n| = \infty$이다. 따라서 일반항 판정법에 의해서 급수 $\sum_{n=1}^{\infty} a_n$는 발산한다. 이 결과로부터 양항급수의 근판정법을 다음과 같이 확장할 수 있다.

정리 9.13 근판정법

급수 $\sum_{n=1}^{\infty} a_n$에서 극한

$$\lim_{n\to\infty} \sqrt[n]{|a_n|} = \rho$$

이 존재한다고 하자. 이때

(1) $\rho < 1$이면 $\sum_{n=1}^{\infty} a_n$은 절대수렴한다.

(2) $\rho > 1$이면 $\sum_{n=1}^{\infty} a_n$은 발산한다.

(3) $\rho = 1$이면 이 방법으로는 판정이 불가능하다.

마찬가지로 양항급수의 비판정법도 다음과 같이 확장할 수 있다.

정리 9.14 비판정법

급수 $\sum_{n=1}^{\infty} a_n$에 대하여 모든 n에 대하여 $a_n > 0$이고

$$\lim_{n\to\infty} \left| \frac{a_{n+1}}{a_n} \right| = \lambda$$

이 존재한다고 하자. 이때

(1) $\lambda < 1$이면 $\sum_{n=1}^{\infty} a_n$은 절대수렴한다.

(2) $\lambda > 1$이면 $\sum_{n=1}^{\infty} a_n$은 발산한다.

(3) $\lambda = 1$이면 이 방법으로는 판정이 불가능하다.

급수 $\sum_{n=1}^{\infty} a_n$은 수렴하지만 급수 $\sum_{n=1}^{\infty} |a_n|$이 수렴하지 않는 경우 즉, 절대수렴하지 않는 경우 급수 $\sum_{n=1}^{\infty} a_n$은 **조건수렴**한다고 한다. 급수

$$\sum_{n=1}^{\infty} (-1)^{n+1} \frac{1}{n}$$

은 조건수렴하는 대표적인 보기이다. 이 급수가 수렴하는 것을 보이기 위해서는 교대급수에 관한 정리가 필요하다.

급수 $\sum_{n=1}^{\infty} a_n$에서 a_n들이 교대로 양수, 음수로 되어 있는 경우 이 급수를 **교대급수**라 한다. 예를 들어

$$\sum_{n=1}^{\infty} (-1)^{n+1} \frac{1}{n} = 1 - \frac{1}{2} + \frac{1}{3} - \frac{1}{4} + \cdots$$

$$\sum_{n=1}^{\infty} (-1)^{n+1} \frac{1}{\sqrt{n}} = 1 - \frac{1}{\sqrt{2}} + \frac{1}{\sqrt{3}} - \frac{1}{\sqrt{4}} + \cdots$$

은 교대급수이다.

이제 0으로 수렴하는 감소하는 양수의 수열 $\{a_n\}$에 대하여 교대급수 $\sum_{n=1}^{\infty} (-1)^{n+1} a_n$을 생각하자. 이 급수의 n 부분합을 $s_n = \sum_{k=1}^{n} (-1)^{k+1} a_k$이라 하면

$$s_2 \le s_4 \le s_6 \le \cdots \le s_5 \le s_3 \le s_1$$

이다.

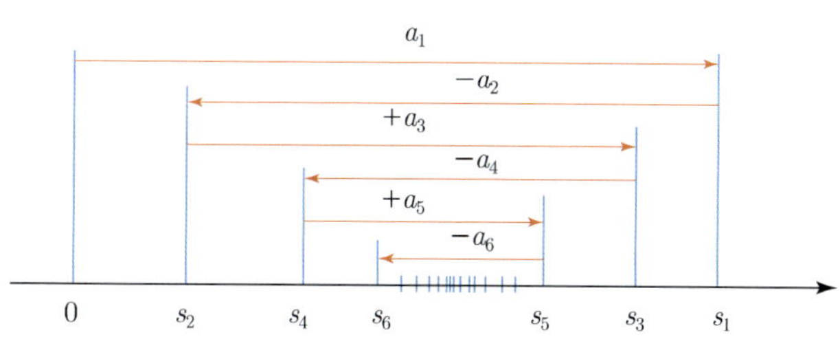

[그림 9.3]

따라서 수열 $\{s_{2m}\}$은 위로 유계인 증가수열이므로 수렴한다. 즉,

$$\lim_{m \to \infty} s_{2m} = L$$

이다. 이제 $s_{2m+1} = s_{2m} + a_{2m+1}$이고 $\lim_{m\to\infty} a_{2m+1} = 0$이므로

$$\lim_{m\to\infty} s_{2m+1} = \lim_{m\to\infty} (s_{2m} + a_{2m+1}) = L + 0 = L$$

이다. 따라서

$$\lim_{n\to\infty} s_n = L$$

이다. 즉, 급수 $\sum_{n=1}^{\infty} (-1)^{n+1} a_n$는 수렴한다. 이 결과로부터 다음 정리를 얻는다.

정리 9.15 교대급수 판정법

양수의 수열 $\{a_n\}$이 다음 두 조건을 만족하면 교대급수

$$\sum_{n=1}^{\infty} (-1)^{n+1} a_n$$

는 수렴한다.

(1) 모든 n에 대하여 $a_n \geq a_{n+1}$이다. (2) $\lim_{n\to\infty} a_n = 0$

보기 9.21

급수 $\sum_{n=1}^{\infty} (-1)^{n+1} \frac{1}{n}$의 수렴 · 발산을 판정하여라.

풀이

절대수렴 여부를 조사하기 위해서 절대급수를 생각해 보자.

$$\sum_{n=1}^{\infty} \left| (-1)^{n+1} \frac{1}{n} \right| = \sum_{n=1}^{\infty} \frac{1}{n} = \infty$$

이므로 주어진 급수는 절대수렴하지 않는다.

이제 $a_n = \frac{1}{n}$으로 두면 교대급수 판정법의 모든 조건을 만족한다. 따라서 주어진 급수는 수렴한다. 즉, 조건수렴한다.

기본연습문제 9.14 다음 급수가 조건수렴하는 것을 보여라.

① $\sum_{n=1}^{\infty} (-1)^{n+1} \frac{1}{\sqrt{n}}$ ② $\sum_{n=1}^{\infty} (-1)^{n+1} \frac{n}{n^2+2}$

SECTION

9.5 연습문제

1. 다음 급수의 절대수렴 · 조건수렴 · 발산을 판정하여라.

(1) $\sum_{n=1}^{\infty}(-1)^{n+1}$

(2) $\sum_{n=1}^{\infty}(-1)^{n+1}\frac{n}{n+1}$

(3) $\sum_{n=2}^{\infty}(-1)^{n}\frac{1}{n\log n}$

(4) $\sum_{n=1}^{\infty}(-1)^{n+1}ne^{-n}$

(5) $\sum_{n=1}^{\infty}(-1)^{n+1}\frac{1}{\log n}$

(6) $\sum_{n=1}^{\infty}(-1)^{n+1}\frac{(n!)^2}{(2n)!}$

(7) $\sum_{n=1}^{\infty}(-1)^{n+1}(\sqrt{n+1}-\sqrt{n})$

(8) $\sum_{n=1}^{\infty}(-1)^{n+1}\frac{\arctan n}{n^2+1}$

(9) $\sum_{n=1}^{\infty}(-1)^{n+1}\cosh n$

(10) $\sum_{n=1}^{\infty}\frac{(-2)^{n+1}}{n+5^n}$

(11) $\sum_{n=1}^{\infty}\frac{\cos n\pi}{n\sqrt{n}}$

(12) $\sum_{n=1}^{\infty}(-1)^{n+1}\frac{1}{1+\sqrt{n}}$

CHAPTER 10 거듭제곱급수와 테일러급수

이 장에서는 등비급수 $\sum_{n=1}^{\infty} x^n$와 같이 일반항이 x의 거듭제곱 형태로 쓰인 급수에 대하여 살펴본다.

10.1 거듭제곱급수

수열 $\{a_n\}$과 변수 x에 대하여

$$\sum_{n=0}^{\infty} a_n(x-c)^n = a_0 + a_1(x-c) + a_2(x-c)^2 + \cdots + a_n(x-c)^n + \cdots$$

를 $(x-c)$에 관한 **거듭제곱급수**라 한다. 이때 a_n을 거듭제곱급수의 **계수**라 하고, c를 거듭제곱급수의 **중심**이라 한다.

변수의 평행이동으로 거듭제곱급수 $\sum_{n=0}^{\infty} a_n(x-c)^n$은 중심이 0인 거듭제곱급수 $\sum_{n=0}^{\infty} a_n x^n$ 모양으로 바꾸어 생각할 수 있으므로 중심이 0인 거듭제곱급수

$$\sum_{n=0}^{\infty} a_n x^n$$

만 생각하기로 한다.

보기 10.1

등비급수

$$\sum_{n=0}^{\infty} x^n = 1 + x + x^2 + x^3 + \cdots + x^n + \cdots$$

는 모든 계수가 1인 거듭제곱급수이다. 등비급수는 $|x| < 1$일 때 $\frac{1}{1-x}$로 수렴하고 $|x| \geq 1$이면 발산하는데 이 사실을 다음과 같이 나타내기로 한다.

$$\frac{1}{1-x} = \sum_{n=0}^{\infty} x^n, \ (|x| < 1).$$

보기 10.2

다음 함수들을 x에 관한 거듭제곱급수로 나타내고 주어진 함수로 수렴하는 x의 범위를 구하여라.

(1) $\frac{1}{1+x^2}$ (2) $\frac{1}{2-x}$ (3) $\frac{x}{1-x^2}$

풀이

(1) [보기 10.1]로부터

$$\frac{1}{1-x} = \sum_{n=0}^{\infty} x^n, \ (|x| < 1)$$

임을 알 수 있다. 이제 x를 $-x^2$으로 바꾸어 쓰면

$$\frac{1}{1+x^2} = \sum_{n=0}^{\infty} (-x^2)^n = \sum_{n=0}^{\infty} (-1)^n x^{2n}, \ (|x^2| < 1)$$

이다. 따라서,

$$\frac{1}{1+x^2} = \sum_{n=0}^{\infty} x^{2n}, \ (|x| < 1)$$

이다.

(2) 주어진 함수는

$$\frac{1}{2-x} = \frac{1}{2} \cdot \frac{1}{1-x/2}$$

로 나타낼 수 있고,

$$\frac{1}{1-(x/2)} = \sum_{n=0}^{\infty} \left(\frac{x}{2}\right)^n, \ \left(\left|\frac{x}{2}\right| < 1\right)$$

이므로

$$\frac{1}{2-x} = \frac{1}{2} \cdot \frac{1}{1-x/2} = \frac{1}{2}\sum_{n=0}^{\infty} \frac{x^n}{2^n} = \sum_{n=0}^{\infty} \frac{1}{2^{n+1}} x^n, \ (|x| < 2)$$

이다.

(3) 주어진 함수는

$$\frac{x}{1-x^2}=x\times\frac{1}{1-x^2}$$

로 나타낼 수 있고,

$$\frac{1}{1-x^2}=\sum_{n=0}^{\infty}(x^2)^n,\ (\,|x^2|<1)$$

이므로

$$\frac{x}{1-x^2}=x\sum_{n=0}^{\infty}x^{2n}=\sum_{n=0}^{\infty}x^{2n+1},\ (|x|<1)$$

이다.

보기 10.3

다음 거듭제곱급수가 수렴하는 x의 범위를 구하여라.

(1) $\displaystyle\sum_{n=0}^{\infty}n^n x^n$　　(2) $\displaystyle\sum_{n=0}^{\infty}\frac{x^n}{n!}$　　(3) $\displaystyle\sum_{n=0}^{\infty}(-1)^{n-1}\frac{x^n}{n}$

풀이

(1) 주어진 급수는 $x=0$에 수렴하고, $x\neq 0$에 대하여

$$a_n=n^n x^n$$

이라 하면

$$\lim_{n\to\infty}|a_n|=\lim_{n\to\infty}|n^n x^n|=\infty$$

이므로 일반항 판정법에 의해 발산한다. 따라서 거듭제곱급수 $\sum_{n=0}^{\infty}n^n x^n$는 $x=0$에서만 수렴한다.

(2) $a_n=\dfrac{x^n}{n!}$이라 하면 모든 x에 대하여

$$\lim_{n\to\infty}\left|\frac{a_{n+1}}{a_n}\right|=\lim_{n\to\infty}\frac{|x|}{n+1}=0<1$$

이므로 비판정법에 의해서 거듭제곱급수 $\sum_{n=0}^{\infty}\dfrac{x^n}{n!}$는 모든 x에 대하여 절대수렴한다.

(3) $a_n=(-1)^{n-1}\dfrac{x^n}{n}$이라 하면

$$\lim_{n\to\infty}\left|\frac{a_{n+1}}{a_n}\right|=\lim_{n\to\infty}\frac{n}{n+1}\cdot|x|=|x|$$

이다. 따라서 비판정법에 의해서 거듭제곱급수 $\sum_{n=0}^{\infty}(-1)^{n-1}\dfrac{x^n}{n}$는 $|x|<1$에서 절대수렴하고, $|x|>1$에서 발산한다.

$x=1$에서

$$\sum_{n=0}^{\infty}(-1)^{n-1}\frac{x^n}{n}=\sum_{n=0}^{\infty}(-1)^{n-1}\frac{1}{n}$$

이므로 교대급수판정법에 의해서 수렴하고, $x=-1$에서

$$\sum_{n=0}^{\infty}(-1)^{n-1}\frac{x^n}{n}=\sum_{n=0}^{\infty}\frac{(-1)}{n}$$

이므로 적분판정법에 의해서 발산한다. 따라서 거듭제곱급수 $\sum_{n=0}^{\infty}(-1)^{n-1}\frac{x^n}{n}$는

$$-1<x\le 1$$

에서 수렴한다.

거듭제곱급수 $\sum_{n=0}^{\infty}a_nx^n$이 0이 아닌 $x=x_1$에서 수렴한다고 하자. 그러면 급수

$$\sum_{n=0}^{\infty}a_nx_1^n$$

이 수렴하므로

$$\lim_{n\to\infty}a_nx_1^n=0$$

이다. 따라서 충분히 큰 N이 있어서 $n\ge N$인 모든 n에 대하여

$$|a_n||x_1^n|=|a_nx_1^n|<1$$

이 된다. 이제 $|x_2|<|x_1|$인 x_2에 대하여 $\left|\frac{x_2}{x_1}\right|<1$이므로

$$\begin{aligned}\sum_{n=N+1}^{\infty}|a_nx_2^n|&=\sum_{n=N+1}^{\infty}|a_n||x_2|^n=\sum_{n=N+1}^{\infty}|a_n||x_1|^n\left|\frac{x_2}{x_1}\right|^n\\&\le\sum_{n=N+1}^{\infty}\left|\frac{x_2}{x_1}\right|^n<\infty\end{aligned}$$

이다. 즉, 거듭제곱급수 $\sum_{n=0}^{\infty}a_nx^n$는 $x=x_2$에서 절대수렴한다.

거듭제곱급수 $\sum_{n=0}^{\infty}a_nx^n$이 0이 아닌 x_1에서 발산한다고 하자. $|x_3|>|x_1|$ 인 x_3에 대하여 거듭제곱급수 $\sum_{n=0}^{\infty}a_nx^n$이 수렴한다면 앞의 결과에 의해서 x_1에서 절대수렴해야 되어 모순이

되므로 $|x_3| > |x_1|$인 x_3에 대하여 거듭제곱급수 $\sum_{n=0}^{\infty} a_n x^n$는 발산한다. 따라서 다음 정리를 얻는다.

정리 10.1

(1) 0이 아닌 x_1에 대하여 거듭제곱급수 $\sum_{n=0}^{\infty} a_n x^n$이 수렴하면, $|x| < |x_1|$인 모든 x에 대하여 거듭제곱급수 $\sum_{n=0}^{\infty} a_n x^n$는 절대수렴한다.

(2) x_2에서 거듭제곱급수 $\sum_{n=0}^{\infty} a_n x^n$이 발산하면, $|x| > |x_2|$인 모든 x에 대하여 거듭제곱급수 $\sum_{n=0}^{\infty} a_n x^n$는 발산한다.

[정리 10.1]로부터 거듭제곱급수 $\sum_{n=0}^{\infty} a_n x^n$가 주어졌을 때 그 수렴·발산에 대하여 다음 세 가지 경우 중 하나가 됨을 알 수 있다.

(1) 거듭제곱급수가 오직 $x=0$에서만 수렴한다.

예를 들면 $\sum_{n=0}^{\infty} n^n x^n$은 $x \neq 0$인 모든 점에서 발산한다.

(2) 거듭제곱급수가 모든 실수에서 절대수렴한다.

예를 들면 $\sum_{n=0}^{\infty} \dfrac{x^n}{n!}$은 모든 실수 x에 대하여 수렴한다.

(3) 거듭제곱급수가 주어졌을 때 다음 성질을 만족하는 실수 $r>0$이 존재한다.

① $|x| < r$인 모든 x에서 절대수렴한다.

② $|x| > r$인 모든 x에서 발산한다.

예를 들면 $\sum_{n=0}^{\infty} x^n$은 $|x| < 1$이면 절대수렴하고 $|x| > 1$이면 발산한다.

거듭제곱급수가 (1)의 경우에는 **수렴반경**이 0이라 하고, (2)의 경우에는 수렴반경이 ∞이라 하고, (3)의 경우에는 수렴반경이 r이라 한다.

거듭제곱급수의 수렴반경이 r일 때 $|x| < r$ 인 모든 x에서 (절대)수렴하고, $|x| > r$인 x에서는 발산함을 알고 있지만 일반적으로 $|x| = r$ 즉, $x = \pm r$에서는 수렴할 수도 있고, 발산할 수도 있다.

보기 10.4

다음 거듭제곱급수의 수렴반경과 수렴하는 x의 범위를 구하여라.

$$\sum_{n=1}^{\infty}(-1)^{n-1}\frac{x^{2n-1}}{2n-1}$$

풀이

$a_n=(-1)^{n-1}\dfrac{x^{2n-1}}{2n-1}$이라 하면

$$\lim_{n\to\infty}\left|\frac{a_{n+1}}{a_n}\right|=\lim_{n\to\infty}\frac{2n-1}{2n+1}|x|^2=|x|^2$$

이므로 비판정법에의해서 거듭제곱급수 $\sum_{n=1}^{\infty}(-1)^{n-1}\dfrac{x^{2n-1}}{2n-1}$는 $|x|<1$에서 절대수렴하고 $|x|>1$에서는 발산한다. 따라서 수렴반경은 1이다.

$x=1$에서

$$\sum_{n=1}^{\infty}(-1)^{n-1}\frac{x^{2n-1}}{2n-1}=\sum_{n=1}^{\infty}(-1)^{n-1}\frac{1}{2n-1}$$

이므로 교대급수정리에 의해서 수렴하고, $x=-1$에서

$$\sum_{n=1}^{\infty}(-1)^{n-1}\frac{x^{2n-1}}{2n-1}=\sum_{n=1}^{\infty}\frac{(-1)^n}{2n-1}$$

이므로 교대급수정리에 의해서 수렴한다. 따라서 거듭게곱급수 $\sum_{n=1}^{\infty}(-1)^{n-1}\dfrac{x^{2n-1}}{2n-1}$는

$$-1\le x\le 1$$

에서 수렴한다.

기본연습문제 10.1 다음 거듭제곱급수의 수렴반경과 수렴하는 x의 범위를 구하여라.

① $\sum_{n=1}^{\infty}\dfrac{x^n}{n}$ ② $\sum_{n=0}^{\infty}\dfrac{1}{n^2}x^n$ ③ $\sum_{n=0}^{\infty}(-1)^n\dfrac{x^{2n+1}}{2n+1}$

SECTION

10.1 연습문제

1. 다음 거듭제곱급수의 수렴반경과 수렴하는 x의 범위를 구하여라.

(1) $\displaystyle\sum_{n=0}^{\infty} \frac{4^n x^{2n}}{n}$ (2) $\displaystyle\sum_{n=0}^{\infty} \frac{n}{6^n} x^n$ (3) $\displaystyle\sum_{n=0}^{\infty} (-1)^n \frac{x^{n+1}}{\sqrt{n}+3}$

(4) $\displaystyle\sum_{n=0}^{\infty} (2x)^n$ (5) $\displaystyle\sum_{n=0}^{\infty} \frac{(2n)!}{(3n)!} x^n$ (6) $\displaystyle\sum_{n=1}^{\infty} \frac{2^n}{n^n} x^n$

(7) $\displaystyle\sum_{n=0}^{\infty} \frac{n^2}{1+n^2} x^n$ (8) $\displaystyle\sum_{n=1}^{\infty} \frac{n-1}{n} x^n$ (9) $\displaystyle\sum_{n=0}^{\infty} \frac{7^n}{n!} x^n$

(10) $\displaystyle\sum_{n=1}^{\infty} \frac{(-1)^n}{n^n} (x-2)^n$ (11) $\displaystyle\sum_{n=0}^{\infty} \frac{(x+1)^n}{2^n}$ (12) $\displaystyle\sum_{n=1}^{\infty} \frac{(3x-2)^n}{n}$

(13) $\displaystyle\sum_{n=0}^{\infty} \frac{x^n}{\sqrt{n^2+3}}$ (14) $\displaystyle\sum_{n=0}^{\infty} \frac{nx^n}{4^n(n^2+1)}$ (15) $\displaystyle\sum_{n=0}^{\infty} \frac{\sqrt{n}\,x^n}{3^n}$

(16) $\displaystyle\sum_{n=1}^{\infty} (-1)^{n+1} \frac{(x+2)^n}{n2^n}$

2. 피보나치 수열 $\{a_n\}$에 대하여 다음 물음에 답하여라.

$$a_1 = 1,\ a_2 = 1,\ a_{n+2} = a_{n+1} + a_n \quad (n \geq 1)$$

(1) 거듭제곱급수 $f(x) = \displaystyle\sum_{n=1}^{\infty} a_n x^n$의 수렴반경을 구하여라.

(2) $f(1/2)$의 값을 구하여라.

(3) 수렴반경 내에서 $f(x) = \dfrac{x}{1-x-x^2}$임을 보여라.

(4) $a_n = \dfrac{1}{\sqrt{5}}\left\{\left(\dfrac{1+\sqrt{5}}{2}\right)^n - \left(\dfrac{1-\sqrt{5}}{2}\right)^n\right\}$임을 보여라.

10.2 거듭제곱급수의 미분과 적분

거듭제곱급수 $\sum_{n=0}^{\infty} a_n x^n$의 수렴반경이 r이면, 이 거듭제곱급수로부터 집합

$$\{x \in \mathbb{R} : |x| < r\}$$

에서 정의된 함수

$$f(x) = \sum_{n=0}^{\infty} a_n x^n, \ (|x| < r)$$

를 얻을 수 있다. 다음 정리는 거듭제곱급수로 정의된 함수의 미분은 각 항을 미분하여 얻어지고, 적분은 각 항을 적분하여 얻어짐을 보여준다.

정리 10.2 거듭제곱급수의 기본정리

거듭제곱급수 $\sum_{n=0}^{\infty} a_n x^n$의 수렴반경이 r이라 하자. 그러면 집합 $\{x \in \mathbb{R} : |x| < r\}$에서 정의된 함수

$$f(x) = \sum_{n=0}^{\infty} a_n x^n, \ (|x| < r)$$

에 대하여 다음이 성립한다.

(1) 함수 $f(x)$는 미분가능하고, $f'(x) = \sum_{n=1}^{\infty} n a_n x^{n-1}, \ (|x| < r)$이다.

(2) $\int_0^x f(t)dt = \sum_{n=1}^{\infty} \frac{a_n}{n+1} x^{n+1}, \ (|x| < r)$

[정리 10.2]로부터 거듭제곱급수에 의해서 정의된 함수

$$f(x) = \sum_{n=0}^{\infty} a_n x^n, \ (|x| < r)$$

은 무한번 미분가능한 함수임을 알 수 있다. 따라서 함수 $f(x) = \sum_{n=0}^{\infty} a_n x^n$을 n번 미분하고 $x = 0$를 대입하면

$$n! a_n = f^{(n)}(0)$$

을 얻을 수 있다. 즉,

$$a_n = \frac{f^{(n)}(0)}{n!}$$

이다. 이로부터 함수 $f(x)$가 거듭제곱급수로 표현되는 함수이면

$$f(x) = \sum_{n=0}^{\infty} \frac{f^{(n)}(0)}{n!} x^n$$

이 됨을 알 수 있다.

보기 10.5

함수 $f(x) = \dfrac{1}{1-x}$에 대하여

$$f(x) = \frac{1}{1-x} = \sum_{n=0}^{\infty} x^n, \ (|x| < 1)$$

이므로 양변을 미분하면

$$f'(x) = \frac{1}{(1-x)^2} = \sum_{n=1}^{\infty} nx^{n-1} \ (|x| < 1)$$

이 된다. 따라서

$$\frac{x}{(1-x)^2} = \sum_{n=1}^{\infty} nx^n, \ \ (|x| < 1)$$

을 얻는다. 이 식에 $x = \dfrac{1}{2}$를 대입하면

$$\sum_{n=1}^{\infty} \frac{n}{2^n} = 2$$

를 얻을 수 있다.
이제 다시 한번 미분하면

$$f''(x) = \frac{2}{(1-x)^3} = \sum_{n=2}^{\infty} n(n-1)x^{n-2}, \ \ (|x| < 1)$$

이 된다. 따라서

$$\frac{2x^2}{(1-x)^3} = \sum_{n=2}^{\infty} n(n-1)x^n, \ \ (|x| < 1)$$

을 얻는다. 이 식에 $x = \dfrac{1}{2}$를 대입하면

$$\sum_{n=2}^{\infty} \frac{n(n-1)}{2^n} = \sum_{n=1}^{\infty} \frac{n(n-1)}{2^n} = 4$$

를 얻고,

$$\sum_{n=1}^{\infty}\frac{n(n-1)}{2^n}=\sum_{n=1}^{\infty}\frac{n^2}{2^n}-\sum_{n=1}^{\infty}\frac{n}{2^n}=4$$

이므로 앞에서 얻은 $\sum_{n=1}^{\infty}\frac{n}{2^n}=2$를 이용하면

$$\sum_{n=1}^{\infty}\frac{n^2}{2^n}=6$$

를 얻는다.

기본연습문제 10.2 다음 급수의 합을 구하여라.

① $\sum_{n=1}^{\infty}\frac{n}{3^n}$ ② $\sum_{n=1}^{\infty}\frac{n^3}{2^n}$

함수 $f(x)=\frac{1}{1-x}$의 거듭제곱급수 표현

$$f(x)=\frac{1}{1-x}=\sum_{n=0}^{\infty}x^n,\ (|x|<1)$$

에 대하여 정적분 $\int_0^x f(t)dt$을 생각하면 [정리 10.2]로부터 다음을 얻는다.

$$\int_0^x f(t)dt=-\log(1-x)=\sum_{n=0}^{\infty}\frac{x^{n+1}}{n+1}=\sum_{n=1}^{\infty}\frac{x^n}{n},\quad(|x|<1)$$

이제 x 대신에 $-x$를 대입하여 정리하면

$$\log(1+x)=\sum_{n=1}^{\infty}(-1)^{n-1}\frac{x^n}{n}=x-\frac{x^2}{2}+\frac{x^3}{3}-\frac{x^4}{4}+\cdots,\quad(|x|<1)$$

을 얻는다. 따라서 다음 정리를 얻는다.

정리 10.3

$\log(1+x)$에 대하여 다음 등식이 성립한다.

$$\log(1+x)=\sum_{n=1}^{\infty}(-1)^{n-1}\frac{x^n}{n}=x-\frac{x^2}{2}+\frac{x^3}{3}-\frac{x^4}{4}+\cdots,\quad(|x|<1)$$

[정리 10.3]의 등식에 $x=-\dfrac{1}{2}$과 $x=\dfrac{1}{2}$를 대입하면

$$\log 2=\sum_{n=1}^{\infty}\frac{1}{n2^n},\ \log\frac{3}{2}=\sum_{n=1}^{\infty}\frac{(-1)^{n-1}}{n2^n}$$

을 얻는다.

기본연습문제 10.3 다음 등식이 성립함을 보여라.

$$\log 3=\sum_{n=0}^{\infty}\frac{1}{(2n+1)4^n}$$

[정리 10.3]의 결과는 $x=1$일 때에도 성립함이 알려져 있다. 즉,

$$\log(1+x)=\sum_{n=1}^{\infty}(-1)^{n-1}\frac{x^n}{n}=x-\frac{x^2}{2}+\frac{x^3}{3}-\frac{x^4}{4}+\cdots,\quad(-1<x\le 1)$$

이다. 이 등식에 $x=1$을 대입하면 다음 결과를 얻는다.

$$\log 2=\sum_{n=1}^{\infty}\frac{(-1)^{n-1}}{n}=1-\frac{1}{2}+\frac{1}{3}-\frac{1}{4}+\cdots$$

SECTION

10.2 연습문제

1. 다음 급수의 합을 구하여라.

(1) $\displaystyle\sum_{n=1}^{\infty}\frac{n}{4^n}$　(2) $\displaystyle\sum_{n=1}^{\infty}\frac{n^2}{5^n}$　(3) $\displaystyle\sum_{n=1}^{\infty}(-1)^{n-1}\frac{1}{n3^n}$

(4) $\displaystyle\sum_{n=3}^{\infty}\frac{n(n-1)(n-2)}{3^n}$　(5) $\displaystyle\sum_{n=1}^{\infty}\frac{1}{n(n+1)2^n}$　(6) $\displaystyle\sum_{n=1}^{\infty}\frac{(-1)^n n^2}{2^n}$

2. 다음이 성립함을 보여라.

(1) $\displaystyle\log\frac{1+x}{1-x}=2\sum_{n=1}^{\infty}\frac{x^{2n-1}}{2n-1},\ (|x|<1)$

(2) $\displaystyle\log\frac{x}{x-1}=\sum_{n=1}^{\infty}\frac{1}{nx^n},\ (|x|>1)$

10.3 여러 가지 함수의 거듭제곱급수 표현

10.2절에서 거듭제곱급수로 정의된 함수의 적분을 이용하여 로그함수의 거듭제곱급수 표현을 얻었다. 이 절에서는 지수함수, 삼각함수 등의 거듭제곱급수 표현을 알아본다.

지수함수 $f(x)=e^x$에 대하여 $f^{(n)}(0)=1$이므로 만약 지수함수가 거듭제곱급수로 표현된다면

$$f(x)=e^x=\sum_{n=0}^{\infty}\frac{f^n(0)}{n!}x^n=\sum_{n=0}^{\infty}\frac{x^n}{n!}=1+x+\frac{x^2}{2!}+\frac{x^3}{3!}+\cdots$$

이어야 한다.

한편 거듭제곱급수 $\sum_{n=0}^{\infty}\frac{x^n}{n!}$는 비판정법에 의해서 모든 실수에 대하여 수렴한다. 따라서 주어진 거듭제곱급수로부터 실수 전체에서 정의된 함수

$$\exp(x)=\sum_{n=0}^{\infty}\frac{x^n}{n!}$$

을 얻을 수 있다. $x=0$을 대입하면

$$\exp(0)=1$$

을 얻고, 거듭제곱급수의 기본정리로부터

$$\exp'(x)=\exp(x)$$

를 얻는다.

이제 실수 전체에서 미분가능한 함수

$$g(x)=\frac{\exp(x)}{e^x}$$

를 생각하자. 그러면

$$g(0)=\frac{\exp(0)}{e^0}=1\text{이고 } g'(x)=\frac{\exp'(x)e^x-\exp(x)e^x}{e^{2x}}=0$$

이므로 함수 $g(x)$는 실수 전체에서 상수함수 1이다. 즉, $g(x)=1$이다. 따라서

$$e^x=\sum_{n=0}^{\infty}\frac{x^n}{n!}=1+x+\frac{x^2}{2!}+\frac{x^3}{3!}+\cdots$$

이다. 이 결과로부터 다음 정리를 얻는다.

정리 10.4

모든 실수 x에 대하여 다음 등식이 성립한다.

$$e^x = \sum_{n=0}^{\infty} \frac{x^n}{n!} = 1 + x + \frac{x^2}{2!} + \frac{x^3}{3!} + \cdots$$

보기 10.6

지수함수 e^{-x}의 거듭제곱급수 표현을 구하여라.

풀이

[정리 10.4]에 의해서

$$e^x = \sum_{n=0}^{\infty} \frac{x^n}{n!} = 1 + x + \frac{x^2}{2!} + \frac{x^3}{3!} + \cdots$$

이므로 x 대신에 $-x$를 대입하면

$$e^{-x} = \sum_{n=0}^{\infty} \frac{(-x)^n}{n!} = \sum_{n=0}^{\infty} (-1)^n \frac{x^n}{n!} = 1 - x + \frac{x^2}{2!} - \frac{x^3}{3!} + \cdots$$

을 얻는다.

기본연습문제 10.4 다음 함수의 거듭제곱급수 표현을 구하여라.

① e^{x^2} ② xe^x

기본연습문제 10.5 다음 등식을 이용하여 $e < 3$임을 보여라.

$$e = 1 + 1 + \frac{1}{2!} + \frac{1}{3!} + \cdots$$

쌍곡코사인함수와 쌍곡사인함수는 다음과 같이 정의된다.

$$\cosh x = \frac{1}{2}(e^x + e^{-x}), \ \sinh x = \frac{1}{2}(e^x - e^{-x})$$

따라서 [정리 10.4]로부터 다음 정리를 얻는다.

정리 10.5

모든 실수 x에 대하여 다음 등식이 성립한다.

$$\cosh x = \sum_{n=0}^{\infty} \frac{x^{2n}}{(2n)!}, \quad \sinh x = \sum_{n=0}^{\infty} \frac{x^{2n+1}}{(2n+1)!}$$

이제 삼각함수의 거듭제곱급수 표현에 대하여 알아보자.

사인함수 $f(x) = \sin x$에 대하여

$$f^{(2n)}(0) = 0, \quad f^{(2n+1)}(0) = (-1)^n$$

이므로, 사인함수가 거듭제곱급수로 표현된다면

$$f(x) = \sin x = \sum_{n=0}^{\infty} \frac{f^n(0)}{n!} x^n = \sum_{n=0}^{\infty} (-1)^n \frac{x^{2n+1}}{(2n+1)!}$$

이어야 한다. 마찬가지로 코사인함수 $g(x) = \cos x$에 대하여

$$g^{(2n)}(0) = (-1)^n, \quad g^{(2n+1)}(0) = 0$$

이므로 코사인함수가 거듭제곱급수로 표현된다면

$$g(x) = \cos x = \sum_{n=0}^{\infty} (-1)^n \frac{x^{2n}}{(2n)!}$$

이어야 한다.

한편 거듭제곱급수

$$\sum_{n=0}^{\infty} (-1)^n \frac{x^{2n+1}}{(2n+1)!}, \quad \sum_{n=0}^{\infty} (-1)^n \frac{x^{2n}}{(2n)!}$$

는 비판정법에 의해서 모든 실수에 대하여 수렴한다. 따라서 두 거듭제곱급수로부터 실수 전체에서 정의된 다음 함수를 얻는다.

$$S(x) = \sum_{n=0}^{\infty} (-1)^n \frac{x^{2n+1}}{(2n+1)!}, \quad C(x) = \sum_{n=0}^{\infty} (-1)^n \frac{x^{2n}}{(2n)!}$$

$x = 0$을 대입하면

$$S(0) = 0 \text{와 } C(0) = 1$$

을 얻고 거듭제곱급수의 기본정리로부터

$$S'(x) = C(x) \text{와 } C'(x) = -S(x)$$

를 얻는다.

이제 실수 전체에서 정의된 미분가능 함수

$$f(x) = (S(x) - \sin x)^2 + (C(x) - \cos x)^2$$

를 생각하자. 그러면 $f(x)$의 도함수는

$$\begin{aligned} f'(x) &= 2(S(x) - \sin x)(S'(x) - \cos x) + 2(C(x) - \cos x)(C'(x) + \sin x) \\ &= 2(S(x) - \sin x)(C(x) - \cos x) + 2(C(x) - \cos x)(-S(x) + \sin x) \\ &= 0 \end{aligned}$$

이고, $f(0) = 0$이므로 함수 $f(x)$는 상수함수 0이 된다. 즉,

$$S(x) = \sin x \text{와 } C(x) = \cos x$$

을 얻는다. 따라서 다음 정리를 얻는다.

정리 10.6

모든 실수 x에 대하여 다음 등식이 성립한다.

(1) $\sin x = \sum_{n=0}^{\infty} (-1)^n \frac{x^{2n+1}}{(2n+1)!} = x - \frac{x^3}{3!} + \frac{x^5}{5!} - \frac{x^7}{7!} + \cdots$

(2) $\cos x = \sum_{n=0}^{\infty} (-1)^n \frac{x^{2n}}{(2n)!} = 1 - \frac{x^2}{2!} + \frac{x^4}{4!} - \frac{x^6}{6!} + \cdots$

기본연습문제 10.6 다음 함수의 거듭제곱급수 표현을 구하여라.

① $\sin 3x$ ② $\cos \frac{x}{2}$

임의의 실수 r에 대하여 함수 $f(x) = (1+x)^r$의 거듭제곱급수 표현을 알아보자. 함수 $f(x)$가 거듭제곱급수로 표현된다면

$$\begin{aligned} f(x) &= (1+x)^r &&\Rightarrow f(0) = 1 \\ f'(x) &= r(1+x)^{r-1} &&\Rightarrow f'(0) = r \\ f''(x) &= r(r-1)(1+x)^{r-2} &&\Rightarrow f''(0) = r(r-1) \\ &\vdots && \qquad \vdots \\ f^{(n)}(x) &= r(r-1)\cdots(r-n+1)(1+x)^{r-n} &&\Rightarrow f^{(n)}(0) = r(r-1)\cdots(r-n+1) \end{aligned}$$

이므로 실수 r과 자연수 n에 대한 **이항계수**를

$$\binom{r}{0} = 1, \ \binom{r}{n} = \frac{r(r-1)\cdots(r-n+1)}{n!}$$

로 정의하면

$$f(x) = (1+x)^r = \sum_{n=0}^{\infty} \frac{f^{(n)}(0)}{n!} x^n = \sum_{n=0}^{\infty} \frac{r(r-1)\cdots(r-n+1)}{n!} x^n = \sum_{n=0}^{\infty} \binom{r}{n} x^n$$

이어야 한다.

한편 거듭제곱급수 $\sum_{n=0}^{\infty} \binom{r}{n} x^n$에서 $a_n = \binom{r}{n} x^n$이라 하면

$$\lim_{n\to\infty} \left| \frac{a_{n+1}}{a_n} \right| = \lim_{n\to\infty} \frac{|r-n|}{n+1} |x| = |x|$$

이므로 비판정법에 의해서 급수는 $|x| < 1$이면 절대수렴하고 $|x| > 1$이면 발산한다. 따라서 이 급수로부터 $|x| < 1$에서 정의된 함수

$$g(x) = \sum_{n=0}^{\infty} \binom{r}{n} x^n, \ (|x| < 1)$$

을 얻는다. $x = 0$을 대입하면 $g(0) = 1$을 얻고 거듭제곱급수의 기본정리로부터

$$g'(x) = \frac{rg(x)}{1+x}, \quad (|x| < 1)$$

을 얻는다.

이제 $|x| < 1$에서 정의된 함수

$$h(x) = \frac{g(x)}{(1+x)^r}$$

을 생각하자. 그러면

$$h'(x) = \frac{g'(x)(1+x)^r - g(x)r(1+x)^{r-1}}{(1+x)^{2r}} = 0$$

이고, $h(0) = 1$이므로 $h(x)$는 상수함수 1이 된다. 즉

$$(1+x)^r = \sum_{n=1}^{\infty} \binom{r}{n} x^n, \ (|x| < 1)$$

을 얻는다. 따라서 다음 정리를 얻는다.

정리 10.7

실수 r에 대하여 다음 등식이 성립한다.

$$(1+x)^r = \sum_{n=0}^{\infty} \binom{r}{n} x^n, \ (|x|<1)$$

보기 10.7

함수 $\sqrt{1+x}$를 거듭제곱급수로 표현했을 때 처음 다섯 항을 구하여라.

풀이

정의에 따라서 이항계수를 구해보면

$$\binom{\frac{1}{2}}{1} = \frac{1}{2}, \ \binom{\frac{1}{2}}{2} = -\frac{1}{2 \cdot 2^2}, \ \binom{\frac{1}{2}}{3} = \frac{1 \cdot 3}{3!2^3}, \ \binom{\frac{1}{2}}{4} = -\frac{1 \cdot 3 \cdot 5}{4!2^4}$$

이다. 따라서

$$\sqrt{1+x} = (1+x)^{\frac{1}{2}} = \sum_{n=0}^{\infty} \binom{\frac{1}{2}}{n} x^n = 1 + \frac{1}{2}x - \frac{1}{8}x^2 + \frac{1}{16}x^3 - \frac{5}{128}x^4 + \cdots, \ (|x|<1)$$

이다.

기본연습문제 10.7 함수 $(1+x)^{1/3}$를 거듭제곱급수로 표현했을 때 처음 네 항을 구하여라.

역사인함수 $\arcsin x$의 도함수는

$$\frac{d}{dx}(\arcsin x) = \frac{1}{\sqrt{1-x^2}}$$

이고, $\arcsin 0 = 0$이다. 따라서 역사인함수는 [정리 10.7]과 거듭제곱급수의 기본정리에 의해서 다음과 같은 거듭제곱급수 표현을 갖는다.

정리 10.8

$|x|<1$에 대하여 다음 등식이 성립한다.

$$\arcsin x = \sum_{n=0}^{\infty} \frac{(-1)^n}{2n+1} \binom{-\frac{1}{2}}{n} x^{2n+1} = x + \frac{1}{6}x^3 + \frac{3}{40}x^5 + \cdots, \ (|x|<1)$$

$|x| < 1$에 대하여

$$\frac{1}{1+x^2} = 1 - x^2 + x^4 - x^6 + \cdots, \ (|x| < 1)$$

이므로 역탄젠트함수 $\arctan x$의 도함수는

$$\frac{d}{dx}(\arctan x) = \frac{1}{1+x^2} = 1 - x^2 + x^4 - x^6 + \cdots, \ (|x| < 1)$$

이다. $\arctan 0 = 0$이므로 양변을 적분하면 거듭제곱급수의 기본정리로부터

$$\arctan x = x - \frac{1}{3}x^3 + \frac{1}{5}x^5 - \frac{1}{7}x^7 + \cdots, \ (|x| < 1)$$

을 얻는다. 따라서 다음 정리를 얻는다.

정리 10.9

$|x| < 1$에 대하여 다음 등식이 성립한다.

$$\arctan x = \sum_{n=0}^{\infty} (-1)^n \frac{x^{2n+1}}{2n+1} = x - \frac{1}{3}x^3 + \frac{1}{5}x^5 - \frac{1}{7}x^7 + \cdots, \ (|x| < 1)$$

[정리 10.9]에서 $x = \frac{1}{\sqrt{3}}$을 대입하면

$$\frac{\pi}{6} = \frac{1}{\sqrt{3}}\left(1 - \frac{1}{3 \cdot 3} + \frac{1}{5 \cdot 3^2} - \frac{1}{7 \cdot 3^3} + \cdots\right)$$

을 얻는다.

[정리 10.9]의 결과는 $x = \pm 1$일 때도 성립함이 알려져 있다. 즉,

$$\arctan x = \sum_{n=0}^{\infty} (-1)^n \frac{x^{2n+1}}{2n+1} = x - \frac{1}{3}x^3 + \frac{1}{5}x^5 - \frac{1}{7}x^7 + \cdots, \ (|x| \le 1)$$

이다. 이 등식에 $x = 1$을 대입하면

$$\frac{\pi}{4} = \sum_{n=0}^{\infty} \frac{(-1)^n}{2n+1} = 1 - \frac{1}{3} + \frac{1}{5} - \frac{1}{7} + \cdots$$

을 얻는다.

기본연습문제 10.8 함수 $f(x) = \arctan x$에 대하여 $f^{(11)}(0)$와 $f^{(14)}(0)$을 구하여라.

SECTION

10.3 연습문제

1. 다음 급수의 합을 구하여라.

(1) $1+1+\dfrac{1}{2!}+\dfrac{1}{3!}+\dfrac{1}{4!}+\cdots$

(2) $\left(\dfrac{1}{4}\right)^3+\left(\dfrac{1}{4}\right)^4+\left(\dfrac{1}{4}\right)^5+\left(\dfrac{1}{4}\right)^6+\cdots$

(3) $1-\dfrac{3^2}{4^2\cdot 2!}+\dfrac{3^4}{4^4\cdot 4!}-\dfrac{3^6}{4^6\cdot 6!}+\cdots$

(4) $\dfrac{1}{2}-\dfrac{1}{2\cdot 2^2}+\dfrac{1}{3\cdot 2^3}-\dfrac{1}{4\cdot 2^4}+\cdots$

(5) $\dfrac{\pi}{3}-\dfrac{\pi^3}{3^3\cdot 3!}+\dfrac{\pi^5}{3^5\cdot 5!}-\dfrac{\pi^7}{3^7\cdot 7!}+\cdots$

2. 다음 극한값을 구하여라.

(1) $\lim\limits_{x\to 0}\dfrac{x-\arctan x}{x^3}$

(2) $\lim\limits_{x\to\infty} x^2(e^{-1/x^2}-1)$

(3) $\lim\limits_{x\to\infty}(x+1)\sin\dfrac{1}{x+1}$

(4) $\lim\limits_{x\to 0}\dfrac{\log(1+x^3)}{x\sin x^2}$

10.4 테일러급수

수렴반경이 r인 거듭제곱급수가 주어지면 거듭제곱급수의 수렴범위에서 무한번 미분가능한 함수를 얻을 수 있다. 반대로 $x=0$ 근방에서 정의된 무한번 미분가능한 함수가 주어졌을 때 함수를 $x=0$ 근방에서 거듭제곱급수로 표현할 수 있을까? 이 절에서는 이 문제에 대하여 살펴본다.

함수 f가 $x=0$에서 n번 미분가능할 때 다항식

$$T_n f(x) = f(0) + f'(0)x + \frac{f''(0)}{2!}x^2 + \cdots + \frac{f^{(n)}(0)}{n!}x^n$$

을 함수 f의 n**차 테일러 다항식**이라 한다.

보기 10.8

함수 $f(x) = \cos x$의 4차 테일러 다항식을 구하여라.

풀이

함수 $f(x) = \cos x$에 대하여

$$f(0) = 1,\ f'(0) = 0,\ f''(0) = -1,\ f'''(0) = 0,\ f^{(4)}(0) = 1$$

이므로 f의 4차 테일러 다항식은

$$\begin{aligned} T_4 f(x) &= f(0) + f'(0)x + \frac{f''(0)}{2!}x^2 + \frac{f'''(0)}{3!}x^3 + \frac{f^{(4)}(0)}{4!}x^4 \\ &= 1 - \frac{x^2}{2!} + \frac{x^4}{4!} \end{aligned}$$

이다.

함수 $f(x)$가 거듭제곱급수

$$f(x) = \sum_{n=0}^{\infty} a_n x^n$$

로 표현되면 n번 미분하고 $x=0$를 대입하여

$$n!a_n = f^{(n)}(0)$$

을 얻을 수 있다. 즉,

$$a_n = \frac{f^{(n)}(0)}{n!}$$

이다. 따라서 $f(x)$의 n차 테일러 다항식은

$$\begin{aligned} T_n f(x) &= f(0) + f'(0)x + \frac{f''(0)}{2!}x^2 + \cdots + \frac{f^{(n)}(0)}{n!}x^n \\ &= a_0 + a_1 x + a_2 x^2 + \cdots + a_n x^n \end{aligned}$$

임을 알 수 있다.

보기 10.9

지수함수 $f(x) = e^x$의 n차 테일러 다항식을 구하여라.

풀이

함수 $f(x) = e^x$에 대하여

$$f(x) = e^x = \sum_{n=0}^{\infty} \frac{x^n}{n!}$$

이므로 $f(x) = e^x$의 n차 테일러 다항식은

$$T_n f(x) = 1 + x + \frac{x^2}{2!} + \cdots + \frac{x^n}{n!}$$

이다.

기본연습문제 10.9 함수 $f(x) = \arctan x$의 5차 테일러 다항식을 구하여라.

함수 f가 $x = 0$에서 무한번 미분가능할 때 거듭제곱급수

$$\begin{aligned} Tf(x) &= \sum_{n=0}^{\infty} \frac{f^{(n)}(0)}{n!}x^n \\ &= f(0) + f'(0)x + \frac{f''(0)}{2!}x^2 + \cdots + \frac{f^{(n)}(0)}{n!}x^n \cdots \end{aligned}$$

을 **함수 f의 테일러급수**라 한다.

함수 $f(x)$가 거듭제곱급수

$$f(x) = \sum_{n=0}^{\infty} a_n x^n$$

로 표현되면 n번 미분하고 $x = 0$를 대입하면

$$n! a_n = f^{(n)}(0)$$

을 얻을 수 있다. 즉,

$$a_n = \frac{f^{(n)}(0)}{n!}$$

이다. 따라서 $f(x)$의 테일러급수는

$$Tf(x) = \sum_{n=0}^{\infty} \frac{f^{(n)}(0)}{n!} x^n = \sum_{n=0}^{\infty} a_n x^n$$

임을 알 수 있다.

기본연습문제 10.10 함수 $f(x) = \arctan x$의 테일러급수를 구하여라.

무한번 미분가능한 함수 $f(x)$에 대하여 테일러급수 $Tf(x)$와 $f(x)$가 일치할 필요는 없다. 따라서 테일러급수 $Tf(x)$와 $f(x)$가 일치할 조건에 대하여 알아본다. 이를 위해서 다음 정리를 소개한다.

정리 10.10 테일러 정리

$x=0$ 근방에서 정의된 $(n+1)$번 미분가능한 함수 $f(x)$에 대하여

$$f(x) = f(0) + f'(0)x + \frac{f''(0)}{2!}x^2 + \cdots + \frac{f^{(n)}(0)}{n!}x^n + \frac{f^{(n+1)}(x^*)}{(n+1)!}x^{n+1}$$

을 만족하는 x^*가 0와 x 사이에 존재한다.

테일러 정리에서 마지막 항을

$$R_n f(x) = \frac{f^{(n+1)}(x^*)}{(n+1)!}x^{n+1}$$

로 두고 n**차 테일러 나머지항**이라 한다. 함수 f의 n차 테일러 나머지 항 $R_n f(x)$와 n차 테일러 다항식 $T_n f(x)$를 이용하면 테일러 정리는

$$f(x) = T_n f(x) + R_n f(x)$$

같이 표현할 수 있다. 이 표현을 $f(x)$의 **테일러 전개**라 한다. 이제

$$\lim_{n\to\infty} T_n f(x) = Tf(x)$$

이므로 다음과 같은 사실을 알 수 있다.

$$\lim_{n\to\infty} R_n f(x) = 0 \Leftrightarrow Tf(x) = f(x)$$

보기 10.10

다음 등식이 성립함을 보여라.

$$\log(1+x) = \sum_{n=1}^{\infty} (-1)^{n-1} \frac{x^n}{n} = x - \frac{x^2}{2} + \frac{x^3}{3} - \frac{x^4}{4} + \cdots \quad (-1 < x \le 1)$$

풀이

$f(x) = \log(1+x)$에 대하여

$$f'(x) = \frac{1}{1+x},\ f''(x) = -\frac{1}{(1+x)^2},\ \cdots,\ f^{(n)}(x) = (-1)^{n-1}\frac{(n-1)!}{(1+x)^n}$$

이므로 f의 원점에서의 테일러급수는

$$Tf(x) = \sum_{n=1}^{\infty} \frac{(-1)^{n-1}}{n} x^n$$

이다. 이 급수는 $|x| < 1$에서

$$\log(1+x) = \sum_{n=1}^{\infty} \frac{(-1)^{n-1}}{n} x^n$$

임을 알고 있다.

나머지항 $R_n f(1)$을 계산해 보자. $t \in [0, 1]$에 대하여

$$|f^{(n+1)}(t)| = \left| (-1)^{n-1} \frac{n!}{(1+t)^n} \right| \le n!$$

이므로

$$|R_n f(1)| \le \frac{1}{n+1}$$

이다. 따라서

$$\lim_{n\to\infty} R_n f(1) = 0$$

이다. 즉, $x = 1$일 때

$$\log 2 = 1 - \frac{1}{2} + \frac{1}{3} - \frac{1}{4} + \cdots$$

이 성립한다.

위 보기에서 알 수 있듯이 $|R_n f(x)|$의 크기를 아는 것은 테일러급수의 수렴성을 조사하는

데 매우 중요하다. 위 보기의 풀이를 참고하면 다음과 같이 $|R_n f(x)|$의 크기에 관한 정리를 얻을 수 있다.

정리 10.11

0과 x 사이의 모든 t에 대하여 $|f^{(n+1)}(t)| \le M$을 만족하는 M이 존재하면

$$|R_n f(x)| \le M\frac{|x|^{n+1}}{(n+1)!}$$

이 성립한다.

다음 보기에서 알 수 있듯이 $|R_n f(x)|$의 크기는 근삿값을 구하는 데도 유용하게 사용된다.

보기 10.11

e의 근삿값을 오차의 범위가 10^{-2}이내가 되도록 구하여라.

풀이

함수 $f(x)=e^x$의 원점에서의 5차 테일러 전개

$$f(x) = T_5 f(x) + R_5 f(x)$$

를 생각하자. 모든 $t \in [0, 1]$에 대하여

$$|f^{(6)}(t)| = |e^t| \le e < 3$$

이므로

$$|R_5 f(1)| \le 3\frac{|1|^{5+1}}{(5+1)!} = \frac{3}{6!} \le \frac{1}{10^{-2}}$$

이 된다. 이로부터

$$|f(1) - T_5 f(1)| = |R_3 f(1)| \le 10^{-2}$$

을 얻는다. 따라서 $f(1)=e$의 근삿값으로

$$T_5 f(1) = 1+1+\frac{1}{2!}+\frac{1}{3!}+\frac{1}{4!}+\frac{1}{5!} \approx 2.71$$

을 택하면 오차가 10^{-2} 이내임을 알 수 있다.

지금까지 $x=0$에서 테일러 다항식과 테일러급수를 생각했다. 하지만 임의의 $x=a$에서의 테일러 다항식과 테일러급수도 생각할 수 있다.

임의의 $x=a$에서의 함수 f의 테일러 다항식 $T_n^a f(x)$와 테일러급수 $T^a f(x)$는 다음과 같이 정의한다.

$$T_n^a f(x) = \sum_{k=0}^{n} \frac{f^{(k)}(a)}{k!}(x-a)^k, \quad T^a f(x) = \sum_{n=0}^{\infty} \frac{f^{(n)}(a)}{n!}(x-a)^n$$

임의의 $x=a$에서의 테일러 다항식과 테일러급수에 관한 내용은 $x=0$에서 테일러 다항식과 테일러급수에 관한 내용과 크게 다를 것이 없으므로, 소개만 하고 넘어가기로 한다.

보기 10.12

함수 $f(x)=e^{x/2}$의 $x=3$에서의 테일러급수를 구하여라.

풀이

$t=x-3$이라 하면

$$\begin{aligned} f(t+3) &= e^{(t+3)/2} = e^{3/2} \cdot e^{t/2} \\ &= e^{3/2}\sum_{n=0}^{\infty} \frac{1}{n!}\left(\frac{t}{2}\right)^n \\ &= e^{3/2}\sum_{n=0}^{\infty} \frac{1}{2^n n!} t^n \end{aligned}$$

을 얻는다. 따라서 $x=3$에서의 테일러급수는

$$f(x) = e^{3/2}\sum_{n=0}^{\infty} \frac{1}{2^n n!}(x-3)^n$$

이다.

[보기 10.12]에서 $f^{(n)}(3)$을 구하여 $x=3$에서의 테일러급수 $\displaystyle\sum_{n=0}^{\infty} \frac{f^{(n)}(3)}{n!}(x-3)^n$을 구해도 같은 결과를 얻는다.

보기 10.13

함수 $f(x)=\dfrac{1}{x}$의 $x=2$에서의 테일러급수를 구하여라.

풀이

함수 $f(x)=\dfrac{1}{x}$에 대하여,

$$f(x)=\frac{1}{x}=\frac{1}{2-(x-2)}=\frac{1}{2}\cdot\frac{1}{1-\left(\frac{x-2}{2}\right)}$$
$$=\frac{1}{2}\sum_{n=0}^{\infty}\left(\frac{x-2}{2}\right)^n$$
$$=\sum_{n=0}^{\infty}\frac{(x-2)^n}{2^{n+1}},\quad (|x-2|<2)$$

이므로 함수 $f(x)=\frac{1}{x}$의 $x=2$에서의 테일러급수는

$$Tf(x)=\sum_{n=0}^{\infty}\frac{(x-2)^n}{2^{n+1}}$$

이다.

SECTION

10.4 연습문제

1. 다음 함수의 5차 테일러 다항식을 구하여라.

(1) $x-\sin x$ (2) $\sqrt{1+x}$ (3) $(1+x^2)^{-1}$

2. 다음 함수를 테일러급수로 나타내어라.

(1) e^{-5x} (2) $\arctan(3x^4)$ (3) $\log(1+x^2)$

(4) $x^2\sin x$ (5) $\cos^2 x$ (힌트: $\cos^2 x=\frac{1+\cos 2x}{2}$)

(6) $\frac{x^2}{1-2x}$ (7) $x\log(1+2x)$ (8) $e^x+\frac{1}{1+x}$

3. 다음 물음에 답하여라.

(1) 함수 $f(x)=e^{-4x}$의 $x=-1$에서의 테일러급수를 구하여라.

(2) 함수 $f(x)=\cos x$의 $x=\frac{\pi}{2}$에서의 테일러급수를 구하여라.

(3) 함수 $f(x)=x\log x$의 $x=1$에서의 테일러급수를 구하여라.

CHAPTER

11 좌표공간과 벡터

11.1 좌표공간

직선상에서 원점과 단위 길이가 정해지면, 이 직선상의 점은 하나의 실수로 표시된다. 또, 평면 위의 한 점은 실수의 한 쌍으로 표시된다.

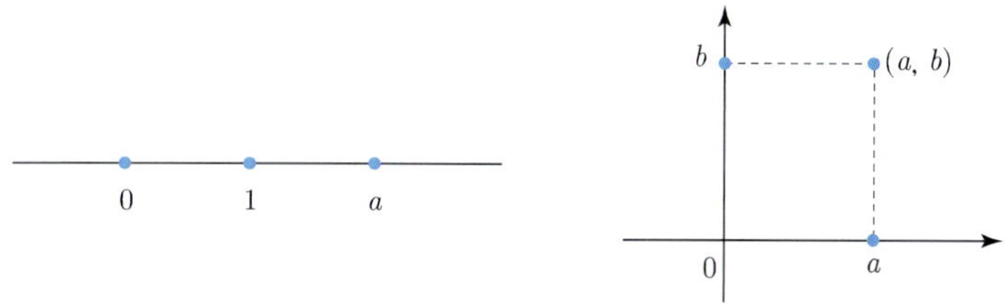

[그림 11.1]

마찬가지로 공간 속의 한 점 P도 세 실수의 순서 있는 짝

$$(a,\ b,\ c)$$

로 표시할 수 있다. 이 순서 있는 짝 (a, b, c)를 점 P의 **좌표**라 한다. 공간에 좌표를 도입한 것을 **좌표공간**이라 부른다.

실수의 입장에서 보면 좌표공간은 단순히

$$\mathbb{R}^3 = \{(a,\ b,\ c) \mid a,\ b,\ c \in \mathbb{R}\}$$

이다.[1)] 이때 다음 함수 $\mathbb{R}^3 \to \mathbb{R}$

$$x(a,\ b,\ c) = a$$
$$y(a,\ b,\ c) = b$$
$$z(a,\ b,\ c) = c$$

를 각각 x**좌표**, y**좌표**, z**좌표**라 부르고, a, b, c를 각각 점 $P = (a,\ b,\ c)$의 x**성분**, y**성분**, z**성분**이라 부른다. 또, x성분이 0인 점들 전체의 집합을 yz**평면**, y성분이 0인 점들 전체의 집합을 zx**평면**, z성분이 0인 점들 전체의 집합을 xy**평면**이라 부르고, y와 z성분이 동시에 0인 점들 전체의 집합을 x**축**, z와 x성분이 동시에 0인 점들 전체의 집합을 y**축**, x와 y성분이 동시에 0인 점들 전체의 집합을 z**축**이라 부른다. x, y, z의 모든 성분이 0이 되는 점 $(0,\ 0,\ 0)$을 **원점**이라고 부르고,

$$\mathrm{O}$$

로 나타낸다.

xy평면 위의 점 $(a,\ b,\ 0)$을 단순히 $(a,\ b)$로 나타내기도 한다.

$$(a,\ b) = (a,\ b,\ 0)$$

그림을 그려 좌표를 표현할 때는 다음과 같이 오른손 좌표계를 사용한다.

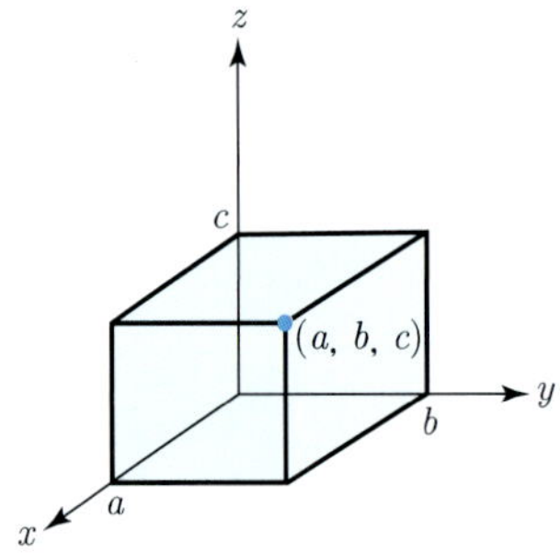

[그림 11.2]

좌표공간의 두 점 $P = (a_1,\ b_{1,}\ c_1)$와 $Q = (a_1,\ b_{1,}\ c_1)$에 대하여

$$P + Q = (a_1,\ b_{1,}\ c_1) + (a_2,\ b_{2,}\ c_2) = (a_1 + a_2,\ b_1 + b_2,\ c_1 + c_2)$$

로 정의한다. 기하학적으로 $P + Q$는 원점과 P, Q가 만드는 평행사변형의 마지막 꼭짓점이다.

---

1) $\mathbb{R}^3 = \{(a,\ b,\ c) \mid a,\ b,\ c \in \mathbb{R}\}$를 **3차원 좌표공간**이라 부른다. 일반적으로

$$\mathbb{R}^n = \{(a_1,\ a_2,\ \cdots,\ a_n) | a_1,\ a_2,\ \cdots,\ a_n \in \mathbb{R}\}$$

을 n**차원 좌표공간**이라 부른다.

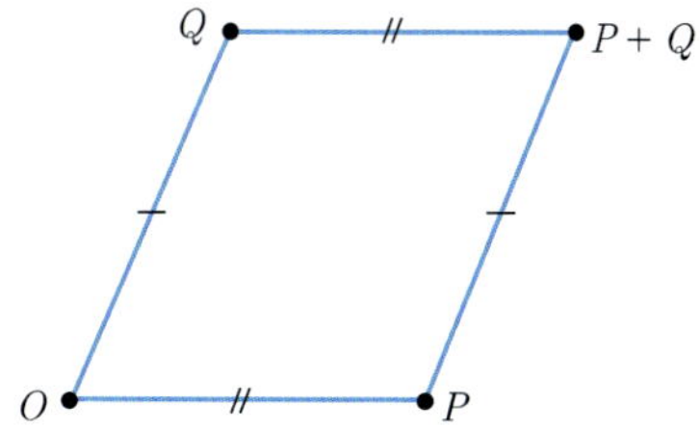

[그림 11.3]

또 실수 t에 대하여

$$tP = t(a,\ b,\ c) = (ta,\ tb,\ tc)$$

로 정의한다. 그러면 다음이 성립함을 쉽게 보일 수 있다.

정리 11.1

좌표공간 속의 세 점 P, Q, R과 실수 s, t에 대하여 다음이 성립한다.

(1) $(P+Q)+R = P+(Q+R)$
(2) $P+O = O+P$
(3) $P+((-1)P) = ((-1)P)+P = O$
(4) $P+Q = Q+P$
(5) $(st)P = s(tP)$
(6) $s(P+Q) = sP+sQ$
(7) $(s+t)P = sP+tP$
(8) $1P = P$

앞으로 $(-1)P$를 $-P$로 나타내고, $Q+(-P) = Q-P$로 쓰기로 한다.

두 점 $P = (a_1,\ b_1,\ c_1)$와 $Q = (a_2,\ b_2,\ c_2)$ 사이의 거리는 피타고라스 정리에 의해서

$$\sqrt{(a_1-a_2)^2+(b_1-b_2)^2+(c_1-c_2)^2}$$

로 주어진다. 특히 원점과 P 사이의 거리는

$$\sqrt{a_1^2+b_1^2+c_1^2}$$

이다.

기본연습문제 11.1 다음 두 점 사이의 거리를 구하여라.

① $P = (6,0,-3)$, $Q = (-6,4,0)$　　② $R = (1,-2,3)$, $S = (1,2,6)$

앞서 소개한 좌표계를 **직교좌표계**라 한다. 때에 따라서는 공간의 점을 표현하는 다른 방법들이 유용하게 쓰일 때가 있고, 그 대표적인 예가 원기둥좌표계와 구면좌표계이다.

좌표공간에서 점 $P=(x,\ y,\ z)$에 대하여

$$x = r\cos\theta,$$
$$y = r\sin\theta,$$
$$z = z$$

을 만족시키는 (r, θ, z)를 점 P의 **원기둥좌표**라 하고, 이러한 좌표계를 **원기둥좌표계**라 한다. 원기둥좌표계는 직교좌표계에서 x, y성분만 극좌표계로 바꾼 것이다. 이때 r은 z축과의 거리이다.

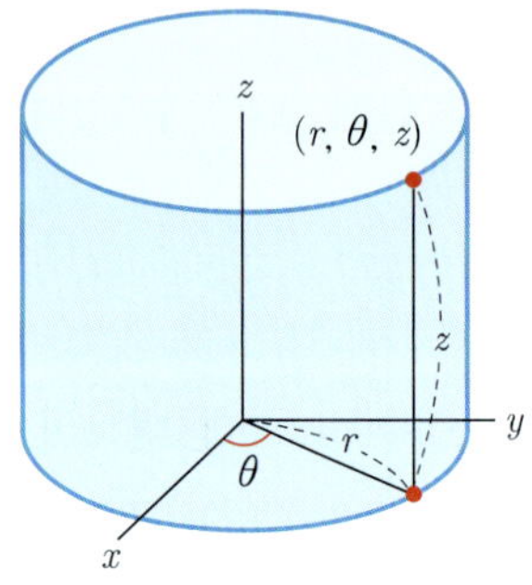

[그림 11.4]

원기둥좌표계는 z축과 평행한 원기둥을 나타내거나, z축을 포함하거나 z축에 수직인 평면을 나타내는 데 매우 유용하다. 예를 들어 z축과 평행한 원기둥은

$$r = 4$$

와 같이 나타낼 수 있고, z축을 포함하는 평면은

$$\theta = \frac{\pi}{4}$$

와 같이, z축에 수직인 평면은

$$z = 1$$

와 같이 나타낼 수 있다.

기본연습문제 11.2 다음 직교좌표계로 표현된 점들을 원기둥좌표계로 표시하여라.

① $(1,\ \sqrt{3},\ -3)$ ② $(2,\ 3,\ -1)$

좌표공간에서 점 $P=(x,\ y,\ z)$와 원점 O 사이의 거리를 ρ, 선분 OP가 z축의 양의 방향과 이루는 각의 크리를 φ, 점 P를 xy평면으로 정사영한 점 $P' = (x, y, 0)$에 대하여 선분 OP'이 x축의 양의 방향과 이루는 각의 크기를 θ라 하면

$$x = \rho \sin\varphi \cos\theta$$

$$y = \rho \sin\varphi \sin\theta$$

$$z = \rho \cos\varphi$$

이다.

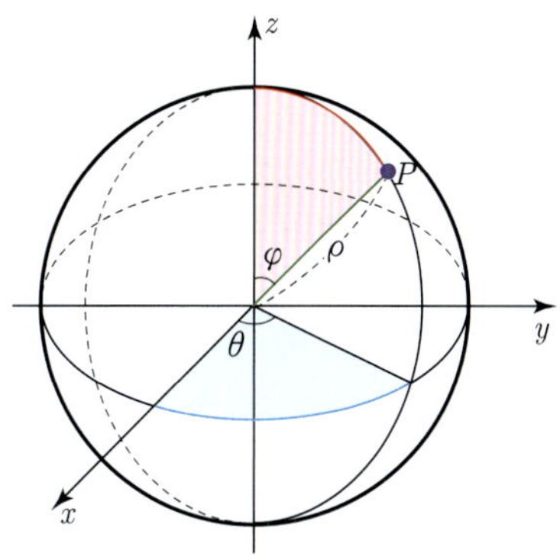

[그림 11.5]

이때

$$(\rho, \varphi, \theta)$$

를 점 P의 **구면좌표**라 하고, 이러한 좌표계를 **구면좌표계**라 한다.

구면좌표계는 중심이 원점인 구나, 꼭짓점이 원점이고 z축과 나란한 원뿔을 나타내는 데 유용하다. 예를 들어 중심이 원점인 구는

$$\rho = 3$$

와 같이 나타낼 수 있고, 꼭짓점이 원점이고 z축과 나란한 원뿔은

$$\varphi = \frac{\pi}{3}$$

와 같이 나타낼 수 있다.

기본연습문제 11.3 다음 직교좌표계로 표현된 점들을 구면좌표계로 표시하여라.

① $(1, \sqrt{3}, 0)$ ② $(1, 1, 1)$

원기둥좌표계에서는

$$r \geq 0,\ 0 \leq \theta < 2\pi,\ -\infty < z < \infty$$

의 범위에서 공간의 모든 점을 표현할 수 있고, 구면좌표계에서는

$$\rho \geq 0,\ 0 \leq \varphi \leq \pi,\ 0 \leq \theta < 2\pi$$

의 범위에서 모든 점을 표현할 수 있다. 그러나 이 좌표계들은 직교좌교계와 달리 주어진 점을 나타내는 여러 개의 좌표가 있다는 점에 주의해야 한다.

보기 11.1

다음 직교좌표계로 표현된 식을 원기둥좌표계와 구면좌표계로 나타내어라.

$$x^2 + y^2 = z^2$$

풀이

직교좌표 (x, y, z)와 원기둥좌표 (r, θ, z)아이에는 다음 관계가 있다.

$$x = r\cos\theta,$$
$$y = r\sin\theta,$$
$$z = z$$

이 등식을 주어진 식에 대입하면

$$\begin{aligned} x^2 + y^2 = z^2 &\Rightarrow (r\cos\theta)^2 + (r\sin\theta)^2 = z^2 \\ &\Rightarrow r^2(\cos^2\theta + \sin^2\theta) = z^2 \\ &\Rightarrow r^2 = z^2 \\ &\Rightarrow z = \pm r \end{aligned}$$

이다. 따라서

$$z = \pm r$$

이다.

직교좌표 (x, y, z)와 구면좌표 (ρ, φ, θ) 사이에는 다음 관계가 있다.

$$x = \rho\sin\varphi\cos\theta$$
$$y = \rho\sin\varphi\sin\theta$$
$$z = \rho\cos\varphi$$

이 등식을 주어진 식에 대입하면

$$\begin{aligned} x^2 + y^2 = z^2 &\Rightarrow (\rho\sin\varphi\cos\theta)^2 + (\rho\sin\varphi\sin\theta)^2 = (\rho\cos\varphi)^2 \\ &\Rightarrow \rho^2\sin^2\varphi(\cos^2\theta + \sin^2\theta) = \rho^2\cos^2\varphi \\ &\Rightarrow \rho^2 = 0,\ \sin^2\varphi = \cos^2\varphi \\ &\Rightarrow \rho = 0,\ \varphi = \frac{\pi}{4} \end{aligned}$$

$\rho=0$은 $\varphi=\frac{\pi}{4}$에 포함되므로

$$\varphi=\frac{\pi}{4}$$

이다.

기본연습문제 11.4 다음 직교좌표계로 표현된 식을 원기둥좌표계와 구면좌표계로 나타내어라.

$$1 \le x^2+y^2+z^2 \le 4$$

SECTION

11.1 연습문제

1. 다음 직교좌표계로 표현된 점을 원기둥좌표계와 구면좌표계로 표시하여라.

(1) $(1,\ \sqrt{3},\ 2\sqrt{3})$ (2) $(-1,\ 1,\ \sqrt{6})$

(3) $(-1,\ 1,\ -1)$ (4) $(-1,\ \sqrt{3},\ 2)$

2. 구면좌표계로 표현된 두 점 사이의 거리를 구하여라.

(1) $(3,\ 0,\ \pi),\ \left(3,\ \frac{\pi}{4},\ \frac{\pi}{6}\right)$ (2) $\left(2,\ \frac{\pi}{6},\ \frac{\pi}{6}\right),\ \left(2,\ \frac{\pi}{4},\ \frac{\pi}{4}\right)$

3. 구면좌표계로 표현된 점을 원기둥좌표로 나타내어라.

(1) $\left(1,\ \frac{\pi}{4},\ \frac{\pi}{2}\right)$ (2) $\left(4,\ \frac{\pi}{6},\ \frac{\pi}{4}\right)$

(3) $\left(9,\ \frac{\pi}{3},\ \frac{\pi}{6}\right)$

4. 다음 직교좌표계로 표현된 식을 원기둥좌표계와 구면좌표계로 나타내어라.

(1) $x^2+y^2+z^2=9$ (2) $x^2+y^2-4x=0$

(3) $x^2+y^2+z^2-z=0$

11.2 벡터

힘 또는 속도와 같이 크기와 방향을 갖는 양을 **벡터**라 하고, 방향을 갖는 선분인 **유향선분**으로 나타낸다. 이때, 유향선분의 방향은 벡터의 방향을 나타내고, 유향선분의 길이는 벡터의 크기를 나타낸다. 이에 반해 길이 넓이와 같이 크기만을 갖는 양을 **스칼라**라 한다.

유향선분 AB로 나타내어지는 벡터를

$$\overrightarrow{\mathrm{AB}}$$

와 같이 나타내고, 점 A를 벡터 $\overrightarrow{\mathrm{AB}}$의 **시점**, 점 B를 벡터 $\overrightarrow{\mathrm{AB}}$의 **종점**이라 하고 벡터의 크기를

$$|\overrightarrow{\mathrm{AB}}|$$

로 나타낸다.

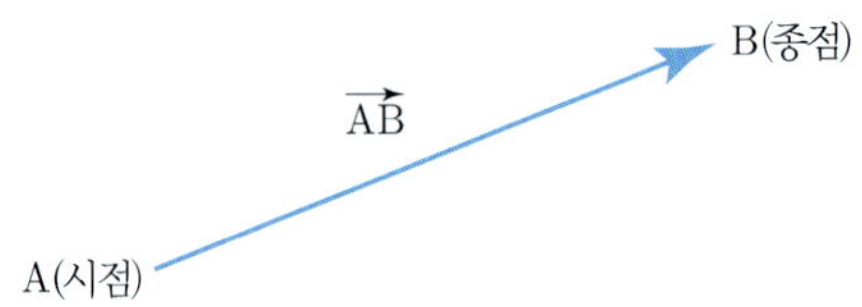

[그림 11.6]

평면 위의 유향선분으로 나타내어지는 벡터만을 생각할 때 이를 **평면벡터**라 하고, 공간의 벡터를 생각할 때 이를 **공간벡터**라 한다.

벡터를 한 문자로 나타낼 때는

$$\boldsymbol{a},\ \boldsymbol{b},\ \boldsymbol{c},\ \boldsymbol{d},\ \cdots$$

와 같이 나타내고, 손으로 쓸 때는

$$\vec{a},\ \vec{b},\ \vec{c},\ \vec{d},\ \cdots$$

와 같이 화살표를 사용하기도 한다.

두 벡터 $\boldsymbol{a}$와 $\boldsymbol{b}$의 크기가 같고, 방향이 같을 때, 두 벡터 $\boldsymbol{a}$와 $\boldsymbol{b}$는 **같다**고 하고,

$$\boldsymbol{a} = \boldsymbol{b}$$

로 나타낸다. 따라서 벡터를 유향선분으로 나타낼 때, 그 시점을 어떤 위치에 놓아도 상관없다.

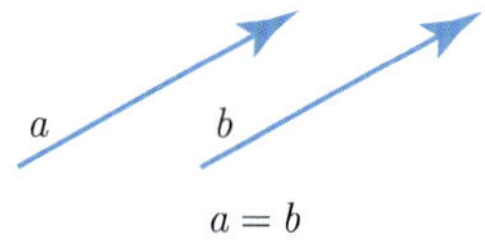

[그림 11.7]

기본연습문제 11.5 다음 그림의 직육면체 ABCD − EFGH의 꼭짓점을 시점으로 하는 벡터 중에서, 다음과 같은 벡터를 모두 구하여라.

① $\overrightarrow{AD}$ ② $\overrightarrow{AB}$ ③ $\overrightarrow{AF}$ ④ $\overrightarrow{AH}$

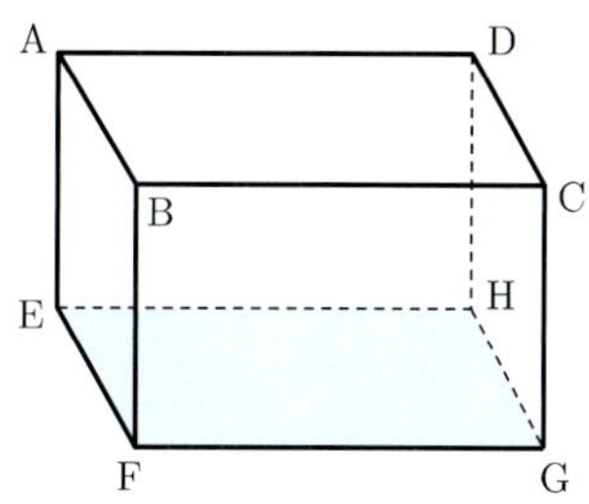

이제 벡터의 연산에 대하여 알아보자.

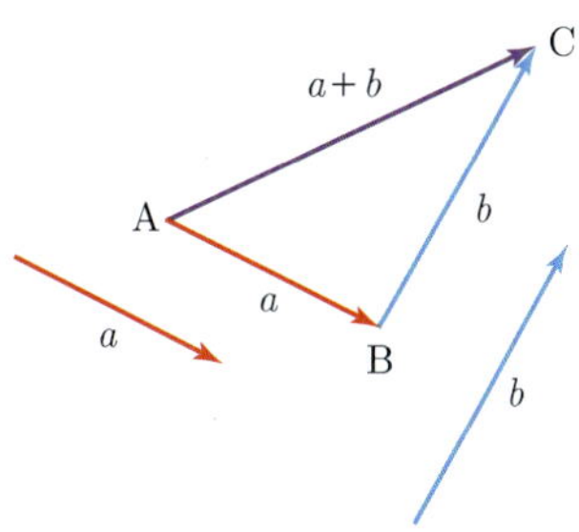

[그림 11.8] 벡터의 합

두 벡터 a와 b가 있을 때, [그림 11.8]과 같이 A를 시점으로 하여 $a = \overrightarrow{AB}$이 되게 한 후 점 B를 시점으로 $b = \overrightarrow{BC}$이 되게 한다. 이때 $\overrightarrow{AC}$로 나타내는 벡터 c를 두 벡터 a와 b의 **합**이라 하고,

$$c = a + b$$

로 나타낸다.

크기가 영인 벡터를 **영벡터**라 하고,

$$0$$

으로 나타낸다. 그러면 임의의 벡터 a에 대하여

$$a + 0 = 0 + a = a$$

임을 알 수 있다.

기본연습문제 11.6 다음을 간단히 하여라.

① $\overrightarrow{AB} + \overrightarrow{BC} + \overrightarrow{CD}$ ② $\overrightarrow{PQ} + \overrightarrow{QQ} + \overrightarrow{QR} + \overrightarrow{RS}$

실수 k와 벡터 a와의 곱을 벡터 a의 **스칼라배**라 하고, 기호로

$$ka$$

로 나타내고, 다음과 같이 정의한다.

(1) $k > 0$이면 a와 같은 방향이고, 크기가 $k|a|$인 벡터이다.

(2) $k < 0$이면 a와 반대 방향이고, 크기가 $|k||a|$인 벡터이다.

(3) $k = 0$이면 영벡터이다. 곧, $0a = 0$이다.

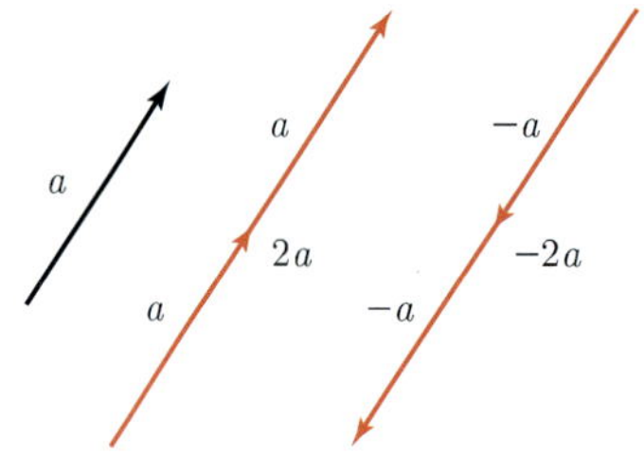

[그림 11.9] 벡터의 스칼라배

기본연습문제 11.7 다음과 같이 주어진 벡터 a에 대하여, 점 P를 시점으로 하는 벡터 $\frac{7}{2}a$와 점 Q를 시점으로 하는 벡터 $-\frac{3}{2}a$를 나타내어라.

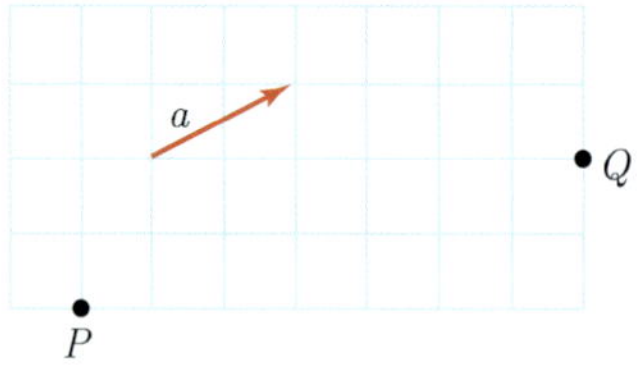

벡터의 합과 스칼라배에 대하여 다음이 성립함을 쉽게 확인할 수 있다.

정리 11.2

세 벡터 a, b, c와 스칼라 s, t에 대하여 다음이 성립한다.

(1) $(a+b)+c=a+(b+c)$　　(2) $a+0=0+a$

(3) $a+((-1)b)=((-1)b)+a=0$　　(4) $a+b=b+a$

(5) $(st)a=s(ta)$　　(6) $s(a+b)=sa+sb$

(7) $(s+t)a=sa+ta$　　(8) $1a=a$

앞으로 벡터 a와 b에 대하여 $(-1)a$를 $-a$로 나타내고,

$$a+(-b)=a-b$$

로 쓰기로 한다.

기본연습문제 11.8 그림과 같이 세 벡터 a, b, c가 주어졌을 때, 점 O를 시점으로 하여 다음 각 벡터를 그림으로 나타내어라.

① $a+c$　　② $a-b$　　③ $b-(a+c)$

④ $a-b-c$　　⑤ $-(-b+c)$

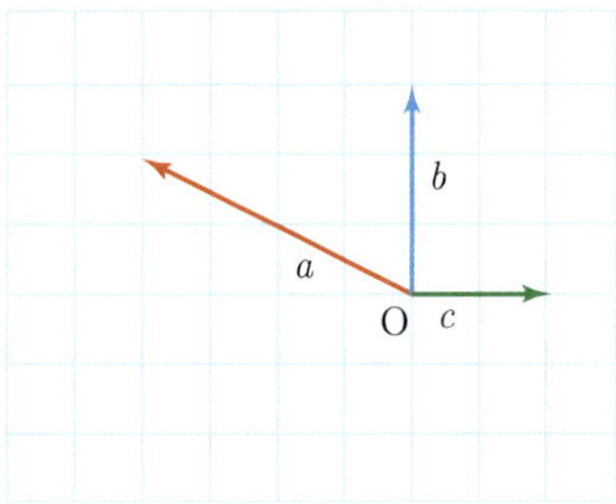

기본연습문제 11.9 다음 벡터를 간단히 하여라.

$$2(a+2b)-\frac{1}{3}(9a-12b)$$

기본연습문제 11.10 다음 등식을 만족시키는 벡터 x를 벡터 a, b, c로 나타내어라.

$$2(x-3a)-(3b-x)=0$$

기본연습문제 11.11 벡터 $p=-a+3b$, $q=2a-5b$에 대하여 벡터 a, b, $a-4b$를 각각 벡터 p, q로 나타내어라.

영벡터가 아닌 두 벡터 a, b의 방향이 같거나, 또는 반대일 때, 벡터 a와 b는 서로 **평행**하다고 하고,

$$a // b$$

로 나타낸다. 즉, $a \neq 0$, $b \neq 0$일 때,

$$a // b \Leftrightarrow b = ka \quad (k\text{는 } 0\text{아닌 실수})$$

이다.

한 점 O를 정해놓으면, 임의의 벡터 a에 대하여 $\overrightarrow{OA} = a$인 점 A의 위치가 단 하나로 정해진다. 역으로 임의의 점 A에 대하여 $a = \overrightarrow{OA}$인 평면벡터가 단 하나로 정해진다. 이와 같이 한 점 O를 시점으로 하는 벡터 $\overrightarrow{OA}$를 점 A의 **위치벡터**라 한다. 평면 또는 공간에서 위치벡터를 다룰 때에는 점 O가 이미 정해져 있는 것으로 생각한다.

이제 평면벡터를 성분으로 나타내는 방법에 대하여 알아보자.

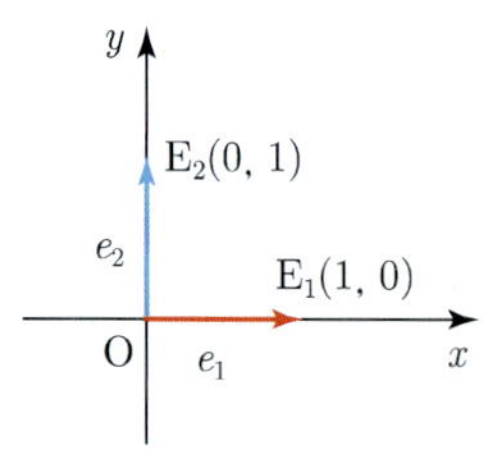

[그림 11.10]

좌표평면 $\mathbb{R}^2$의 x축, y축 위의 점 $E_1 = (1, 0)$, $E_2 = (0, 1)$에 대하여 위치벡터 $\overrightarrow{OE_1}$와 $\overrightarrow{OE_2}$를 **표준단위벡터**라 하고, 각각

$$e_1,\ e_2 \text{ 또는 } i,\ j$$

로 나타낸다. 이때

$$|e_1| = 1,\ |e_2| = 1$$

이다. 이와 같이 크기가 1벡터를 **단위벡터**라 부른다.

좌표평면 $\mathbb{R}^2$ 위의 벡터 a에 대하여 $a = \overrightarrow{OA}$일 때 A의 좌표를

$$A = (a_1, a_2)$$

라 하고, x축과, y축에 내린 수선의 발을 각각

$$A_1 = (a_1, 0),\ A_2 = (0, a_2)$$

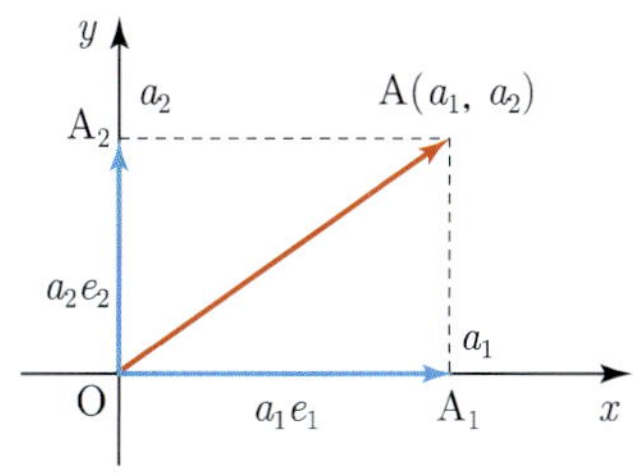

[그림 11.11]

라 하면, 벡터 $\overrightarrow{OA_1}$와 $\overrightarrow{OA_2}$는 각각 표준단위벡터 e_1, e_2와 평행하므로

$$\overrightarrow{OA_1} = a_1e_1,\ \ \overrightarrow{OA_2} = a_2e_2$$

이다. 따라서

$$a = \overrightarrow{OA_1} + \overrightarrow{OA_2} = a_1e_1 + a_2e_2$$

이다. 벡터 a는 두 실수의 순서쌍 $(a_1,\ a_2)$에 의하여 단 하나 정해지므로 벡터 a를 다음과 같이 나타낸다.

$$a = (a_1,\ a_2) = a_1e_1 + a_2e_2$$

이 때 a_1을 벡터 a의 x**성분**, a_2를 벡터 a의 y**성분**이라 하고, a_1과 a_2를 통틀어서 벡터 a의 **성분**이라 하며, 이와 같이 나타내는 방법을 벡터의 **성분표시**라 한다.

좌표평면 $\mathbb{R}^2$의 기본단위벡터 e_1, e_2를 성분표시로 나타내면

$$e_1 = (1,\ 0),\ \ e_2 = (0,\ 1)$$

이다.

성분으로 표시된 벡터 $a = (a_1,\ a_2)$의 크기는 유향선분 $\overrightarrow{OA}$의 길이이므로

$$|a| = \sqrt{a_1^2 + a_2^2}$$

이다.

영벡터가 아닌 벡터 a에 대하여

$$\left|\frac{1}{|a|}a\right| = \frac{1}{|a|}|a| = 1$$

이므로, 벡터 $\frac{1}{|a|}a$는 a와 방향이 같은 단위벡터이다.

기본연습문제 11.12 벡터 $a=(\sqrt{3}, -1)$에 대하여 a와 방향이 같은 단위벡터를 구하여라.

임의의 벡터 $a=(a_1, a_2)$를 표준단위벡터를 써서 나타내면 다음과 같다.

$$a=(a_1, a_2)=a_1e_1+a_2e_2$$

따라서 $a=(a_1, a_2)$, $b=(b_1, b_2)$일 때,

$$\begin{aligned} a+b &= (a_1, a_2)+(b_1, b_2) \\ &= (a_1e_1+a_2e_2)+(b_1e_1+b_2e_2) \\ &= (a_1+b_1)e_1+(a_2+b_2)e_2 \\ &= (a_1+b_1, a_2+b_2) \end{aligned}$$

이다. 같은 방법으로 다음 정리를 얻는다.

정리 11.3

좌표평면 $\mathbb{R}^2$의 벡터 $a=(a_1, a_2)$와 $b=(b_1, b_2)$에 대하여 다음이 성립한다.

(1) $a=b \Leftrightarrow a_1=b_1,\ a_2=b_2$

(2) $a+b=(a_1+b_1, a_2+b_2)$, $a-b=(a_1-b_1, a_2-b_2)$

(3) $ka=(ka_1, ka_2)$ (단, k는 상수)

보기 11.2

두 점 A, B의 좌표가 각각 (a_1, a_2), (b_1, b_2)일 때

$$\overrightarrow{AB}=(b_1-a_1, b_2-a_2)$$

임을 보여라.

풀이

벡터 $\overrightarrow{AB}$의 x축위로 정사영을 $\overrightarrow{A_1B_1}$이라 하면

$$\overrightarrow{A_1B_1}=\overrightarrow{OB_1}-\overrightarrow{OA_1}=b_1e_1-a_1e_1=(b_1-a_1)e_1$$

이다. 마찬가지로, 벡터 $\overrightarrow{AB}$의 y축위로 정사영을 $\overrightarrow{A_2B_2}$이라 하면

$$\overrightarrow{A_2B_2}=(b_2-a_2)e_2$$

이다.

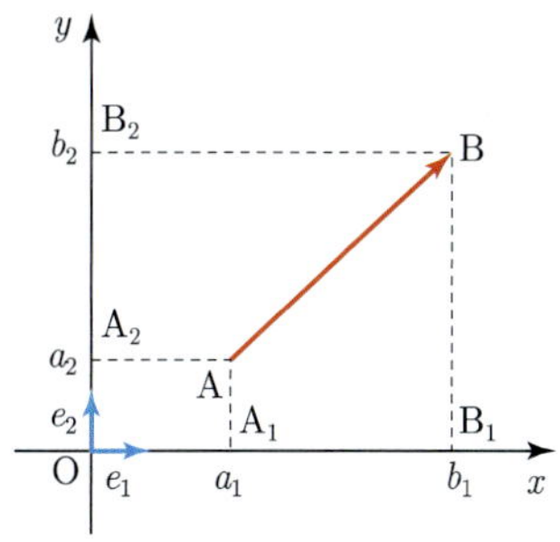

[그림 11.12]

따라서

$$\overrightarrow{AB} = (b_1 - a_1)e_1 + (b_2 - a_2)e_2 = (b_1 - a_1,\ b_2 - a_2)$$

이다.

[보기 11.2]의 결과는 다음과 같이 점 사이의 연산으로 나타낼 수 있다.

$$\overrightarrow{AB} = B - A$$

기본연습문제 11.13 다음 각 벡터를 표준단위벡터를 써서 나타내어라.

① $a = (4,\ 2)$ ② $b = (3,\ -4)$ ③ $c = (0,\ -5)$

기본연습문제 11.14 벡터 $a = (5,\ 4)$, $b = (-2,\ 3)$, $c = (3,\ -5)$에 대하여, 다음 벡터를 성분으로 나타내어라.

① $-a$ ② $2a + 3b$ ③ $2a + b - 2c$

기본연습문제 11.15 벡터 $a = e_1 + 2e_2$와 $b = 3e_1 - 2e_2$에 대하여 벡터 $2a + 3b$와 $-4a + 3b$를 각각 성분으로 나타내어라.

기본연습문제 11.16 두 점 $A(2,\ 3)$, $B(5,\ 7)$에 대하여 벡터 $\overrightarrow{AB}$를 좌표평면 위에 나타내고 그 성분을 구하여라.

이제 공간벡터를 성분으로 나타내는 방법에 대하여 알아보자.

좌표공간 $\mathbb{R}^3$의 x축, y축, z축 위의 점 $E_1 = (1,\ 0,\ 0)$, $E_2 = (0,\ 1,\ 0)$, $E_3 = (0,\ 0,\ 1)$에 대하여 위치벡터 $\overrightarrow{OE_1}$, $\overrightarrow{OE_2}$, $\overrightarrow{OE_3}$를 **표준단위벡터**라 하고, 각각

$$e_1,\ e_2,\ e_3 \text{ 또는 } i,\ j,\ k$$

로 나타낸다. 이때

$$|e_1|=1,\ |e_2|=1,\ |e_3|=1$$

이다.

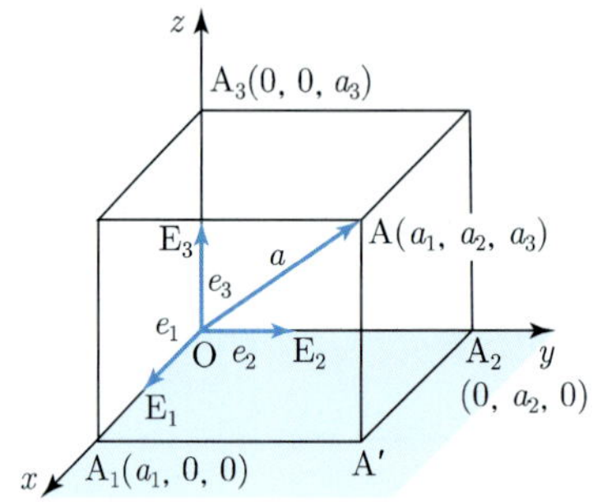

[그림 11.13]

좌표공간 $\mathbb{R}^3$의 벡터 a에 대하여 $a=\overrightarrow{OA}$일 때 A의 좌표를

$$A=(a_1,\ a_2,\ a_3)$$

라 하고,

$$A_1=(a_1,\ 0,\ 0),\ A_2=(0,\ a_2,\ 0),\ A_3=(0,\ 0,\ a_3)$$

라 하자. 점 A를 xy평면에 내린 수선의 발을 A'이라 하면

$$\begin{aligned}\overrightarrow{OA} &= \overrightarrow{OA_1}+\overrightarrow{A_1A'}+\overrightarrow{A'A}\\ &= \overrightarrow{OA_1}+\overrightarrow{OA_2}+\overrightarrow{OA_3}\end{aligned}$$

이다. 그런데

$$\overrightarrow{OA_1}=a_1e_1,\ \overrightarrow{OA_2}=a_2e_2,\ \overrightarrow{OA_3}=a_3e_3$$

이므로

$$a=a_1e_1+a_2e_2+a_3e_3$$

이다. 벡터 a는 실수의 순서짝 $(a_1,\ a_2,\ a_3)$에 의하여 단 하나 정해지므로 벡터 a를 다음과 같이 나타낸다.

$$a=(a_1,\ a_2,\ a_3)=a_1e_1+a_2e_2+a_3e_3$$

이때 a_1을 벡터 a의 x**성분**, a_2를 벡터 a의 y**성분**, a_3를 벡터 a의 z**성분**이라 하고, a_1, a_2, a_3를 통틀어서 벡터 a의 **성분**이라 한다.

좌표공간 $\mathbb{R}^3$의 표준단위벡터 e_1, e_2, e_3를 성분표시로 나타내면

$$e_1 = (1, 0, 0),\ e_2 = (0, 1, 0),\ e_3 = (0, 0, 1)$$

이다.

성분으로 표시된 벡터 $a = (a_1, a_2, a_3)$의 크기는 유향선분 $\overrightarrow{OA}$의 길이이므로

$$|a| = \sqrt{a_1^2 + a_2^2 + a_3^2}$$

이다.

기본연습문제 11.17 벡터 $a = (1, 2, 3)$와 방향이 같은 단위벡터를 구하여라.

평면벡터에서와 마찬가지로 벡터의 연산에 관한 다음 정리를 얻을 수 있다.

정리 11.4

좌표공간 $\mathbb{R}^3$의 벡터 $a = (a_1, a_2, a_3)$와 $b = (b_1, b_2, b_3)$에 대하여 다음이 성립한다.

(1) $a = b \Leftrightarrow a_1 = b_1,\ a_2 = b_2,\ a_3 = b_3$

(2) $a + b = (a_1 + b_1, a_2 + b_2, a_3 + b_3),\ a - b = (a_1 - b_1, a_2 - b_2, a_3 - b_3)$

(3) $ka = (ka_1, ka_2, ka_3)$ (단, k는 상수)

기본연습문제 11.18 두 점 $A(1, 2, 1)$, $B(2, 3, 3)$에 대하여 벡터 $a = \overrightarrow{AB}$를 성분으로 나타내어라.

기본연습문제 11.19 벡터 $a = (1, 2, 3)$, $b = (2, -1, 1)$, $c = (4, -2, 1)$에 대하여, 다음 벡터를 성분으로 나타내고, 그 크기를 구하여라.

$$2(a - b) - 3(a - b - c)$$

기본연습문제 11.20 다음 두 조건을 만족시키는 벡터 a와 b를 성분으로 나타내어라.

$$2a - b = (1, 0, 2),\ 3a + 2b = (5, -7, 3)$$

SECTION

11.2 연습문제

1. 벡터 $a=(1,1)$, $b=(-1,1)$, $c=(0,4)$에 대하여, 다음 물음에 답하여라.

(1) $2(a+b)+5(b+c)-4(c-a)$의 성분을 구하여라.

(2) $2a+3b+2x=c$를 만족시키는 벡터 x의 성분을 구하여라.

2. 벡터 $a=(2,3,0)$, $b=(-3,1,2)$에 대하여, 다음 등식을 만족시키는 벡터 x, y의 성분을 구하여라.

(1) $\begin{cases} 2x+y=a \\ x-3y=b \end{cases}$ (2) $\begin{cases} x+y=a+b \\ x-y=b \end{cases}$

3. 벡터 $a=(1,-1,-1)$와 방향이 반대이고, 크기가 3인 벡터를 구하여라.

4. $A=(5,7,-1)$, $B=(2,9,-2)$일 때, $\overrightarrow{AB}$와 방향이 같고 크기가 2인 벡터를 구하여라.

5. 벡터 $a=(1,1,0)$, $b=(1,0,1)$, $c=(0,1,1)$, $d=(1,5,2)$에 대하여

$$d=xa+yb+zc$$

을 만족시키는 x, y, z를 구하여라.

11.3 벡터의 내적

영벡터가 아닌 두 벡터 a와 b의 위치벡터를 각각

$$a = \overrightarrow{OA},\ b = \overrightarrow{OB}$$

라 할 때, 각 $\angle \mathrm{AOB}$의 크기 $\theta(0 \le \theta \le \pi)$를 **두 벡터 a와 b가 이루는 각의 크기**라 한다.

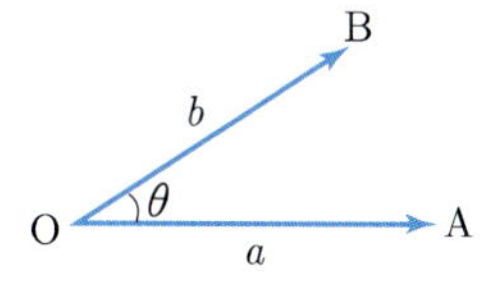

[그림 11.14]

영벡터가 아닌 두 벡터 a와 b가 이루는 각의 크기가 $\theta(0 \le \theta \le \pi)$일 때, $|a||b|\cos\theta$를 a와 b의 **내적**이라 하고,

$$a \cdot b \text{ 또는 } \langle a, b \rangle$$

로 나타낸다. 즉,

$$a \cdot b = |a||b|\cos\theta$$

이다.

$a = 0$ 또는 $b = 0$이면 $a \cdot b = 0$로 정의한다.

기본연습문제 11.21 벡터 a와 b에 대하여 $|a| = 3$, $|b| = 2$이고, 두 벡터가 이루는 각 θ이 다음과 같을 때 벡터 a와 b의 내적을 구하여라.

① $\theta = \dfrac{\pi}{3}$　　② $\theta = \dfrac{3\pi}{4}$　　③ $\theta = \dfrac{\pi}{2}$

기본연습문제 11.22 그림과 같이 주어진 $\triangle \mathrm{ABC}$에서 $\overrightarrow{AB} \cdot \overrightarrow{AC} = 8\sqrt{2}$일 때 $\overrightarrow{AB}$와 $\overrightarrow{AC}$가 이루는 각의 크기를 구하여라.

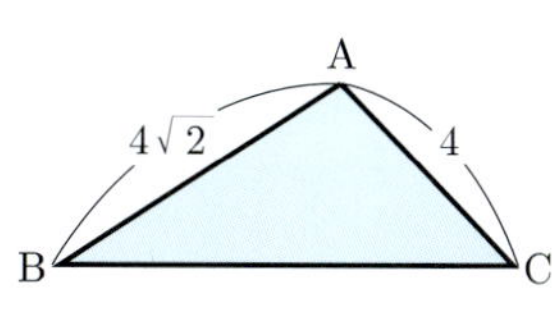

영벡터가 아닌 두 벡터 a와 b가 평행할 때 두 벡터가 이루는 각의 크기는

$$\theta = 0 \text{ 또는 } \theta = \pi$$

이고, 수직일 때는

$$\theta = \frac{\pi}{2}$$

이므로, 두 벡터 a와 b의 평행할 때 조건과 수직인 조건을 다음과 같이 내적으로 나타낼 수 있다.

$$a /\!/ b \iff a \cdot b = \pm|a||b|$$

$$a \perp b \iff a \cdot b = 0$$

또한, 벡터 a와 a가 이루는 각의 크기는 $\theta = 0$이므로 벡터 a의 크기는

$$|a|^2 = a \cdot a$$

로 나타낼 수 있다.

벡터가 성분으로 나타내어졌을 때 내적을 구하여보자.

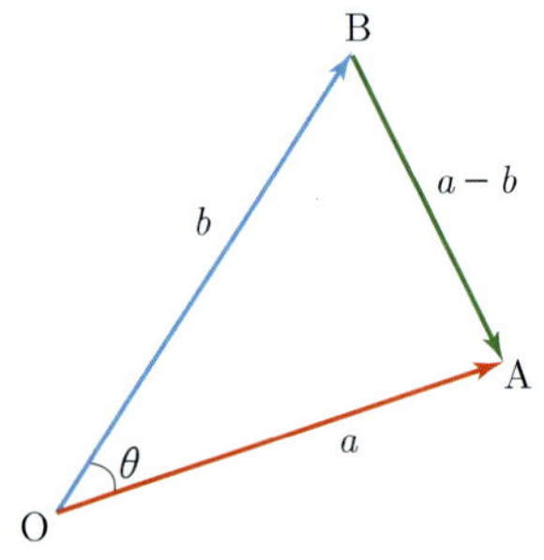

[그림 11.15]

두 벡터 a와 b의 위치벡터를 각각

$$a = \overrightarrow{OA},\ b = \overrightarrow{OB}$$

라 하고, 두 벡터가 이루는 각의 크기를 θ라 하면 삼각함수의 제이코사인법칙에서

$$|\overrightarrow{BA}|^2 = |\overrightarrow{OA}|^2 + |\overrightarrow{OB}|^2 - 2|\overrightarrow{OA}||\overrightarrow{OB}|\cos\theta$$

이다. 따라서

$$\begin{aligned}|a-b|^2 &= |a|^2 + |b|^2 - 2|a||b|\cos\theta \\ &= |a|^2 + |b|^2 - 2a \cdot b\end{aligned}$$

이다. 즉,

$$2a \cdot b = |a|^2 + |b|^2 - |a-b|^2$$

이다. 이제 $a = (a_1,\ a_2)$, $b = (b_1,\ b_2)$라 하면

$$\begin{aligned} 2a \cdot b &= |a|^2 + |b|^2 - |a-b|^2 \\ &= (a_1^2 + a_2^2) + (b_1^2 + b_2^2) - \left\{(a_1 - b_1)^2 + (a_2 - b_2)^2\right\} \\ &= 2a_1b_1 + 2a_2b_2 \end{aligned}$$

이 된다. 따라서

$$a \cdot b = a_1b_1 + a_2b_2$$

이다. 공간벡터에 대해서도 비슷하게 계산하면 다음 결과를 얻는다.

정리 11.5

(1) 평면벡터 $a = (a_1,\ a_2)$와 $b = (b_1,\ b_2)$에 대하여 다음이 성립한다.

$$a \cdot b = a_1b_1 + a_2b_2$$

(2) 공간벡터 $a = (a_1,\ a_2,\ a_3)$와 $b = (b_1,\ b_2,\ b_3)$에 대하여 다음이 성립한다.

$$a \cdot b = a_1b_1 + a_2b_2 + a_3b_3$$

기본연습문제 11.23 다음 두 벡터의 내적을 구하여라.

① $a = (1,\ 2)$, $b = (4,\ 3)$
② $a = (2,\ 3)$, $b = (3,\ -2)$
③ $a = (5,\ -2,\ 4)$, $b = (3,\ 8,\ 4)$
④ $a = (\sqrt{3},\ 1,\ \sqrt{2})$, $b = (-3,\ \sqrt{3},\ 1)$

[정리 11.5]를 이용하면 벡터의 내적에 관한 다음 성질이 성립함을 확인할 수 있다.

정리 11.6

임의의 벡터 a, b, c와 상수 k에 대하여 다음이 성립한다.

(1) $(a+b) \cdot c = a \cdot c + b \cdot c$
(2) $(ka) \cdot b = k(a \cdot b)$
(3) $a \cdot b = b \cdot a$
(4) $a \cdot a \geq 0$
(5) $a \cdot a = 0 \Leftrightarrow a = 0$

보기 11.3

벡터 a와 b에 대하여 다음 등식이 성립함을 보여라.

$$(a+b)\cdot(a-b)=|a|^2-|b|^2$$

풀이

[정리 11.6]에 의해

$$\begin{aligned}(a+b)\cdot(a-b)&=a\cdot(a-b)+b\cdot(a-b)\\&=a\cdot a-a\cdot b+b\cdot a-b\cdot b\\&=|a|^2-|b|^2\end{aligned}$$

이다.

기본연습문제 11.24 다음 등식이 성립함을 보여라.

$$(a+b)\cdot(a+b)=|a|^2+2a\cdot b+|b|^2$$

보기 11.4

두 벡터 $a=(1,\ 2,\ 1)$와 $b=(-2,\ -1,\ 1)$이 이루는 각의 크기 $\theta(0\le\theta\le\pi)$를 구하여라.

풀이

내적의 정의로부터

$$\cos\theta=\frac{a\cdot b}{|a||b|}$$

임을 알 수 있다. 따라서

$$|a|=\sqrt{1^2+2^2+1^2}=\sqrt{6}$$
$$|b|=\sqrt{(-2)^2+(-1)^2+1^2}=\sqrt{6}$$
$$a\cdot b=1\times(-2)+2\times(-1)+1\times1=-3$$

이므로

$$\cos\theta=\frac{-3}{\sqrt{6}\times\sqrt{6}}=-\frac{1}{2}$$

이다. 이로부터

$$\theta=\frac{2}{3}\pi$$

을 얻는다.

기본연습문제 11.25 다음 두 벡터가 이루는 각의 크기 $\theta(0 \le \theta \le \pi)$을 구하여라.

① $a=(1,\ 2),\ b=(2,\ -1)$
② $a=(-1,\ 1),\ b=(2,\ 0)$
③ $a=(2,\ 1,\ 3),\ b=(3,\ -2,\ 1)$
④ $a=(3,\ -1,\ -2),\ b=(2,\ -3,\ 1)$

기본연습문제 11.26 두 벡터 a와 b에 대하여 $|a|=1$, $|b|=3$, $|a-b|=\sqrt{7}$일 때, a와 b가 이루는 각의 크기 $\theta(0 \le \theta \le \pi)$을 구하여라.

보기 11.5

두 벡터 $a=(2,\ 2,\ 1)$와 $b=(2,\ -3,\ -4)$와 수직이고 크기가 3인 벡터를 구하여라.

풀이

구하는 벡터를

$$v=(x,\ y,\ z)$$

라 하면,

$$v \perp a,\ \ v \perp b,\ \ |v|=3$$

이므로

$$v \cdot a = 2x+2y+z=0$$
$$v \cdot b = 2x-3y-4z=0$$
$$|v|^2 = x^2+y^2+z^2=9$$

이다. 이 연립방정식을 풀면

$$x=\pm 1,\ \ y=\mp 2,\ \ z=\pm 2\ \ (\text{복호동순})$$

를 얻는다. 따라서

$$v=(1,\ -2,\ 2)\ \ \text{또는}\ \ v=(-1,\ 2,\ -2)$$

이다.

기본연습문제 11.27 벡터 $a=(-1,\ 1)$에 대하여 $b=(2,\ t)$의 y성분 t를 다음 조건을 만족시키도록 정하여라.

① b는 a와 방향이 반대이다.
② b는 a에 수직이다.

기본연습문제 11.28 두 벡터 $a=(1,\ 2,\ 3)$와 $b=(x,\ 1,\ 0)$에 대하여 $2a+b$와 $a-2b$가 수직이 되도록 x의 값을 정하여라.

영이 아닌 벡터 a와 b의 시점을 O로 일치시키고, 벡터 a를 포함하는 직선을 생각하자. 벡터 b의 종점에서 이 직선에 내린 수선의 발이 A일 때, 벡터 $\overrightarrow{OA}$를 **벡터 b의 벡터 a위로의 정사영**이라 하고

$$P_a(b)$$

로 나타낸다.

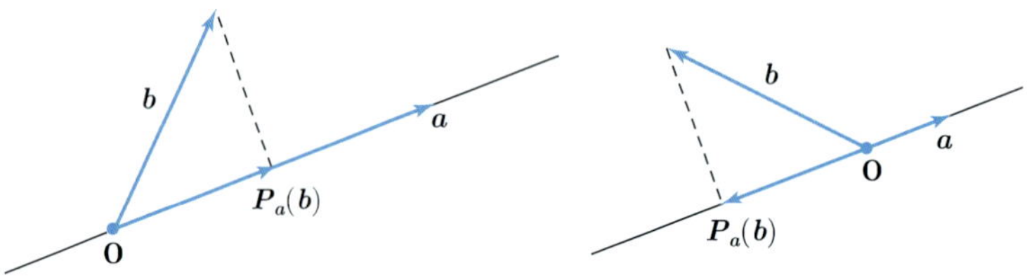

[그림 11.16] 벡터 b의 벡터 a위로의 정사영

정사영 $P_a(b)$는 벡터 a와 평행하므로

$$P_a(b) = ta,\ (t \in \mathbb{R})$$

로 나타낼 수 있고 벡터 a와 $b - P_a(b)$는 서로 수직이므로

$$\begin{aligned} a \cdot (b - P_a(b)) &= a \cdot (b - ta) \\ &= a \cdot b - t(a \cdot a) \\ &= 0 \end{aligned}$$

이다. 따라서

$$t = \frac{a \cdot b}{a \cdot a}$$

이 되어 다음 정리를 얻는다.

정리 11.7

영이 아닌 벡터 a와 b에 대하여 벡터 b의 벡터 a위로의 정사영 $P_a(b)$는 다음과 같다.

$$P_a(b) = \frac{a \cdot b}{a \cdot a} a$$

보기 11.6

두 벡터 $a=(1,\ 1,\ 1)$와 $b=(1,\ 2,\ 3)$에 대하여, 벡터 b의 벡터 a위로의 정사영 $P_a(b)$를 구하여라.

풀이

$a \cdot b = 1+2+3=6$이고, $a \cdot a = 1+1+1=3$이므로 벡터 b의 벡터 a위로의 정사영 $P_a(b)$는

$$P_a(b) = \frac{a \cdot b}{a \cdot a}a = \frac{6}{3}a = 2a$$

이다.

기본연습문제 11.29 두 벡터 a와 b에 대하여 벡터 b의 벡터 a위로의 정사영을 구하여라.

① $a=(1,\ -1,\ 1),\ b=(2,\ 1,\ 5)$ ② $a=(-5,\ 2,\ 7),\ b=(3,\ -1,\ 2)$

SECTION

11.3 연습문제

1. 다음 두 벡터가 이루는 각을 구하여라.

(1) $a=(1,\ 2,\ 3),\ b=(3,\ 2,\ 1)$ (2) $a=(\pi,\ 3,\ -1),\ b=(3,\ -\pi,\ 1)$

(3) $a=(2,\ -1),\ b=(-1,\ 1)$

2. 세 벡터 $a=(3,\ 1),\ b=(-2,\ 2),\ c$에 대하여 a와 c는 수직이고 $a=kb+c$를 만족한다. 상수 k의 값을 구하여라.

3. 세 벡터 $a=(1,\ y,\ -3),\ b=(4,\ x,\ y),\ c=(x,\ -2,\ -1)$가 서로 수직이 되도록 $x,\ y,\ z$의 값을 정하여라.

4. 다음 두 벡터가 평행하도록 $x,\ y$의 값을 정하여라.

(1) $a=(2,\ -1,\ -4),\ b=(x-2,\ 3,\ 2y-1)$

(2) $a=(x,\ 0,\ 4),\ b=(x-1,\ y-2,\ 2)$

5. 영벡터가 아닌 벡터 a와 b에 대하여 $|b|=2|a|$이고, $a+b$와 $a-\frac{2}{5}b$가 수직일 때, 벡터 a와 b가 이루는 각의 크기를 구하여라.

6. 세 점 $A=(1,\ 2,\ 3),\ B=(2,\ 2,\ 4),\ C=(-1,\ 4,\ 2)$에 대하여 $\angle \mathrm{BAC}$를 구하여라.

7. 두 벡터 a와 b에 대하여 $|a| = 2|b| = 5$이고, a와 b가 이루는 각이 $\frac{\pi}{3}$일 때, 벡터 $3a - 2b$의 크기를 구하여라.

8. 두 벡터 a와 b에 대하여 $|a+b| = |a-b|$이면 a와 b는 서로 수직임을 보여라.

9. 두 벡터 a와 b에 대하여 벡터 b의 벡터 a위로의 정사영을 구하여라.

(1) $a = (1, -1, 1)$, $b = (2, 3, 1)$ (2) $a = (3, 4)$, $b = (-4, 3)$

10. 다음 벡터 a와 b에 대하여 다음 물음에 답하여라.

(1) $|a \cdot b| \leq |a||b|$임을 보여라.

(2) (1)을 이용하여 $|a+b| \leq |a| + |b|$임을 보여라.

11.4 벡터의 외적

공간 속의 영이 아닌 벡터 a와 b는 서로 평행이 아니면 하나의 평면을 결정한다. 이 평면에 대하여 **오른손 법칙**에 따라 평면에 수직인 단위벡터 n을 택하자. 즉, 벡터 a에서 b로 손가락을 감을 때 엄지손가락이 가리키는 방향으로의 단위벡터가 n이다.

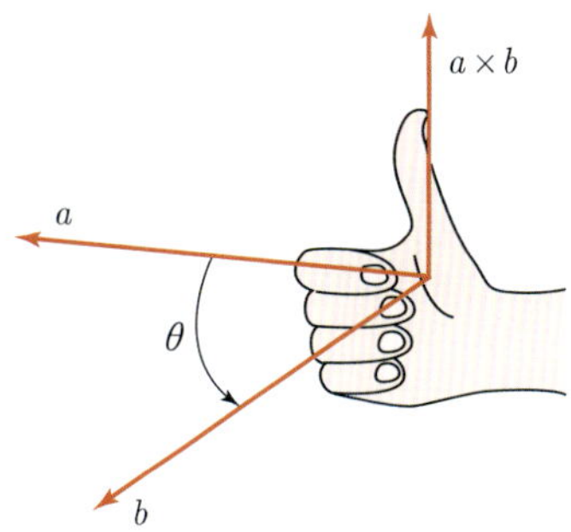

[그림 11.17] 벡터의 외적

이제 n과 평행하고 벡터 a와 b가 생성하는 평행사변형의 넓이를 크기로 갖는 벡터를 **a와 b의 외적**이라 하고

$$a\times b$$

로 나타낸다. 즉, a와 b가 이루는 각의 크기가 θ이면

$$a\times b=(|a||b|\sin\theta)n$$

이고,

$$|a\times b|=|a||b|\sin\theta$$

이다.

두 벡터의 외적 $a\times b$은 내적과 달리 벡터이고, 또한 공간에서의 벡터에 대해서만 정의한다. 외적 $a\times b$는 벡터 n과 평행하므로 두 벡터 a와 b에 동시에 수직이다. 즉,

$$a\times b\perp a \text{이고 } a\times b\perp b$$

이다.

0과 π에 대한 사인함수의 값은 0이므로 두 평행한 벡터의 외적을 영벡터로 정의한다. 또한, 두 벡터 중 영벡터가 있을 때 두 벡터의 외적을 영벡터로 정의한다. 따라서 두 벡터의 외적이 영벡터이면 두 벡터가 평행이거나 둘 중 적어도 하나는 영벡터이다. 즉,

$$a \times b = 0 \Leftrightarrow a // b \text{ 또는 } a = 0 \text{ 또는 } b = 0$$

이다.

두 벡터 a와 b에 대하여 $a \times b$와 $b \times a$는 서로 방향이 반대이고 크기는 같은 벡터이다. 즉,

$$a \times b = -b \times a$$

이다. 마찬가지로 벡터의 외적이 다음 성질을 만족하는 것을 보일 수 있다.

정리 11.8

세 벡터 a, b, c와 스칼라 r, s에 대하여 다음이 성립한다.

(1) $(ra) \times (sb) = (rs) a \times b$

(2) $a \times b = -b \times a$

(3) $a \times (b + c) = a \times b + a \times c$

(4) $(a + b) \times c = a \times c + b \times c$

(5) $a \times (b \times c) = (a \cdot c) b - (a \cdot b) c$

보기 11.7

표준단위벡터 e_1, e_2, e_3에 대하여 다음이 성립한다.

$$e_1 \times e_2 = -e_2 \times e_1 = e_3$$

$$e_2 \times e_3 = -e_3 \times e_2 = e_1$$

$$e_3 \times e_1 = -e_1 \times e_3 = e_2$$

$$e_1 \times e_1 = 0, \; e_2 \times e_2 = 0, \; e_3 \times e_3 = 0$$

벡터 a와 b에 대하여 $a = (a_1, a_2, a_3)$이고 $b = (b_1, b_2, b_3)$이면

$$a = a_1 e_1 + a_2 e_2 + a_3 e_3, \; b = b_1 e_1 + b_2 e_2 + b_3 e_3$$

이므로 [정리 11.8]과 [보기 11.7]에 의해서

$$\begin{aligned} a \times b &= (a_1 e_1 + a_2 e_2 + a_3 e_3) \times (b_1 e_1 + b_2 e_2 + b_3 e_3) \\ &= a_1 b_1 e_1 \times e_1 + a_1 b_2 e_1 \times e_2 + a_1 b_3 e_1 \times e_3 \\ &\quad + a_2 b_1 e_2 \times e_1 + a_2 b_2 e_2 \times e_2 + a_2 b_3 e_2 \times e_3 \\ &\quad + a_3 b_1 e_3 \times e_1 + a_3 b_2 e_3 \times e_2 + a_3 b_3 e_3 \times e_3 \\ &= (a_2 b_3 - a_3 b_2) e_1 - (a_1 b_3 - a_3 b_1) e_2 + (a_1 b_2 - a_2 b_1) e_3 \end{aligned}$$

이다. 따라서 다음 정리를 얻는다.

정리 11.9

벡터 $a=(a_1, a_2, a_3)$와 $b=(b_1, b_2, b_3)$에 대하여 다음 등식이 성립한다.

$$a\times b=(a_2b_3-a_3b_2,\ a_3b_1-a_1b_3,\ a_1b_2-a_2b_1)$$

보기 11.8

벡터 $a=(2, 1, 1)$와 $b=(-4, 3, 1)$에 대하여 외적 $a\times b$와 $b\times a$를 구하여라.

풀이

[정리 11.9]에 의해

$$\begin{aligned} a\times b &= (1\cdot 1-3\cdot 1,\ 1\cdot(-4)-2\cdot 1,\ 2\cdot 3-1\cdot(-4)) \\ &= (-2, -6, 10) \end{aligned}$$

이다. 또한

$$b\times a=-a\times b=(2, 6, -10)$$

이다.

기본연습문제 11.30 두 벡터 a와 b에 대하여 외적 $a\times b$을 구하여라.

① $a=(1, -1, 1)$, $b=(-2, 3, 1)$ ② $a=(-1, 1, 2)$, $b=(1, 0, -1)$

보기 11.9

공간의 세 점 $P=(1, -1, 0)$, $Q=(2, 1, -1)$, $R=(-1, 1, 2)$을 지나는 평면에 수직인 벡터를 구하여라. 또 이 세 점을 꼭짓점으로 하는 삼각형의 넓이를 구하여라.

풀이

외적의 정의에 의해 벡터 $\overrightarrow{PQ}\times\overrightarrow{PR}$는 세 점 P, Q, R을 지나는 평면에 수직이다. 따라서

$$\begin{aligned} \overrightarrow{PQ} &= Q-P=(1, 2, -1) \\ \overrightarrow{PR} &= R-P=(-2, 2, 2) \end{aligned}$$

이므로 수직인 벡터는

$$\overrightarrow{PQ}\times\overrightarrow{PR}=(6, 0, 6)$$

이다.

한편, $|\overrightarrow{PQ}\times\overrightarrow{PR}|=6\sqrt{2}$는 두 벡터 $\overrightarrow{PQ}$와 $\overrightarrow{PR}$이 이루는 평행사변형의 넓이다. 따라서, $\triangle PQR$의 넓이는 $3\sqrt{2}$이다.

기본연습문제 11.31 다음 세 점 P, Q, R을 지나는 평면에 수직인 단위벡터 하나와 $\triangle PQR$의 넓이를 구하여라.

① $P=(1, -1, 2)$, $Q=(2, 0, -1)$, $R=(0, 2, 1)$

② $P=(1, 1, 1)$, $Q=(2, 1, 3)$, $R=(3, -1, 1)$

SECTION

11.4 연습문제

1. 등식 $a\times(b\times c)=(a\times b)\times c$이 성립하지 않는 벡터 a, b, c의 예를 들어라.

2. 다음 네 점을 꼭짓점으로 갖는 평행사변형의 넓이를 구하여라.

(1) $A=(0, 0)$, $B=(7, 3)$, $C=(9, 8)$, $D=(2, 5)$

(2) $A=(-1, 2)$, $B=(2, 0)$. $C=(7, 1)$, $D=(4, 3)$

(3) $A=(1, 0, -1)$, $B=(1, 7, 2)$, $C=(2, 4, -1)$, $D=(0, 3, 2)$

3. 다음 세 점을 꼭짓점으로 갖는 삼각형의 넓이를 구하여라.

(1) $A=(-1, -1)$, $B=(3, 3)$, $C=(2, 1)$

(2) $A=(1, -1, 1)$, $B=(0, 1, 1)$, $C=(1, 0, -1)$

11.5 3차원 공간의 직선과 평면

3차원 공간의 한 점 $P_0 = (x_0, y_0, z_0)$를 지나고, 벡터 $v = (\ell, m, n)$와 평행한 직선을 L이라 하자.

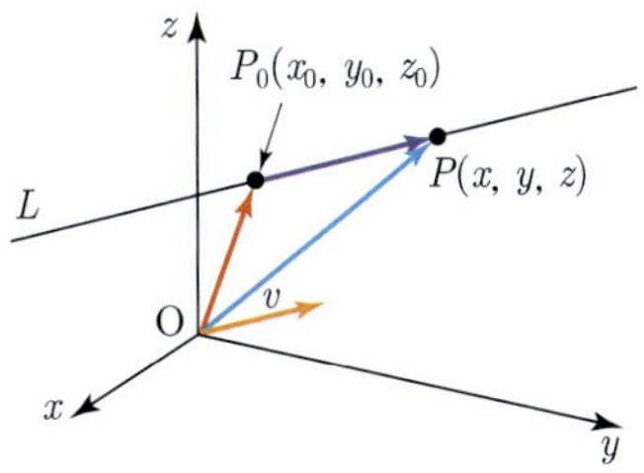

[그림 11.18]

직선 L 위의 임의의 한 점을 $P = (x, y, z)$라 하면 $\overrightarrow{P_0P}$와 v는 평행하므로

$$\overrightarrow{P_0P} = tv, \ (t \in \mathbb{R})$$

이다. 한편 $\overrightarrow{P_0P} = P - P_0$이므로 직선의 방정식은

$$P = P_0 + tv, \ (t \in \mathbb{R})$$

로 나타낼 수 있다.

직선의 방정식을 성분으로 나타내면 직선의 매개변수 방정식

$$x = x_0 + t\ell$$
$$y = y_0 + tm$$
$$z = z_0 + tn$$

을 얻는다. 매개변수 t를 소거하면

$$\frac{x - x_0}{\ell} = \frac{y - y_0}{m} = \frac{z - z_0}{n}$$

이다. 따라서 다음 결과를 얻는다.

정리 11.10

점 $P_0 = (x_0, y_0, z_0)$를 지나고 벡터 $v = (\ell, m, n)$에 평행한 직선 L의 방정식은

$$\frac{x - x_0}{\ell} = \frac{y - y_0}{m} = \frac{z - z_0}{n}$$

이다.[2)]

[정리 11.10]에서 벡터 $v = (\ell, m, n)$를 직선의 **방향벡터**라 부른다.

보기 11.10

점 $P_0 = (3, 4, -2)$를 지나고, 벡터 $v = (-2, 1, 3)$과 평행한 직선의 방정식을 구하여라.

풀이

[정리 11.10]에 의해 직선의 방정식은

$$\frac{x-3}{-2} = \frac{y-4}{1} = \frac{z+2}{3}$$

이다.

기본연습문제 11.32 점 $P_0 = (-2, 0, 4)$를 지나고 벡터 $v = (2, 4, -2)$와 평행한 직선의 방정식을 구하여라.

기본연습문제 11.33 다음 방정식이 나타내는 직선에 대하여 설명하여라.

① $x = 1,\ y - 2 = \dfrac{z-3}{-1}$　　② $x = 2,\ y = 3$

기본연습문제 11.34 점 $P_0 = (-1, 2, 3)$을 지나고 직선 $\dfrac{x+1}{3} = y - 3 = \dfrac{1-z}{3}$와 평행한 직선의 방정식을 구하여라.

기본연습문제 11.35 다음 두 점을 지나는 직선의 방정식을 구하여라.

$$P = (-3, 2, -3),\ Q = (1, -1, 4)$$

2) 분모가 0이면 분자도 0인 것으로 이해한다.

기본연습문제 11.36 다음 두 직선이 이루는 각의 크기 $\theta\left(0 \le \theta \le \dfrac{\pi}{2}\right)$를 구하여라.

$$\frac{x+1}{3}=\frac{y}{5}=\frac{z-2}{4},\ 1-x=\frac{y-2}{10}=\frac{z}{7}$$

이제 평면의 방정식에 대하여 알아보자.

3차원 공간의 한 점 $P_0=(x_0,\ y_0,\ z_0)$를 지나고, 벡터 $n=(a,\ b,\ c)$에 수직인 평면을 M이라 하자.

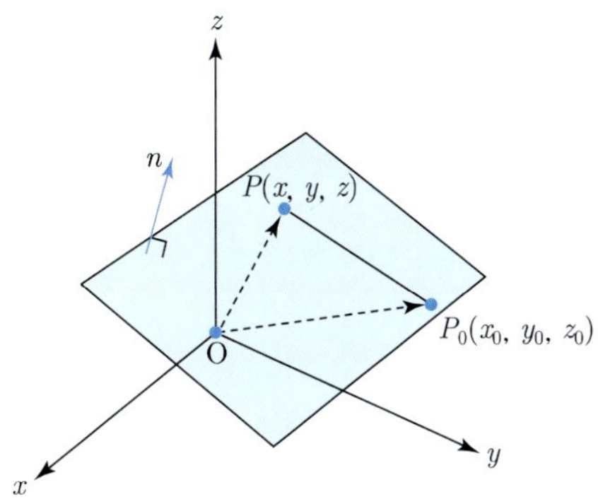

[그림 11.19]

평면 M 위의 한 점을 $P=(x,\ y,\ z)$라 하면 평면 M과 벡터 n은 수직이므로 벡터 $\overrightarrow{P_0P}$와 n는 수직이다. 즉,

$$\overrightarrow{P_0P} \cdot n=0$$

이다. 이제 $\overrightarrow{P_0P}=P-P_0$이므로 평면의 방정식은

$$(P-P_0) \cdot n=0$$

이 된다.

평면의 방정식을 성분으로 나타내면

$$a(x-x_0)+b(y-y_0)+c(z-z_0)=0$$

이 된다. 따라서 다음 결과를 얻는다.

정리 11.11

점 $P_0=(x_0, y_0, z_0)$를 지나고, 벡터 $n=(a, b, c)$에 수직인 평면의 방정식은

$$a(x-x_0)+b(y-y_0)+c(z-z_0)=0$$

이다.

[정리 11.11]에서 평면에 수직인 벡터 n을 평면의 **법벡터**라 한다.

평면의 방정식 $a(x-x_0)+b(y-y_0)+c(z-z_0)=0$을 변형하면

$$ax+by+cz-(ax_0+by_0+cz_0)=0$$

이 된다. 여기서 $-(ax_0+by_0+cz_0)$는 상수이므로 d로 두면 평면의 방정식은

$$ax+by+cz+d=0$$

로 나타낼 수 있다.

보기 11.11

점 $P_0=(2, -1, 3)$을 지나고 법벡터가 $n=(1, 3, 2)$인 평면의 방정식을 구하여라.

풀이

[정리 11.11]에 의해 구하는 평면의 방정식은

$$1(x-2)+3(y+1)+2(z-3)=0$$

이다. 즉,

$$x+3y+2z-5=0$$

이다.

기본연습문제 11.37 다음 평면의 방정식을 구하여라.

① $P_0=(2, -1, 4)$를 지나고, 벡터 $n=(3, -2, 1)$에 수직인 평면

② $P_0=(1, 0, 2)$를 지나고, 벡터 $n=(3, -2, 0)$에 수직인 평면

보기 11.12

점 $P_0 = (3, 5, -2)$를 지나고, 평면 $2x - y + 3z = 0$에 평행한 평면의 방정식을 구하여라.

풀이

평면 $2x-y+3z=0$은 벡터 $n=(2, -1, 3)$에 수직이므로 구하는 평면의 방정식은 점 $P_0=(3, 5, -2)$을 지나고 벡터 $n=(2, -1, 3)$에 수직인 평면이다. 따라서 구하는 평면의 방정식은

$$2(x-3)+(-1)(y-5)+3(z+2)=0$$

이다. 즉,

$$2x-y+3z+5=0$$

이다.

기본연습문제 11.38 점 $P_0 = (2, 0, -4)$를 지나고, 평면 $3x + 4y - z = 5$에 평행한 평면의 방정식을 구하여라.

기본연습문제 11.39 점 $P_0 = (2, 0, 3)$를 지나고, 직선 $\frac{x+2}{3} = \frac{y+3}{2} = \frac{z-2}{3}$에 수직인 평면의 방정식을 구하여라.

보기 11.13

공간의 세 점 $P = (1, -1, 2)$, $Q = (-1, 1, 4)$, $R = (1, 3, -2)$을 지나는 평면의 방정식을 구하여라.

풀이

벡터 $\overrightarrow{PQ}=(-2, 2, 2)$와 $\overrightarrow{PR}=(0, 4, -4)$에 대하여 $\overrightarrow{PQ}\times\overrightarrow{PR}$은 구하는 평면에 수직이다. 따라서

$$\begin{aligned}\overrightarrow{PQ}\times\overrightarrow{PR} &= (-2, 2, 2)\times(0, 4, -4)\\ &= 8(-1, 1, 1)\times(0, 1, -1)\\ &= 8(-2, -1, -1)\end{aligned}$$

이므로, 구하는 평면의 법벡터를 $n=(2, 1, 1)$로 둘 수 있다. P를 지나고 벡터 n에 수직인 평면의 방정식은

$$2(x-1)+(y+1)+(z-2)=0$$

이다. 즉,

$$2x+y+z-3=0$$

이다.

기본연습문제 11.40 공간의 세 점 $P=(4,\ 1,\ 0)$, $Q=(0,\ 1,\ 2)$, $R=(3,\ 0,\ -1)$을 지나는 평면의 방정식을 구하여라.

SECTION

11.5 연습문제

1. 다음 두 직선이 이루는 각의 크기 $\theta\ (0\le\theta\le\pi/2)$를 구하여라.

$$\begin{cases} x=1+2t \\ y=-1+2t \\ z=3-2\sqrt{2}\,t \end{cases},\quad \begin{cases} x=-2+3t \\ y=-3-3t \\ z=1+3\sqrt{2}\,t \end{cases}$$

2. 다음 두 평면이 이루는 각의 크기를 구하여라.

(1) $\begin{cases} 3x+5y-4z+15=0 \\ 4x-5y+3z-12=0 \end{cases}$ (2) $\begin{cases} x-3y+\sqrt{6}\,z-1=0 \\ 2x-2y+1=0 \end{cases}$

3. 다음 직선과 평면의 교점을 구하여라.

$$\frac{x}{3}=\frac{y-1}{4}=\frac{z+1}{-1},\quad 3x+4y-z+21=0$$

4. 다음 두 직선의 교점의 좌표를 구하여라.

$$x-1=\frac{y+10}{7}=\frac{z-2}{3},\quad 2(x-2)=\frac{y+3}{2}=\frac{z-5}{5}$$

5. 점 $(4,\ 15,\ -5)$를 지나고 다음 두 평면에 수직인 평면의 방정식을 구하여라.

$$x-2y+2z-5=0,\quad 3x+4y-5z+2=0$$

6. 다음 두 직선에 동시에 수직으로 만나는 직선의 방정식을 구하여라.

$$\frac{x-3}{2}=\frac{y-1}{-1}=z-5,\quad x-2=\frac{y+1}{2}=\frac{z+1}{3}$$

7. 다음 두 평면의 교선의 방정식을 구하여라.

$$x+y-3z+1=0,\quad 2x-y+z+5=0$$

8. 평면 $x+y+2z-1=0$에 대하여 점 $P=(1,\ 1,\ 1)$의 대칭점을 구하여라.

9. 다음 물음에 답하여라.

(1) 점 (x_0, y_0, z_0)와 평면 $ax+by+cy+d=0$ 사이의 거리는

$$\frac{|ax_0+by_0+cz_0+d|}{\sqrt{a^2+b^2+c^2}}$$

임을 보여라.

(2) 점 $(1, 1, 3)$와 평면 $3x+2y+6z=6$ 사이의 거리를 구하여라.

11.6 n차원 공간

지금까지 (좌표)공간이라는 개념을 세 실수의 순서짝

$$\mathbb{R}^3 = \{(a,\ b,\ c) \mid a,\ b,\ c \in \mathbb{R}\}$$

로 이해하였다. 이 개념을 일반화하여 모든 자연수 n에 대하여 n**차원 좌표공간** 또는 n-**공간**을

$$\mathbb{R}^n = \{(a_1,\ a_2,\ \cdots,\ a_n) \mid a_1,\ a_2,\ \cdots,\ a_n \in \mathbb{R}\}$$

로 정의한다. 그러면, 외적을 제외한 앞 절에서 다루었던 개념들을 n-공간으로 확장할 수 있다.

(연산) $(a_1,\ \cdots,\ a_n) + (b_1,\ \cdots,\ b_n) = (a_1 + b_1,\ \cdots,\ a_n + b_n)$

$t(a_1,\ \cdots,\ a_n) = (ta_1,\ \cdots,\ ta_n),\ (t \in \mathbb{R})$

(벡터) $a = (a_1,\ \cdots,\ a_n),\ b = (b_1,\ \cdots,\ b_n)$

(1) $|a| = \sqrt{a_1^2 + \cdots + a_n^2}$

(2) $a \cdot b = a_1 b_1 + \cdots + a_n b_n$

(3) 벡터 a와 b는 수직이다 $\Leftrightarrow a \cdot b = 0$

(4) (표준단위벡터) $e_1 = (1,\ 0,\ \cdots,\ 0),\ e_2 = (0,\ 1,\ \cdots,\ 0),\ \cdots,\ e_n = (0,\ 0,\ \cdots,\ n)$

(직선의 방정식) 점 $(p_1,\ \cdots,\ p_n)$을 지나고 벡터 $v = (\ell_1,\ \cdots,\ \ell_n)$과 평행한 직선의 방정식

$$\frac{x_1 - p_1}{\ell_1} = \cdots = \frac{x_n - p_n}{\ell_n}$$

(평면의 방정식) 점 $(p_1,\ \cdots,\ p_n)$을 지나고 벡터 $n = (a_1,\ \cdots,\ a_n)$에 수직인 평면의 방정식

$$a_1(x - p_1) + \cdots + a_n(x - p_n) = 0$$

SECTION

11.6 연습문제

1. 4차원 좌표공간 $\mathbb{R}^4$의 벡터 $a = (1,1,1,1)$와 $b = (1,2,3,4)$에 대하여 다음 물음에 답하여라.

(1) $a + b$를 구하여라.

(2) $3a$를 구하여라.

(3) $|b|$를 구하여라.

(4) 내적 $a \cdot b$를 구하여라.

2. 벡터 $a=(2,\ 3,\ -1,\ x)$와 $b=(-2,\ -1,\ 2,\ 3)$이 수직이 되도록 x의 값을 정하여라.

3. 점 $(2,\ 1,\ 2,\ -1,\ 4)$를 지나고 벡터 $v=(2,\ 3,\ 2,\ -1,\ 3)$에 평행한 직선의 방정식을 구하여라.

CHAPTER

12 행렬

12.1 행렬

$m \times n$개의 수 또는 문자 $a_{11}, a_{12}, \cdots, a_{1n}, a_{21}, a_{22}, \cdots, a_{2n}, \cdots, a_{m1}, a_{m2}, \cdots, a_{mn}$을 다음과 같이 나열한 것

$$\begin{bmatrix} a_{11} & a_{12} & \cdots & a_{1n} \\ a_{21} & a_{22} & \cdots & a_{2n} \\ \vdots & \vdots & \ddots & \vdots \\ a_{m1} & a_{m2} & \cdots & a_{mn} \end{bmatrix}$$

을 $m \times n$**행렬**이라 한다. 이때 $[a_{i1}\ a_{i2}\ \cdots\ a_{in}]$을 i**번째 행**, $\begin{bmatrix} a_{1j} \\ a_{2j} \\ \vdots \\ a_{mj} \end{bmatrix}$를 j**번째 열**, m을 **행의 수**, n을 **열의 수**라 부르고 i번째 행과 j번째 열에 있는 숫자나 문자 a_{ij}를 (i,j)**성분** 또는 (i,j)**항**이라 부른다.

일반적으로 행렬은 대문자(A, B, C, $\cdots$), 행렬의 성분은 소문자(a, b, c, $\cdots$)로 표기한다. i번째 행을 i**번째 행벡터**, j번째 열을 j**번째 열벡터**라고도 부른다. 또한, $m \times n$행렬에 대하여 $m \times n$을 **행렬의 크기**라 하고, 간단히

$$(a_{ij})$$

로 나타내거나 크기를 강조하고 싶을 때는

$$(a_{ij})_{m\times n}$$

로 나타낸다.

보기 12.1

다음 행렬의 행의 수, 열의 수, 크기, 1행, 2열, $(2, 1)$성분을 각각 구하여라.

(1) $A=\begin{bmatrix}\sqrt{2} & 0 & -\sqrt{2}\\ 1 & 0 & 2\end{bmatrix}$ (2) $B=[1\ -3\ 0\ 1]$

(3) $C=\begin{bmatrix}1\\2\\-1\end{bmatrix}$

풀이

(1) 행렬 A에 대하여 행의 수는 2, 열의 수는 3, 크기는 2×3, 1행은 $[\sqrt{2}\ 0\ -\sqrt{2}]$, 2열은 $\begin{bmatrix}0\\0\end{bmatrix}$, $(2, 1)$성분은 1이다.

(2) 행렬 B에 대하여 행의 수는 1, 열의 수는 4, 크기는 1×4, 1행은 $[1\ -3\ 0\ 1]$, 2열은 $[-3]$, $(2, 1)$성분은 없다.

(3) 행렬 C에 대하여 행의 수는 3, 열의 수는 1, 크기는 3×1, 1행은 $[1]$, 2열은 없고, $(2, 1)$성분은 2이다.

행렬 A에 대하여 행의 수와 열의 수가 같으면 A를 **정사각행렬**이라고 부르고, 이때 행의 수가 n이면 n**차 정사각행렬**이라 한다. 대각선에 있는 항들 $a_{11}, a_{22}, \cdots, a_{nn}$를 **대각성분**이라 하고 대각항 이외의 모든 항이 0인 행렬을 **대각행렬**이라 한다. 대각성분이 모두 1인 n차 대각행렬을 **단위행렬** 또는 n**차 단위행렬**이라 하고 I_n으로 표시한다. 즉,

$$I_n=\begin{bmatrix}1 & 0 & \cdots & 0\\ 0 & 1 & \cdots & 0\\ \vdots & \vdots & \ddots & \vdots\\ 0 & 0 & \cdots & 1\end{bmatrix}$$

이다.

보기 12.2

다음 행렬 중에서 정사각행렬을 찾고, 그 정사각행렬의 차수와 대각성분을 표시하고, 대각행렬인지를 판정하여라.

$$A=\begin{bmatrix}\sqrt{2} & 0 & -\sqrt{2}\\ 1 & 0 & 2\end{bmatrix},\ B=\begin{bmatrix}1 & 2\\ 4 & 6\end{bmatrix},\ C=\begin{bmatrix}1 & 0 & 0\\ 0 & 4 & 0\\ 0 & 0 & 9\end{bmatrix},\ D=\begin{bmatrix}0 & -4 & -1\\ 4 & 0 & -2\\ -1 & 2 & 1\end{bmatrix},$$

$$E=\begin{bmatrix}0 & 0 & 0\\ 0 & 0 & 0\\ 0 & 0 & 0\end{bmatrix},\ F=\begin{bmatrix}1 & 0\\ 0 & 1\end{bmatrix},\ G=\begin{bmatrix}0 & 0\\ 0 & 0\\ 0 & 0\end{bmatrix}$$

풀이

(1) A와 G는 행의 수와 열의 수가 다르므로 정사각행렬이 아니고, 나머지 행렬은 모두 정사각행렬이다.

(2) B의 차수는 2이고, 대각성분은 1, 6이다. 하지만 대각성분 이외의 성분 중에 0이 아닌 성분이 있으므로 대각행렬은 아니다.

(3) C의 차수는 3이고, 대각성분은 1, 4, 9이다. 대각성분 이외의 모든 성분이 0이므로 대각행렬이다.

(4) D의 차수는 3이고, 대각성분은 0, 0, 1이다. 하지만 대각성분 이외의 성분 중에 0이 아닌 성분이 있으므로 대각행렬은 아니다.

(5) E의 차수는 3이고, 대각성분은 모두 0이다. 대각성분 이외의 모든 성분이 0이므로 대각행렬이다.

(6) F의 차수는 2이고, 대각성분은 모두 1이다. 대각성분 이외의 모든 성분이 0이므로 대각행렬이다. 특히 2차 단위행렬이다.

[보기 11.2]의 행렬 E와 G와 같이 모든 성분이 0인 행렬을 **영행렬**이라 하고,

$$O$$

로 나타낸다.

기본연습문제 12.1 주어진 행렬에 대하여 다음 물음에 답하여라.

$$\begin{bmatrix}2 & 0 & 3 & 4\\ 3 & -1 & 5 & 6\\ 7 & 8 & 4 & -3\end{bmatrix}$$

① 이 행렬은 몇 행 몇 열인가?

② 2행과 4열을 각각 구하여라.

③ (1, 4)성분과 (2, 3)성분을 각각 구하여라.

기본연습문제 12.2 $(i,\ j)$성분 a_{ij}가 다음과 같은 식으로 주어진 3×2행렬을 구하여라.

① $a_{ij}=i+j-1$　　　② $a_{ij}=i\times j$

이제 행렬의 연산에 대하여 알아보자. 먼저 두 행렬이 언제 같은지에 대하여 살펴보자.

두 행렬 A와 B의 크기가 같고, 대응되는 성분이 같을 때 두 행렬 A와 B는 서로 **같다**고 하고

$$A = B$$

로 표시한다. 즉, $A=(a_{ij})_{m\times n}$, $B=(b_{ij})_{m\times n}$일 때 모든 i와 j에 대하여 $a_{ij}=b_{ij}$일 때 두 행렬 A와 B는 같다고 한다.

보기 12.3

다음 두 행렬 A와 B에 대하여 $A=B$일 때, x, y, z를 구하여라.

$$A=\begin{bmatrix}1 & 2 & x\\ y^2 & 1 & 3\end{bmatrix},\ B=\begin{bmatrix}z & 2 & 2-x\\ 4 & 1 & y+1\end{bmatrix}$$

풀이

두 행렬 A, B에 대하여 $A=B$이므로 대응되는 성분들이 같다. 따라서

$$1=z,\ x=2-x,\ 3=y+1$$

을 얻는다. 이 방정식을 풀면

$$x=1,\ y=2,\ z=1$$

을 얻는다.

기본연습문제 12.3 다음 등식을 만족시키는 상수 a, b, c, d 값을 구하여라.

$$\begin{bmatrix}2a+1 & 4\\ -5 & d-3\end{bmatrix}=\begin{bmatrix}-1 & 2c-3\\ 2b-1 & 0\end{bmatrix}$$

크기가 같은 두 행렬 A와 B에 대하여 **행렬의 합** $A+B$은 두 행렬의 각 성분의 합을 성분으로 갖는 행렬로 정의한다. 즉, $A=(a_{ij})_{m\times n}$, $B=(b_{ij})_{m\times n}$이면

$$A+B=(a_{ij}+b_{ij})_{m\times n}$$

이다.

크기가 다른 행렬은 더할 수 없다.

보기 12.4

행렬 A, B, C가 다음과 같을 때, $A+B$와 $B+C$를 구하여라.

$$A=\begin{bmatrix}2 & 1 & 0 & 3\\ 1 & 0 & 2 & 4\\ 4 & 2 & 7 & 0\end{bmatrix},\ B=\begin{bmatrix}4 & 3 & 5 & 1\\ 2 & 2 & 0 & 1\\ 3 & 2 & 4 & 5\end{bmatrix},\ C=\begin{bmatrix}1 & 5\\ 4 & 2\end{bmatrix}$$

풀이

행렬의 덧셈의 정의에 의해

$$A+B=\begin{bmatrix}6 & 4 & 5 & 4\\3 & 2 & 2 & 5\\7 & 4 & 11 & 5\end{bmatrix}$$

이다. 하지만 행렬 B와 C는 크기가 다르므로 더할 수 없다.

기본연습문제 12.4 다음 행렬의 합을 구하여라.

① $\begin{bmatrix}5 & -4\\3 & 2\end{bmatrix}+\begin{bmatrix}1 & -4\\-4 & 2\end{bmatrix}$

② $\begin{bmatrix}4 & -2 & 2\\-5 & 0 & 5\end{bmatrix}+\begin{bmatrix}2 & 5 & 4\\1 & 3 & -2\end{bmatrix}$

행렬 A와 상수 c에 대하여 **상수곱** cA는 A의 각 성분에 상수 c를 곱한 것을 성분으로 갖는 행렬로 정의한다. 즉, $A=(a_{ij})_{m\times n}$이면

$$cA=(ca_{ij})_{m\times n}$$

이다.

보기 12.5

행렬 $A=\begin{bmatrix}4 & 2\\1 & 3\\1 & 0\end{bmatrix}$에 대하여 다음을 계산하여라.

(1) $2A$

(2) $(-1)A$

풀이

상수곱의 정의에 의해서

$$2A=\begin{bmatrix}8 & 4\\2 & 6\\2 & 0\end{bmatrix}$$

이고

$$(-1)A=\begin{bmatrix}-4 & -2\\-1 & -3\\-1 & 0\end{bmatrix}$$

이다.

앞으로 행렬 A에 대하여 $(-1)A$를 $-A$로 나타내고, $A+(-1)B$를

$$A-B$$

로 쓰기로 한다.

기본연습문제 12.5 행렬 A와 B에 대하여 다음을 계산하여라.

$$A=\begin{bmatrix} 1 & 3 \\ -2 & 4 \end{bmatrix},\ B=\begin{bmatrix} 2 & 0 \\ 1 & -3 \end{bmatrix}$$

① $-3A$ ② $(-2)(3A)$ ③ $(6-2)B$

④ $5A-2A$ ⑤ $3(A+B)$ ⑥ $3A+3B$

행렬의 합과 상수곱에 대하여 다음 성질이 성립하는 것을 쉽게 확인할 수 있다.

정리 12.1

크기가 같은 행렬 A, B, C, O와 상수 a, b에 대하여 다음이 성립한다.

(1) $(A+B)+C=A+(B+C)$ (2) $A+O=O+A=A$

(3) $A+(-A)=(-A)+A=O$ (4) $A+B=B+A$

(5) $(ab)A=a(bA)$ (6) $a(A+B)=aA+aB$

(7) $(a+b)A=aA+bA$ (8) $1A=A$

보기 12.6

행렬 $A=\begin{bmatrix} 1 & 2 & 3 \\ 0 & -1 & 2 \end{bmatrix}$ $B=\begin{bmatrix} 3 & -2 & 1 \\ 2 & 3 & 0 \end{bmatrix}$에 대하여 다음 행렬을 구하여라.

(1) $A+B$ (2) $A-B$ (3) $2A+3B$ (4) $\dfrac{A+B}{2}$

풀이

(1) $A+B=\begin{bmatrix} 4 & 0 & 4 \\ 2 & 2 & 2 \end{bmatrix}$ (2) $A-B=\begin{bmatrix} -2 & 4 & 2 \\ -2 & -4 & 2 \end{bmatrix}$

(3) $2A+3B=\begin{bmatrix} 11 & -2 & 9 \\ 6 & 7 & 4 \end{bmatrix}$ (4) $\dfrac{A+B}{2}=\begin{bmatrix} 2 & 0 & 2 \\ 1 & 1 & 1 \end{bmatrix}$

보기 12.7

행렬 A와 B가 다음과 같을 때 $2(A-B+X)=3(X-A)$를 만족하는 행렬 X를 구하여라.

$$A=\begin{bmatrix} 1 & 2 \\ 3 & 4 \end{bmatrix},\ B=\begin{bmatrix} -1 & 0 \\ 1 & 1 \end{bmatrix}$$

풀이

[정리 12.1]에 의해서 주어진 식은

$$X = 5A - 2B$$

이 된다. 따라서

$$X = \begin{bmatrix} 7 & 10 \\ 13 & 18 \end{bmatrix}$$

이다.

기본연습문제 12.6 행렬 A와 B에 대하여 다음 등식을 만족시키는 행렬 X를 구하여라.

$$A = \begin{bmatrix} 2 & -3 \\ 4 & 1 \end{bmatrix}, \quad B = \begin{bmatrix} 1 & 0 \\ -2 & 3 \end{bmatrix}$$

① $3(-2A + X) = X$　　　　② $3A + B - \frac{1}{2}X = X - 5B$

$m \times r$행렬 A와 $r \times n$행렬 B에 대하여 A와 B의 **곱**은 $m \times n$행렬이고 (i, j)성분은 A의 i행과 B의 j열의 서로 대응되는 성분을 곱하여 더한 것으로 주어진다. 즉, $A = (a_{ij})_{m \times r}$, $B = (b_{ij})_{r \times n}$이면

$$AB = (c_{ij})_{m \times n} \quad, \quad c_{ij} = \sum_{k=1}^{r} a_{ik} b_{kj}, \quad (i = 1, 2, \cdots, m, \; j = 1, 2, \cdots, n)$$

이다.

보기 12.8

두 행렬 A와 B가 다음과 같을 때 AB와 BA를 구하여라.

$$A = \begin{bmatrix} 1 & 3 & -1 \\ -2 & -1 & 1 \end{bmatrix}, \quad B = \begin{bmatrix} -4 & 0 \\ 5 & -2 \\ -1 & 2 \end{bmatrix}$$

풀이

행렬의 곱의 정의에 의해

$$AB = \begin{bmatrix} 1 & 3 & -1 \\ -2 & -1 & 1 \end{bmatrix} \begin{bmatrix} -4 & 0 \\ 5 & -2 \\ -1 & 2 \end{bmatrix} = \begin{bmatrix} 12 & -8 \\ 2 & 4 \end{bmatrix}$$

이고

$$BA=\begin{bmatrix}-4 & 0\\ 5 & -2\\ -1 & 2\end{bmatrix}\begin{bmatrix}1 & 3 & -1\\ -2 & -1 & 1\end{bmatrix}=\begin{bmatrix}-4 & -12 & 4\\ 9 & 17 & -7\\ -5 & -5 & 3\end{bmatrix}$$

이다.

보기 12.9

행렬 A, B, C, D, E, F가 다음과 같을 때 행렬의 곱이 정의되면 행렬의 곱을 구하여라.

$$A=\begin{bmatrix}1 & -1\\ 0 & 2\end{bmatrix},\ B=\begin{bmatrix}1 & 2 & 0\\ 2 & 0 & -1\end{bmatrix},\ C=\begin{bmatrix}-2 & 1\\ 0 & 2\\ 1 & -1\end{bmatrix},\ D=\begin{bmatrix}1 & 0 & 0\\ 0 & 2 & 0\\ 0 & 0 & 3\end{bmatrix},\ E=\begin{bmatrix}1 & 2\end{bmatrix},\ F=\begin{bmatrix}3\\ 2\end{bmatrix}$$

(1) AA　　(2) BB　　(3) CB

(4) DB　　(5) EF　　(6) FE

풀이

(1) $AA=\begin{bmatrix}1 & -3\\ 0 & 4\end{bmatrix}$

(2) 행렬의 곱이 정의되지 않는다.

(3) $CB=\begin{bmatrix}0 & -4 & -1\\ 4 & 0 & -2\\ -1 & 2 & 1\end{bmatrix}$

(4) 행렬의 곱이 정의되지 않는다.

(5) $EF=[7]$

(6) $FE=\begin{bmatrix}3 & 6\\ 2 & 4\end{bmatrix}$

기본연습문제 12.7 행렬의 곱을 구하여라.

① $\begin{bmatrix}2 & 3\end{bmatrix}\begin{bmatrix}4\\ 5\end{bmatrix}$　　② $\begin{bmatrix}2 & -1\\ 1 & 3\end{bmatrix}\begin{bmatrix}3 & 4\\ 1 & -2\end{bmatrix}$　　③ $\begin{bmatrix}2\\ 3\end{bmatrix}\begin{bmatrix}1 & -2\end{bmatrix}$

두 행렬 $A=\begin{bmatrix}2 & -3\\ 5 & 1\end{bmatrix}$과 $B=\begin{bmatrix}1 & 3\\ 2 & -4\end{bmatrix}$에 대하여

$$AB=\begin{bmatrix}2 & -3\\ 5 & 1\end{bmatrix}\begin{bmatrix}1 & 3\\ 2 & -4\end{bmatrix}=\begin{bmatrix}-4 & 18\\ 7 & 11\end{bmatrix}$$

이고,

$$BA=\begin{bmatrix}1 & 3\\ 2 & -4\end{bmatrix}\begin{bmatrix}2 & -3\\ 5 & 1\end{bmatrix}=\begin{bmatrix}17 & 0\\ -16 & -10\end{bmatrix}$$

이므로

$$AB \neq BA$$

이다. 따라서 일반적으로 **행렬의 곱에서는 교환법칙이 성립하지 않는다**는 것을 알 수 있다.

행렬의 곱에 관하여 다음 성질이 성립함을 확인할 수 있다.

정리 12.2

행렬의 곱이 가능한 행렬 A, B, C와 상수 a에 대하여 다음이 성립한다.

(1) $(AB)C = A(BC)$

(2) $a(AB) = A(aB) = (aA)B$

(3) $A(B+C) = AB + AC$

(4) $(A+B)C = AC + BC$

(5) A가 $m \times n$행렬이면 $I_m A = A$, $AI_n = A$이다.

보기 12.10

행렬 A와 B에 대하여 $ABAB$를 구하여라.

$$A = \begin{bmatrix} 2 & -1 \\ 1 & 3 \end{bmatrix}, \quad B = \begin{bmatrix} 3 & 4 \\ 1 & -2 \end{bmatrix}$$

풀이

$ABAB = (AB)(AB) = (AB)^2$이므로

$$\begin{aligned} ABAB &= \left\{ \begin{bmatrix} 2 & -1 \\ 1 & 3 \end{bmatrix} \begin{bmatrix} 3 & 4 \\ 1 & -2 \end{bmatrix} \right\}^2 = \begin{bmatrix} 5 & 10 \\ 6 & -2 \end{bmatrix}^2 \\ &= \begin{bmatrix} 5 & 10 \\ 6 & -2 \end{bmatrix} \begin{bmatrix} 5 & 10 \\ 6 & -2 \end{bmatrix} \\ &= \begin{bmatrix} 85 & 30 \\ 18 & 64 \end{bmatrix} \end{aligned}$$

이다.

기본연습문제 12.8 행렬 A와 B에 대하여 다음 등식이 성립하지 않음을 보여라.

$$A = \begin{bmatrix} 1 & 2 \\ 3 & 4 \end{bmatrix}, \quad B = \begin{bmatrix} 5 & 6 \\ 7 & 8 \end{bmatrix}$$

① $(AB)^2 = A^2B^2$

② $(A+B)(A-B) = A^2 - B^2$

행렬 A, B가 n차 정사각행렬이면 곱 AB도 n차 정사각행렬이다. 따라서 행렬 A가 n차 정사각행렬이면 A^n을 다음과 같이 정의한다.

$$A^1 = A,\ A^n = A^{n-1} \cdot A$$

보기 12.11

행렬 A, B, C에 대하여 다음을 구하여라.

$$A = \begin{bmatrix} 1 & 1 \\ 1 & 0 \end{bmatrix},\ B = \begin{bmatrix} 0 & 1 \\ 1 & -1 \end{bmatrix},\ C = \begin{bmatrix} 1 & 2 & 3 \\ 3 & 2 & 1 \end{bmatrix}$$

(1) A^2 (2) A^4 (3) $(AB)C$

(4) $A(BC)$ (5) $AC-BC$

풀이

(1) $A^2 = \begin{bmatrix} 2 & 1 \\ 1 & 1 \end{bmatrix}$

(2) $A^4 = \begin{bmatrix} 5 & 3 \\ 3 & 2 \end{bmatrix}$

(3) $(AB)C = \begin{bmatrix} 1 & 2 & 3 \\ 3 & 2 & 1 \end{bmatrix}$

(4) $A(BC) = (AB)C = \begin{bmatrix} 1 & 2 & 3 \\ 3 & 2 & 1 \end{bmatrix}$

(5) $AC-BC = (A-B)C = I_2C = C = \begin{bmatrix} 1 & 2 & 3 \\ 3 & 2 & 1 \end{bmatrix}$

두 행렬 $A = \begin{bmatrix} 2 & 1 \\ 4 & 2 \end{bmatrix}$과 $B = \begin{bmatrix} -3 & 1 \\ 6 & -2 \end{bmatrix}$에 대하여

$$AB = \begin{bmatrix} 2 & 1 \\ 4 & 2 \end{bmatrix}\begin{bmatrix} -3 & 1 \\ 6 & -2 \end{bmatrix} = \begin{bmatrix} 0 & 0 \\ 0 & 0 \end{bmatrix}$$

이다. 따라서 일반적으로 행렬에서는 '$AB = O$이면 $A = O$ 또는 $B = O$'이 성립하지 않는다.

기본연습문제 12.9 다음 등식이 성립하도록, x, y의 값을 정하여라.

$$\begin{bmatrix} 2 & -1 \\ -4 & 2 \end{bmatrix}\begin{bmatrix} 1 & x \\ y & -2 \end{bmatrix} = \begin{bmatrix} 0 & 0 \\ 0 & 0 \end{bmatrix}$$

행렬 $A = \begin{bmatrix} 1 & -1 \\ -3 & 3 \end{bmatrix}$, $B = \begin{bmatrix} 1 & 2 \\ 3 & 4 \end{bmatrix}$, $C = \begin{bmatrix} 2 & 0 \\ 4 & 2 \end{bmatrix}$에 대하여

$$AB = \begin{bmatrix} -2 & -2 \\ 6 & 6 \end{bmatrix}$$

이고

$$AC=\begin{bmatrix}-2 & -2\\ 6 & 6\end{bmatrix}$$

이므로 $AB=AC$이다. 즉 $A\neq O$임에도 불구하고 $B=C$가 성립하지 않는다. 따라서 일반적으로 행렬에서는 '$AB=AC$, $A\neq O$이면 $B=C$이다'가 성립하지 않는다.

기본연습문제 12.10 다음 등식이 성립하도록, x, y의 값을 정하여라.

$$\begin{bmatrix}2 & 3\\ 4 & 6\end{bmatrix}\begin{bmatrix}-1 & 2\\ 0 & 3\end{bmatrix}=\begin{bmatrix}2 & 3\\ 4 & 6\end{bmatrix}\begin{bmatrix}8 & x\\ y & 1\end{bmatrix}$$

행렬의 곱을 이용하면 연립일차방정식을 행렬의 등식으로 나타낼 수 있다.

n개의 변수를 갖는 연립일차방정식

$$\begin{cases} a_{11}x_1 + \cdots + a_{1n}x = b_1 \\ \vdots \qquad\qquad \vdots \qquad \vdots \\ a_{m1}x_1 + \cdots + a_{mn}x_n = b_m \end{cases}$$

은 행렬의 곱을 이용하여 다음과 같이 쓸 수 있다.

$$\begin{bmatrix}a_{11} & \cdots & a_{1n}\\ \vdots & & \vdots\\ a_{m1} & \cdots & a_{mn}\end{bmatrix}\begin{bmatrix}x_1\\ \vdots\\ x_n\end{bmatrix}=\begin{bmatrix}b_1\\ \vdots\\ b_m\end{bmatrix}$$

여기서 계수로 이루어진 행렬

$$A=\begin{bmatrix}a_{11} & \cdots & a_{1n}\\ \vdots & & \vdots\\ a_{m1} & \cdots & a_{mn}\end{bmatrix}$$

을 주어진 연립방정식의 **계수행렬**이라 한다. 이제

$$x=\begin{bmatrix}x_1\\ \vdots\\ x_n\end{bmatrix},\ b=\begin{bmatrix}b_1\\ \vdots\\ b_n\end{bmatrix}$$

로 두면 주어진 연립방정식은 행렬을 이용하여

$$Ax=b$$

와 같이 나타낼 수 있다.

보기 12.12

다음 연립방정식을 행렬의 등식으로 나타내어라.

$$\begin{cases} 5x-5y+5z=1 \\ \quad\ \ 2y-3z=-5 \\ -3x+4y-5z=3 \end{cases}$$

풀이

$$\begin{bmatrix} 5 & -5 & 5 \\ 0 & 2 & -3 \\ -3 & 4 & -5 \end{bmatrix}\begin{bmatrix} x \\ y \\ z \end{bmatrix}=\begin{bmatrix} 1 \\ 5 \\ 3 \end{bmatrix}$$

기본연습문제 12.11 다음 연립방정식을 행렬의 등식으로 나타내어라.

① $\begin{cases} x-2y=2 \\ 3x+y=3 \end{cases}$ ② $\begin{cases} 2x-y=a \\ x+3y=b \end{cases}$

기본연습문제 12.12 다음 행렬의 등식을 연립방정식의 꼴로 나타내어라.

① $\begin{bmatrix} 3 & -2 \\ 4 & 0 \end{bmatrix}\begin{bmatrix} x \\ y \end{bmatrix}=\begin{bmatrix} 5 \\ 8 \end{bmatrix}$ ② $\begin{bmatrix} 1 & -2 \\ 2 & 3 \end{bmatrix}\begin{bmatrix} x \\ y \end{bmatrix}=\begin{bmatrix} 2 \\ 5 \end{bmatrix}$

SECTION

12.1 연습문제

1. 다음을 계산하여라.

(1) $\begin{bmatrix} -3 & 2 & 1 \\ 4 & 5 & -2 \end{bmatrix}+2\begin{bmatrix} 2 & 0 & -1 \\ 3 & -1 & 2 \end{bmatrix}$ (2) $2\begin{bmatrix} 0 & 1 \\ 2 & 3 \end{bmatrix}+\begin{bmatrix} 3 & 4 \\ 3 & -2 \end{bmatrix}-3\begin{bmatrix} -1 & 5 \\ 1 & 0 \end{bmatrix}$

2. 다음을 계산하여라.

(1) $\begin{bmatrix} 2 & 3 \\ -1 & 0 \end{bmatrix}\times\begin{bmatrix} 1 & 1 \\ 5 & -2 \end{bmatrix}$ (2) $\begin{bmatrix} 1 & 4 & 0 \\ 0 & -8 & 3 \end{bmatrix}\times\begin{bmatrix} 1 & 0 \\ 0 & 1/4 \\ 0 & 1 \end{bmatrix}$

(3) $\begin{bmatrix} 0 & 1 \\ 2 & 3 \\ 4 & 5 \end{bmatrix}\times\begin{bmatrix} 0 & 1 & 2 \\ 3 & 4 & 5 \end{bmatrix}$

3. 행렬 $A=\begin{bmatrix} 5 & 7 \\ 6 & 8 \end{bmatrix}$와 $B=\begin{bmatrix} 2 & 3 \\ 1 & 4 \end{bmatrix}$에 대하여 다음을 계산하여라.

(1) $2(3A-B)-5A$ (2) $3\{2(A+B)-A\}-4B$

4. 행렬 $A=\begin{bmatrix}1&0\\0&1\end{bmatrix}$와 $B=\begin{bmatrix}3&7\\0&3\end{bmatrix}$에 대하여 다음 등식을 만족시키는 행렬 X를 구하여라.

$$2(X+B)=3\{X+2(X+A)\}$$

5. 행렬 $A=\begin{bmatrix}1&2\\2&1\end{bmatrix}$에 대하여 $A^2-X=2I$일 때 $X=2A$임을 보여라.

6. 행렬 $A=\begin{bmatrix}a&b\\c&d\end{bmatrix}$에 대하여 다음 등식이 성립함을 보여라.

$$A^2-(a+d)A+(ad-bc)I=O$$

7. 행렬 $A=\begin{bmatrix}1&1\\1&1\end{bmatrix}$에 대하여 A^n을 구하여라.

8. 행렬 $A=\begin{bmatrix}2&1&0\\0&2&1\\0&0&2\end{bmatrix}$와 $B=\begin{bmatrix}a&b&c\\d&e&f\\g&h&i\end{bmatrix}$가 $AB=BA$을 만족할 때, B를 구하여라.

9. 다음 연립방정식을 행렬을 이용하여 나타내어라.

(1) $\begin{cases}a_{11}x_1+a_{12}x_2=b_1\\a_{21}x_1+a_{22}x_2=b_2\\a_{31}x_1+a_{32}x_2=b_3\end{cases}$

(2) $\begin{cases}2x+3y+2z+5w=12\\3x+6y+2z+4w=15\end{cases}$

12.2 역행렬

정사각행렬 A에 대하여

$$AB = BA = I$$

인 행렬 B가 존재할 때, A를 **가역행렬**이라 하고, B를 A의 **역행렬**이라 한다. 이때

$$B = A^{-1}$$

로 나타낸다. 따라서 A가 가역행렬이면

$$AA^{-1} = A^{-1}A = I$$

이다.

역행렬을 구하는 것이 왜 중요한지 한 가지 보기를 통하여 알아보자.

연립일차방정식

$$\begin{cases} a_{11}x_1 + \cdots + a_{1n}x_n = b_1 \\ \quad \vdots \qquad\qquad\qquad \vdots \\ a_{m1}x_1 + \cdots + a_{mn}x_n = b_m \end{cases}$$

은 행렬을 이용하여

$$Ax = b$$

로 나타낼 수 있다. 연립방정식의 개수와 미지수의 개수가 같으면 계수행렬 A는 정사각행렬이고, 계수행렬 A가 역행렬을 가지면 주어진 연립방정식의 해는 다음과 같이 구할 수 있다.

$$\begin{aligned} Ax = b &\Rightarrow A^{-1}(Ax) = A^{-1}b \\ &\Rightarrow (A^{-1}A)x = A^{-1}b \\ &\Rightarrow Ix = A^{-1}b \\ &\Rightarrow x = A^{-1}b \end{aligned}$$

이와 같이 역행렬은 연립방정식을 푸는 과정에서 중요하게 쓰인다.

이제 간단한 정사각행렬의 역행렬을 구하는 방법에 대하여 알아보자. 역행렬의 존재성에 대해서는 다음 절에서 다룰 행렬식이라 불리는 실수에 대하여 조사하면 된다.

보기 12.13

행렬 $A=\begin{bmatrix}3&5\\1&2\end{bmatrix}$는 행렬 $B=\begin{bmatrix}2&-5\\-1&3\end{bmatrix}$의 역행렬임을 보여라.

풀이

직접 계산에 의해

$$AB=\begin{bmatrix}3&5\\1&2\end{bmatrix}\begin{bmatrix}2&-5\\-1&3\end{bmatrix}=\begin{bmatrix}1&0\\0&1\end{bmatrix}=I$$

이고

$$BA=\begin{bmatrix}2&-5\\-1&3\end{bmatrix}\begin{bmatrix}3&5\\1&2\end{bmatrix}=\begin{bmatrix}1&0\\0&1\end{bmatrix}=I$$

이다. 따라서

$$AB=BA=I$$

이므로 행렬 A는 B의 역행렬이다.

보기 12.14

행렬 $A=\begin{bmatrix}a&b\\c&d\end{bmatrix}$에 대하여 다음에 답하여라.

(1) A가 역행렬을 가질 필요충분조건은 $ad-bc\neq 0$이다.

(2) 이때 $A^{-1}=\dfrac{1}{ad-bc}\begin{bmatrix}d&-b\\-c&a\end{bmatrix}$이다.

풀이

A의 역행렬이 존재한다고 가정하고, 그것을 $X=\begin{bmatrix}x&u\\y&v\end{bmatrix}$라 하면

$$AX=I$$

이므로

$$\begin{bmatrix}a&b\\c&d\end{bmatrix}\begin{bmatrix}x&u\\y&v\end{bmatrix}=\begin{bmatrix}ax+by&au+bv\\cx+dy&cu+dv\end{bmatrix}=\begin{bmatrix}1&0\\0&1\end{bmatrix}$$

이다. 따라서 연립방정식

$$\begin{cases}ax+by=1\\cx+dy=0\end{cases}\text{ 와 }\begin{cases}au+bv=0\\cu+dv=1\end{cases}$$

을 얻는다. 이제 가감법을 적용하면 다음을 얻는다.

$$\begin{matrix}(ad-bc)x=d & (ad-bc)u=-b\\(ad-bc)y=-c & (ad-bc)v=a\end{matrix}$$

(i) $ad-bc\neq 0$이면 $X=\begin{bmatrix} x & u \\ y & v \end{bmatrix}=\dfrac{1}{ad-bc}\begin{bmatrix} d & -b \\ -c & a \end{bmatrix}$을 얻는다.

(ii) $ad-bc=0$이면 $a=b=c=d=0$을 얻어서 $AX=I$에 모순된다. 따라서 역행렬은 존재하지 않는다.

기본연습문제 12.13 다음 행렬의 역행렬을 구하여라.

① $\begin{bmatrix} 3 & 4 \\ 5 & 6 \end{bmatrix}$ ② $\begin{bmatrix} 2 & 3 \\ 5 & 9 \end{bmatrix}$ ③ $\begin{bmatrix} 7 & 9 \\ 4 & 6 \end{bmatrix}$

기본연습문제 12.14 다음 행렬이 역행렬을 갖지 않도록 a의 값을 정하여라.

① $\begin{bmatrix} a & 4 \\ 3 & 2 \end{bmatrix}$ ② $\begin{bmatrix} 3a & a+2 \\ 4a+1 & a+4 \end{bmatrix}$

보기 12.15

역행렬을 이용하여 다음 연립방정식을 풀어라.

$$\begin{cases} 5x+3y=7 \\ 3x+2y=4 \end{cases}$$

풀이

주어진 연립방정식을 행렬로 나타내면

$$\begin{bmatrix} 5 & 3 \\ 3 & 2 \end{bmatrix}\begin{bmatrix} x \\ y \end{bmatrix}=\begin{bmatrix} 7 \\ 4 \end{bmatrix}$$

이다. 여기서

$$A=\begin{bmatrix} 5 & 3 \\ 3 & 2 \end{bmatrix}$$

라 하면

$$5\times 2-3\times 3=1\neq 0$$

이므로, 역행렬 A^{-1}이 존재하고

$$A^{-1}=\begin{bmatrix} 2 & -3 \\ -3 & 5 \end{bmatrix}$$

이다. 연립방정식의 양변에 A^{-1}을 곱하면

$$\begin{bmatrix} x \\ y \end{bmatrix}=\begin{bmatrix} 2 & -3 \\ -3 & 5 \end{bmatrix}\begin{bmatrix} 7 \\ 4 \end{bmatrix}=\begin{bmatrix} 2 \\ -1 \end{bmatrix}$$

이므로

$$x=2,\ y=-1$$

이다.

기본연습문제 12.15 역행렬을 이용하여 다음 연립방정식을 풀어라.

① $\begin{cases} x+3y=5 \\ 3x+2y=1 \end{cases}$ ② $\begin{cases} y=2x-5 \\ 3x-2y=2 \end{cases}$

SECTION

12.2 연습문제

1. 행렬 A와 B에 대하여 다음 행렬을 구하여라.

$$A=\begin{bmatrix} 1 & 3 \\ 0 & 2 \end{bmatrix},\ B=\begin{bmatrix} 1 & -1 \\ 1 & 1 \end{bmatrix}$$

(1) A^{-1} (2) B^{-1} (3) $A^{-1}BA$ (4) $B^{-1}AB$

2. 다음 행렬의 역행렬이 존재하지 않도록 x의 값을 정하여라.

(1) $\begin{bmatrix} x^2 & x \\ 1 & 1 \end{bmatrix}$ (2) $\begin{bmatrix} x+5 & 3 \\ x+1 & x \end{bmatrix}$

3. 다음 행렬의 역행렬을 구하여라.

$$\begin{bmatrix} 0 & 0 & 1 \\ 0 & 2 & 0 \\ 3 & 0 & 0 \end{bmatrix}$$

4. 행렬 A와 P에 대하여 $B=PAP^{-1}$이라 할 때, 물음에 답하여라.

$$A=\begin{bmatrix} 1 & 2 \\ -1 & -1 \end{bmatrix},\ P=\begin{bmatrix} 1 & 1 \\ 1 & 2 \end{bmatrix}$$

(1) A^2을 구하여라. (2) B^{50}을 구하여라.

5. 다음 연립방정식이 단 한 쌍의 해를 가지기 위한 조건을 구하고, 그때의 해를 구하여라.

$$\begin{cases} ax+2y=4 \\ x+(3-a)y=2 \end{cases}$$

12.3 행렬식

2차 정사각행렬 $A = \begin{bmatrix} a & b \\ c & d \end{bmatrix}$의 **행렬식**은 $ad - bc$로 정의하고

$$\det(A) \text{ 또는 } |A|$$

로 나타낸다.

3차 정사각행렬 $A = \begin{bmatrix} a_{11} & a_{12} & a_{13} \\ a_{21} & a_{22} & a_{23} \\ a_{31} & a_{32} & a_{33} \end{bmatrix}$의 행렬식도 $\det(A)$ 또는 $|A|$로 나타내고,

$$\begin{aligned} \det(A) = & \ a_{11}a_{22}a_{33} + a_{12}a_{23}a_{31} + a_{13}a_{21}a_{32} \\ & - a_{11}a_{23}a_{32} - a_{12}a_{21}a_{33} - a_{13}a_{22}a_{31} \end{aligned}$$

로 정의한다.

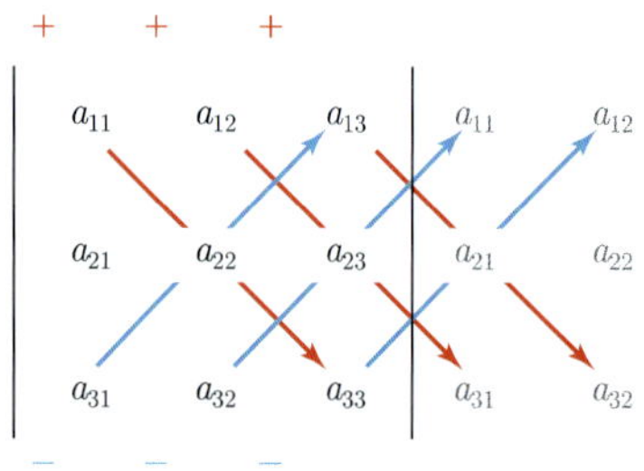

[그림 12.1]

보기 12.16

다음 행렬의 행렬식을 구하여라.

(1) $A = \begin{bmatrix} 1 & 2 & 3 \\ 4 & -5 & 6 \\ 7 & 0 & 1 \end{bmatrix}$ (2) $I = \begin{bmatrix} 1 & 0 & 0 \\ 0 & 1 & 0 \\ 0 & 0 & 1 \end{bmatrix}$

풀이

(1) 행렬식의 정의에 의해서

$$\begin{aligned} \det(A) &= -5 + 84 - 8 + 105 \\ &= 176 \end{aligned}$$

이다.

(2) $\det(I) = 1 + 0 + 0 - 0 - 0 - 0 = 1$

기본연습문제 12.16 다음 행렬의 행렬식을 구하여라.

① $\begin{bmatrix} 2 & 4 \\ 3 & 6 \end{bmatrix}$ ② $\begin{bmatrix} 2 & 3 \\ 5 & 9 \end{bmatrix}$ ③ $\begin{bmatrix} 0 & 1 & 5 \\ 3 & -6 & 9 \\ 2 & 6 & 1 \end{bmatrix}$ ④ $\begin{bmatrix} 1 & -2 & 7 \\ -4 & 8 & 5 \\ 2 & -4 & 3 \end{bmatrix}$

행렬 A에서 i행과 j열을 지워서 얻은 새로운 행렬을 A_{ij}라 하자. 예를 들어

$$A = \begin{bmatrix} 1 & 2 & 3 \\ 4 & -5 & 6 \\ 7 & 0 & 1 \end{bmatrix}$$

일 때

$$A_{11} = \begin{bmatrix} -5 & 6 \\ 0 & 1 \end{bmatrix},\ A_{23} = \begin{bmatrix} 1 & 2 \\ 7 & 0 \end{bmatrix},\ A_{32} = \begin{bmatrix} 1 & 3 \\ 4 & 6 \end{bmatrix}$$

이다.

3차 정사각행렬 $A = \begin{bmatrix} a_{11} & a_{12} & a_{13} \\ a_{21} & a_{22} & a_{23} \\ a_{31} & a_{32} & a_{33} \end{bmatrix}$의 i행에 대하여 다음이 성립함을 확인할 수 있다.

$$\det(A) = (-1)^{i+1}a_{i1}\det(A_{i1}) + (-1)^{i+2}a_{i2}\det(A_{i2}) + (-1)^{i+3}a_{i3}\det(A_{i3})$$

또한, j열에 대해서도

$$\det(A) = (-1)^{1+j}a_{1j}\det(A_{1j}) + (-1)^{2+j}a_{2j}\det(A_{2j}) + (-1)^{3+j}a_{3j}\det(A_{3j})$$

임을 확인할 수 있다. 따라서 다음 정리를 얻는다.

정리 12.3

행렬 $A = \begin{bmatrix} a_{11} & a_{12} & a_{13} \\ a_{21} & a_{22} & a_{23} \\ a_{31} & a_{32} & a_{33} \end{bmatrix}$의 i행과 j열에 대하여 다음 등식이 성립한다.

(1) $\det(A) = (-1)^{i+1}a_{i1}\det(A_{i1}) + (-1)^{i+2}a_{i2}\det(A_{i2}) + (-1)^{i+3}a_{i3}\det(A_{i3})$

(2) $\det(A) = (-1)^{1+j}a_{1j}\det(A_{1j}) + (-1)^{2+j}a_{2j}\det(A_{2j}) + (-1)^{3+j}a_{3j}\det(A_{3j})$

보기 12.17

행렬 $A=\begin{bmatrix}1&2&3\\0&1&2\\3&2&1\end{bmatrix}$에 대하여 행렬식을 다음과 같이 구하여라.

(1) 1행을 이용하여 행렬식을 구하여라.

(2) 2열을 이용하여 행렬식을 구하여라.

풀이

(1) [정리 12.3]에 의해서

$$\begin{aligned}\det(A)&=(-1)^{1+1}a_{11}\det(A_{11})+(-1)^{1+2}a_{12}\det(A_{12})+(-1)^{1+3}a_{13}\det(A_{13})\\&=a_{11}\det(A_{11})-a_{12}\det(A_{12})+a_{13}\det(A_{13})\\&=1\cdot\det\begin{bmatrix}1&2\\2&1\end{bmatrix}-2\cdot\det\begin{bmatrix}0&2\\3&1\end{bmatrix}+3\cdot\det\begin{bmatrix}0&1\\3&2\end{bmatrix}\\&=(1-4)-2(0-6)+3(0-3)\\&=0\end{aligned}$$

이다.

(2)

$$\begin{aligned}\det(A)&=(-1)^{1+2}a_{12}\det(A_{12})+(-1)^{2+2}a_{22}\det(A_{22})+(-1)^{3+2}a_{32}\det(A_{32})\\&=-a_{12}\det(A_{12})+a_{22}\det(A_{22})-a_{32}\det(A_{32})\\&=-2\cdot\det\begin{bmatrix}0&2\\3&1\end{bmatrix}+1\cdot\det\begin{bmatrix}1&3\\3&1\end{bmatrix}-2\cdot\det\begin{bmatrix}1&3\\0&2\end{bmatrix}\\&=-2(0-6)+(1-9)-2(2-0)\\&=0\end{aligned}$$

기본연습문제 12.17 [정리 12.3]을 이용하여 다음 행렬의 행렬식을 구하여라.

① $\begin{bmatrix}5&6&7\\8&0&7\\10&0&11\end{bmatrix}$ ② $\begin{bmatrix}0&1&4\\2&-3&2\\2&2&1\end{bmatrix}$

행렬식에 관하여 다음 성질이 성립하는 것이 알려져 있다.

정리 12.4

행렬 A와 B를 2차 또는 3차 정사각행렬이라 하자. 그러면 다음이 성립한다.

(1) $\det(AB)=(\det A)(\det B)$

(2) 행렬 A가 가역일 필요충분조건은 $\det A\neq 0$이다.

보기 12.18

행렬 A가 가역이면 $\det A^{-1} = \dfrac{1}{\det A}$임을 보여라.

풀이

A가 가역이므로

$$AA^{-1} = I \text{이고 } \det A \neq 0$$

이다. 따라서 $\det(AA^{-1}) = (\det A)(\det A^{-1})$이고 $\det(I) = 1$이므로

$$\det A^{-1} = \frac{1}{\det A}$$

이 된다.

보기 12.19

다음 행렬이 가역임을 보이고, 그 역행렬의 행렬식을 구하여라.

$$A = \begin{bmatrix} 1 & 3 & 2 \\ 2 & -3 & 2 \\ 1 & 2 & 1 \end{bmatrix}$$

풀이

행렬 A의 행렬식을 구하면

$$\det A = -3+8+6+6-6-4 = 7 \neq 0$$

이므로 [정리 12.4]에 의하여 가역이다. 따라서

$$\det A^{-1} = \frac{1}{\det A} = \frac{1}{7}$$

이다.

기본연습문제 12.18 다음 행렬이 가역임을 보이고, 그 역행렬의 행렬식을 구하여라.

$$\begin{bmatrix} 1 & 1 & 2 \\ -2 & 3 & 1 \\ 1 & 2 & -1 \end{bmatrix}$$

SECTION

12.3 연습문제

1. 다음 행렬의 행렬식을 구하여라.

(1) $\begin{bmatrix} -1 & 3 \\ 2 & 4 \end{bmatrix}$ (2) $\begin{bmatrix} 2 & 5 \\ 3 & 9 \end{bmatrix}$ (3) $\begin{bmatrix} 6 & 2 & -3 \\ 2 & 2 & 3 \\ 4 & 8 & -1 \end{bmatrix}$ (4) $\begin{bmatrix} 1 & 9 & 99 \\ 0 & 2 & 77 \\ 0 & 0 & 33 \end{bmatrix}$

2. $\det\begin{bmatrix} 1 & 1 & 1 \\ a & b & c \\ a^2 & b^2 & c^2 \end{bmatrix}$을 구하여라.

3. 행렬 $\begin{bmatrix} x^2 & x & 2 \\ 2 & 2 & 1 \\ 0 & 0 & -5 \end{bmatrix}$이 가역이 아닐 때, x의 값을 구하여라.

4. 영행렬이 아닌 행렬 A에 대하여 $A^2 = A$이면 $\det A$는 0 또는 1임을 보여라.

5. 다음 연립방정식이 단 하나의 해를 가질 λ의 조건을 구하여라.

$$\begin{cases} x + 2y + z = 1 \\ \lambda x - y - 3z = 2 \\ 2x + 3y + z = 3 \end{cases}$$

12.4 행렬식과 벡터의 외적

[정리 11.9]에 의해 3차원 공간 속의 벡터 $a=(a_1,\ a_2,\ a_3)$와 $b=(b_1,\ b_2,\ b_3)$의 외적 $a\times b$는 다음과 같다.

$$a\times b=(a_2b_3-a_3b_2,\ a_3b_1-a_1b_3,\ a_1b_2-a_2b_1)$$

이 식은 행렬식 계산방법을 이용하여 다음과 같이 나타낼 수 있다.

$$a\times b=\det\begin{bmatrix} e_1 & e_2 & e_3 \\ a_1 & a_2 & a_3 \\ b_1 & b_2 & b_3 \end{bmatrix}$$

즉, 첫 번째 행을 이용하여 행렬식을 계산하면

$$\begin{aligned}\det\begin{bmatrix} e_1 & e_2 & e_3 \\ a_1 & a_2 & a_3 \\ b_1 & b_2 & b_3 \end{bmatrix} &=(-1)^{1+1}e_1\det\begin{bmatrix} a_2 & a_3 \\ b_2 & b_3 \end{bmatrix}+(-1)^{1+2}e_2\det\begin{bmatrix} a_1 & a_3 \\ b_1 & b_3 \end{bmatrix}+(-1)^{1+3}e_3\det\begin{bmatrix} a_1 & a_2 \\ b_1 & b_2 \end{bmatrix} \\ &=e_1\det\begin{bmatrix} a_2 & a_3 \\ b_2 & b_3 \end{bmatrix}-e_2\det\begin{bmatrix} a_1 & a_3 \\ b_1 & b_3 \end{bmatrix}+e_3\det\begin{bmatrix} a_1 & a_2 \\ b_1 & b_2 \end{bmatrix} \\ &=\left(\det\begin{bmatrix} a_2 & a_3 \\ b_2 & b_3 \end{bmatrix},\ -\det\begin{bmatrix} a_1 & a_3 \\ b_1 & b_3 \end{bmatrix},\ \det\begin{bmatrix} a_1 & a_2 \\ b_1 & b_2 \end{bmatrix}\right) \\ &=(a_2b_3-a_3b_2,\ a_3b_1-a_1b_3,\ a_1b_2-a_2b_1)\end{aligned}$$

이 된다.

보기 12.20

다음 두 벡터의 외적을 구하여라.

$$a=(2,\ 1,\ 4),\ \ b=(2,\ -1,\ 1)$$

풀이

$$\begin{aligned}a\times b&=\det\begin{bmatrix} e_1 & e_2 & e_3 \\ 2 & 1 & 4 \\ 2 & -1 & 1 \end{bmatrix} \\ &=\left(\det\begin{bmatrix} 1 & 4 \\ -1 & 1 \end{bmatrix},\ -\det\begin{bmatrix} 2 & 4 \\ 2 & 1 \end{bmatrix},\ \det\begin{bmatrix} 2 & 1 \\ 2 & -1 \end{bmatrix}\right) \\ &=(5,\ 6,\ -4)\end{aligned}$$

기본연습문제 12.19 다음 벡터의 외적을 구하여라.

① $a=(1,\ 1,\ 4),\ b=(2,\ 1,\ 1)$　　② $a=(1,\ 1,\ -1),\ b=(0,\ 1,\ 2)$

세 벡터 $a,\ b,\ c$에 대하여

$$a \cdot (b \times c)$$

을 세 벡터 $a,\ b,\ c$의 **스칼라 삼중적**이라 한다.

세 벡터 $a,\ b,\ c$의 스칼라 삼중적을 계산해 보자. 세 벡터를

$$a=(a_1,\ a_2,\ a_3),\ b=(b_1,\ b_2,\ b_3),\ c=(c_1,\ c_2,\ c_3)$$

라 하면 [정리 12.3]에 의해 스칼라 삼중적 $a \cdot (b \times c)$은 다음과 같다.

$$\begin{aligned}
a \cdot (b \times c) &= (a_1,\ a_2,\ a_3) \cdot \left(\det\begin{bmatrix} b_2 & b_3 \\ c_2 & c_3 \end{bmatrix},\ -\det\begin{bmatrix} b_1 & b_3 \\ c_1 & c_3 \end{bmatrix},\ \det\begin{bmatrix} b_1 & b_2 \\ c_1 & c_2 \end{bmatrix}\right) \\
&= a_1\det\begin{bmatrix} b_2 & b_3 \\ c_2 & c_3 \end{bmatrix} - a_2\det\begin{bmatrix} b_1 & b_3 \\ c_1 & c_3 \end{bmatrix} + a_3\det\begin{bmatrix} b_1 & b_2 \\ c_1 & c_2 \end{bmatrix} \\
&= (-1)^{1+1}a_1\det\begin{bmatrix} b_2 & b_3 \\ c_2 & c_3 \end{bmatrix} + (-1)^{1+2}a_2\det\begin{bmatrix} b_1 & b_3 \\ c_1 & c_3 \end{bmatrix} + (-1)^{1+3}a_3\det\begin{bmatrix} b_1 & b_2 \\ c_1 & c_2 \end{bmatrix} \\
&= \det\begin{bmatrix} a_1 & a_2 & a_3 \\ b_1 & b_2 & b_3 \\ c_1 & c_2 & c_3 \end{bmatrix}
\end{aligned}$$

따라서 다음 결과를 얻는다.

정리 12.5

세 벡터 $a=(a_1,\ a_2,\ a_3),\ b=(b_1,\ b_2,\ b_3),\ c=(c_1,\ c_2,\ c_3)$에 대하여 다음 등식이 성립한다.

$$a \cdot (b \times c) = (a \times b) \cdot c = \det\begin{bmatrix} a_1 & a_2 & a_3 \\ b_1 & b_2 & b_3 \\ c_1 & c_2 & c_3 \end{bmatrix}$$

세 벡터 $a,\ b,\ c$로 이루어진 **평행육면체**를 생각해보자.

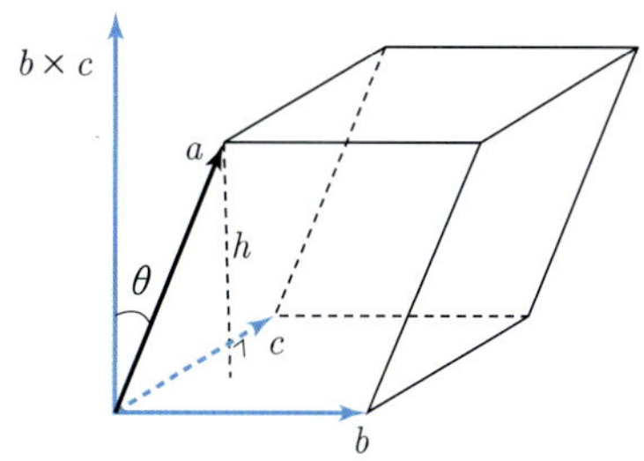

[그림 12.2]

이 평행육면체의 부피는 밑면의 넓이가 $|b\times c|$이고, 높이 h가 $|a|\cos\theta$이므로

$$|a||b\times c|\cos\theta = |a\cdot(b\times c)|$$

따라서 [정리 12.5]에 의해서 다음 결과를 얻는다.

정리 12.6

세 벡터 $a=(a_1, a_2, a_3)$, $b=(b_1, b_2, b_3)$, $c=(c_1, c_2, c_3)$로 이루어진 평행육면체의 부피 V는 다음과 같다.

$$V = |a\cdot(b\times c)| = \left|\det\begin{bmatrix} a_1 & a_2 & a_3 \\ b_1 & b_2 & b_3 \\ c_1 & c_2 & c_3 \end{bmatrix}\right|$$

보기 12.21

다음 세 벡터로 이루어진 평행육면체의 부피 V를 구하여라.

$$a=(1, 2, -1),\ b=(-2, 0, 3),\ c=(0, 7, -4)$$

풀이

[정리 12.5]에 의해

$$a\cdot(b\times c) = \det\begin{bmatrix} 1 & 2 & -1 \\ -2 & 0 & 3 \\ 0 & 7 & -4 \end{bmatrix} = -23$$

이다. 따라서 부피는

$$V = 23$$

이다.

SECTION

12.4 연습문제

1. 다음 벡터의 외적을 구하여라.

(1) $a = (2, -2, -1)$, $b = (1, 0, -1)$ (2) $a = (2, -2, 4)$, $b = (-1, 1, -2)$

2. 세 점 $P = (1, -1, 2)$, $Q = (2, 0, -1)$, $R = (1, 2, 1)$을 꼭짓점으로 삼각형의 넓이를 구하여라.

3. 다음 세 벡터로 이루어진 평행육면체의 부피를 구하여라.

(1) $a = (1, -1, 1)$, $b = (2, 1, -2)$, $c = (-1, 2, -1)$

(2) $a = (1, 1, -2)$, $b = (-1, 0, -1)$, $c = (2, 4, -2)$

CHAPTER

13 다변수함수

13.1 다변수함수

n차원 좌표공간 $\mathbb{R}^n$의 부분집합 U에서 정의된 함수

$$f : U \subset \mathbb{R}^n \to \mathbb{R}$$

가 주어졌다고 하자. 그러면 U의 각 점 $X = (x_1, \cdots, x_n)$에 대하여 실수

$$f(X) = f(x_1, \cdots, x_n)$$

이 대응된다. 이때 f를 n**변수 함수**라 하고, n이 2 이상이면 **다변수함수**라 한다. U를 f의 **정의역**, 함숫값 전체의 집합

$$\begin{aligned} f(U) &= \{ f(X) \mid X \in U \subset \mathbb{R}^n \} \\ &= \{ f(x_1, \cdots, x_n) \mid (x_1, \cdots, x_n) \in U \subset \mathbb{R}^n \} \end{aligned}$$

을 함수 f의 **치역**이라 한다.

이 장에서는 주로 $\mathbb{R}^2$에서 정의된 이변수함수와 $\mathbb{R}^3$에서 정의된 삼변수함수에 대하여 다룬다.

보기 13.1

다변수함수

$$f(x,y) = xy^2 \text{와 } g(x, y) = x^2 - e^y$$

는 이변수함수이고, 다변수함수

$$f(x,y,z)=xy^2\cos z \text{와 } g(x,y,z)=3zx^2-e^y$$

는 삼변수함수이다.

기본연습문제 13.1 다음 물음에 답하여라.

① 좌표평면 $\mathbb{R}^2$에서 세 점마다 그 점들을 꼭짓점으로 하는 삼각형의 넓이를 대응시키는 것은 몇 변수 함수인가?

② 좌표평면 $\mathbb{R}^2$의 두 점마다 그 점들 사이의 거리를 대응시키는 함수는 몇 변수 함수인가?

식으로 정의된 다변수함수의 값은 각 변수에 숫자를 대입하여 구한다. 예를 들어

$$f(x,\ y,\ z)=3zx^2-e^y$$

일 때, 점 $(1,\ 0,\ 3)$에서의 함숫값은

$$\begin{aligned} f(1,\ 0,\ 3)&=3(3)(1)^2-e^0\\ &=9-1=8 \end{aligned}$$

이다.

보통의 함수에서 함숫값이 정의되지 않거나 복소수가 되는 점을 정의역에서 제외하는 것과 같이 다변수함수에서도 함숫값이 정의되지 않거나 복소수가 되는 점을 제외한다. 예를 들어

$$f(x,\ y)=\sqrt{y-x}$$

에서 y는 x보다 작을 수 없고,

$$f(x,\ y)=\frac{1}{xy}$$

에서 x와 y는 0이 될 수 없다.

보기 13.2

다음 함수의 정의역을 구하고 정의역을 좌표평면에 나타내어라.

(1) $f(x,y)=x\log y$ (2) $g(x,y)=\dfrac{2x}{y-x^2}$

풀이

(1) $f(x,y)=x\log y$에서 $\log y$는 $y>0$에서만 정의되므로 주어진 함수의 정의역은

$$U = \{(x,y) \mid y > 0\}$$

이다. 따라서 함수 f의 정의역을 좌표평면에 나타내면 다음과 같다.

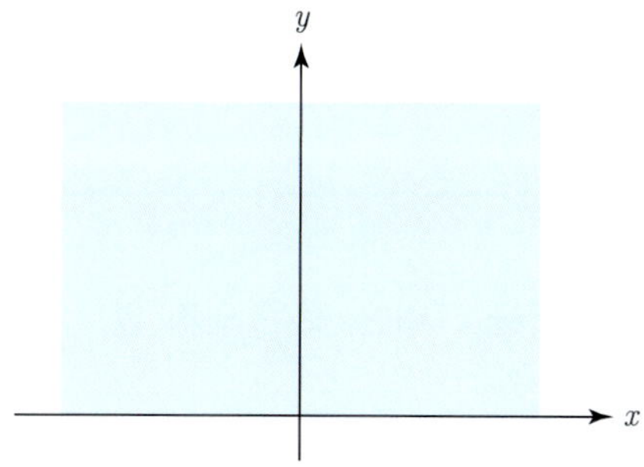

[그림 13.1]

(2) $g(x,y) = \dfrac{2x}{y - x^2}$ 에서 분모가 0이 아닌 경우에만 정의되므로 정의역은

$$U = \{(x, y) \mid y \neq x^2\}$$

이다. 따라서 함수 g의 정의역을 좌표평면에 나타내면 다음과 같다.

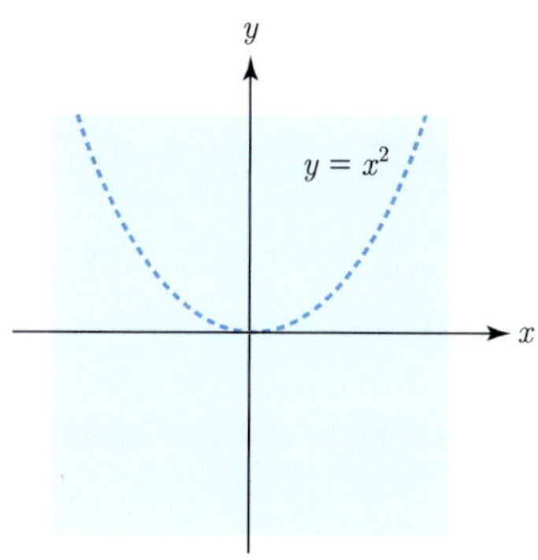

[그림 13.2]

기본연습문제 13.2 다음 함수의 정의역을 구하여라.

① $f(x, y, z) = \dfrac{\cos(x+z)}{xy}$ ② $g(x, y, z) = \sqrt{9 - x^2 - y^2 - z^2}$

n변수 함수 $f : U \subset \mathbb{R}^n \to \mathbb{R}$의 **그래프**는 보통의 함수와 같이

$$G(f) := \{(x_1, \cdots, x_n, z) \in \mathbb{R}^{n+1} \mid (x_1, \cdots, x_n) \in U,\ z = f(x_1, \cdots, x_n)\}$$

로 정의한다.

보기 13.3

이변수함수 $f(x, y) = x^2 + y^2$의 그래프는 점 $(x, y, x^2 + y^2)$의 집합

$$\{(x, y, x^2 + y^2) \mid x, y \in \mathbb{R}\}$$

이다.

일반적으로 이변수함수의 그래프를 그리는 것은 쉽지 않다. 하지만 삼차원 좌표공간의 yz-평면에서

$$z = f(y), \quad y \geq 0$$

의 그래프를 z축 둘레로 회전시켜 얻은 곡면의 식이

$$z = f(\sqrt{x^2 + y^2})$$

라는 사실을 이용하면 일부 이변수함수의 그래프를 그릴 수 있다.

보기 13.4

이변수함수 $f(x,y) = x^2 + y^2$의 그래프를 그려라.

풀이

yz-평면에서

$$z = y^2 \ (y \geq 0)$$

의 그래프를 z축 둘레로 회전시켜 얻은 곡면의 식은

$$z = x^2 + y^2$$

이다. 따라서 $z = y^2$의 그래프가 다음과 같으므로

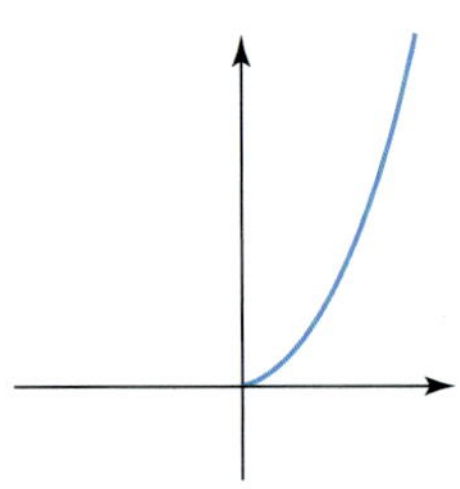

[그림 13.3]

곡면 $z = x^2 + y^2$의 그래프는 다음과 같다.

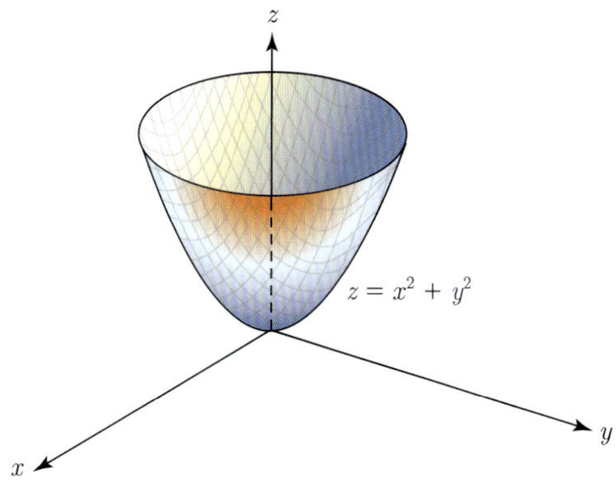

[그림 13.4]

기본연습문제 13.3 다음 함수의 그래프를 그려라.

① $f(x, y) = \cos(x^2 + y^2)$ ② $f(x, y) = \ln(x^2 + y^2)$

함수 $f : U \subset \mathbb{R}^n \to \mathbb{R}$와 실수 c에 대하여 집합

$$f^{-1}(c) = \{X \in U \mid f(X) = c\}$$

을 f의 c-**등위면** 또는 단순히 **등위면**($n = 2$이면 **등위선**)이라 한다. U의 두 점이 같은 등위면에 속하면, 이 두 점을 f에 대하여 **등위**라 부른다.

보기 13.5

주어진 상수 c에 대하여 다음 함수의 등위선을 그려라.

(1) $f(x, y) = x^2 + y^2$, $c = 1, 2, 3, 4$

(2) $g(x, y) = x^2 - y^2$, $c = -3, -2, -1, 0, 1, 2, 3$

풀이

(1) 함수 f의 1-등위선은

$$\begin{aligned} f^{-1}(1) &= \{(x, y) \mid f(x, y) = 1\} \\ &= \{(x, y) \mid x^2 + y^2 = 1\} \end{aligned}$$

이다. 따라서, f의 1-등위선은 중심이 원점이고 반지름이 1인 원이다. 나머지 상수에 대해서도 같은 방법으로 등위선을 구하여 그리면 다음과 같다.

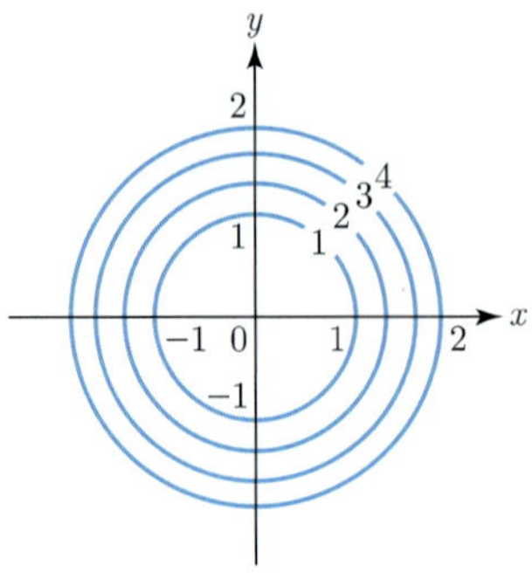

[그림 13.5]

(2) 함수 g의 -1-등위선은

$$\begin{aligned} g^{-1}(-1) &= \{(x, y) \mid g(x, y) = -1\} \\ &= \{(x, y) \mid x^2 - y^2 = -1\} \end{aligned}$$

이므로 y축과 만나는 쌍곡선이다. 또한, 0-등위선은

$$\begin{aligned} g^{-1}(0) &= \{(x, y) \mid g(x, y) = 0\} \\ &= \{(x, y) \mid x^2 - y^2 = 0\} \\ &= \{(x, y) \mid y = \pm x\} \end{aligned}$$

이므로 원점에서 수직으로 만나는 두 직선이다. g의 1-등위선은

$$\begin{aligned} g^{-1}(1) &= \{(x, y) \mid g(x, y) = 1\} \\ &= \{(x, y) \mid x^2 - y^2 = 1\} \end{aligned}$$

이므로 x축과 만나는 쌍곡선이다. 나머지 상수에 대해서도 같은 방법으로 등위선을 구하여 그리면 다음과 같다.

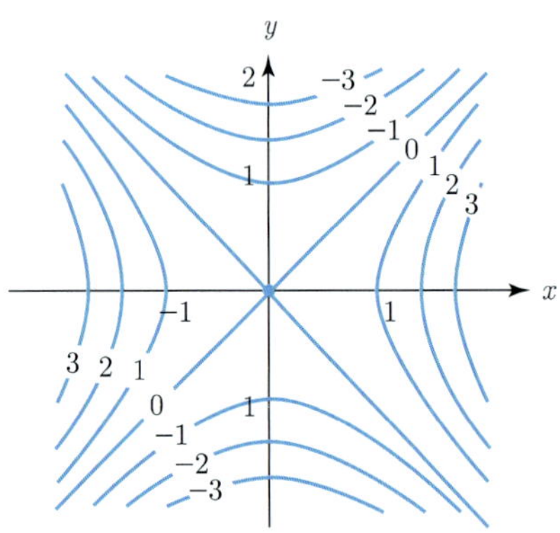

[그림 13.6]

기본연습문제 13.4 주어진 상수 c에 대하여 다음 함수의 등위선을 그려라.

$$f(x, y) = -x^2 + y, \ c = -4, -2, 0, 2$$

보기 13.6

함수 $f(x, y, z) = x^2 + y^2 - z^2$에서 대하여 점 $P = (1, 0, 0)$와 등위인 집합을 그려라.

풀이

점 P에서의 함숫값은

$$f(1, 0, 0) = 1^2 + 0 - 0 = 1$$

이므로 점 P와 등위인 집합은

$$\begin{aligned} f^{-1}(1) &= \{(x, y, z) \mid f(x, y, z) = 1\} \\ &= \{(x, y, z) \mid x^2 + y^2 - z^2 = 1\} \end{aligned}$$

이다. 따라서 등위인 집합은 곡면

$$z^2 = x^2 + y^2 - 1$$

이다. [보기 13.4]에서와 같은 방법으로 곡면을 그리면 다음과 같다.

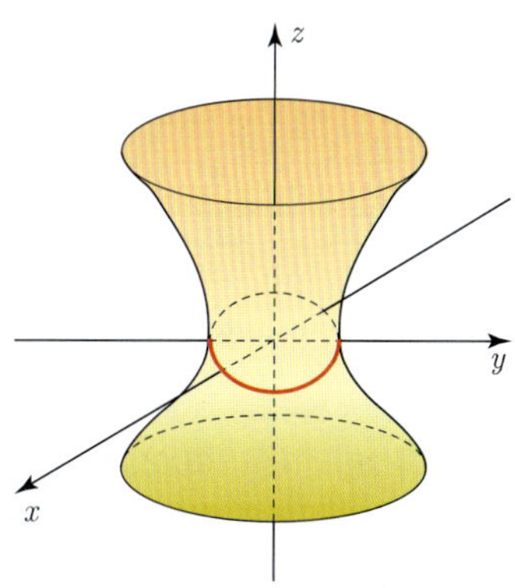

[그림 13.7]

기본연습문제 13.5 함수 $f(x, y, z) = x^2 + y^2 + z^2$에서 대하여 점 $P = (1, 0, 0)$와 등위인 집합을 그려라.

함수 $f: I \subset \mathbb{R} \rightarrow \mathbb{R}$의 미분을 구할 때, 각 점에서 함수의 변화를 측정하여야 하여 함수의 정의역이 열린 구간 (a, b)라 생각하였다. 마찬가지로 다변수함수의 미분을 구하려고 하면 함수의 변화를 측정하여야 하고, 그러기 위해서는 정의역이 열려있다는 개념이 필요하다.

좌표평면 $\mathbb{R}^2$의 영역 R을 생각하자. 한 점 $P=(x_0, y_0)$에 대하여

$$B_2(P, r)=\{(x, y) \mid (x-x_0)^2+(y-y_0)^2<r^2\} \subset R$$

이 되는 열린 원판 $B_2(P, r)$이 존재하면 점 (x_0, y_0)는 영역 R의 **내점**이라 한다.

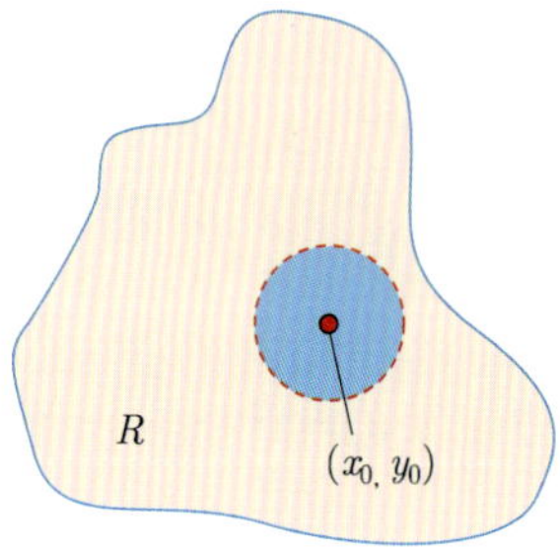

[그림 13.8] 내점

만약, 중심이 P인 모든 원판이 R에 포함된 점과 R에 포함되지 않는 점을 동시에 포함하면 점 P를 영역 R의 **경계점**라 한다.

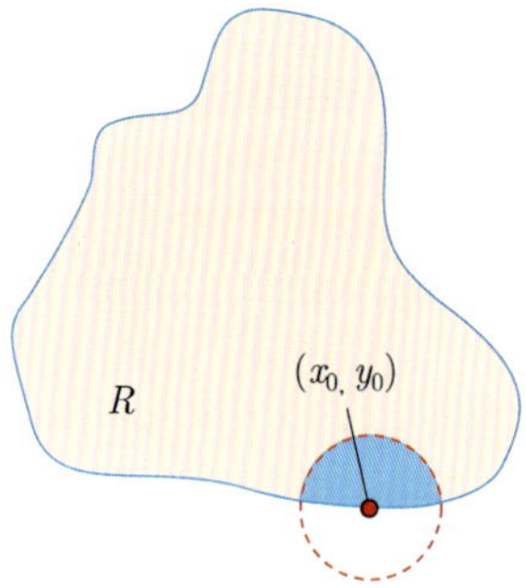

[그림 13.9] 경계점

영역 R의 내점들의 집합을 영역의 **내부**라 하고

$$\text{int}R$$

로 나타내고, 경계점들의 집합을 영역의 **경계**라 하고

$$\partial R$$

로 나타낸다. 영역 R이 내점들로만 구성되어 있으면 즉,

$$R=\text{int}R$$

이면 영역 R은 **열려있다**고 하고, 영역 R이 영역의 모든 경계점을 포함하고 있으면 즉,

$$\partial R \subset R$$

이면 영역 R은 **닫혀있다**고 한다. 예를 들어, 영역 R을 열린 단위원판

$$R = \{(x,\ y) \mid x^2 + y^2 < 1\}$$

이라 하면, 영역 R의 내부는

$$\text{int}R = \{(x,\ y) \mid x^2 + y^2 < 1\}$$

이고,

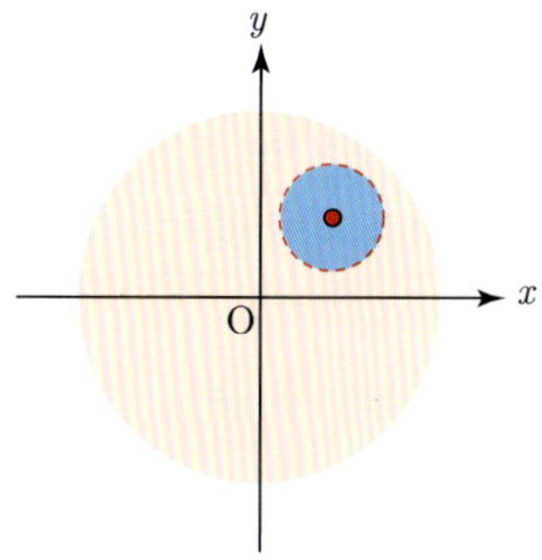

[그림 13.10] 원판의 내부

경계는

$$\partial R = \{(x,\ y) \mid x^2 + y^2 = 1\}$$

이다.

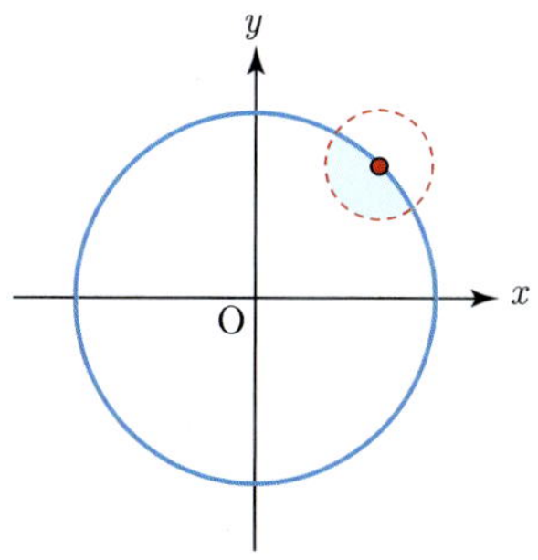

[그림 13.11] 원판의 경계

또한, 영역의 모든 경계점을 포함하는 집합

$$R \cup \partial R = \{(x,\ y) \mid x^2 + y^2 \leq 1\}$$

은 닫힌 집합이다.

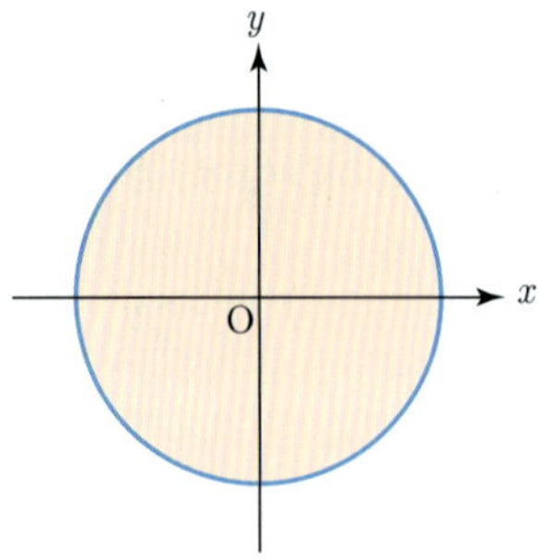

[그림 13.12] 닫힌 원판

평면의 영역 R이 원점이 중심인 원판에 포함되면 영역 R은 **유계**라 한다. 즉,

$$R \subset \{(x, y) | x^2 + y^2 < r^2\}$$

이 되는 r이 있으면 영역 R을 유계라 한다.

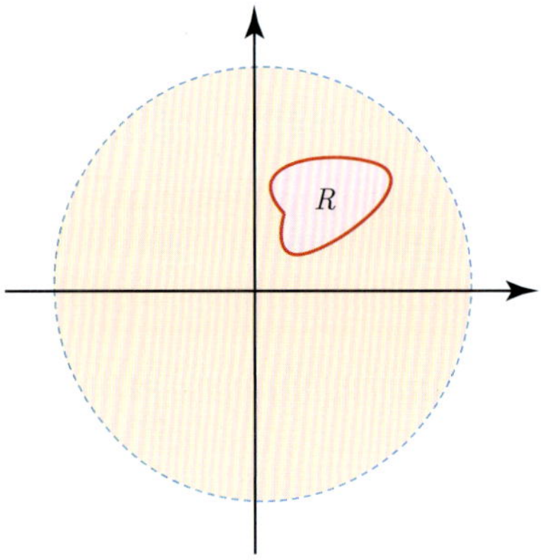

[그림 13.13] 유계인 영역

기본연습문제 13.6 다음 각 영역의 내부와 경계를 말하여라. 또한, 영역의 열림, 닫힘, 유계에 대하여 말하여라.

① $R = \{(x, y) \mid |x| + |y| < 1\}$ ② $R = \{(x, y) \mid |x| \le 1, |y| < 1\}$

③ $R = \{(x, y) \mid |x| \le 1\}$

보기 13.7

함수 $f(x, y) = \sqrt{y - x - 1}$ 의 정의역을 묘사하여라.

풀이

함수는 $y - x - 1 \ge 0$에서만 정의된다. 따라서 함수의 정의역은

$$D = \{(x,\, y) \mid y \geq x + 1\}$$

이다. 정의역을 좌표평면에 나타내면 다음과 같다.

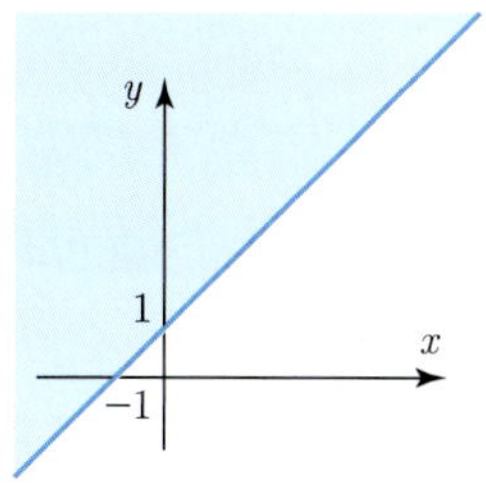

[그림 13.14]

함수의 정의역 D는 닫힌 집합이고, 경계는 직선 $y = x + 1$이다. 직선의 위쪽에 있는 부분은 정의역의 내부를 이루고, 정의역은 유계가 아니다.

기본연습문제 13.7 함수 $f(x,y) = \sqrt{y - x^2}$ 의 정의역을 묘사하여라.

좌표공간 $\mathbb{R}^3$의 영역 R에 대해서도 같은 방법으로 내부, 경계 등을 생각할 수 있다. 즉, 한 점 $P = (x_0,\, y_0,\, z_0)$에 대하여

$$B_3(P,\, r) = \left\{(x,\, y,\, z) \mid (x - x_0)^2 + (y - y_0)^2 + (z - z_0)^2 < r^2\right\} \subset R$$

이 되는 열린 구 $B_3(P,r)$이 존재하면 점 (x_0, y_0, z_0)는 영역 R의 **내점**이라 한다.

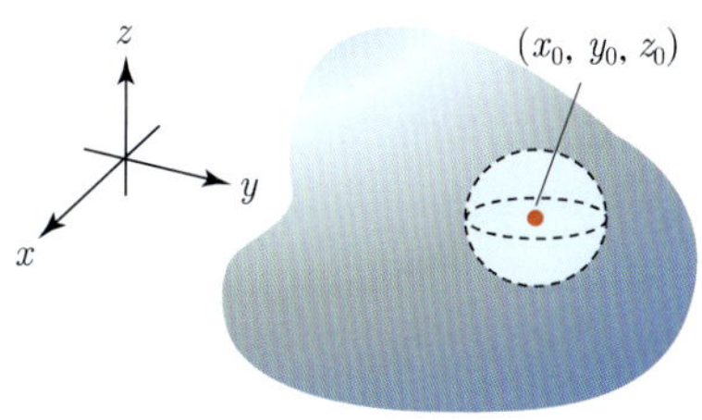

[그림 13.15] 내점

만약, 중심이 P인 모든 구가 R에 포함된 점과 R에 포함되지 않는 점을 동시에 포함하면 점 P를 영역 R의 **경계점**이라 한다.

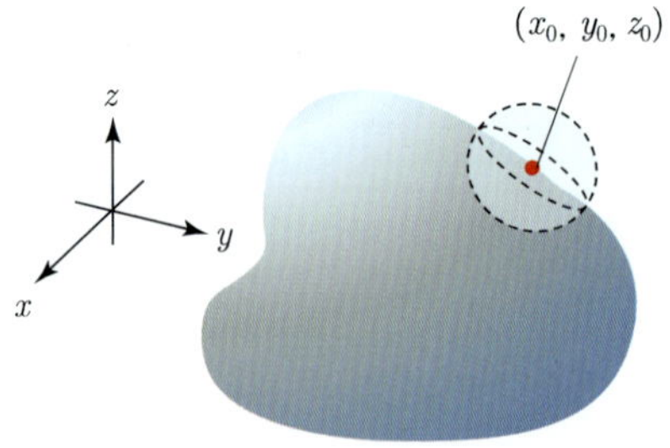

[그림 13.16] 경계점

영역 R의 내점들의 집합을 영역의 **내부**라 하고

$$\mathrm{int}R$$

로 나타내고, 경계점들의 집합을 영역의 **경계**라 하고

$$\partial R$$

로 나타낸다. 영역 R이 내점들로만 구성되어 있으면 즉,

$$R = \mathrm{int}R$$

이면 영역 R은 **열려있다**고 하고, 영역 R이 영역의 모든 경계점을 포함하고 있으면 즉,

$$\partial R \subset R$$

이면 영역 R은 **닫혀있다**고 한다.

공간의 영역 R이 원점이 중심인 구에 포함되면 영역 R은 **유계**라 한다. 즉,

$$R \subset \{(x, y, z) | x^2 + y^2 + z^2 < r^2\}$$

이 되는 r이 있으면 영역 R을 유계라 한다.

마찬가지로 n차원 좌표공간 $\mathbb{R}^n$의 영역 R에 대해서도 n차원 구

$$B_n(P, r) = \{(x_1, x_2, \cdots, x_n) | (x_1 - p_1)^2 + (x_2 - p_2)^2 + \cdots + (x_n - p_n)^2 < r^2\}$$

을 이용하여 영역의 내부, 경계, 유계 등을 생각할 수 있다.

SECTION

13.1 연습문제

1. 주어진 함수에 대하여 함숫값을 구하여라.

(1) $f(x, y) = x^3 + x^2y$

① $f(0, 0)$　　② $f(-1, 1)$

③ $f(2, 1)$　　④ $f(-1, -3)$

(2) $f(x,y,z) = \dfrac{x+y}{y^2+z^2}$

① $f(1, 1, 1)$　　② $f(0, 2, 0)$

③ $f(5\sqrt{2}, -\sqrt{2}, \sqrt{2})$　　④ $f\left(\dfrac{1}{2}, \dfrac{1}{2}, \dfrac{1}{2}\right)$

2. 다음 함수의 정의역을 찾고, 그림으로 나타내어라.

(1) $f(x, y) = \sqrt{x-y-2}$　　(2) $f(x, y) = \log(x^2+y^2-1)$

(3) $f(x, y) = \dfrac{\cos(xy)}{x^2+y^2-9}$　　(4) $f(x, y) = \sqrt{(x^2-1)(y^2-4)}$

3. 다음 함수의 그래프를 그려라.

(1) $f(x, y) = \sqrt{x^2+y^2}$　　(2) $f(x, y) = \log(x^2+y^2)$

(3) $f(x, y) = 1-x-y$　　(4) $f(x, y) = \sqrt{1-x^2-y^2}$

4. 다음 함수에서 점 P와 등위인 집합을 그려라.

(1) $f(x, y) = x+y,\ P = (1, 1)$　　(2) $f(x, y) = x^3+x^2-y,\ P = (0, 0)$

(3) $f(x, y) = \sqrt{x+y^2-2}\ P = (2, 1)$　　(4) $f(x, y, z) = x^2-y^2-z^2,\ P = (1, 0, 0)$

(5) $f(x, y, z) = x^2+4y^2+9z^2\ P = \left(\dfrac{1}{\sqrt{3}}, \dfrac{1}{2\sqrt{3}}, \dfrac{1}{3\sqrt{3}}\right)$

5. 다음 집합을 좌표평면에 나타내고, 내부, 경계, 열림, 닫힘, 유계를 말하여라.

(1) $\{(x, y) \mid -\sqrt{1-x^2} < y \le \sqrt{1-x^2}\}$　　(2) $\{(x, y) \mid y > x\}$

(3) $\{(x, y) \mid x^2+2y^2 \le 1\}$　　(4) $\{(x, y) \mid x^2-y^2 \ge -1\}$

6. 다음 함수의 정의역을 찾고, 정의역을 묘사하여라.

(1) $f(x, y) = y+x$　　(2) $f(x, y) = \dfrac{1}{\sqrt{4-x^2-y^2}}$

(3) $f(x, y) = \dfrac{y}{x}$　　(4) $f(x, y) = xy$

(5) $f(x, y) = \log(x^2 + y^2)$

(6) $f(x, y) = e^{-(x^2 + y^2)}$

7. 다음 함수의 정의역을 찾고, 점 P와 등위인 집합을 구하여라.

(1) $f(x, y) = \sum_{n=0}^{\infty} \left(\frac{x}{y}\right)^n$, $P = (1, 2)$

(2) $f(x, y, z) = \sum_{n=0}^{\infty} \frac{(x+y)^n}{n!\, z^n}$, $P = (\log 2, \log 2, 1)$

(3) $f(x, y) = \int_y^x \frac{1}{1+t^2} dt$, $P = (0,1)$

13.2 극한과 연속

함수 $f: U \subset \mathbb{R}^n \to \mathbb{R}$와 점 $P \in U$에 대하여 정의역의 점 X가 P와 같지 않으면서 P에 가까워질 때, $f(X)$가 일정한 값 L에 가까워지면, X가 P로 다가갈 때 $f(X)$는 L에 **수렴**한다고 하고, 기호로

$$\lim_{X \to P} f(X) = L$$

로 나타낸다, 즉, $\lim_{X \to P} f(X) = L$의 뜻은

$$|X - P| \to 0 \text{일 때 } |f(X) - L| \to 0$$

이라는 것을 의미한다. 이때 L을 $f(X)$의 **극한값** 또는 **극한**이라 한다.

일변수함수에서와 마찬가지로 다변수함수에 대해서도 다음 정리가 성립한다.

정리 13.1

n변수 함수 $f(X)$와 $g(X)$에 대하여 $\lim_{X \to P} f(X) = L$, $\lim_{X \to P} g(X) = M$이면

(1) $\lim_{X \to P} kf(X) = kL$ (k는 상수)

(2) $\lim_{X \to P} (f(X) \pm g(X) = L \pm M$

(3) $\lim_{X \to P} f(X)g(X) = LM$

(4) $\lim_{X \to P} \dfrac{f(X)}{g(X)} = \dfrac{L}{M}$ $(M \neq 0)$

보기 13.8

다음 극한을 구하여라.

(1) $\lim_{(x,y) \to (0,1)} (x^2 + y^3 + 3)$

(2) $\lim_{(x,y) \to (2,1)} \dfrac{2x^2y + 3xy}{5xy^2 + 3y}$

풀이

(1) $\lim_{(x,y) \to (0,1)} (x^2 + y^3 + 3) = 0^2 + 1^3 + 3 = 4$

(2) $\lim_{(x,y) \to (2,1)} \dfrac{2x^2y + 3xy}{5xy^2 + 3y} = \dfrac{2(2)^2(1) + 3(2)(1)}{5(2)(1)^2 + 3(1)} = \dfrac{14}{13}$

기본연습문제 13.8 다음 극한을 구하여라.

① $\lim_{(x,y)\to(2,-3)} \sqrt{x^2+y^2}$

② $\lim_{(x,y)\to(1,0)} \dfrac{x-xy+2}{x^2+5xy-y^3}$

보기 13.9

다음 극한을 계산하여라.

$$\lim_{(x,y)\to(0,0)} \frac{x^2y}{x^2+y^2}$$

풀이

경로 $y=x$를 따라 극한을 구하면

$$\lim_{\substack{(x,y)\to(0,0)\\ y=x}} \frac{x^2y}{x^2+y^2} = \lim_{x\to0}\frac{x^3}{2x^2} = \lim_{x\to0}\frac{x}{2} = 0$$

이므로 극한이 존재하면

$$\lim_{(x,y)\to(0,0)} \frac{x^2y}{x^2+y^2} = 0$$

이어야 한다.

이제 실제로 극한이 0임을 보이자.

$$\left|\frac{x^2y}{x^2+y^2}-0\right| = \frac{x^2|y|}{x^2+y^2} \le \frac{(x^2+y^2)|y|}{x^2+y^2} = |y| \le \sqrt{x^2+y^2}$$

이므로,

$$\sqrt{x^2+y^2} \to 0 \text{이면 } \left|\frac{x^2y}{x^2+y^2}-0\right| \to 0$$

이다. 따라서

$$\lim_{(x,y)\to(0,0)} \frac{x^2y}{x^2+y^2} = 0$$

이다.

기본연습문제 13.9 다음 극한을 구하여라.

① $\lim_{(x,y)\to(0,0)} \dfrac{4xy^2}{x^2+y^2}$

② $\lim_{(x,y)\to(1,0)} \dfrac{(x-1)^2y}{(x-1)^2+y^2}$

보기 13.10

다음 극한이 존재하지 않음을 보여라.

$$\lim_{(x,y)\to(0,0)} \frac{xy}{x^2+y^2}$$

풀이

극한이 존재한다고 하자. 즉,

$$\lim_{(x,y)\to(0,0)} \frac{xy}{x^2+y^2} = L$$

이라 하자. 그러면 경로 $y=x$를 따라서 극한을 구하면

$$\lim_{\substack{(x,y)\to(0,0)\\ y=x}} \frac{xy}{x^2+y^2} = \lim_{x\to0}\frac{x^2}{2x^2} = \lim_{x\to0}\frac{1}{2} = \frac{1}{2}$$

이므로

$$L = \frac{1}{2}$$

이다. 하지만 경로 $y=2x$를 따라서 극한을 구하면

$$\lim_{\substack{(x,y)\to(0,0)\\ y=2x}} \frac{xy}{x^2+y^2} = \lim_{x\to0}\frac{2x^2}{5x^2} = \lim_{x\to0}\frac{2}{5} = \frac{2}{5}$$

이므로

$$L = \frac{2}{5}$$

이다. 경로에 따라 극한값이 달라지므로 주어진 극한은 존재하지 않는다.

기본연습문제 13.10 다음 극한이 존재하지 않음을 보여라.

① $\displaystyle\lim_{(x,y)\to(0,0)} \frac{xy^2}{x^2+y^4}$ ② $\displaystyle\lim_{(x,y,z)\to(0,0,0)} \frac{x^2+y^2-z^2}{x^2+y^2+z^2}$

이제 다변수함수의 연속성에 관하여 알아보자. 일변수함수에서와 마찬가지로 다변수함수의 연속성도 극한을 이용하여 정의할 수 있다.

함수 $f: U\subset\mathbb{R}^n\to\mathbb{R}$와 U의 한 점 P에 대하여

$$\lim_{X\to P} f(X) = f(P)$$

가 성립하면 f는 점 P에서 **연속**이라고 한다. 만약 함수 f가 점 P에서 연속이 아니면 함수 f가 점 P에서 **불연속**이라 한다.

함수 $f: U \subset \mathbb{R}^n \to \mathbb{R}$가 U의 모든 점에서 연속이면 함수 f는 U에서 **연속**이라 한다.
일변수함수에서와 마찬가지로 다변수함수에 대해서도 다음 정리가 성립한다.

정리 13.2

n변수 함수 f와 g가 점 P에서 연속이면 다음이 성립한다.
(1) $f+g$도 점 P에서 연속이다.
(2) $f \cdot g$도 점 P에서 연속이다.
(3) $g(P) \neq 0$이면, $\dfrac{f}{g}$도 점 P에서 연속이다.

보기 13.11

[정리 13.2]에 의해서 함수 $f(x,y)=x+y$와 $g(x,y)=\dfrac{y+x^3}{1+x^2}$이 $\mathbb{R}^2$에서 연속임을 알 수 있다.

보기 13.12

다음과 같이 정의된 함수가 원점에서 연속임을 보여라.

$$f(x, y)=\begin{cases} \dfrac{xy}{\sqrt{x^2+y^2}}, & (x, y) \neq (0, 0) \\ 0 & , (x, y)=(0, 0) \end{cases}$$

풀이

함수 f가 원점에서 연속임을 보이기 위해서

$$\lim_{(x, y) \to (0, 0)} f(x, y)=f(0, 0)$$

임을 보이면 된다. 즉,

$$\lim_{(x, y) \to (0, 0)} \frac{xy}{\sqrt{x^2+y^2}}=0$$

임을 보이면 된다.
모든 실수 x, y에 대하여

$$|xy| \leq \frac{1}{2}(x^2+y^2)$$

이 성립하므로

$$\left|\frac{xy}{\sqrt{x^2+y^2}}-0\right|=\frac{|xy|}{\sqrt{x^2+y^2}}\le\frac{1}{2}\frac{x^2+y^2}{\sqrt{x^2+y^2}}=\frac{1}{2}\sqrt{x^2+y^2}$$

이다. 따라서

$$\sqrt{x^2+y^2}\to 0\text{일 때, }\left|\frac{xy}{\sqrt{x^2+y^2}}-0\right|\to 0$$

을 얻는다. 즉,

$$\lim_{(x,y)\to(0,0)}\frac{xy}{\sqrt{x^2+y^2}}=0$$

이다. 따라서 함수 f는 원점에서 연속이다.

보기 13.13

다음과 같이 정의된 함수가 원점에서 연속이 아님을 보여라.

$$f(x,y)=\begin{cases}\dfrac{xy}{x^2+y^2}, & (x,\ y)\neq(0,\ 0)\\ 0, & (x,\ y)=(0,\ 0)\end{cases}$$

풀이

극한

$$\lim_{(x,y)\to(0,0)}f(x,y)$$

을 경로 $y=x$를 따라서 구해보자. 그러면

$$\lim_{\substack{(x,y)\to(0,0)\\ y=x}}f(x,y)=\lim_{\substack{(x,y)\to(0,0)\\ y=x}}\frac{xy}{x^2+y^2}=\lim_{x\to 0}\frac{x^2}{2x^2}=\frac{1}{2}\neq 0=f(0,0)$$

이다. 따라서 함수 f는 원점에서 연속이 아니다.

기본연습문제 13.11 다음 함수가 원점에서 연속인지 판정하여라.

① $f(x,y)=\begin{cases}\dfrac{2x^2y}{x^2+y^2}, & (x,\ y)\neq(0,\ 0)\\ 0, & (x,\ y)=(0,\ 0)\end{cases}$

② $f(x,y)=\begin{cases}\dfrac{2x^2y}{x^4+y^2}, & (x,\ y)\neq(0,\ 0)\\ 0, & (x,\ y)=(0,\ 0)\end{cases}$

2장에서 닫힌 구간 $[a,\ b]$에서 정의된 연속 함수 f는 반드시 최댓값과 최솟값을 갖는다는 것을 배웠다. 다변수함수에 대해서도 다음과 같이 비슷한 결과가 성립한다.

정리 13.3

n공간의 유계인 닫힌 집합에서 연속인 함수는 최댓값과 최솟값을 갖는다.

SECTION

13.2 연습문제

1. 다음 극한을 구하여라.

(1) $\displaystyle\lim_{(x,y)\to(0,0)} \frac{x^2-3y^2+4}{x^2+y^2+2}$

(2) $\displaystyle\lim_{(x,y)\to(\pi/4,0)} \tan x \sin y$

(3) $\displaystyle\lim_{(x,y)\to(\log 2,0)} e^{x+y}$

(4) $\displaystyle\lim_{(x,y)\to(1,-1)} \frac{x^2+2xy+y^2}{x+y}$

(5) $\displaystyle\lim_{(x,y)\to(0,0)} \frac{\sin(x^2+y^2)}{x^2+y^2}$

(6) $\displaystyle\lim_{(x,y)\to(0,0)} \frac{1-\cos(xy)}{xy}$

(7) $\displaystyle\lim_{(x,y)\to(1,-1)} \frac{x^3+y^3}{x+y}$

(8) $\displaystyle\lim_{(x,y)\to(1,1)} \frac{x-y}{x^4-y^4}$

(9) $\displaystyle\lim_{(x,y,z)\to(1,-1,1)} \left(\frac{1}{x}+\frac{1}{y}+\frac{1}{z}\right)$

(10) $\displaystyle\lim_{(x,y,z)\to(0,\pi/2,-1)} ze^{-x}\cos 2y$

2. 다음 함수가 원점에서 연속인지 판정하여라.

(1) $f(x,y)=\begin{cases} \dfrac{x^3-xy}{x^2+y^2}, & (x,y)\neq(0,0) \\ 0, & (x,y)=(0,0) \end{cases}$

(2) $f(x,y)=\begin{cases} \dfrac{y^2}{x^2+y^2}, & (x,y)\neq(0,0) \\ 0, & (x,y)=(0,0) \end{cases}$

(3) $f(x,y)=\begin{cases} \cos\left(\dfrac{x^3-y^3}{x^2+y^2}\right), & (x,y)\neq(0,0) \\ 0, & (x,y)=(0,0) \end{cases}$

(4) $f(x,y)=\begin{cases} \dfrac{x}{x^2+x+y^2}, & (x,y)\neq(0,0) \\ 0, & (x,y)=(0,0) \end{cases}$

(5) $f(x,y)=\begin{cases} \dfrac{x^2-y^2}{x^2+y^2}, & (x,y)\neq(0,0) \\ 0, & (x,y)=(0,0) \end{cases}$

(6) $f(x,y)=\begin{cases} \dfrac{xy^2}{x^2+y^4}, & (x,y)\neq(0,0) \\ 0, & (x,y)=(0,0) \end{cases}$

(7) $f(x,y)=\begin{cases} \dfrac{x^2y+xy^2}{x^2+y^2}, & (x,y)\neq(0,0) \\ 0, & (x,y)=(0,0) \end{cases}$

13.3 방향도함수와 편도함수

n차원 좌표공간 $\mathbb{R}^n$의 열린 집합 U에서 정의된 함수 f와 점 $P \in U$에 대하여 함수 f를 점 P에서 미분하려고 하면 점 P에서 함수 f의 변화율을 측정하여야 한다. 그러나 n이 2이상이면 변화시킬 수 있는 방향이 무수히 많다. 따라서 변화율을 측정하기 위해서 우선 변화의 방향을 정해야 한다.

열린 집합 U에서 정의된 함수 $f : U \subset \mathbb{R}^n \to \mathbb{R}$와 U의 한 점 P를 생각하자. 벡터 v에 대하여 극한

$$D_v f(P) = \lim_{t \to 0} \frac{f(P+tv) - f(P)}{t}$$

가 존재하면 $D_v f(P)$를 점 P에서 f의 v-**방향미분**이라 부른다.[1]

함수 $f : U \subset \mathbb{R}^n \to \mathbb{R}$의 정의역 U의 모든 점에서 f의 v-방향미분이 존재하면, 함수

$$D_v f : U \to \mathbb{R}$$

를 f의 v-**방향도함수**라 부른다.

함수 $g(t) = f(P+tv)$를 생각하면 함수 g는 t에 관한 일변수함수이다. 또한,

$$D_v f(P) = \lim_{t \to 0} \frac{f(P+tv) - f(P)}{t} = \lim_{t \to 0} \frac{g(t) - g(0)}{t} = g'(0)$$

이다. 따라서 v-방향미분 $D_v f(P)$는 다음과 같이 구할 수 있다.

$$D_v f(P) = \frac{d}{dt} f(P+tv) \bigg|_{t=0}$$

보기 13.14

함수 $f(x,y) = x^2 + y^2$의 점 $P = (2, 1)$에서 $v = (-1, 1)$-방향 미분을 구하여라.

풀이

$$f((2,1) + t(-1,1)) = f(2-t, 1+t) = (2-t)^2 + (1+t)^2 = 2t^2 - 2t + 5$$

이므로

1) 보통 방향미분을 생각할 때 벡터 v가 단위벡터가 되는 것을 요구하나, 이 책에서는 이 조건을 생각하지 않기로 한다.

$$D_v f(P) = \frac{d}{dt} f(P+tv)\bigg|_{t=0} = (4t-2)\bigg|_{t=0} = -2$$

이다.

기본연습문제 13.12 점 P에서 다음 함수의 v-방향미분을 구하여라.

① $f(x, y) = 2xy - 3y^2$, $P = (5, 5)$, $v = (4, 3)$

② $f(x, y, z) = xy + yz + zx$, $P = (1, -1, 2)$, $v = (3, 6, -2)$

방향미분에 대하여 다음 성질이 성립함을 쉽게 보일 수 있다.

정리 13.4

n차원 좌표공간 $\mathbb{R}^n$의 열린 집합 U에서 정의된 두 함수 f와 g의 v-방향도함수가 존재하면 다음이 성립한다.

(1) $D_v(f+g) = D_v f + D_v g$

(2) $D_v(\alpha f) = \alpha D_v f$, $\alpha \in \mathbb{R}$

(3) $D_v(fg) = (D_v f)g + f(D_v g)$

방향미분이

$$D_v f(P) > 0$$

일 때, P가 v-방향으로 이동하면, f의 함숫값은 국소적으로 증가하게 되고,

$$D_v f(P) < 0$$

이면, 국소적으로 감소하게 된다. 모든 방향 v에 대하여

$$D_v f(P) = 0$$

이면, P를 f의 **임계점**이라고 부른다.

함수 $f: U \subset \mathbb{R}^n \to \mathbb{R}$가 U의 한 점 P에서의 모든 방향미분이 존재하고, 극점이라 하자. 이때 임의의 방향 v에 대하여 함수 $g(t) = f(P+tv)$를 생각하면 $t=0$은 함수 g의 극점이 된다. [정리 4.1]에 의해서

$$g'(0) = \frac{d}{dt} f(P+tv)\bigg|_{t=0} = D_v f(P) = 0$$

이다. 따라서 다음 정리를 얻는다.

정리 13.5 임계점 정리

함수 $f: U \subset \mathbb{R}^n \to \mathbb{R}$가 U의 한 점 P에서의 모든 방향미분이 존재한다고 하자. 이때 P가 f의 극점이면, P는 임계점이다.

n차원 좌표공간 $\mathbb{R}^n$에는 n개의 축의 방향

$$e_1 = (1, 0, \cdots, 0), \ \cdots \ , \ e_n = (0, 0, \cdots, 1)$$

이 있다. 점 P에서 함수 f의 i번째 축 방향미분을

$$D_i f(P)$$

로 쓰기로 한다. 즉,

$$D_i f(P) = D_{e_i} f(P)$$

이다. 이제 $P = (p_1, p_2, \cdots, p_n)$으로 두고 성분으로 나타내면

$$D_i f(P) = \frac{d}{dt} f(P + te_i)\Big|_{t=0} = \frac{d}{dt} f(p_1, \cdots, p_i + t, \cdots, p_n)\Big|_{t=0}$$

이 된다. 이로부터 $D_i f(P)$는 P의 i번째 성분만 변화시켜서 얻어지는 변화율인 것을 알 수 있다. 이런 의미에서

$$D_i f(P) = \frac{\partial f}{\partial x_i}(P)$$

로 쓰기도 한다. 앞으로 $D_i f(P)$를 P에서 f의 i**번째 편미분**이라고 부르고, U의 모든 점에서 i번째 편미분이 존재하면 함수

$$D_i f = \frac{\partial f}{\partial x_i} : U \to \mathbb{R}$$

를 f의 i**번째 편도함수**라 부른다. $n = 3$이면 좌표 (x_1, x_2, x_3) 대신 (x, y, z)를 쓰고, 이때

$$D_1 f = \frac{\partial f}{\partial x}, \ D_2 f = \frac{\partial f}{\partial y}, \ D_3 f = \frac{\partial f}{\partial z}$$

이 된다. 한편, 편도함수 $\frac{\partial f}{\partial x}, \frac{\partial f}{\partial y}, \frac{\partial f}{\partial z}$를

$$\frac{\partial f}{\partial x} = f_x, \ \frac{\partial f}{\partial y} = f_y, \ \frac{\partial f}{\partial z} = f_z$$

로 나타내기도 한다.

보기 13.15

함수 $f(x, y, z) = x^2y^4 + z$의 편도함수를 구하여라.

풀이

$D_1 f$는 x만을 변화시켜 얻은 도함수이므로, y와 z를 상수로 생각하면

$$D_1 f = \frac{\partial f}{\partial x} = \frac{\partial}{\partial x}(x^2y^4 + z) = 2xy^4$$

이다. 마찬가지로 다음을 얻는다.

$$D_2 f = \frac{\partial f}{\partial y} = \frac{\partial}{\partial y}(x^2y^4 + z) = 4x^2y^3$$

$$D_3 f = \frac{\partial f}{\partial z} = \frac{\partial}{\partial z}(x^2y^4 + z) = 1$$

보기 13.16

함수 $f(x,y) = 3x^2 + x^3y + 4y^2$에 대하여 다음을 구하여라.

(1) $\frac{\partial f}{\partial x}$ (2) $\frac{\partial f}{\partial y}$ (3) $f_x(1, 0)$ (4) $f_y(2, -1)$

풀이

(1) $\frac{\partial f}{\partial x} = \frac{\partial}{\partial x}(3x^2 + x^3y + 4y^2) = 6x + 3x^2y$

(2) $\frac{\partial f}{\partial y} = \frac{\partial}{\partial y}(3x^2 + x^3y + 4y^2) = x^3 + 8y$

(3) $f_x(1, 0) = \frac{\partial f}{\partial x}(1, 0) = 6 + 0 = 6$

(4) $f_y(2, -1) = \frac{\partial f}{\partial y}(2, -1) = 2^3 + 8 \cdot (-1) = 0$

기본연습문제 13.13 함수 $f(x, y) = e^{xy} + \frac{x}{y}$에 대하여, $\frac{\partial f}{\partial x}$와 $\frac{\partial f}{\partial y}$를 구하여라.

기본연습문제 13.14 함수 $f(x, y, z) = x\sin(y + 3z)$에 대하여, $D_1 f$, $D_2 f$, $D_3 f$를 구하여라.

보기 13.17

다음 함수에 대하여 편미분 $D_1 f(0,\ 0)$와 $D_2 f(0,\ 0)$을 구하여라.

$$f(x,\ y) = \begin{cases} \dfrac{xy}{x^2+y^2}, & (x,\ y) \neq 0 \\ 0, & (x,\ y) = 0 \end{cases}$$

풀이

편미분의 정의에 의하여

$$\begin{aligned} D_1 f(0,\ 0) &= \lim_{t\to 0} \frac{f((0,\ 0)+t(1,\ 0))-f(0,\ 0)}{t} \\ &= \lim_{t\to 0} \frac{f(t,\ 0)-f(0,\ 0)}{t} \\ &= \lim_{t\to 0} \frac{0-0}{t} \\ &= 0 \end{aligned}$$

이다. 같은 방법으로 계산하면

$$D_2 f(0,\ 0) = 0$$

을 얻는다.

기본연습문제 13.15 다음 함수에 대하여 편미분 $D_1 f(0,\ 0)$와 $D_2 f(0,\ 0)$을 구하여라.

$$f(x,\ y) = \begin{cases} 0, & xy \neq 0 \\ 1, & xy = 0 \end{cases}$$

함수 $f : U \subset \mathbb{R}^n \to \mathbb{R}$가 점 P에서 모든 편미분이 존재할 때, 벡터

$$(D_1 f(P),\ \cdots,\ D_n f(P)) = \left(\frac{\partial f}{\partial x_1}(P),\ \cdots,\ \frac{\partial f}{\partial x_n}(P)\right)$$

를 점 P에서의 f의 **그래디언트**라고 부르고

$$\nabla f(P) = (D_1 f(P),\ \cdots,\ D_n f(P)) = \left(\frac{\partial f}{\partial x_1}(P),\ \cdots,\ \frac{\partial f}{\partial x_n}(P)\right)$$

로 나타낸다.

보기 13.18

함수 $f(x, y, z) = x^2y^4 + z$에 대하여 $\nabla f(1, 2, 3)$을 구하여라.

풀이

[보기 13.15]에 의해서

$$\nabla f(x, y, z) = (2xy^3, 3x^2y^2, 1)$$

이다. 따라서,

$$\nabla f(1, 2, 3) = (16, 12, 1)$$

이다.

기본연습문제 13.16 다음 물음에 답하여라.

① 함수 $f(x, y, z) = e^{x+yz}$에 대하여 $\nabla f(0, 0, 0)$를 구하여라.

② 함수 $f(x, y) = ye^x$에 대하여 ∇f를 구하여라.

③ 함수 $f(x, y) = e^{xy} + \cos(xy)$에 ∇f를 구하여라.

④ 함수 $f(x, y, z) = x^3y + z^2$에 대하여 $\nabla f(1, 2, 1)$을 구하여라.

다변수함수 f와 g에 대하여 다음이 성립함을 쉽게 보일 수 있다.

정리 13.6

열린 집합 $U \subset \mathbb{R}^n$에서 정의된 편미분가능한 함수 f와 g에 대하여 다음이 성립한다.

(1) $\nabla(f+g) = \nabla f + \nabla g$

(2) $\nabla(\alpha f) = \alpha \nabla f$, $\alpha \in \mathbb{R}$

(3) $\nabla(fg) = f\nabla g + g\nabla f$

(4) $h : \mathbb{R} \to \mathbb{R}$이 미분가능하면, 임의의 $P \in U$에 대하여

$$\nabla(h \circ f)(P) = h'(f(P))\nabla f(P)$$

이다.

SECTION

13.3 연습문제

1. 다음 함수에 대하여 점 P에서 v-방향미분을 구하여라.

(1) $f(x, y) = 2x^2 + y^2,\ P = (-1, 1),\ v = (3, -4)$

(2) $f(x, y) = 2x^2 + xy - y^2,\ P = (3, -2),\ v = (1, -1)$

(3) $f(x, y) = e^x \sin y,\ P = (0, \pi/4),\ v = (2, 1)$

(4) $f(x, y, z) = x^2 + 2y^2 + 3z^2,\ P = (1, 1, 1),\ v = (1, 1, 1)$

2. 다음 함수에 대하여 편미분 $D_1 f(0, 0)$와 $D_2 f(0, 0)$을 구하여라.

(1) $f(x, y) = \begin{cases} \dfrac{xy^2}{x^2 + y^4}, & (x, y) \neq 0 \\ 0, & (x, y) = 0 \end{cases}$

(2) $f(x, y) = \begin{cases} \dfrac{\sin(x^3 + y^4)}{x^2 + y^2}, & (x, y) \neq 0 \\ 0, & (x, y) = 0 \end{cases}$

3. 다음 함수에 대하여 편도함수 $\dfrac{\partial f}{\partial x}, \dfrac{\partial f}{\partial y}$와 $\nabla f(1, 1)$을 구하여라.

(1) $f(x, y) = 2x^2 - 3y - 4$

(2) $f(x, y) = \sqrt{x^2 + y^2}$

(3) $f(x, y) = e^{x+y+1}$

(4) $f(x, y) = e^{-xy} \log y$

(5) $f(x, y) = \log(x + y)$

(6) $f(x, y) = x^y$

4. 다음 함수에 대하여 편도함수 $f_x,\ f_y,\ f_z$와 $\nabla f(1, 1/2, 3)$을 구하여라.

(1) $f(x, y, z) = xy + 3z$

(2) $f(x, y, z) = \sin(xyz)$

(3) $f(x, y, z) = z\cos(y - x) + \arcsin(xy)$

(4) $f(x, y, z) = e^{-xyz}$

(5) $f(x, y, z) = \log(x + 2y + 3z)$

13.4 미분가능 함수

이 절에서는 일변수함수의 미분가능의 의미를 다시 살펴보고 이를 다변수함수로 확장하여 다변수함수의 미분가능에 대하여 정의하고 그 성질을 알아본다.

일변수함수의 미분가능의 의미를 다시 살펴보자.

함수 $f(x)$가 점 p에서 미분가능하다는 뜻은 함수 f의 그래프가 점 $(p, f(p))$에서 접선을 가진다는 뜻이다.

점 $(p, f(p))$를 지나는 직선

$$y = a(x-p) + f(p)$$

이 $x = p$일 때 $y = f(x)$와 접한다는 뜻은 $f(x)$와 $a(x-p)+f(p)$의 차가 0에 접근하는 것이 x가 p로 접근하는 것보다 훨씬 빠르다는 뜻이다. 즉,

$$\lim_{x \to p} \frac{f(x) - f(p) - a(x-p)}{x-p} = 0$$

을 뜻한다. 이 식을 달리 쓰면

$$\lim_{x \to p} \frac{f(x) - f(p)}{x-p} = a$$

이므로 a의 값은 $f'(p)$가 된다. 즉, 접선이 존재한다는 뜻은 극한

$$\lim_{x \to p} \frac{f(x) - f(p)}{x-p}$$

이 존재한다는 것과 같은 뜻이다.

다변수함수 $f: U \subset \mathbb{R}^n \to \mathbb{R}$와 점 $P \in U$에 대하여 함수 $y = f(x_1, x_2, \cdots, x_n)$의 그래프가 점 $(P, f(P)) \in \mathbb{R}^{n+1}$에서 접평면을 갖는다는 것은

$$\lim_{v \to 0} \frac{f(P+v) - f(P) - a \cdot v}{|v|} = 0 \tag{13.1}$$

을 만족하는 벡터 $a \in \mathbb{R}^n$이 존재한다는 뜻과 같다. 따라서 함수 f와 점 P에서 대하여 식 (13.1)을 만족하는 벡터 $a \in \mathbb{R}^n$가 존재하면, 함수 f는 점 P에서 **미분가능**이라 하고, 함수 f가 U의 모든 점에서 미분가능이면 f는 **U에서 미분가능**이라 한다.

함수 $f: U \subset \mathbb{R}^n \to \mathbb{R}$가 U의 한 점 P에서 미분가능이라 하자. 그러면 식 (13.1)에서

$$\lim_{v \to 0} \{f(P+v) - f(P) - a \cdot v\} = 0$$

이다. 한편 $\lim_{v \to 0} a \cdot v = 0$이므로

$$\lim_{v \to 0} f(P+v) = f(P)$$

을 얻는다. 즉, f는 점 P에서 연속이다.

이제, 고정된 벡터 u에 대하여 식 (13.1)에 벡터 v대신에 tu를 대입하면

$$\lim_{|tu| \to 0} \frac{f(P+tu) - f(P) - a \cdot tu}{|tu|} = 0$$

이 된다. 따라서

$$\begin{aligned}\lim_{t \to 0} \frac{f(P+tu) - f(P) - a \cdot tu}{t} &= \lim_{t \to 0} \frac{f(P+tu) - f(P)}{t} - a \cdot u \\ &= D_u f(P) - a \cdot u \\ &= 0\end{aligned}$$

이므로

$$D_u f(P) = a \cdot u$$

을 얻는다. $a = (a_1, a_2, \cdots, a_n)$로 두면,

$$D_i f(P) = a \cdot e_i = a_i$$

이므로

$$a = \nabla f(P)$$

이다. 따라서

$$D_u f(P) = \nabla f(P) \cdot u$$

이다. 이 결과를 정리하면 다음을 얻는다.

정리 13.7

함수 $f : U \subset \mathbb{R}^n \to \mathbb{R}$가 U의 한 점 P에서 미분가능이면 다음이 성립한다.

(1) 함수 f는 점 P에서 연속이다.

(2) 함수 f는 점 P에서 모든 방향미분이 존재하고,

$$D_v f(P) = \nabla f(P) \cdot v$$

이다.

(3) 식 (13.1)을 만족하는 벡터 a는 $\nabla f(P)$이다.

[정리 13.7]로부터 미분가능에 관한 다음 정리를 얻는다.

정리 13.8

함수 f가 점 P에서 미분가능일 필요충분조건은

(1) $\nabla f(P)$이 존재하고,

(2) $\lim_{v \to 0} \dfrac{f(P+v) - f(P) - \nabla f(P) \cdot v}{|v|} = 0$

이다.

[정리 13.6]과 [정리 13.8]을 이용하면 다음 정리를 쉽게 보일 수 있다.

정리 13.9

열린 집합 U에서 정의된 함수 f와 g가 점 P에서 미분가능이면 다음 함수들도 점 P에서 미분가능이다.

$$\alpha f(\alpha \in \mathbb{R}),\ f+g,\ f \cdot g$$

다음 보기는 일변수함수에서와 마찬가지로 함수 f의 점 P에서의 연속성이 미분가능성을 의미하지 않는다는 것을 보여준다.

보기 13.19

다음 함수에 대하여 물음에 답하여라.

$$f(x, y) = \begin{cases} \dfrac{x^2y + xy^2}{x^2 + y^2}, & (x, y) \neq (0, 0) \\ \quad 0 & , (x, y) = (0, 0) \end{cases}$$

(1) 함수 f는 원점에서 연속임을 보여라.

(2) 편미분 $D_1 f(0, 0)$와 $D_2 f(0, 0)$을 구하여라.

(3) 함수 f는 원점에서 미분불가능임을 보여라.

풀이

(1) 함수 f가 원점에서 연속임을 보이기 위해서

$$\lim_{(x,y) \to (0,0)} f(x, y) = f(0, 0)$$

임을 보이면 된다. 즉,

$$\lim_{(x,y)\to(0,0)} \frac{x^2y+xy^2}{x^2+y^2}=0$$

임을 보이면 된다.

모든 실수 x, y에 대하여

$$|xy| \le \frac{1}{2}(x^2+y^2)$$

이 성립하므로

$$\left|\frac{x^2y+xy^2}{x^2+y^2}-0\right| = \frac{|xy||x+y|}{x^2+y^2} \le \frac{1}{2}\frac{(x^2+y^2)(|x|+|y|)}{(x^2+y^2)} = \frac{1}{2}(|x|+|y|) \le \sqrt{x^2+y^2}$$

이다. 따라서

$$\sqrt{x^2+y^2} \to 0\text{일 때, } \left|\frac{x^2y+xy^2}{x^2+y^2}-0\right| \to 0$$

을 얻는다. 즉,

$$\lim_{(x,y)\to(0,0)} \frac{x^2y+xy^2}{x^2+y^2}=0$$

이다. 따라서 함수 f는 원점에서 연속이다.

(2) 편미분의 정의에 의해

$$\begin{aligned} D_1f(0,0) &= \lim_{t\to0}\frac{f((0,0)+t(1,0))-f(0,0)}{t} \\ &= \lim_{t\to0}\frac{0-0}{t} \\ &= 0 \end{aligned}$$

이다. 마찬가지로, $D_2f(0,0)=0$을 얻는다.

(3) [정리 13.8]에 의하여 f가 원점에서 미분불가능을 보이기 위해서는 다음 극한이 0이 아니거나 존재하지 않는 것을 보이면 된다.

$$\lim_{(x,y)\to(0,0)} \frac{f((0,0)+(x,y))-f(0,0)-\nabla f(0,0)\cdot(x,y)}{\sqrt{x^2+y^2}} = \lim_{(x,y)\to0} \frac{x^2y+xy^2}{(x^2+y^2)\sqrt{x^2+y^2}}$$

이제 경로 $y=x(x>0)$를 따라서 극한을 구해보면

$$\lim_{\substack{(x,y)\to(0,0) \\ y=x(x>0)}} \frac{x^2y+xy^2}{(x^2+y^2)\sqrt{x^2+y^2}} = \lim_{x\to0+}\frac{2x^3}{2\sqrt{2}x^3} = \lim_{x\to0+}\frac{2}{2\sqrt{2}} = \frac{1}{\sqrt{2}} \ne 0$$

이다. 따라서 함수 f는 원점에서 미분가능하지 않다.

기본연습문제 13.17 다음 함수에 대하여 $D_1 f(0, 0)$와 $D_2 f(0, 0)$을 구하여라. 또한, 원점에서 미분가능하지 않음을 보여라.

$$f(x, y) = \begin{cases} \dfrac{xy^2}{x^2 + y^4}, & (x, y) \neq (0, 0) \\ 0, & (x, y) = (0, 0) \end{cases}$$

일반적으로 다변수함수가 미분가능인지 정의를 이용하여 판단하는 것은 쉽지 않다. 다음 정리는 다변수함수의 미분가능성을 더 쉽게 판단할 수 있게 한다.

정리 13.10

열린 집합 U에서 정의된 함수 $f : U \subset \mathbb{R}^n \to \mathbb{R}$가 U에서 모든 편도함수가 존재하고, 그것이 연속이면 f는 U에서 미분가능하다.

보기 13.20

함수 $f(x, y, z) = 3x^2 + y^3 z$는 미분가능임을 보여라.

풀이

함수 f의 모든 편도함수를 구하면

$$D_1 f = 6x, \ D_2 f = 3y^2 z, \ D_3 f = y^3$$

이다. 함수 f의 모든 편도함수가 연속이므로 함수 f는 미분가능이다.

기본연습문제 13.18 함수 $f(x, y, z) = e^{xy} \sin z + \log(1 + x^2 + y^2)$가 미분가능임을 보여라.

[정리 13.7]에 의해 미분가능 함수 f는 식

$$D_v f(P) = \nabla f(P) \cdot v, \ (v \in \mathbb{R}^3)$$

을 만족한다. 단위벡터 v와 $\nabla f(P)$가 이루는 각을 θ라 하면

$$D_v f(P) = \nabla f(P) \cdot v = |\nabla f(P)| \cos\theta$$

이므로, 점 P에서 함수 f가 가장 빠르게 커지는 방향은 $\nabla f(P)$의 방향이다. 즉, 점 P에서 $\nabla f(P)$-방향으로 점을 움직이면 함수 f가 가장 빠르게 증가한다. 이때 방향미분은

$$D_v f(P) = |\nabla f(P)|$$

이다. 마찬가지로, $-\nabla f(P)$-방향으로 점을 움직이면 함수 f가 가장 빠르게 감소하고, 이때 방향미분은

$$D_v f(P) = -|\nabla f(P)|$$

이다.

보기 13.21

함수 $f(x,y) = 9x^2 + 4y^2$에 대하여 다음 물음에 답하여라.

(1) 점 $(1, 1)$에서 함수가 가장 빠르게 증가하는 방향을 구하여라.

(2) 점 $(1, 1)$에서 함수가 가장 빠르게 감소하는 방향을 구하여라.

(3) 점 $(1, 1)$에서 함숫값의 변화가 없는 방향을 구하여라.

풀이

(1) 주어진 함수의 그래디언트는

$$\nabla f(x, y) = (18x, 8y)$$

이므로 $(1, 1)$에서 함수가 가장 빠르게 증가하는 방향은

$$\nabla f(1, 1) = (18, 8)$$

이다.

(2) $(1, 1)$에서 함수가 가장 빠르게 감소하는 방향은

$$-\nabla f(1, 1) = -(18, 8) = (-18, -8)$$

이다.

(3) 함숫값의 변화가 없는 방향은 방향미분이 0인 방향이다. 따라서

$$D_v f(P) = |\nabla f(P)| \cos\theta = 0$$

이므로, $\theta = \frac{\pi}{2}$일 때, 즉, $\nabla f(1, 1)$와 수직인 방향인

$$(-8, 18) \text{ 또는 } (8, -18)$$

이 함숫값의 변화가 없는 방향이다.

기본연습문제 13.19 점 $(2, 1)$에서 함수 $f(x,y) = x^2y + xy^2$이 가장 빨리 증가하는 방향을 구하고, 그 방향으로의 방향미분을 구하여라.

기본연습문제 13.20 온도분포 함수 $f(x, y)=10+6\cos x\cos y+3\cos 2x+4\cos 3y$에 대하여 점 $(\pi/3, \pi/3)$에서 온도의 증가율이 최대인 방향과 온도의 감소율이 최대인 방향을 구하여라.

SECTION

13.4 연습문제

1. 다음 함수에 대하여 물음에 답하여라.

$$f(x, y)=\begin{cases} \dfrac{x^2y\sqrt{x^2+y^2}}{x^4+y^2}, & (x, y)\neq(0, 0) \\ 0 & , (x, y)=(0, 0) \end{cases}$$

(1) 함수 f는 원점에서 연속임을 보여라.

(2) 편미분 $D_1f(0, 0)$와 $D_2f(0, 0)$을 구하여라.

(3) 함수 f는 원점에서 미분불가능임을 보여라.

2. 다음 함수의 원점에서의 미분가능성을 판정하여라.

(1) $f(x, y)=\sqrt{|xy|}$

(2) $f(x, y)=\begin{cases} \dfrac{x^2y^2}{x^2+y^2}, & (x, y)\neq 0 \\ 0 & , (x, y)=0 \end{cases}$

(3) $f(x, y)=\begin{cases} \dfrac{x^3y-xy^3}{x^2+y^2}, & (x, y)\neq(0, 0) \\ 0 & , (x, y)=(0, 0) \end{cases}$

3. 다음 함수에 대하여 점 P에서 그래디언트와 v-방향미분을 구하여라.

(1) $f(x, y)=xy-3y^2,\ P=(1, 1),\ v=(4, 3)$

(2) $f(x, y)=\dfrac{x-y}{xy+3},\ P=(1, -1),\ v=(12, 5)$

(3) $f(x, y)=\log(x^2+y^2),\ P=(1, 1),\ v=(2, 3)$

(4) $f(x, y, z)=x^2+y^2-2z^2+z\log x,\ P=(1, 1, 1),\ v=(1, 2, 3)$

(5) $f(x, y, z)=e^{x+y}\cos z+(y+1)\arcsin x,\ P=(0, 0, \pi/6),\ v=(1, 1, 1)$

4. 함수 $f(x, y)=x^2-xy+y^2-y$에 대하여 다음 물음에 답하여라.

(1) 점 $(1, -1)$에서 함수 f가 가장 빨리 증가하는 방향을 구하여라.

(2) $D_vf(1, -1)=4$이 되는 단위벡터 v를 구하여라.

5. 점 $P=(1,\ 2)$에서 미분가능 함수 f의 $(1,\ 1)$-방향미분은 $2\sqrt{2}$ 이고, $(0,\ -2)$-방향미분은 -3이다. 점 $P=(1,\ 2)$에서 f의 $(-1,\ -2)$-방향미분을 구하여라.

6. 점 P에서 미분가능 함수 $f(x,\ y,\ z)$가 가장 빠르게 증가하는 방향은 $(1,\ 1-1)$이다. $(1,\ 1-1)$-방향미분이 $2\sqrt{3}$ 일 때, 점 P에서 함수 f의 $(1,\ 1,\ 0)$-방향미분을 구하여라.

13.5 연쇄법칙

구간 $I \subset \mathbb{R}$에서 정의된 함수 $X : I \to \mathbb{R}^n$를 성분을 써서 표현하면,

$$X(t) = (x_1(t), \cdots, x_n(t)),\ t \in I$$

이 된다. 만약 각 성분함수 x_i가 연속이면, 함수 X를 **연속**이라고 한다.

연속인 함수

$$X : I \to \mathbb{R}^n,\ X(t) = (x_1(t), \cdots, x_n(t)),\ t \in I$$

를 **(매개)곡선**이라 부르고, t를 **매개변수**라 한다.

곡선 X의 성분함수 x_i가 미분가능이면, X를 **미분가능 곡선**이라 한다.

미분가능 곡선 $X : I \to \mathbb{R}^n$에 대하여

$$X'(t) = (x_1{}'(t), \cdots, x_n{}'(t))$$

를 **속도벡터**라 부르고,

$$X''(t) = (x_1{}''(t), \cdots, x_n{}''(t))$$

를 **가속도벡터**라 부른다.

보기 13.22

곡선 $X(t) = (\cos t, \sin t, t)$의 $t = 0$에서의 속도벡터와 가속도벡터를 구하여라.

풀이

곡선 X의 $t = 0$에서의 속도벡터는

$$X'(0) = (-\sin t, \cos t, 1)|_{t=0} = (0, 1, 1)$$

이다. 또한, $t = 0$에서의 가속도벡터는

$$X''(0) = (-\cos t, -\sin t, 0)|_{t=0} = (-1, 0, 0)$$

이다.

기본연습문제 13.21 곡선 $X(t) = (e^t, e^{-t}, \cos t)$의 속도벡터와 가속도벡터를 구하여라.

이제 미분가능 곡선 $X : I \to U$와 미분가능 함수 $f : U \subset \mathbb{R}^n \to \mathbb{R}$의 합성함수

$$f \circ X : I \to \mathbb{R}$$

는 일변수함수가 된다. 이 함수에 대하여 다음이 알려져 있다.

정리 13.11 연쇄법칙

미분가능한 함수 $f : U \subset \mathbb{R}^n \to \mathbb{R}$와 미분가능한 곡선 $X : I \to U$가 주어졌다고 하자. 이때 합성함수 $f \circ X : I \to \mathbb{R}$은 미분가능하고,

$$\frac{d}{dt}(f(X(t))) = \nabla f(X(t)) \cdot X'(t) \tag{13.2}$$

이다.

식 (13.2)를 성분을 써서 표시하면

$$\frac{d}{dt} f(x_1(t), \cdots, x_n(t)) = \frac{\partial f}{\partial x_1}\frac{dx_1}{dt} + \cdots + \frac{\partial f}{\partial x_n}\frac{dx_n}{dt}$$

가 된다. 특히, $n=3$인 경우에는

$$\frac{d}{dt} f(x, y, z) = \frac{\partial f}{\partial x}\frac{dx}{dt} + \frac{\partial f}{\partial y}\frac{dy}{dt} + \frac{\partial f}{\partial z}\frac{dz}{dt}$$

이 된다. 이 식은 x, y, z가 t에 관한 일변수함수가 아닌 경우에도 성립한다. 예를 들어,

$$x = x(t,u), \quad y = y(t,u), \quad z = z(t,u)$$

이면

$$\frac{\partial}{\partial t} f(x, y, z) = \frac{\partial f}{\partial x}\frac{\partial x}{\partial t} + \frac{\partial f}{\partial y}\frac{\partial y}{\partial t} + \frac{\partial f}{\partial z}\frac{\partial z}{\partial t}$$

가 된다.

보기 13.23

$f(x, y) = x^2 e^y$, $x = t^2 - 1$, $y = \sin t$에 대하여 $g(t) = f(t^2 - 1, \sin t)$의 도함수를 구하여라.

풀이

$$\frac{\partial f}{\partial x} = 2xe^y, \quad \frac{\partial f}{\partial y} = x^2 e^y, \quad \frac{dx}{dt} = 2t, \quad \frac{dy}{dt} = \cos t$$

이므로, 연쇄법칙에 의하여

$$
\begin{aligned}
g'(t) &= \frac{\partial f}{\partial x}\frac{dx}{dt} + \frac{\partial f}{\partial y}\frac{dy}{dt} \\
&= (2xe^y)(2t) + (x^2e^y)(\cos t) \\
&= 2(t^2-1)e^{\sin t}(2t) + (t^2-1)^2 e^{\sin t}(\cos t) \\
&= (4t^3-4t)e^{\sin t} + (t^2-1)\cos t\, e^{\sin t}
\end{aligned}
$$

이다.

기본연습문제 13.22 $f(x, y, z) = y + xz$, $x = \cos t$, $y = \sin t$, $z = t$라 하자. $g(t) = f(\cos t, \sin t, t)$의 미분계수 $g'(0)$을 구하여라.

보기 13.24

$f(x, y) = x^3 + y^3$, $x = 2s + t$, $y = s - 2t$라 하자. 함수 $g(s, t) = f(2s + t, s - 2t)$에 대하여 $\dfrac{\partial g}{\partial s}$를 구하여라.

풀이

$$
\frac{\partial f}{\partial x} = 3x^2,\quad \frac{\partial f}{\partial y} = 3y^2,\quad \frac{\partial x}{\partial s} = 2,\quad \frac{\partial y}{\partial s} = 1
$$

이므로, 연쇄법칙에 의하여

$$
\begin{aligned}
\frac{\partial g}{\partial s} &= \frac{\partial f}{\partial x}\frac{\partial x}{\partial s} + \frac{\partial f}{\partial y}\frac{\partial y}{\partial s} \\
&= (3x^2)(2) + (3y^2)(1) \\
&= 6(2s+t)^2 + 3(s-2t)^2
\end{aligned}
$$

이다.

기본연습문제 13.23 $f(x, y, z) = x + y + z^3$, $x = st$, $y = s^2 + \log t$, $z = 2s$에 대하여 함수 $g(s, t) = f(st, s^2 + \log t, 2t)$의 편도함수 $\dfrac{\partial g}{\partial s}$와 $\dfrac{\partial g}{\partial t}$를 구하여라.

미분가능 함수 $f : U \subset \mathbb{R}^n \to \mathbb{R}$에 대하여 U의 한 점 P가 속하는 등위면

$$
S = \{X \in U \mid f(X) = f(P)\}
$$

를 생각하자. S위의 미분가능 곡선

$$
X : \mathbb{R} \to S,\ \ X(0) = P
$$

에 대하여 속도벡터 $X'(0)$는 곡선 X에 접하므로, 등위면 S에도 접한다. 즉, 등위면 S위의 점 P에서의 접평면에 속하게 된다. 이제, 곡선 X는 등위면 S위의 곡선이므로

$$f(X(t)) = f(P)$$

이고, 연쇄법칙에 의해서

$$\begin{aligned} \frac{d}{dt} f(X(t))\Big|_{t=0} &= \nabla f(X(t)) \cdot X'(t)\Big|_{t=0} \\ &= \nabla f(X(0)) \cdot X'(0) \\ &= \nabla f(P) \cdot X'(0) \\ &= 0 \end{aligned}$$

이다. 따라서

$$\nabla f(P) \perp X'(0)$$

이다.

이제 $X'(0)$와 다른 속도벡터를 갖는 S위의 또 다른 미분가능 곡선

$$Y : \mathbb{R} \to S, \quad Y(0) = P$$

에 대하여 같은 논의를 반복하면 등위면 S위의 점 P에서의 접평면에 속하는 벡터 $Y'(0)$에 대하여

$$\nabla f(P) \perp Y'(0)$$

를 얻는다. 이로부터 등위면의 접평면과 그래디언트 사이의 관계에 관한 다음 정리를 얻는다.

정리 13.12

미분가능 함수 $f : U \subset \mathbb{R}^n \to \mathbb{R}$에 대하여 U의 한 점 P가 속하는 등위면을

$$S = \{X \in U \mid f(X) = f(P)\}$$

라 하자. 그러면 $\nabla f(P)$와 등위면 S는 수직이다.

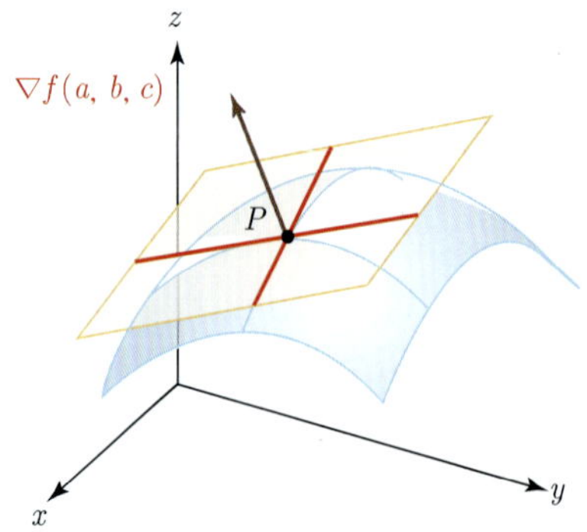

[그림 13.17] 등위면 S 위의 점 $P=(a, b, c)$에서의 접평면

보기 13.25

곡면 $x^2+y^2+z-9=0$ 위의 점 $P=(1, 2, 4)$에서의 접평면의 방정식을 구하여라.

풀이

주어진 곡면은 함수

$$f(x, y, z)=x^2+y^2+z$$

의 등위면이다. 점 P에서 이 등위면에 수직이 벡터는

$$\nabla f(1, 2, 4)=(2, 4, 1)$$

이므로 접평면의 방정식은

$$2(x-1)+4(y-2)+(z-4)=0$$

이다. 즉,

$$2x+4y+z-14=0$$

이다.

기본연습문제 13.24 회전포물면 $z=x^2+y^2$ 위의 점 $(1, 2, 5)$에서의 접평면을 구하여라.

SECTION

13.5 연습문제

1. 주어진 점에서 곡선의 속도벡터와 가속도벡터를 구하여라.

(1) $X(t)=(t+1, t^2+2)$, $t=1$

(2) $X(t)=(\cos 2t, 3\sin 2t)$, $t=0$

(3) $X(t)=(1+t, 2t^2, t^3)$, $t=1$

(4) $X(t)=(e^{-t}, 2\sin 3t, 2\cos 3t)$, $t=0$

2. 다음 함수에서 x, y에 대한 편도함수를 구하여라.

(1) $f(u,v)=ue^u-ve^u$, $u=xy$, $v=x^2-y^2$

(2) $f(u,v)=u\log v+v\log u$, $u=\dfrac{y}{2}+\dfrac{2}{x}$, $v=xe^y$

(3) $f(u,\ v,\ w)=\log(u^2+v^2+w^2)$, $u=xe^y\sin x$, $v=xe^y\cos x$, $w=xe^y$

3. $w=f(x-y,\ y-z,\ z-x)$일 때, $\dfrac{\partial w}{\partial x}+\dfrac{\partial w}{\partial y}+\dfrac{\partial w}{\partial z}=0$임을 보여라.

4. $w=x^3f(y/x,\ z/x)$일 때, $x\dfrac{\partial w}{\partial x}+y\dfrac{\partial w}{\partial y}+z\dfrac{\partial w}{\partial z}=3w$임을 보여라.

5. 상수 θ에 대하여 $x=u\cos\theta-v\sin\theta$, $y=u\sin\theta+v\cos\theta$라고 하자. $f(x,\ y)=g(u,\ v)$라고 할 때

$$\left(\frac{\partial g}{\partial u}\right)^2+\left(\frac{\partial g}{\partial v}\right)^2=\left(\frac{\partial f}{\partial x}\right)^2+\left(\frac{\partial f}{\partial y}\right)^2$$

임을 보여라.

6. 자연수 m에 대하여 $f(tx,\ ty)=t^m f(x,\ y)$일 때

$$xD_1f+yD_2f=mf(x,y)$$

가 성립함을 보여라.

7. 주어진 곡면 위의 점 P에서의 접평면의 방정식을 구하여라.

(1) $x^2+y^2-z^2=7$, $P=(2,\ 2,\ 1)$

(2) $2y-z^3-3xz=0$, $P=(1,\ 7,\ 2)$

(3) $2z-x^2=0$, $P=(\sqrt{2},\ 0,\ 1)$

(4) $x^2-xy-y^2-z=0$, $P=(1,\ 1,\ -1)$

(5) $x+x\cos z-y\sin z+y=0$, $P=(1,\ -2,\ 0)$

(6) $x^3y-y^2+z^2=0$, $P=(1,\ 2,\ 3)$

13.6 함수의 극대 · 극소

이 절에서는 이변수함수의 극대·극소를 판정할 수 있는 방법에 대하여 살펴본다. 이를 위해 우선 고차편도함수에 대하여 알아본다.

열린 집합 $U \subset \mathbb{R}^2$에서 정의된 미분가능 이변수함수 $f(x, y)$에 대하여 편도함수

$$D_1 f,\ D_2 f : U \to \mathbb{R}$$

가 다시 미분가능이면 편도함수

$$D_1(D_1 f),\ D_1(D_2 f),\ D_2(D_1 f),\ D_2(D_2 f)$$

를 생각할 수 있다. 이 편도함수를 f의 **이계편도함수**라 부르고,

$$D_1^2 f \text{ 또는 } \frac{\partial^2 f}{\partial x^2} \text{ 또는 } f_{xx},$$

$$D_1 D_2 f \text{ 또는 } \frac{\partial^2 f}{\partial x \partial y} \text{ 또는 } f_{yx},$$

$$D_2 D_1 f \text{ 또는 } \frac{\partial^2 f}{\partial y \partial x} \text{ 또는 } f_{xy},$$

$$D_2^2 f \text{ 또는 } \frac{\partial^2 f}{\partial y^2} \text{ 또는 } f_{yy}$$

로 나타낸다.

보기 13.26

함수 $f(x, y) = x^2 y - y^3 + \log x$의 모든 이계편도함수를 구하여라.

풀이

함수 f의 편도함수는

$$\frac{\partial f}{\partial x} = 2xy + \frac{1}{x},\ \frac{\partial f}{\partial y} = x^2 - 3y^2$$

이다. 따라서, 이계편도함수는

$$\frac{\partial^2 f}{\partial x^2} = 2y - \frac{1}{x^2},\ \frac{\partial^2 f}{\partial y \partial x} = 2x,\ \frac{\partial^2 f}{\partial x \partial y} = 2x,\ \frac{\partial^2 f}{\partial y^2} = -6y$$

이다.

기본연습문제 13.25 다음 함수의 모든 이계편도함수를 구하여라.

① $f(x, y) = x + y - xy$ ② $f(x, y) = \cos(xy)$

[보기 13.26]에서 $\frac{\partial^2 f}{\partial y \partial x} = \frac{\partial^2 f}{\partial x \partial y}$ 인데, 일반적으로 다음이 성립한다.

정리 13.13

이변수함수 $f(x, y)$에 대하여 $D_1 f$, $D_2 f$, $D_1 D_2 f$, $D_2 D_1 f$가 존재하고 연속이면

$$D_1 D_2 f = D_2 D_1 f$$

이 성립한다.

[정리 13.13]는 일반적인 다변수함수에 대해서도 성립한다.

정리 13.14

n변수 함수 f에 대하여 $D_i f$, $D_j f$, $D_i D_j f$, $D_j D_i f$가 존재하고 연속이면

$$D_i D_j f = D_j D_i f \quad (1 \leq i, j \leq n)$$

이 성립한다.

보기 13.27

함수 $f(x, y, z) = e^{xy} + z \cos x$에 대하여 $\frac{\partial^2 f}{\partial z \partial x} = \frac{\partial^2 f}{\partial x \partial z}$ 임을 보여라.

풀이

함수 f의 편도함수는

$$\frac{\partial f}{\partial x} = y e^{xy} - z \sin x, \quad \frac{\partial f}{\partial z} = \cos x$$

이다. 따라서

$$\frac{\partial^2 f}{\partial z \partial x} = -\sin x, \quad \frac{\partial^2 f}{\partial x \partial z} = -\sin x$$

이므로,

$$\frac{\partial^2 f}{\partial z \partial x} = \frac{\partial^2 f}{\partial x \partial z}$$

이 성립한다.

기본연습문제 13.26 다음 함수에 대하여 $f_{xy} = f_{yx}$임을 보여라.

① $f(x, y) = x^2y + \cos y + \sin x$ ② $f(x, y) = \log(x+y)$

13.2절에서 함수 $f : U \subset \mathbb{R}^n \to \mathbb{R}$가 U의 한 점 P에서 모든 방향 v에 대하여

$$D_v f(P) = 0$$

이면, P를 f의 임계점이라고 하였다. 만약, 함수 $f : U \subset \mathbb{R}^n \to \mathbb{R}$가 미분가능이면 [정리 13.7]에 의해서 다음을 알 수 있다.

$$\begin{aligned} P\text{가 } f\text{의 임계점이다} &\Leftrightarrow D_v f(P) = \nabla f(P) \cdot v = 0,\ v \in \mathbb{R}^n \\ &\Leftrightarrow \nabla f(P) = 0 \end{aligned}$$

따라서, 미분가능 함수의 임계점은 그래디언트가 0이 되는 점이다. 즉, 임계점을 찾으려면 n개의 편미분값을 조사하면 된다.

보기 13.28

함수 $f(x, y) = xy$의 임계점을 모두 찾아라.

풀이

함수 f는 미분가능이므로 임계점은

$$\nabla f = \left(\frac{\partial f}{\partial x}, \frac{\partial f}{\partial x}\right) = (y, x) = (0, 0)$$

을 만족하는 점이다. 따라서, 임계점은 $(0, 0)$이다.

기본연습문제 13.27 다음 함수의 임계점을 모두 찾아라.

$$f(x,y) = x^2 + 4xy - y^2 - x + y$$

[정리 13.5]에 의해서 점 P가 함수 f의 극점이면 P는 임계점이다. [보기 13.28]의 $(0, 0)$은 임계점이지만 극점은 아니다. 이렇게 임계점이지만 극점이 아닌 점을 **안장점**이라 한다.

다음 정리는 임계점에서 극대·극소를 판정하는 법을 말해준다.

정리 13.15

열린 집합 U에서 정의된 이변수함수 f가 이계편도함수가 존재하고 모두 연속이라고 하자. 점 P가 f의 임계점이라 하자. 이때

$$a = D_1^2 f(P),\ b = D_1 D_2 f(P),\ c = D_2^2 f(P)$$

로 두고,

$$D(P) = ac - b^2$$

라 하자.

(1) $D(P) > 0$, $a > 0$이면, P는 극소점

(2) $D(P) > 0$, $a < 0$이면, P는 극대점

(3) $D(P) < 0$이면, P는 안장점

이다.

보기 13.29

함수 $f(x,y) = 2x^2 - y^3 - 2xy$의 모든 임계점을 구하고 분류하여라.

풀이

함수 f에 대하여

$$\nabla f(x, y) = (4x - 2y,\ -3y^2 - 2x) = (0, 0)$$

이므로 임계점은

$$(0, 0)\text{과 } \left(-\frac{1}{6}, -\frac{1}{3}\right)$$

이다.

이제

$$a = D_1^2 f = 4,\ b = D_1 D_2 f = -2,\ c = D_2^2 f = -6y$$

이므로

$$D(0, 0) = (4)(0) - (-2)^2 = -4 < 0$$

이다. 따라서 $(0, 0)$은 안장점이다.

점 $\left(-\frac{1}{6}, -\frac{1}{3}\right)$에 대하여

$$D\left(-\frac{1}{6}, -\frac{1}{3}\right) = (4)(2) - (-2)^2 = 4 > 0,\ a = D_1^2 f\left(-\frac{1}{6}, -\frac{1}{3}\right) = 4 > 0$$

이므로, $\left(-\frac{1}{6}, -\frac{1}{3}\right)$은 극소점이다.

기본연습문제 13.28 함수 $f(x, y) = x^4 + y^4 - 4xy$의 모든 임계점을 구하고 분류하여라.

보기 13.30

함수 $f(x, y) = x^2 + 2y^2$의 영역 $R = \{(x, y) | x^2 + y^2 \le 1\}$에서의 최댓값과 최솟값을 구하여라.

풀이

영역 R은 유계인 닫힌 집합이고 함수 f는 R에서 연속 함수이므로 [정리 13.3]에 의해 최댓값과 최솟값을 갖는다.
우선 영역 내부에서의 극값을 구하여 보자. 함수 f에 대하여

$$\nabla f = (2x, 4y) = (0, 0)$$

에서 임계점은 $(0, 0)$임을 알 수 있다. 이때 함숫값은

$$f(0, 0) = 0$$

이다.
경계에서의 극값을 구하여 보자. 원을 매개화하여

$$x = \cos t,\ y = \sin t\ \ (-\pi < t \le \pi)$$

로 놓으면,

$$f(x, y) = f(\cos t, \sin t) = \cos^2 t + 2\sin^2 t = 1 + \sin^2 t$$

이 되어, 함수 f는 경계에서 최댓값 2와 최솟값 1을 갖는다.
함수 f는 최댓값과 최솟값을 가지므로 지금까지 계산한 값 중 가장 작은 값인 0이 최솟값이고, 가장 큰 값인 2가 최댓값이다.

보기 13.31

영역 R은 직선 $y = 2$, $y = x$, $y = -x$로 둘러싸인 부분이다. 다음 함수의 영역 R에서의 최댓값과 최솟값을 구하여라.

$$f(x, y) = 5 + 4x - 2x^2 + 3y - y^2$$

풀이

영역 R은 유계인 닫힌 집합이고 함수 f는 R에서 연속 함수이므로 [정리 13.3]에 의해 최댓값과 최솟값을 갖는다.
우선 영역 내부에서의 극값을 구하여 보자. 함수 f에 대하여

$$\nabla f = (4 - 4x, 3 - 2y) = (0, 0)$$

에서 임계점은 $\left(1, \frac{3}{2}\right)$임을 알 수 있다. 이때 함숫값은

$$f\left(1, \frac{3}{2}\right) = \frac{37}{4}$$

이다.

경계에서의 극값을 구하여 보자. 경계 $y=2\,(-2\le x\le 2)$에서

$$f(x,\,y)=f(x,\,2)=-2x^2+4x-7$$

이므로 함수 f는 경계 $y=2\,(-2\le x\le 2)$에서 극댓값 9, 극솟값 -9를 갖는다.

경계 $y=x\,(0\le x\le 2)$에서

$$f(x,y)=f(x,x)=-3x^2+7x+5$$

이므로 함수 f는 경계 $y=x\,(0\le x\le 2)$에서 극댓값 $\frac{109}{12}$, 극솟값 5를 갖는다.

경계 $y=-x\,(-2\le x\le 0)$에서

$$f(x,\,y)=f(x,\,-x)=-3x^2+x+5$$

이므로 함수 f는 경계 $y=-x\,(-2\le x\le 0)$에서 극댓값 5, 극솟값 -9를 갖는다.

함수 f는 최댓값과 최솟값을 가지므로 지금까지 계산한 값 중 가장 작은 값인 -9가 최솟값이고, 가장 큰 값인 $\frac{37}{4}$가 최댓값이다.

기본연습문제 13.29 영역 R은 직선 $x=0$, $y=0$, $y=9-x$로 둘러싸인 부분이다. 함수 $f(x,\,y)=2+2x+2y-x^2-y^2$의 영역 R에서의 최댓값과 최솟값을 구하여라.

일반적으로 경계에서 극값을 찾는 것은 쉽지 않다. 다음 정리는 경계에서의 극값을 찾는 데 도움을 준다.

정리 13.16 **라그랑즈 승수법**

열린 집합 U에서 정의된 함수 $f(x_1,\,\cdots,\,x_n)$와 $g(x_1,\,\cdots,\,x_n)$의 모든 일계편도함수가 연속이라고 하자. 함수 f를 등위면

$$S=\{X\in U\mid g(X)=c\}$$

에 제한하였을 때 점 $P\in S$에서 극값을 가진다고 하자. $\nabla g(P)\neq 0$이면

$$\nabla f(P)=\lambda\nabla g(P)$$

를 만족하는 상수 λ가 존재한다.

보기 13.32

원점을 중심으로 하고 반지름의 길이가 1인 구에서 정의된 다음 함수의 최댓값과 최솟값을 구하여라.

$$f(x,\ y,\ z)=xz+yz$$

풀이

원점이 중심이고 반지름이 1인 구는 유계인 닫힌 집합이고, 함수 f는 연속 함수이므로 [정리 13.3]에 의해 최댓값과 최솟값을 갖는다.
원점이 중심이고 반지름이 1인 구는 함수

$$g(x,\ y,\ z)=x^2+y^2+z^2$$

의 1-등위면이다. 따라서 [정리 13.16]에 의해서 극점에서

$$\begin{cases}\nabla f(x,\ y,\ z)=\lambda\nabla g(x,\ y,\ z)\\ x^2+y^2+z^2=1\end{cases}$$

이 성립한다.

$$\nabla f=(z,\ z,\ x+y),\ \ \nabla g=(2x,\ 2y,\ 2z)$$

이므로 연립방정식

$$\begin{cases}z=2\lambda x\\ z=2\lambda y\\ x+y=2\lambda z\\ x^2+y^2+z^2=1\end{cases}$$

을 얻는다. 이 연립방정식을 풀면

$$(x,\ y,\ z)=\left(-\frac{1}{\sqrt{2}},\ \frac{1}{\sqrt{2}},0\right),\left(\frac{1}{\sqrt{2}},\ -\frac{1}{\sqrt{2}},\ 0\right),\left(-\frac{1}{2},\ -\frac{1}{2},\ \frac{1}{\sqrt{2}}\right)$$

$$\left(\frac{1}{2},\ \frac{1}{2},\ -\frac{1}{\sqrt{2}}\right),\left(-\frac{1}{2},\ -\frac{1}{2},\ -\frac{1}{\sqrt{2}}\right),\left(\frac{1}{2},\ \frac{1}{2},\ \frac{1}{\sqrt{2}}\right)$$

을 얻고,

$$f\left(-\frac{1}{\sqrt{2}},\ \frac{1}{\sqrt{2}},\ 0\right)=0,\ f\left(\frac{1}{\sqrt{2}},\ -\frac{1}{\sqrt{2}},\ 0\right)=0,\ f\left(-\frac{1}{2},\ -\frac{1}{2},\ \frac{1}{\sqrt{2}}\right)=-\frac{1}{\sqrt{2}}$$

$$f\left(\frac{1}{2},\ \frac{1}{2},\ -\frac{1}{\sqrt{2}}\right)=-\frac{1}{\sqrt{2}},\ f\left(-\frac{1}{2},\ -\frac{1}{2},\ -\frac{1}{\sqrt{2}}\right)=\frac{1}{\sqrt{2}},\ f\left(\frac{1}{2},\ \frac{1}{2},\ \frac{1}{\sqrt{2}}\right)=\frac{1}{\sqrt{2}}$$

이므로 최댓값은 $\frac{1}{\sqrt{2}}$, 최솟값은 $-\frac{1}{\sqrt{2}}$이다.

보기 13.33

구 $x^2+y^2+z^2=1$에서 정의된 함수 $f(x, y, z)=xy+yz+zx$의 최댓값과 최솟값을 구하여라.

풀이

구 $x^2+y^2+z^2=1$는 유계인 닫힌 집합이고, 함수 f는 연속 함수이므로 [정리 13.3]에 의해 최댓값과 최솟값을 갖는다.
원점이 중심이고 반지름이 1인 구는 함수

$$g(x, y, z)=x^2+y^2+z^2$$

의 1-등위면이다. 따라서 [정리 13.16]에 의해서 극점에서

$$\begin{cases} \nabla f(x, y, z)=\lambda \nabla g(x, y, z) \\ x^2+y^2+z^2=1 \end{cases}$$

이 성립한다.

$$\nabla f=(y+z, z+x, x+y), \quad \nabla g=(2x, 2y, 2z)$$

이므로

$$\begin{cases} (y+z, z+x, x+y)=\lambda(2x, 2y, 2z) \\ x^2+y^2+z^2=1 \end{cases}$$

이다. 이로부터

$$\lambda=1 \text{ 또는 } x+y+z=0$$

을 얻는다.
$\lambda=1$이면

$$(x, y, z)=\left(\frac{1}{\sqrt{3}}, \frac{1}{\sqrt{3}}, \frac{1}{\sqrt{3}}\right), \left(-\frac{1}{\sqrt{3}}, -\frac{1}{\sqrt{3}}, -\frac{1}{\sqrt{3}}\right)$$

이고,

$$f\left(\frac{1}{\sqrt{3}}, \frac{1}{\sqrt{3}}, \frac{1}{\sqrt{3}}\right)=1, \ f\left(-\frac{1}{\sqrt{3}}, -\frac{1}{\sqrt{3}}, -\frac{1}{\sqrt{3}}\right)=1$$

이다. 또, $x+y+z=0$이면

$$(x+y+z)^2=x^2+y^2+z^2+2(xy+yz+zx)$$

로부터

$$xy+yz+zx=-\frac{1}{2}$$

를 얻는다. 따라서 최댓값은 1이고, 최솟값은 $-\frac{1}{2}$이다.

기본연습문제 13.30 구 $x^2+y^2+z^2=1$에서 함수 $f(x, y, z)=2x^2+y^2+3z^2$의 최댓값과 최솟값을 구하여라.

SECTION

13.6 연습문제

1. 다음 함수에서 $D_1D_2f = D_2D_1f$이 성립함을 보여라.

(1) $f(x, y) = x\cos y + ye^x$ (2) $f(x, y) = e^x + x\log y + y\log x$

(3) $f(x, y) = xe^y + 2y + 3$ (4) $f(x, y) = ye^{x^2+y}$

2. 다음 함수에 대하여 다음 등식이 성립함을 보여라.

$$\frac{\partial^2 f}{\partial x^2}+\frac{\partial^2 f}{\partial y^2}+\frac{\partial^2 f}{\partial z^2}=0$$

(1) $f(x, y, z) = x^2+y^2-2z^2$ (2) $f(x, y, z) = e^{3x+4y}\sin(5z)$

(3) $f(x, y, z) = \log(x^2+y^2)$

3. 다음 함수의 극댓값, 극솟값, 안장점을 구하여라.

(1) $f(x, y) = 2xy-5x^2-2y^2+4x+4y-4$

(2) $f(x, y) = x^3-y^3+3x^2+3y^2-9x$

(3) $f(x, y) = e^{x^2+y^2+4y}$

(4) $f(x, y) = x^2-xy+y^4$

(5) $f(x, y) = \dfrac{1}{x}+xy+\dfrac{1}{y}$

(6) $f(x, y) = 2x^2+2y^2-12x-12y$

(7) $f(x, y) = x^3-12xy+8y^3$

(8) $f(x, y) = x^3-y^3-2xy+6$

4. 주어진 영역 R에서 다음 함수의 최댓값과 최솟값을 구하여라.

(1) $f(x, y) = 2x^2-4x+y^2-4y+1$, $R: x=0,\ y=2,\ y=2x$로 둘러싸인 부분

(2) $f(x, y) = x^2-xy+y^2$, $R: x=0,\ y=4,\ y=x$로 둘러싸인 부분

(3) $f(x, y) = x^2+xy+y^2-6x+2$, $R: 0\le x\le 5,\ -3\le y\le 0$

5. 영역 $R = \{(x, y) | x^2 + 4y^2 \le 24\}$에서 정의된 함수 $f(x, y) = x^2 + 2x + y^2$의 최댓값과 최솟값을 구하여라.

6. 타원면 $4x^2 + y^2 + 4z^2 = 9$에서 정의된 함수 $f(x, y, z) = 8x^2 + 4yz - 16z + 1$의 최댓값을 구하여라.

7. 평면 $x + y + z = 4$에서 정의된 함수 $f(x, y, z) = 3x^2 + 2y^2 + z^2 + 4x + y + 3z$의 최솟값을 구하여라.

8. 포물면 $z = x^2 + y^2$과 점 $(1, 1, 0)$ 사이의 최단 거리를 구하여라.

9. 곡면 $z = xy$의 점 중에서 점 $(0, 0, 5)$에 가장 가까운 점을 모두 구하여라.

10. 점 $(1, 2, 0)$에서 원뿔 $z^2 = x^2 + y^2$까지의 거리를 구하여라.

CHAPTER

14 다중적분

이 장에서는 유계인 다변수함수 f의 적분가능의 정의와 그 계산방법에 대하여 알아본다.

14.1 적분가능함수

좌표평면의 직사각형 영역

$$R=[a,\, b]\times[c,\, d]=\{(x\,,\, y)\in\mathbb{R}^2 : a\le x\le b,\; c\le y\le d\}$$

에서 정의된 유계인 함수 $f(x,\, y)$의 적분가능에 대하여 알아보자.

$[a,\, b]$의 분할

$$a=x_0<x_1<\cdots<x_n=b$$

와 $[c,\, d]$의 분할

$$c=y_0<y_1<\cdots<y_m=d$$

로부터 직사각형 영역 R의 분할

$$P=\{P_{ij}=[x_{i-1},\, x_i]\times[y_{j-1},\, y_j] :\; 1\le i\le n,\; 1\le j\le m\}$$

를 생각하자.

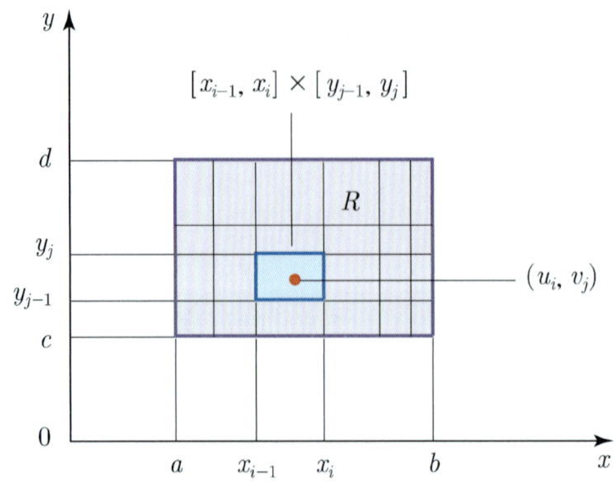

[그림 14.1]

$1 \le i \le n$, $1 \le j \le m$에 대하여

$$P_{ij} = [x_{i-1}, x_i] \times [y_{j-1}, y_j],$$
$$\triangle x_i = x_i - x_{i-1},$$
$$\triangle y_j = y_j - y_{j-1},$$
$$Vol(P_{ij}) = (x_i - x_{i-1})(y_j - y_{j-1})$$

로 두자. 각각의 작은 직사각형 영역 P_{ij}에 대하여

$$(u_i, v_j) \in P_{ij}$$

일 때,

$$R(P, f) = \sum_{i=1}^{n} \sum_{j=1}^{m} f(u_i, v_j)\, Vol(P_{ij})$$

을 분할 P에 대한 f의 **리만합**이라 한다.

분할 P에 대하여

$$\|P\| = \max\{\triangle x_i, \triangle y_j \mid 1 \le i \le n, 1 \le j \le m\}$$

라 할 때, 임의의 리만합 $R(P, f)$의 극한

$$\lim_{\|P\| \to 0} R(P, f) = \lim_{\|P\| \to 0} \sum_{i=1}^{n} \sum_{j=1}^{m} f(u_i, v_j)\, Vol(P_{ij})$$

이 항상 존재하고 같으면, f는 직사각형 영역 R에서 **적분가능**이라 하고, 그 극한을 함수 f의 **이중적분**이라 부르고

$$\int_R f, \quad \iint_R f(x, y)\,dA, \quad \iint_R f(x, y)\,dV_2$$

로 나타낸다.

만약 직사각형 영역 R의 모든 점 (x, y)에 대하여 $f(x,y) \geq 0$이면 이중적분 $\iint_R f(x, y)dA$는 직사각형 영역 R 위에 있고 $f(x, y)$의 그래프 아래에 있는 입체의 부피와 같다.

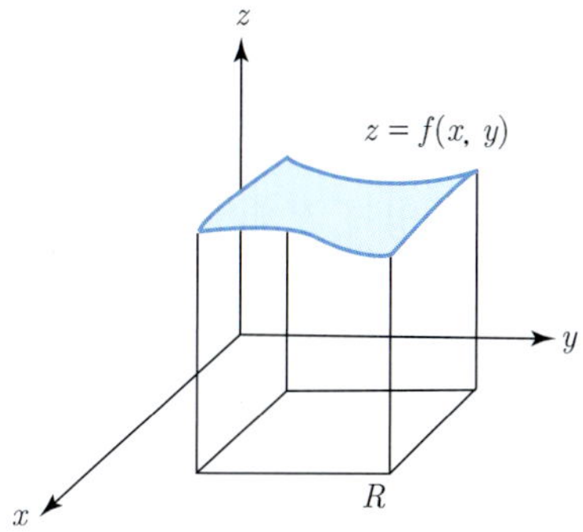

[그림 14.2]

이변수함수의 적분가능하다는 개념은 일반적인 n-공간에서도 정의할 수 있다. 예를 들어, $n=3$이면, 직육면체 영역

$$R=[a_1, b_1]\times[a_2, b_2]\times[a_3, b_3]$$

에서 정의된 유계인 함수 f에 대하여 $[a_1, b_1]$, $[a_2, b_2]$, $[a_3, b_3]$의 분할

$$\begin{aligned} a_1 &= x_0 < x_1 < \cdots < x_n = b_1 \\ a_2 &= y_0 < y_1 < \cdots < y_m = b_2 \\ a_3 &= z_0 < z_1 < \cdots < z_\ell = b_3 \end{aligned}$$

로부터 직육면체 영역 R의 분할 P를 생각하고 이로부터 리만합 $R(P, f)$를 정의할 수 있다. 분할 P에 대하여 임의의 리만합 $R(P, f)$의 극한이 항상 존재하고 같으면 f가 R에서 **적분가능**이라 하고, 그 극한을 함수 f의 **삼중적분**이라 부르고

$$\int_R f, \ \iiint_R f(x, y, z)dV_3$$

로 나타낸다.

일반적으로 n-공간의 영역

$$R=[a_1, b_1]\times\cdots\times[a_n, b_n]$$

에서 정의된 유계인 함수 f에 대해서도 적분가능을 위와 같이 정의할 수 있고, 이때의 적분값을

$$\int_R f, \ \int\cdots\int_R f(x_1, \cdots, x_n)dV_n$$

로 나타낸다.

이제 직사각형 영역이 아닌 유계인 영역 A에서 정의된 함수 $f(x, y)$의 이중적분에 대하여 알아보자. 영역 A가 유계이므로 A를 포함하는 직사각형 영역 R이 존재한다. 이 직사각형 영역 R에 대하여 함수

$$\tilde{f}(x, y) = \begin{cases} f(x, y), & (x, y) \in R \\ 0, & (x, y) \notin R \end{cases}$$

을 생각한다. 만약 함수 $\tilde{f}$가 직사각형 영역 R에서 적분가능이면, 함수 f가 A에서 **적분가능**이라 하고,

$$\int_A f = \int_R \tilde{f}$$

로 정의한다.

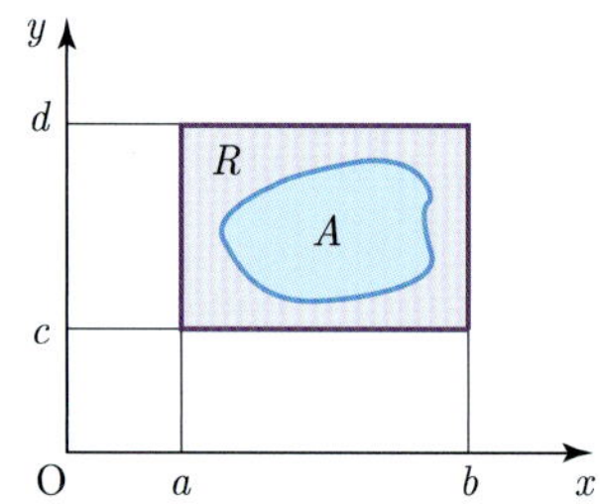

[그림 14.3]

적분가능인 함수에 대하여 다음 성질이 성립함이 알려져 있다.

정리 14.1

(1) n-공간의 영역 A에서 정의된 적분가능한 함수 f, g와 실수 k에 대하여 다음이 성립한다.

(i) $\int_A (f+g) = \int_A f + \int_A g$ (ii) $\int_A kf = k\int_A f$

(iii) $f \le g$이면 $\int_A f \le \int_A g$

(2) $B \subset A$이고, f가 A에서 적분가능이면, f는 B, $A-B$에서 적분가능이고,

$$\int_A f = \int_B f + \int_{A-B} f$$

이다.

(3) 유계인 연속함수는 적분가능하다.

보기 14.1

[그림 14.4]와 같은 영역에서 함수 $f(x, y)$와 $g(x, y)$의 이중적분이 다음과 같다.

$$\iint_R f(x, y)dA = 1, \quad \iint_S f(x, y)dA = 2, \quad \iint_R g(x, y)dA = 3, \quad \iint_S g(x, y)dA = 4$$

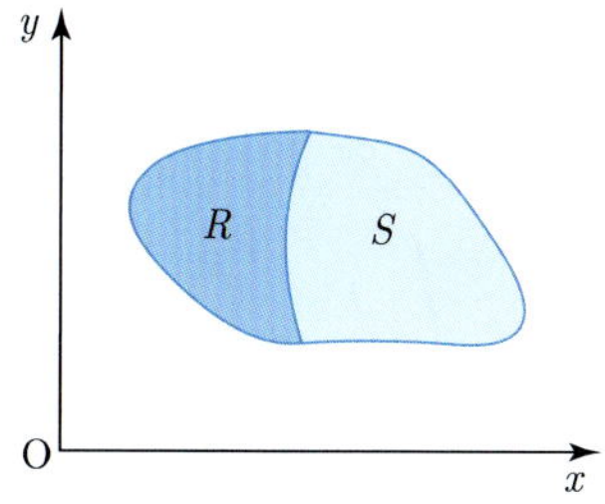

[그림 14.4]

이중적분 $\iint_{R\cup S}\{4f(x,y)-3g(x, y)\}dA$을 구하여라.

풀이

[정리 14.1]에 의해

$$\begin{aligned}\iint_{R\cup S}\{4f(x, y)-3g(x, y)\}dA &= 4\iint_{R\cup S} f(x, y)dA - 3\iint_{R\cup S} g(x, y)dA \\ &= 4\iint_R f(x, y)dA + 4\iint_S f(x, y)dA \\ &\quad -3\iint_R g(x, y)dA - 3\iint_S g(x, y)dA \\ &= 4+8-9-12 \\ &= -9\end{aligned}$$

이다.

14.2 반복적분

이 절에서는 이중적분 더 나아가 다중적분을 효과적으로 구할 수 있는 방법에 대하여 알아본다. 이를 위하여 우선 반복적분에 대하여 소개한다.

직사각형 영역 $R=[a, b]\times[c, d]$에서 정의된 함수 $f(x, y)$에 대하여 a와 b사이에 x를 고정하자. 그러면 함수 $f(x, y)$는 y에 관한 함수가 되고, 이 함수가 적분가능이면

$$\int_c^d f(x, y)dy$$

를 얻는다. 이 값은 x에 대한 함수이고, 이 함수가 다시 적분가능하면

$$\int_a^b\left[\int_c^d f(x, y)dy\right]dx$$

를 얻는다. 마찬가지로 y를 먼저 고정하면

$$\int_c^d\left[\int_a^b f(x, y)dx\right]dy$$

을 얻는다.

이 두 적분을 f의 **반복적분**이라 하고, 간단히

$$\int_a^b\int_c^d f(x, y)dydx,\quad \int_c^d\int_a^b f(x, y)dxdy$$

로 나타낸다.

보기 14.2

직사각형 영역 $R=[1, 2]\times[-3, 4]$에서 함수 $f(x, y)=xy$의 반복적분의 값을 구하여라.

풀이

$$\begin{aligned}\int_1^2\int_{-3}^4 f(x, y)dydx &= \int_1^2\int_{-3}^4 xy\,dydx\\ &= \int_1^2\left[\frac{1}{2}xy^2\right]_{y=-3}^{y=4}dx\\ &= \int_1^2\frac{7}{2}x\,dx\\ &= \frac{7}{2}\left[\frac{1}{2}x^2\right]_1^2\\ &= \frac{21}{4}\end{aligned}$$

마찬가지로

$$\int_{-3}^{4}\int_{1}^{2} f(x, y)dxdy = \frac{21}{4}$$

이다.

기본연습문제 14.1 다음 반복적분의 값을 구하여라.

① $\int_{-2}^{2}\int_{0}^{1}(6-2x-3y)dydx$ ② $\int_{0}^{2}\int_{0}^{3}(x^2+y^2)dxdy$

이제 연속함수 $f(x,y)$이 직사각형 영역 $R=[a, b]\times[c, d]$의 모든 점 (x, y)에 대하여 $f(x, y)\geq 0$일 때 직사각형 영역 R 위에 있고 $f(x, y)$의 그래프 아래에 있는 입체의 부피 V를 구하여 보자.

우선 이중적분의 정의에 의해서

$$V = \iint_R f(x, y)dA$$

이다. 한편 $a\leq x\leq b$인 x에 대하여 x축에 수직인 평면으로 자른 단면의 넓이 $S(x)$는

$$S(x) = \int_{c}^{d} f(x, y)dy$$

이므로

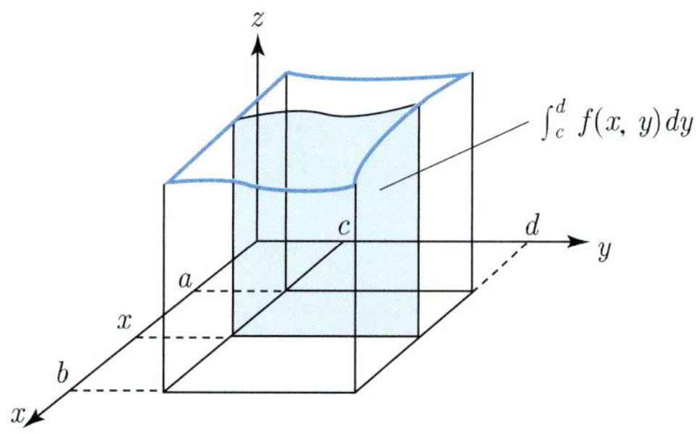

[그림 14.5]

구하는 부피 V는 [정리 7.6]에 의해서

$$V = \int_{a}^{b} S(x)dx = \int_{a}^{b}\int_{c}^{d} f(x, y)dydx$$

이다. 따라서, 다음 등식이 성립한다.

$$V = \iint_R f(x, y)dA = \int_a^b \int_c^d f(x, y)dydx$$

마찬가지로

$$V = \iint_R f(x, y)dA = \int_c^d \int_a^b f(x, y)dxdy$$

도 얻을 수 있다.

다음 정리는 이중적분과 반복적분에 관한 위의 등식이 연속함수에 대하여 항상 성립한다는 것을 말해준다.

정리 14.2 푸비니 정리

함수 $f(x, y)$가 직사각형 영역 $R = [a, b] \times [c, d]$에서 적분가능이고, 또 각 x에 대하여

$$\int_c^d f(x, y)dy$$

와 각 y에 대하여

$$\int_a^b f(x, y)dx$$

이 적분가능이라 하자. 그러면 다음이 성립한다.

$$\begin{aligned}\iint_R f(x, y)dA &= \int_a^b \int_c^d f(x, y)dydx \\ &= \int_c^d \int_a^b f(x, y)dxdy\end{aligned}$$

[정리 14.2]에 의해서

$$dA = dxdy = dydx$$

이 됨을 알 수 있고, 연속함수의 이중적분은 항상 반복적분으로 계산할 수 있음을 알 수 있다.

다변수함수 $f(x_1, x_2, \cdots, x_n)$에 대해서도 반복적분을 생각할 수 있고, 이때에도

$$\int_{[a_1, b_1] \times \cdots \times [a_n, b_n]} f(x_1, \cdots, x_n)dV_n = \int_{a_n}^{b_n} \cdots \int_{a_1}^{b_1} f(x_1, \cdots, x_n)dx_1 \cdots dx_n$$

을 얻을 수 있다.

보기 14.3

영역 $R = \{(x, y) | 0 \le x \le 1, 0 \le y \le 2\}$에서 정의된 함수 $f(x, y) = x + y + 1$에 대하여 이중적분 $\iint_R f(x, y)dA$을 계산하여라.

풀이

[정리 14.2]에 의해서

$$\begin{aligned}\iint_R f(x, y)dA &= \iint_R (x+y+1)dA \\ &= \int_0^1 \int_0^2 (x+y+1)dy\,dx \\ &= \int_0^1 \left[xy + \frac{1}{2}y^2 + y\right]_{y=0}^{y=2} dx \\ &= \int_0^1 (2x+4)\,dx \\ &= \left[x^2+4x\right]_0^1 \\ &= 5\end{aligned}$$

이다.

기본연습문제 14.2 다음 함수에 대하여 주어진 영역에서의 적분값을 구하여라.

① $f(x, y) = 5 - 3x^2y$, $R: 0 \le x \le 2, -1 \le y \le 1$

② $f(x, y) = 3x^2 + 2xy^3$, $R: 0 \le x \le 2, 0 \le y \le 2$

연속함수 $g_1(x)$와 $g_2(x)$에 대하여

$$c < g_1(x) \le g_2(x) < d$$

이라 하자. 그러면 영역

$$R: a \le x \le b,\ g_1(x) \le y \le g_2(x)$$

에 대하여 $R \subset [a, b] \times [c, d]$이다.

영역 R에서 연속인 함수 $f(x, y)$에 대하여

$$\tilde{f}(x, y) = \begin{cases} f(x, y), & (x, y) \in R \\ 0, & (x, y) \notin R \end{cases}$$

을 생각하면, [정리 14.2]에 의해

$$\iint_R f(x,\ y)dA = \iint_{[a,\ b]\times[c,\ d]} \tilde{f}(x,\ y)dA = \int_a^b \int_c^d \tilde{f}(x,\ y)dydx$$
$$= \int_a^b \int_{g_1(x)}^{g_2(x)} f(x,\ y)dydx$$

이다. 따라서 다음 정리를 얻는다.

정리 14.3

연속함수 $g_1(x)$와 $g_2(x)$에 대하여 영역

$$R\colon a \le x \le b,\ g_1(x) \le y \le g_2(x)$$

에서 정의된 연속함수 $f(x,\ y)$에 대하여 다음이 성립한다.

$$\iint_R f(x,\ y)dA = \int_a^b \int_{g_1(x)}^{g_2(x)} f(x,\ y)dydx$$

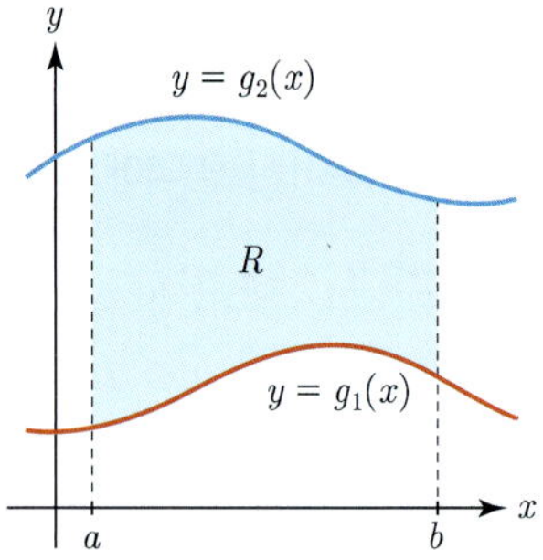

[그림 14.6]

마찬가지로 다음 정리도 얻을 수 있다.

정리 14.4

연속함수 $h_1(y)$와 $h_2(y)$에 대하여 영역

$$R\colon h_1(y) \le x \le h_2(y),\ \ c \le y \le d$$

에서 정의된 연속함수 $f(x,\ y)$에 대하여 다음이 성립한다.

$$\iint_R f(x,\ y)dA = \int_c^d \int_{h_1(y)}^{h_2(y)} f(x,\ y)dxdy$$

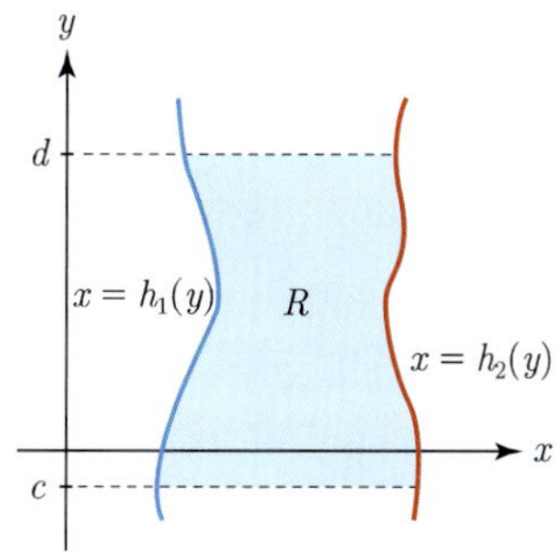

[그림 14.7]

보기 14.4

다음 함수에 대하여 주어진 영역에서의 적분값을 구하여라.

$$f(x, y) = 3 - x - y,\ R\text{: } x\text{축},\ x = 1,\ y = x\text{로 둘러싸인 영역}$$

풀이

각 $x \in [0, 1]$에 대하여, y는 0부터 x까지의 값을 갖는다.

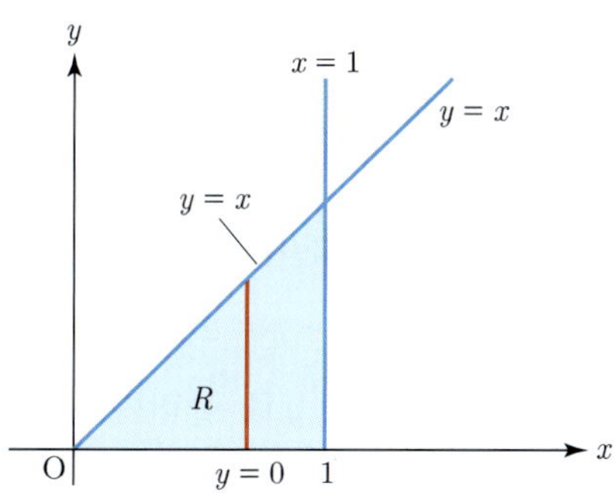

[그림 14.8]

따라서

$$\begin{aligned}\iint_R f(x, y)\, dV_2 &= \int_0^1 \int_0^x (3 - x - y)\, dy dx = \int_0^1 \left[3y - xy - \frac{1}{2}y^2\right]_{y=0}^{y=x} dx \\ &= \int_0^1 \left(3x - \frac{3}{2}x^2\right) dx = \left[\frac{3}{2}x^2 - \frac{1}{2}x^3\right]_0^1 \\ &= 1\end{aligned}$$

이다.

이제 적분의 순서를 바꾸어서 계산해 보자. 각 $y \in [0, 1]$에 대하여, x는 y부터 1까지의 값을 갖는다.

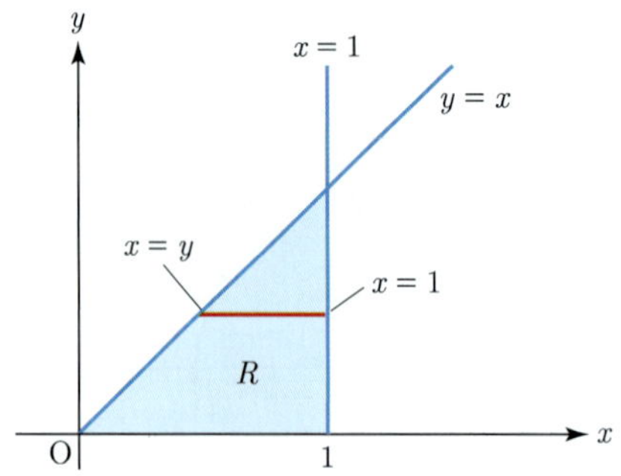

[그림 14.9]

따라서

$$\iint_R f(x, y)dV_2 = \int_0^1\int_y^1 (3-x-y)dxdy = \int_0^1\left[3x-\frac{1}{2}x^2-xy\right]_{x=y}^{x=1}dy$$
$$= \int_0^1\left(\frac{5}{2}-4y+\frac{3}{2}y^2\right)dy = \left[\frac{5}{2}y-2y^2+\frac{1}{2}y^3\right]_0^1$$
$$=1$$

이다.

기본연습문제 14.3 다음 함수에 대하여 주어진 영역에서의 적분값을 구하여라.

① $f(x, y) = xy$, R: $y = x$와 $y = x^2$로 둘러싸인 영역

② $f(x, y) = 2xy$, R: $y = 0$, $y = x$, $x + y = 2$로 둘러싸인 영역

③ $f(x, y) = x + y$, R: $x = y^2$와 $x = 2 - y$로 둘러싸인 영역

보기 14.5

다음 함수에 대하여 주어진 영역에서의 적분값을 구하여라.

$$f(x, y) = 2e^{x^2} - y,\ R:\ x\text{축},\ x = 1,\ y = x\text{로 둘러싸인 영역}$$

풀이

각 $x \in [0, 1]$에 대하여, y는 0부터 x까지의 값을 갖는다.

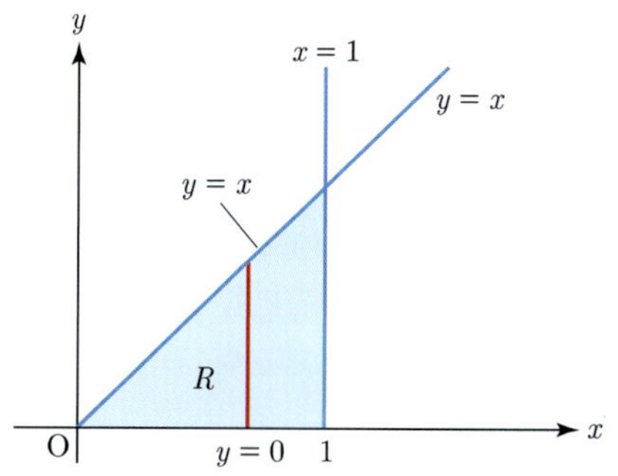

[그림 14.10]

따라서

$$\iint_R f(x,\,y)dV_2 = \int_0^1\int_0^x (2e^{x^2}-y)dydx = \int_0^1\left[2e^{x^2}y-\frac{1}{2}y^2\right]_{y=0}^{y=x}dx$$
$$= \int_0^1\left(2xe^{x^2}-\frac{1}{2}x^2\right)dx = \left[e^{x^2}-\frac{1}{6}x^3\right]_0^1$$
$$= e-\frac{7}{6}$$

이다.

[보기 14.5]에서 반복적분의 순서를 $dydx$가 아닌 $dxdy$로 나타내보자. 그러면

$$\iint_R f(x,\,y)dV_2 = \int_0^1\int_y^1 (2e^{x^2}-y)dxdy$$

이 된다. 이 반복적분은 부정적분

$$\int e^{x^2}dx$$

를 간단한 함수로 표현할 수 없어 값을 구하는 것이 쉽지 않다. 따라서, [보기 14.5]와 같은 경우에는 반복적분을 $dydx$로 나타내어야 구하는 적분값을 얻을 수 있다. 반복적분의 순서를 결정하는 일반적인 방법은 없지만, 만약 $dxdy$로 표현했을 때 계산이 쉽지 않으면, $dydx$로 나타내어 계산을 시도해 보아야 한다.

기본연습문제 14.4 다음 함수에 대하여 주어진 영역에서의 적분값을 구하여라.

$$f(x,\,y) = \frac{\sin x}{x},\ \ R:\ x\text{축},\ x=\frac{\pi}{2},\ y=x\text{로 둘러싸인 영역}$$

다음 보기도 적분을 계산하기 위해서 반복적분의 순서를 바꿀 필요가 있는 경우이다.

보기 14.6

다음 반복적분을 구하여라.

$$\int_0^1 \int_{\sqrt{x}}^1 \sqrt{1+y^3}\, dy dx$$

풀이

주어진 반복적분의 영역 R은 다음과 같다.

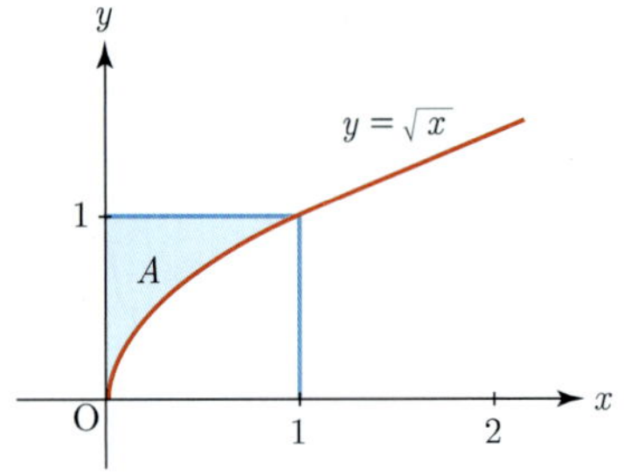

[그림 14.11]

따라서, 반복적분의 값은

$$\begin{aligned}\int_0^1 \int_{\sqrt{x}}^1 \sqrt{1+y^3}\, dy dx &= \int_0^1 \int_0^{y^2} \sqrt{1+y^3}\, dx dy \\ &= \int_0^1 \left[x\sqrt{1+y^3}\, \right]_{x=0}^{x=y^2} dy \\ &= \int_0^1 y^2 \sqrt{1+y^3}\, dy \\ &= \left[\frac{2}{9}(1+y^3)^{\frac{3}{2}} \right]_0^1 \\ &= \frac{2}{9}(2\sqrt{2}-1)\end{aligned}$$

이다.

기본연습문제 14.5 다음 반복적분을 구하여라.

$$\int_0^1 \int_y^1 e^{x^2} dx dy$$

보기 14.7

직육면체 R: $1 \le x \le 2,\ 0 \le y \le 1,\ 0 \le z \le \pi$에서 함수

$$f(x,\ y,\ z) = 2xe^y \sin z$$

의 적분을 구하여라.

풀이

푸비니 정리에 의해서

$$\begin{aligned}
\iiint_R f(x,y,z)\,dV &= \int_0^\pi \int_0^1 \int_1^2 dxdydz \\
&= \int_0^\pi \int_0^1 \left[x^2 e^y \sin z\right]_{x=1}^{x=2} dydz \\
&= \int_0^\pi \int_0^1 3e^y \sin z\, dydz \\
&= \int_0^\pi \left[3e^y \sin z\right]_{y=0}^{y=1} dz \\
&= \int_0^\pi 3(e-1)\sin z dz \\
&= \left[-3(e-1)\cos z\right]_0^\pi \\
&= 6(e-1)
\end{aligned}$$

이다.

보기 14.8

다음 함수에 대하여 주어진 영역에서의 적분값을 구하여라.

$f(x,\ y,\ z) = 12xy$, R: 평면 $x=0$, $y=0$, $z=0$, $x+y+z=1$로 둘러싸인 영역

풀이

영역 R을 식으로 다음과 같이 나타낼 수 있다.

$$\begin{aligned}
&0 \le x \le 1 \\
&0 \le y \le 1-x \\
&0 \le z \le 1-x-y
\end{aligned}$$

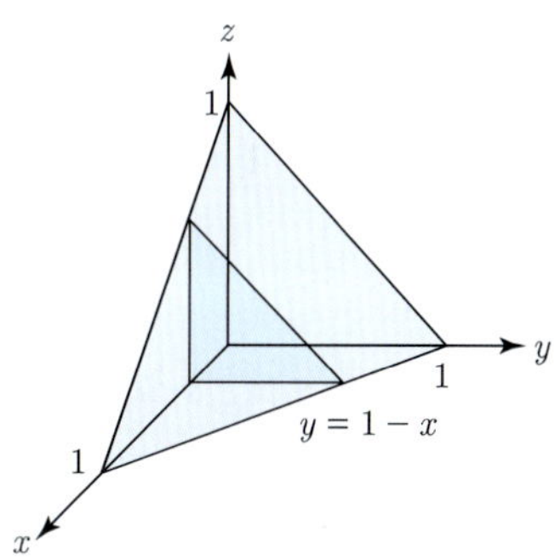

[그림 14.12]

따라서,

$$\iiint_R f(x, y, z)dV = \int_0^1 \int_0^{1-x} \int_0^{1-x-y} 12xydzdydx$$
$$= \int_0^1 \int_0^{1-x} [12xyz]_{z=0}^{z=1-x-y} dydx$$
$$= \int_0^1 \int_0^{1-x} (12xy - 12x^2y - 12xy^2)dydx$$
$$= \int_0^1 [6xy^2 - 6x^2y^2 - 4xy^3]_{y=0}^{y=1-x} dx$$
$$= \int_0^1 (-2x^4 + 6x^3 - 6x^2 + 2x)dx$$
$$= \frac{1}{10}$$

이다.

SECTION
14.2 연습문제

1. 다음 반복적분의 값을 구하여라.

(1) $\int_1^2 \int_1^3 (x+y)dxdy$

(2) $\int_0^{\pi} \int_0^{\pi} y \sin x \, dydx$

(3) $\int_0^1 \int_0^y \sqrt{x} \, dxdy$

(4) $\int_1^5 \int_0^x \frac{3}{x^2+y^2} dydx$

(5) $\int_0^3 \int_0^{2z} \int_1^{xz} xyz \, dydxdz$

(6) $\int_0^{\frac{\pi}{2}} \int_{\sin 2z}^0 \int_0^{2yz} \sin \frac{x}{y} \, dxdydz$

2. 다음 함수에 대하여 주어진 영역에서 적분값을 구하여라.

(1) $f(x, y) = x - y$, $\quad R: -1 \le x \le 1, \ 0 \le y \le 2$

(2) $f(x, y) = 4 - y^2$, $\quad R: 0 \le x \le 3, \ 0 \le y \le 2$

(3) $f(x, y) = \frac{y}{1+xy}$, $\quad R: 0 \le x \le 1, \ 0 \le y \le 1$

(4) $f(x, y) = xye^x$, $\quad R: 0 \le x \le 1, \ 1 \le y \le 2$

(5) $f(x, y) = \frac{xy^3}{x^2+1}$, $\quad R: 0 \le x \le 1, \ 1 \le y \le 2$

(6) $f(x, y) = \frac{y}{x^2y^2+1}$, $\quad R: 0 \le x \le 1, \ 0 \le y \le 1$

(7) $f(x, y, z) = y\sin z$, R: $-2 \le x \le 3,\ 0 \le y \le 1,\ 0 \le z \le \pi/6$

(8) $f(x, y, z) = \dfrac{1}{xyz}$, R: $1 \le x \le e,\ 1 \le y \le e^2,\ 1 \le z \le e^3$

(9) $f(x, y, z) = x^2 + y^2 + z^2$, R: $0 \le x \le 1,\ 0 \le y \le 1,\ 0 \le z \le 1$

3. 다음 함수에 대하여 주어진 영역에서 적분값을 구하여라.

(1) $f(x, y) = x\cos(x+y)$, R: 꼭짓점이 $(0, 0)$, $(\pi, 0)$, (π, π)인 삼각형

(2) $f(x, y) = e^{x+y}$, R: $|x| + |y| \le 1$

(3) $f(x, y) = x^2 - y^2$, R: $y = \sin x(0 \le x \le \pi)$와 x축으로 둘러싸인 영역

(4) $f(x, y) = \dfrac{1}{x+y}$, R: $y = x,\ x = 1,\ x = 2,\ y = 0$로 둘러싸인 영역

(5) $f(x, y, z) = 5xyz$, R: 평면 $x = 0,\ y = 0,\ z = 0,\ 6x + 3y + z = 6$로 둘러싸인 영역

(6) $f(x, y, z) = x + 2y + z$, R: 꼭짓점이 $(0, 0, 0)$, $(1, 1, 0)$, $(0, 1, 0)$, $(0, 1, 1)$인 사면체

4. 다음 적분을 구하여라.

(1) $\displaystyle\int_0^2\int_x^2 2e^{y^2}\,dydx$

(2) $\displaystyle\int_0^1\int_y^1 3xe^{x^3}\,dxdy$

(3) $\displaystyle\int_0^1\int_y^1 \sqrt{1-x^2}\,dxdy$

(4) $\displaystyle\int_0^1\int_{\sqrt[4]{y}}^1 \sqrt{1+x^5}\,dxdy$

(5) $\displaystyle\int_0^2\int_0^{x^2/2} \frac{x}{\sqrt{x^2+y^2+1}}\,dydx$

(6) $\displaystyle\int_0^4\int_0^1\int_{2y}^2 \frac{4\cos(x^2)}{2\sqrt{z}}\,dxdydz$

(7) $\displaystyle\int_0^1\int_0^1\int_{x^2}^1 4xze^{zy^2}\,dydxdz$

5. 다음에서 적분의 순서를 바꾸어 나타내어라.

$$\int_{-1}^1\int_{x^2}^1\int_0^{1-y} dzdydx$$

(1) $dydzdx$

(2) $dydxdz$

(3) $dxdydz$

(4) $dxdzdy$

14.3 치환적분법

이 절에서는 다중적분의 치환적분법에 대하여 알아본다. 이를 위하여 우선 다변수 벡터함수에 대하여 소개한다.

n차원 좌표공간 $\mathbb{R}^n$의 열린 집합 U의 한 점에 $\mathbb{R}^m$의 한 점을 대응시키는 **다변수 벡터함수**

$$F: U \subset \mathbb{R}^n \to \mathbb{R}^m$$

를 생각하자. F의 성분을 $f_1, \cdots, f_m$라 하면

$$F(x_1, \cdots, x_n) = (f_1(x_1, \cdots, x_n), \cdots, f_m(x_1, \cdots, x_n))$$

이 된다. 만약, 각 성분함수 $f_1, \cdots, f_m$이 연속이면, F는 **연속**이라 한다. 또한, 각 성분함수 $f_1, \cdots, f_m$이 미분가능이면, F는 **미분가능**이라 한다.

미분가능한 함수 $F = (f_1, \cdots, f_m)$에 대하여 ∇f_1을 첫 번째 행, ∇f_2을 두 번째 행, $\cdots$, ∇f_m을 m 번째 행으로 하는 $m \times n$ 행렬

$$J(x_1, \cdots, x_n) = \frac{\partial(f_1, \cdots, f_m)}{\partial(x_1, \cdots, x_n)} = \begin{bmatrix} \frac{\partial f_1}{\partial x_1} & \cdots & \frac{\partial f_1}{\partial x_n} \\ \frac{\partial f_2}{\partial x_1} & \cdots & \frac{\partial f_2}{\partial x_n} \\ \vdots & \ddots & \vdots \\ \frac{\partial f_m}{\partial x_1} & \cdots & \frac{\partial f_m}{\partial x_n} \end{bmatrix}$$

을 F의 **야코비 행렬**이라 한다.

보기 14.9

함수 $F(x, y) = (x^2 + y^2, e^{xy})$의 야코비 행렬 $J(x, y)$을 구하여라. 또 점 $(1, 1)$에서의 야코비 행렬 $J(1, 1)$을 구하여라.

풀이

함수 $F(x, y) = (x^2 + y^2, e^{xy}) = (f_1(x, y), f_2(x, y))$라 하자.

함수 $f_1(x, y) = x^2 + y^2$에 대하여

$$\nabla f_1(x, y) = (2x, 2y)$$

이고, $f_2(x, y) = e^{xy}$에 대하여,

$$\nabla f_2(x,\ y) = (ye^{xy},\ xe^{xy})$$

이므로 야코비 행렬은

$$J(x,\ y) = \begin{bmatrix} 2x & 2y \\ ye^{xy} & xe^{xy} \end{bmatrix}$$

이다. 따라서 $(x,\ y) = (1,\ 1)$이면

$$J(1,\ 1) = \begin{bmatrix} 2 & 2 \\ e & e \end{bmatrix}$$

이다.

기본연습문제 14.6 함수 $F(x,\ y) = (xy,\ \sin x,\ x^2y)$의 점 $\left(\pi,\ \dfrac{\pi}{2}\right)$에서의 야코비 행렬 $J\left(\pi,\ \dfrac{\pi}{2}\right)$을 구하여라.

함수 F의 정의역과 치역이 모두 같은 차원이면, 야코비 행렬 $J(x_1,\ \cdots,\ x_n)$은 정사각행렬이고, 행렬식

$$\det(J(x_1,\ \cdots,\ x_n))$$

을 구할 수 있다. 이 행렬식을 F의 **야코비 행렬식**이라 한다.

보기 14.10

다음 함수의 야코비 행렬식을 구하여라.

(1) $F(r,\ \theta) = (r\cos\theta,\ r\sin\theta)$

(2) $F(r,\ \theta,\ z) = (r\cos\theta,\ r\sin\theta,\ z)$

(3) $F(\rho,\ \varphi,\ \theta) = (\rho\sin\varphi\cos\theta,\ \rho\sin\varphi\sin\theta,\ \rho\cos\varphi)$

풀이

(1) 함수 $F(r,\ \theta) = (r\cos\theta,\ r\sin\theta)$의 야코비 행렬을 구하면

$$J(r,\ \theta) = \begin{bmatrix} \cos\theta & -r\sin\theta \\ \sin\theta & r\cos\theta \end{bmatrix}$$

이다. 따라서 야코비 행렬식은

$$\det(J(r,\ \theta)) = \det\begin{bmatrix} \cos\theta & -r\sin\theta \\ \sin\theta & r\cos\theta \end{bmatrix} = r$$

이다.

(2) 함수 $F(r,\ \theta,\ z) = (r\cos\theta,\ r\sin\theta,\ z)$의 야코비 행렬을 구하면

$$J(r,\theta,z)=\begin{bmatrix}\cos\theta & -r\sin\theta & 0\\ \sin\theta & r\cos\theta & 0\\ 0 & 0 & 1\end{bmatrix}$$

이다. 따라서 야코비 행렬식은

$$\det(J(r,\theta,z))=\det\begin{bmatrix}\cos\theta & -r\sin\theta & 0\\ \sin\theta & r\cos\theta & 0\\ 0 & 0 & 1\end{bmatrix}=r$$

이다.

(3) 함수 $F(\rho,\varphi,\theta)=(\rho\sin\varphi\cos\theta,\ \rho\sin\varphi\sin\theta,\ \rho\cos\varphi)$의 야코비 행렬을 구하면

$$J(\rho,\varphi,\theta)=\begin{bmatrix}\sin\varphi\cos\theta & \rho\cos\varphi\cos\theta & -\rho\sin\varphi\sin\theta\\ \sin\varphi\sin\theta & \rho\cos\varphi\sin\theta & \rho\sin\varphi\cos\theta\\ \cos\varphi & -\rho\sin\varphi & 0\end{bmatrix}$$

이다. 따라서 야코비 행렬식은

$$\begin{aligned}\det(J(\rho,\varphi,\theta))&=\det\begin{bmatrix}\sin\varphi\cos\theta & \rho\cos\varphi\cos\theta & -\rho\sin\varphi\sin\theta\\ \sin\varphi\sin\theta & \rho\cos\varphi\sin\theta & \rho\sin\varphi\cos\theta\\ \cos\varphi & -\rho\sin\varphi & 0\end{bmatrix}\\ &=\rho^2\sin\varphi\end{aligned}$$

이다.

기본연습문제 14.7 다음 함수의 주어진 점에서의 야코비 행렬식을 구하여라.

① $F(x,y)=\left(\frac{1}{3}(y-x),\ \frac{1}{3}(2y+x)\right)$, $(x,y)=(1,1)$

② $F(x,y)=(x^2+y^2,\ x^2-y^2)$, $(x,y)=(1,2)$

이제 이중적분의 치환적분법에 대하여 알아보자.

정리 14.5

함수 $F(u,v)=(x(u,v),\ y(u,v))$의 성분함수 $x(u,v)$, $y(u,v)$의 모든 편도함수가 존재하고 연속이라 하자. 함수 F가 uv평면의 영역 S를 xy평면의 영역 R로 보내는 일대일 대응이고, 야코비 행렬식 $\det(J(u,v))$가 영역 S에서 0이 아니면 R에서 연속인 함수 f에 대하여 다음 등식이 성립한다.

$$\begin{aligned}\iint_R f(x,y)\,dA(x,y)&=\iint_S f\circ F(u,v)\,|\det(J(u,v))|\,dA(u,v)\\ &=\iint_S f(x(u,v),\ y(u,v))\,|\det(J(u,v))|\,dA(u,v)\end{aligned}$$

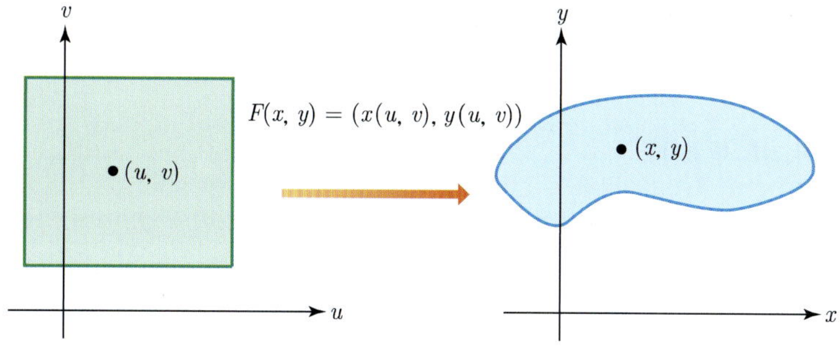

[그림 14.13]

[정리 14.5]은 삼중적분에 관해서도 성립한다.

정리 14.6

함수 $F(u,v,w)=(x(u,v,w),\ y(u,v,w),\ z(u,v,w))$의 성분함수 $x(u,v,w)$, $y(u,v,w)$, $z(u,v,w)$의 모든 편도함수가 존재하고 연속이라 하자. 함수 F가 uvw공간의 영역 S를 xyz공간의 영역 R로 보내는 일대일 대응이고, 야코비 행렬식 $\det(J(u,v,w))$가 영역 S에서 0이 아니면 R에서 연속인 함수 f에 대하여 다음 등식이 성립한다.

$$\begin{aligned}\iiint_R f(x,y,z)\,dV(x,y,z) &= \iiint_S f\circ F(u,v,w)|\det(J(u,v,w))|\,dV(u,v,w)\\ &= \iiint_S f(x(u,v,w),y(u,v,w),z(u,v,w))|\det(J(u,v,w))|\,dV(u,v,w)\end{aligned}$$

치환적분법은 일반적인 차원에서도 성립한다.

보기 14.11

다음 영역에 대하여 물음에 답하여라.

$$R:\ y=2x+3,\ y=2x+1,\ y=5-x,\ y=2-x \text{로 둘러싸인 영역}$$

(1) 함수

$$F(u,v)=\left(\frac{1}{3}(v-u),\ \frac{1}{3}(2v+u)\right)$$

의 야코비 행렬식을 구하고, uv평면의 영역

$$S: 1\le u\le 3,\ 2\le v\le 5$$

를 R로 보내는 것을 보여라.

(2) 이중적분 $\iint_R (x^2+2xy)dA$를 구하여라.

풀이

(1) 함수 F의 야코비 행렬이

$$J(u,\, v)=\begin{bmatrix} -\frac{1}{3} & \frac{1}{3} \\ \frac{1}{3} & \frac{2}{3} \end{bmatrix}$$

이므로, 야코비 행렬식은

$$\det(J(u,\, v))=\det\begin{bmatrix} -\frac{1}{3} & \frac{1}{3} \\ \frac{1}{3} & \frac{2}{3} \end{bmatrix}=-\frac{1}{3}$$

이다.

이제

$$x=\frac{1}{3}(v-u),\ \ y=\frac{1}{3}(2v+u)$$

로 놓으면,

$$u=-2x+y,\ \ v=x+y$$

이다. 따라서

$$\begin{aligned} y=2x+3 &\Leftrightarrow \frac{1}{3}(2v+u)=2\cdot\frac{1}{3}(v-u)+3 \Leftrightarrow u=3 \\ y=2x+1 &\Leftrightarrow \frac{1}{3}(2v+u)=2\cdot\frac{1}{3}(v-u)+1 \Leftrightarrow u=1 \\ y=5-x &\Leftrightarrow \frac{1}{3}(2v+u)=5-\frac{1}{3}(v-u) \quad \Leftrightarrow v=5 \\ y=2-x &\Leftrightarrow \frac{1}{3}(2v+u)=2-\frac{1}{3}(v-u) \quad \Leftrightarrow v=2 \end{aligned}$$

이므로 함수 F는 uv평면의 영역 S를 xy평면의 영역 R로 보낸다.

(2) $f(x,y)=x^2+2xy$라 하자. 그러면 [정리 14.5]에 의하여

$$\begin{aligned} \iint_R f(x,\, y)dA(x,\, y) &= \iint_S f\circ F(u,\, v)\,|\det(J(u,\, v))|\,dA(u,\, v) \\ &= \iint_S \left(\frac{1}{9}(v-u)^2+\frac{2}{9}(v-u)(2v+u)\right)\left|-\frac{1}{3}\right|dA(u,\, v) \\ &= \iint_S \frac{1}{27}(-u^2-4uv+5v^2)dA(u,\, v) \\ &= \frac{1}{27}\int_2^5\int_1^3(-u^2-4uv+5v^2)dudv \\ &= \frac{196}{27} \end{aligned}$$

이다.

기본연습문제 14.8 다음 영역에 대하여 물음에 답하여라.

$$R: \ y=x, \ y=x+5, \ y=2-x, \ y=4-x \text{로 둘러싸인 영역}$$

① 함수

$$F(u, v)=\left(\frac{1}{2}(u+v), \ \frac{1}{2}(v-u)\right)$$

의 야코비 행렬식을 구하고, uv평면의 영역

$$S: -5 \le u \le 0, \ 2 \le v \le 4$$

를 R로 보내는 것을 보여라.

② 이중적분 $\displaystyle\iint_R \frac{e^{x-y}}{x+y} dA$를 구하여라.

좌표평면의 직교좌표 (x, y)를 극좌표로 나타내면

$$(x, y)=F(r, \theta)=(r\cos\theta, \ r\sin\theta), \ (r>0)$$

이다. [보기 14.10]에 의해서

$$\det(J(r, \theta))=r$$

이므로 [정리 14.5]에 의해 다음 정리를 얻는다.

정리 14.7 극좌표

xy평면의 영역 R에서 정의된 함수 $f(x, y)$를 적분할 때, 극좌표계를 사용하면

$$\iint_R f(x, y)dA(x, y)=\iint_S f(r\cos\theta, \ r\sin\theta)r\,dA(r, \theta)$$

이다. 여기서 S는 R을 극좌표로 나타낸 영역이다.

보기 14.12

다음 함수의 주어진 영역에서의 적분을 구하여라.

$$f(x, y)=x^2+y^2+3, \ R: x^2+y^2 \le 4$$

풀이

xy평면의 영역 R을 극좌표로 나타내면

$$0 \le r \le 2,\ 0 \le \theta \le 2\pi$$

이다. 따라서, $r\theta$평면의 영역

$$S: 0 \le r \le 2,\ 0 \le \theta \le 2\pi$$

을 생각하면 [정리 14.7]에 의해서

$$\begin{aligned}\iint_R f(x, y)\,dA(x, y) &= \iint_S f(r\cos\theta, r\sin\theta)\,r\,dA(r, \theta)\\ &= \iint_S (r^2+3)\,r\,dA(r, \theta)\\ &= \int_0^{2\pi}\int_0^2 (r^3+3r)\,dr\,d\theta\\ &= 20\pi\end{aligned}$$

이다.

기본연습문제 14.9 다음 함수의 주어진 영역에서의 적분을 구하여라.

$$f(x, y) = x^2(x^2+y^2)^2,\ \ R: x^2+y^2 \le 1,\ \ y \ge 0$$

기본연습문제 14.10 xy평면 위의 영역 $R: x^2+y^2 \le 4$와 포물면 $z = 9 - x^2 - y^2$ 아래에 있는 부분의 부피를 구하여라.

보기 14.13

$\displaystyle\int_{-\infty}^{\infty} e^{-x^2}dx = \sqrt{\pi}$ 임을 보여라.

풀이

이변수함수

$$f(x, y) = e^{-x^2-y^2}$$

와 xy평면위의 영역

$$\begin{aligned}D(a) &= \{(x, y)\,|\,x^2+y^2 \le a^2\},\\ R(a) &= [-a, a]\times[-a, a],\\ D(\sqrt{2}\,a) &= \{(x, y)\,|\,x^2+y^2 \le 2a^2\}\end{aligned}$$

을 생각하자. 각 영역 $D(a)$, $R(a)$, $D(\sqrt{2}\,a)$에서 함수 $f(x, y)$의 적분값을 구하면

$$\iint_{D(a)} e^{-x^2-y^2}dA = \int_0^{2\pi}\int_0^a e^{-r^2}r\,dr\,d\theta = \pi(1-e^{-a^2}),$$

$$\iint_{R(a)} e^{-x^2-y^2} dA = \int_{-a}^{a}\int_{-a}^{a} e^{-x^2-y^2} dx dy = \left(\int_{-a}^{a} e^{-x^2} dx\right)\left(\int_{-a}^{a} e^{-y^2} dy\right) = \left(\int_{-a}^{a} e^{-x^2} dx\right)^2,$$

$$\iint_{D(\sqrt{2}a)} e^{-x^2-y^2} dA = \int_{0}^{2\pi}\int_{0}^{\sqrt{2}a} e^{-r^2} r dr d\theta = \pi(1-e^{-2a^2})$$

이다.

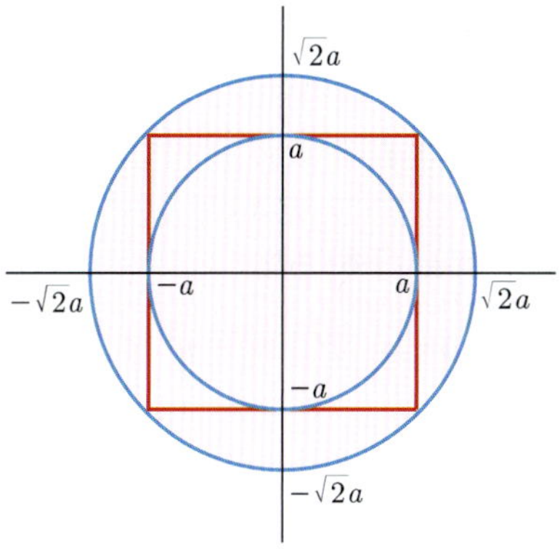

[그림 14.14]

한편,

$$D(a) \subset R(a) \subset D(\sqrt{2}a)$$

이므로, [정리 14.1]에 의해서

$$\pi(1-e^{-a^2}) \le \left(\int_{-a}^{a} e^{-x^2} dx\right)^2 \le \pi(1-e^{-2a^2})$$

을 얻는다. 이제 극한 $a \to \infty$를 취하면

$$\int_{-\infty}^{\infty} e^{-x^2} dx = \sqrt{\pi}$$

를 얻는다.

좌표공간의 직교좌표 (x, y, z)를 원기둥좌표로 나타내면

$$(x, y, z) = F(r, \theta, z) = (r\cos\theta, r\sin\theta, z), \ (r > 0)$$

이다. [보기 14.10]에 의해서

$$\det(J(r, \theta, z)) = r$$

이므로 [정리 14.6]에 의해 다음 정리를 얻는다.

정리 14.8 원기둥좌표

영역 $R \subset \mathbb{R}^3$에서 정의된 함수 $f(x, y, z)$를 적분할 때, 원기둥좌표계를 사용하면

$$\iiint_R f(x, y, z)\,dV(x, y, z) = \iiint_S f(r\cos\theta, r\sin\theta, z)\,r\,dV(r, \theta, z)$$

이다. 여기서 S는 R을 원기둥좌표로 나타낸 영역이다.

보기 14.14

다음 함수의 주어진 영역에서의 적분을 구하여라.

$$f(x, y, z) = 4 - z,\ \ R:\ x^2 + y^2 \le 1,\ 2 \le z \le 3$$

풀이

xyz공간의 영역 R을 원기둥좌표로 나타내면

$$0 \le r \le 1,\ 0 \le \theta \le 2\pi,\ 2 \le z \le 3$$

이다. 따라서, $r\theta z$공간의 영역

$$S:\ 0 \le r \le 1,\ 0 \le \theta \le 2\pi,\ 2 \le z \le 3$$

을 생각하면 [정리 14.8]에 의해서

$$\begin{aligned}\iiint_R f(x, y, z)\,dV(x, y, z) &= \iiint_S f(r\cos\theta, r\sin\theta, z)\,r\,dV(r, \theta, z)\\ &= \iiint_S (4-z)\,r\,dV(r, \theta, z)\\ &= \int_2^3\int_0^{2\pi}\int_0^1 (4-z)\,r\,dr\,d\theta\,dz\\ &= \frac{3}{2}\pi\end{aligned}$$

이다.

기본연습문제 14.11 다음 함수의 주어진 영역에서의 적분을 구하여라.

① $f(x, y, z) = z + x^2 + y^2,\ \ R:\ x^2 + y^2 \le 1,\ 0 \le z \le 1$

② $f(x, y, z) = (x^2 + y^2)^{3/2},\ \ R:\ x^2 + y^2 \le 1,\ x^2 + y^2 \le z \le 2 - x^2 - y^2$

좌표공간의 직교좌표 (x, y, z)를 구면좌표로 나타내면

$$(x, y, z) = F(\rho, \varphi, \theta) = (\rho\sin\varphi\cos\theta,\ \rho\sin\varphi\sin\theta,\ \rho\cos\varphi),\ (\rho > 0)$$

이다. [보기 14.10]에 의해서

$$\det(J(\rho,\varphi,\theta)) = \rho^2 \sin\varphi$$

이므로 [정리 14.6]에 의해 다음 정리를 얻는다.

정리 14.9 구면좌표

영역 $R \subset \mathbb{R}^3$에서 정의된 함수 $f(x, y, z)$를 적분할 때, 구면좌표계를 사용하면

$$\iiint_R f(x, y, z)\,dV(x, y, z)$$
$$= \iiint_S f(\rho\sin\varphi\cos\theta, \rho\sin\varphi\sin\theta, \rho\cos\varphi)\rho^2\sin\varphi\,dV(\rho,\varphi,\theta)$$

이다. 여기서 S는 R을 구면좌표로 나타낸 영역이다.

보기 14.15

다음 함수의 주어진 영역에서의 적분을 구하여라.

$$f(x, y, z) = \sqrt{x^2+y^2+z^2},\ R: x^2+y^2+z^2 \le 4$$

풀이

xyz공간의 영역 R을 원기둥좌표로 나타내면

$$0 \le \rho \le 2,\ 0 \le \varphi \le \pi,\ 0 \le \theta \le 2\pi$$

이다. 따라서, $\rho\varphi\theta$공간의 영역

$$S:\ 0 \le \rho \le 2,\ 0 \le \varphi \le \pi,\ 0 \le \theta \le 2\pi$$

을 생각하면 [정리 14.9]에 의해서

$$\begin{aligned}\iiint_R f(x, y, z)\,dV(x, y, z) &= \iiint_S f(\rho\sin\varphi\cos\theta, \rho\sin\varphi\sin\theta, \rho\cos\varphi)\rho^2\sin\varphi\,dV(\rho,\varphi,\theta)\\ &= \iiint_S \rho^3\sin\varphi\,dV(\rho,\varphi,\theta)\\ &= \int_0^{2\pi}\int_0^{\pi}\int_0^{2} \rho^3\sin\varphi\,d\rho\,d\varphi\,d\theta\\ &= 16\pi\end{aligned}$$

이다.

기본연습문제 14.12 다음 함수의 주어진 영역에서의 적분을 구하여라.

$$f(x, y, z) = x^2+y^2+z^2,\ R:\ x^2+y^2 \le 4,\ y \ge 0,\ 0 \le z \le \sqrt{4-x^2-y^2}$$

SECTION

14.3 연습문제

1. 주어진 점 P에서 다음 함수의 야코비 행렬을 구하여라.

(1) $F(x,\ y) = (x+y,\ x-y,\ xy),\ P = (1,2)$

(2) $F(x,\ y) = (\cos x,\ \sin xy),\ P = (\pi,\ 1)$

(3) $F(x,\ y,\ z) = (x,\ y),\ P = (1,\ 1,\ 1)$

2. 다음 함수의 야코비 행렬과 야코비 행렬식을 구하여라.

(1) $F(x,\ y) = (x^2 - y^2,\ 2xy)$

(2) $F(x,\ y) = (x^3 - xy^2,\ x^2y - y^3)$

(3) $F(x,\ y,\ z) = (x+y,\ xz,\ y^2)$

3. 다음 적분을 구하여라.

(1) $\displaystyle\iint_R (2x^2 + xy - y^2)dV,\ R:\ 1 \le 2x - y \le 3,\ -2 \le x + y \le 0$

(2) $\displaystyle\iint_R \sqrt{\frac{y}{x}}\, e^{\sqrt{xy}} dV,\ R:\ 1 \le \sqrt{xy} \le 2,\ \sqrt{x} \le \sqrt{y} \le 2\sqrt{x}$

(3) $\displaystyle\iiint_R \left(\frac{2x-y}{2} + \frac{z}{3}\right) dV,\ R:\ 0 \le x - \frac{y}{2} \le 1,\ 0 \le y \le 4,\ 0 \le z \le 3$

(4) $\displaystyle\iiint_R (x^2y + + 3xyz)dV,\ R:\ 1 \le x \le 2,\ 0 \le xy \le 2,\ 0 \le z \le 1$

4. 다음 적분을 구하여라.

(1) $\displaystyle\iint_R e^{x^2+y^2} dA,\ R:\ x^2 + y^2 \le 1,\ y \ge 0$

(2) $\displaystyle\iint_R (x^2 + y^2) dA,\ R:\ x \ge 0,\ y \ge 0,\ x^2 + y^2 \le 1$

(3) $\displaystyle\iint_R \sqrt{\frac{1 - x^2 - y^2}{1 + x^2 + y^2}}\, dA,\ R:\ x \ge 0,\ y \ge 0,\ x^2 + y^2 \le 1$

(4) $\displaystyle\iint_R (x^2 + y^2 + 1)^{-3/2} dA,\ R:\ x^2 + y^2 \le 1$

(5) $\displaystyle\iint_R \log(x^2 + y^2 + 1) dA,\ R:\ x^2 + y^2 \le 1$

(6) $\displaystyle\int_0^\infty \int_0^\infty \frac{1}{(x^2 + y^2 + 1)^2} dxdy$

5. 다음 적분을 구하여라.

(1) $\iiint_R dV,\ R:\ x^2+(y-1)^2 \le 1,\ 0 \le z \le x^2+y^2$

(2) $\iiint_R z\,dV,\ R:\ x^2+y^2 \le 4,\ 0 \le z \le x^2+y^2$

(3) $\iiint_R (x^2+y^2)dV,\ R:\ x^2+y^2 \le 1,\ x \ge 0,\ 0 \le z \le x$

6. 다음 적분을 구하여라.

(1) $\iiint_R (x^2+y^2+z^2)^{1/2}dV,\ R:\ x^2+y^2 \le z^2,\ x^2+y^2+z^2 \le z$

(2) $\iiint_R dV,\ R:\ 0 \le z \le \sqrt{x^2+y^2},\ x^2+y^2+z^2 \le 4$

(3) $\iiint_R \dfrac{1}{\sqrt{x^2+y^2+(z-1)^2}}dV,\ R:\ x^2+y^2+z^2 \le 4$

(4) $\iiint_R \left(x^2+\dfrac{y^2}{4}+\dfrac{z^2}{9}\right)^{-2} dV,\ R:\ 1 \le x^2+\dfrac{y^2}{4}+\dfrac{z^2}{9} \le 9$

7. 다음이 성립할 실수 p의 조건을 구하여라.

$$\iint_R \frac{1}{(x^2+y^2)^{p/2}}dA < \infty,\ R:\ x^2+y^2 \le 1,\ x \ge 0,\ y \ge 0$$

8. 다음이 성립할 실수 p의 조건을 구하여라.

$$\iiint_R \frac{1}{(x^2+y^2+z^2)^{p/2}}dV < \infty,\ R:\ x^2+y^2+z^2 \le 1$$

기본연습문제 해답

Chapter 1. 함수

1.1 ④

1.2 ① $\{1, 2, 3, 4, 6, 12\}$, ② $\{5, 6, 7, 8, 9, 10\}$, ③ $\{2, 4, 5, 8, \cdots\}$,

1.3 ③

1.4 ① 무한집합, ② 유한집합, ③ 공집합

1.5 $A = C \subset B$

1.6 ① $A \cap (A^c \cup B) = (A \cap A^c) \cup (A \cap B) = \varnothing \cup (A \cap B) = A \cap B$

② $(A \cup B) \cap (A^c \cap B^c) = (A \cup B) \cap (A \cup B)^c = \varnothing$

③ $(A - B) \cap (A - C) = (A \cap B^c) \cap (A \cap C^c) = A \cap (B^c \cap C^c) = A \cap (B \cup C)^c$
$= A - (B \cup C)$

1.7 ①, ②

1.8 ① $f(0) = 1,\ f(1) = 3,\ f(2) = 5$, ② $f(0) = 0,\ f(1) = 1,\ f(2) = 4$

③ $f(0) = -1,\ f(1) = 0,\ f(2) = 7$

1.9 $\{0, 1, 2, 3\}$

1.10 정의역 $\mathbb{N}$, 공역 $\mathbb{N}$, 치역 $\{x^2 \mid x \in \mathbb{N}\}$

1.11 ① $\mathbb{R}$, ② $\{x \mid -1 \le x \le 1,\ x \in \mathbb{R}\}$, ③ $\mathbb{R} - \{1, 2\}$, ④ $\mathbb{R} - \{-2, 2\}$, ⑤ $\mathbb{R}$

1.12 $G = \{(x,\ x^2 - 2x) \mid x \in \mathbb{R}\}$

1.13 ① $G = \{(1, 2), (2, 3), (3, 4), (4, 5)\}$, ③ $\{2, 3, 4, 5\}$

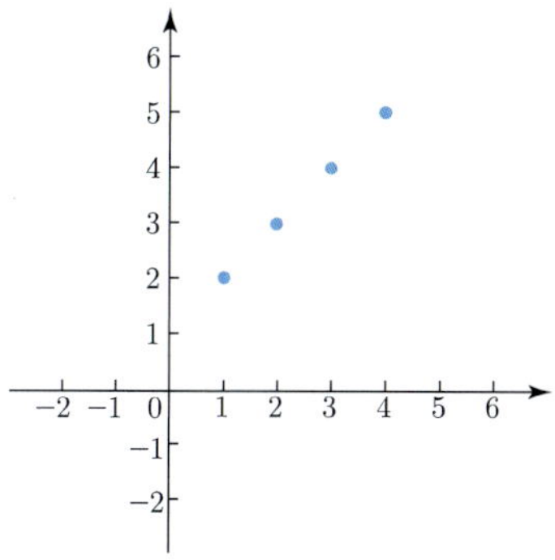

1.14 ①, ②, ⑤

1.15 ③

1.16 ① $f \neq g$, ② $f = g$

1.17 ① $f^{-1}(x) = -\frac{1}{3}x + \frac{2}{3}$, ② $f^{-1}(x) = \frac{1}{2}x$, ③ 역함수가 존재하지 않는다.

1.18 ① 1, ② $-\frac{1}{8}$, ③ $-\frac{1}{125}$, ④ -5

1.19 ① 2^4, ② a^4b^{-6}, ③ 5^3

1.20 ① 2, ② -2, ③ ± 3, ④ -2

1.21 ① 2, ② 2, ③ 3

1.22 ① a, ② 2, ③ $\frac{4}{3}$, ④ $a^{\frac{13}{12}}$, ⑤ 5^4, ⑥ $a - \frac{1}{b}$

1.23 ① 치역 $\{y \mid y > 0\}$, ② 치역 $\{y \mid y > 0\}$, ③ 치역 $\{y \mid y > 0\}$, ④ 치역 $\{y \mid y > 0\}$
⑤ 치역 $\{y \mid y < 0\}$, ⑥ 치역 $\{y \mid y > 1\}$, ⑦ 치역 $\{y \mid y > 0\}$

1.24 $x = e^3 - 5$

1.25 ① $\log_2 9^x$, ② $5\log 2$, ③ 4

1.26 $x = \log 7 - 4$

1.27 $\log\left(\frac{x^5y^3}{x^4}\right)$

1.28 $e^{x\log 3}$

1.29 ① 정의역 $\{x \mid x < 0\}$, 치역 $\mathbb{R}$, ② 정의역 $\{x \mid x > 0\}$, 치역 $\mathbb{R}$,
③ 정의역 $\{x \mid x > 1\}$, 치역 $\mathbb{R}$, ④ 정의역 $\{x \mid x > 0\}$, 치역 $\mathbb{R}$,
⑤ 정의역 $\{x \mid x > 0\}$, 치역 $\mathbb{R}$, ⑥ 정의역 $\{x \mid x > -1\}$, 치역 $\mathbb{R}$

1.30 ① $\frac{\pi}{5}$, ② $\frac{2}{3}\pi$, ③ $60°$, ④ $\left(\frac{360}{\pi}\right)^{\circ}$

1.31

°	0°	30°	45°	60°	90°	120°	135°	150°	180°	270°	360°
라디안	0	$\frac{\pi}{6}$	$\frac{\pi}{4}$	$\frac{\pi}{3}$	$\frac{\pi}{2}$	$\frac{2}{3}\pi$	$\frac{3}{4}\pi$	$\frac{5}{6}\pi$	π	$\frac{3}{2}\pi$	2π

1.32 ① $l = 4, S = 4$, ② $\theta = 2$, $S = 9$, ③ $r = 6, l = \pi$

1.33 ① $2n\pi + \pi$, ② $2n\pi + \frac{11}{6}\pi$

1.34 ① $\sin A = \frac{1}{3}, \cos A = \frac{2\sqrt{2}}{3}$, $\tan A = \frac{1}{2\sqrt{2}}$, ② $\frac{\sqrt{6} - \sqrt{2}}{4}$

1.35 ① $-\frac{\sqrt{3}}{2}$, ② $\frac{1}{2}$, ③ $-\sqrt{3}$, ④ $-\frac{2}{\sqrt{3}}$, ⑤ 2, ⑥ $-\frac{1}{\sqrt{3}}$

1.36 $\sin\theta = -\frac{3}{5}, \cos\theta = -\frac{4}{5}, \tan\theta = \frac{3}{4}$

1.37 ① $\cos^4 x - \sin^4 x = (\cos^2 x + \sin^2 x)(\cos^2 x - \sin^2 x) = (\cos^2 x - \sin^2 x) = 1 - \sin^2 x - \sin^2 x$
$= 1 - 2\sin^2 x$

② $\tan^2 x - \sin^2 x = \dfrac{\sin^2 x - \sin^2 x\cos^2 x}{\cos^2 x} = \dfrac{\sin^2 x(1-\cos^2 x)}{\cos^2 x} = \tan^2 x(1-\cos^2 x)$

$= \tan^2 x \sin^2 x$

③ $\dfrac{\csc\theta}{\sec\theta - \tan\theta} + \dfrac{\csc\theta}{\sec\theta + \tan\theta} = \dfrac{\csc\theta(\sec\theta + \tan\theta) + \csc\theta(\sec\theta - \tan\theta)}{\sec^2\theta - \tan^2\theta}$

$= 2\csc\theta\sec\theta = \dfrac{2}{\sin\theta\cos\theta}$

1.38 ① $\sin\theta = \dfrac{3}{5}$, $\tan\theta = \dfrac{3}{4}$, ② $\sin\theta = -\dfrac{5}{13}$, $\cos\theta = -\dfrac{12}{13}$

1.39 ① $-\dfrac{3}{8}$, ② $\dfrac{11}{16}$, ③ $\dfrac{23}{32}$, ④ $-\dfrac{8}{3}$

1.40 ① $\dfrac{1}{2}$, ② $\dfrac{1}{2}$, ③ 1

1.41 ① $-\dfrac{\sqrt{3}}{2}$, ② $\dfrac{1}{\sqrt{2}}$, ③ $-\sqrt{3}$

1.42 ① $\dfrac{1}{2}$, ② -1, ③ -1

1.43 ④

1.44 $\csc A$

1.45 ① 주기 4π, ② 주기 $\dfrac{2}{3}\pi$, ③ 주기 π

1.46 최댓값 $\dfrac{1}{2}$, 최솟값 $-\dfrac{1}{2}$, 주기 π

1.47 ① 최댓값 1, 최솟값 -1, 주기 π, ② 최댓값 3, 최솟값 -1, 주기 2π

1.48 ① 주기 2π, ② 주기 $\dfrac{\pi}{2}$, ③ 주기 π, ④ 주기 π

1.49 ① $\dfrac{\pi}{3}$, ② $-\dfrac{\pi}{6}$

1.50 ① $\dfrac{\pi}{2}$, ② $\dfrac{3}{4}\pi$

1.51 ① $\dfrac{\pi}{2}$, ② $-\dfrac{\pi}{2}$

1.52 $\sin(\arccos x) = \sqrt{1-x^2}$, $\tan(\arccos x) = \dfrac{\sqrt{1-x^2}}{x}$

1.53 $\dfrac{4}{5}$

1.54 $A = 105°$, $a = \sqrt{2} + \sqrt{6}$

1.55 $a = 13$

1.56 $\sin 105° = \dfrac{1+\sqrt{3}}{2\sqrt{2}}$, $\cos 105° = \dfrac{\sqrt{3}-1}{2\sqrt{2}}$, $\tan 105° = 2 - \sqrt{3}$

1.57 ① $\dfrac{\pi}{4}$, ② $\dfrac{2}{3}\pi$

1.58 ① 최댓값 $\sqrt{3}$, 최솟값 $-\sqrt{3}$, ② 최댓값 $\sqrt{21}$, 최솟값 $-\sqrt{21}$, ③ 최댓값 13, 최솟값 13

1.59 ① $-\frac{12}{25}$, ② $-\frac{7}{25}$, ③ $\frac{24}{7}$

1.60 ① $\frac{\sqrt{2-\sqrt{2}}}{2}$, ② $\frac{\sqrt{2+\sqrt{2}}}{2}$, ③ $\sqrt{3-2\sqrt{2}}$

1.61 ① $\frac{\sqrt{3}}{8}$, ② $\frac{1}{8}$

1.62 ① $2\sin 2\theta\cos\theta$, ② $2\cos 2\theta\sin\theta$, ③ $2\cos 2\theta\cos\theta$, ④ $-2\sin 2\theta\sin\theta$

1.63 $y=\text{arctanh}\, x$라 두면 $x=\tanh y=\frac{e^y-e^{-y}}{e^y+e^{-y}}$

$e^{2y}=-\frac{x+1}{x-1}=\frac{1+x}{1-x}$이므로 양변에 log를 취하면 $2y=\log\left(\frac{1+x}{1-x}\right)$이므로

$\text{arctanh}\, x=\frac{1}{2}\log\left(\frac{1+x}{1-x}\right)$이다.

Chapter 2. 극한과 연속

2.1 ① e^3, ② $\frac{1}{e}$

2.2 ① $\log 2$, ② -1

2.3 (1) 연속, (2) 불연속, (3) 불연속

Chapter 3. 미분

3.1 ① -5, ② -1

3.2 ① 0, ② 12, ③ $6a$

3.3 ① $y'=4x$, ② $y'=3x^2$, ③ $y'=0$

3.4 ① $f'(x)=-\frac{1}{(x+1)^2}$, ② $f'(x)=-\frac{2}{x^3}$

3.5 ① $f'(x)=\frac{1}{2\sqrt{x+1}}$, ② $f'(x)=\frac{1}{2\sqrt{x-1}}$

3.6 ① $y'=12x^2$, ② $y'=10x$, ③ $y'=8x^3-6x$, ④ $y'=6x-5+\frac{1}{\sqrt{x}}$

3.7 ① $y'=3x^2+1$, ② $y'=4x(x^2+1)$,

③ $y'=4x^3+3x^2+2x+1$, ④ $y'=\frac{2x^5+3x^4+4x^3-x^2+1}{(x^2+x+1)^2}$

3.8 ① $y'=\frac{6-2x}{x^3}$, ② $y'=-\frac{8}{x^3}-\frac{3}{x^2}+5$

3.9 ① $y'=\frac{1-x^2}{(x^2+1)^2}$, $y'(2)=-\frac{3}{25}$, ② $y'=-\frac{x(x-2)}{(1-x)^2}$, $y'(2)=0$

③ $y'=-\frac{1}{2\sqrt{x}(\sqrt{x}-1)^2}$, $y'(2)=\frac{1}{8-6\sqrt{2}}$

3.10 ① $y'=24x(3x^2-2)$, ② $y'=-\frac{8}{x^2}\left(1+\frac{2}{x}\right)^3$

3.11 ① $y'=6x(x^2+1)^2(3x^2-1)^3(7x^2+3)$, ② $y'=-\frac{4x}{(x^2+1)^3}$,

③ $y'=3(\sqrt{x}+x^2+1)^2\left(\frac{1}{2\sqrt{x}}+2x\right)$, ④ $y'=5(x^3+x-1)^4(3x^2+1)$

⑤ $y'=\frac{2x}{\sqrt[3]{(x^2+1)^2}}$, ⑥ $y'=-\frac{3x^2(x^2-1)}{(x^2+1)^4}$, ⑦ $y'=-\frac{1}{4\sqrt{1+\frac{1}{\sqrt{x}}}\,x^{\frac{3}{2}}}$

3.12 ① $y'=-\frac{3x}{2y}$, ② $y'=1$

3.13 ① $y'=(-3\log 2)2^{1-3x}$, ② $y'=(\log 3)3^{x+3}$

3.14 ① $y'=\frac{1}{x}$, ② $y'=-\frac{1}{2-x}$

3.15 ① $y'=3(x+1)^2(x+2)^5(3x+4)$, ② $y'=(x+1)(x+2)^2(x+3)^3(9x^2+34x+29)$,

③ $y'=\frac{(x-1)^2(x^2+6x-13)}{(x+1)^4}$, ④ $y'=\frac{x^2(5x^2+15x+12)}{2(x+1)^2\sqrt{(x+2)}}$

3.16 ① $y'=3\sqrt{2}x^{\sqrt{2}-1}-15x^2$, ② $y'=3ex^{e-1}+2$

3.17 ① $y'=x\sin x$, ② $y'=2x\sin x+x^2\cos x$, ③ $y'=2\cos\left(2x+\frac{\pi}{3}\right)$,

④ $y'=-2\cos x\sin x$, ⑤ $y'=9\tan^2(3x)\sec^2(3x)$, ⑥ $y'=\frac{x\cos(\sqrt{1+x^2})}{\sqrt{1+x^2}}$,

⑦ $y'=\frac{\cos x}{2\sqrt{\sin x}}$

3.18 ① $y'=-\frac{1}{(x+2)^2}$, ② $y'=2e^x\cos x$

Chapter 4. 미분의 응용

4.1 $c=\frac{\pi}{2}$

4.2 ① $c=\pm\sqrt{2}$, ② $c=e-1$

4.3 $f(x)=|x-1|$ 일 때 $\frac{f(2)-f(0)}{2-0}=\frac{0}{2}=0$이지만, $f'(c)=0$인 c는 존재하지 않는다.

따라서 함수 $f(x)=|x-1|$은 구간 $(0,2)$에서 평균값의 정리가 성립하지 않는다.

4.4 $g(x)=3x$라 두면 $g'(x)=3$이므로 $f'(x)=g'(x)$이고, $f(x)$와 $g(x)$는 미분가능하다.

따라서 정리 4.4에 의해 $f(x)=g(x)+C=3x+C$ (C는 상수)이다.

4.5 ① $x=2n\pi+\pi$일 때 $f'(x)=0$이고 그 이외의 모든 x에서 $f'(x)>0$이다. 따라서 모든 구간에서 증가한다.

② $x<1$일 때 $f'(x)>0$이므로 증가하고, $x<1$일 때 $f'(x)<0$이므로 감소한다.

4.6 ① 극댓값 $f(-2)=15$, 극솟값 $f(2)=-17$, ② 극댓값 $f(1)=3$, 극솟값 $f(-1)=-1$

4.7 ① 최댓값 e, 최솟값 0, ② 최댓값 $\sqrt{2}$, 최솟값 -1, ③ 최댓값 $\frac{\pi}{2}$, 최솟값 $-\frac{3}{2}\pi$

4.8 최댓값 $\frac{1}{4}(1+\sqrt{3})$, 최솟값 $\frac{1}{4}(1-\sqrt{3})$

4.9 ① 1개, ② 1개

4.10 $f(x)=e^x-3x$라 두면 $f'(x)=e^x-3$이고 임계점은 $x=\log 3$이다.
$f(x)$는 구간 $(0,\log 3)$에서 감소하고, $(\log 3, 10)$에서 증가한다.
또한, $f(0)=1>0$, $f(\log 3)<0$, $f(10)>0$이므로 중간값의 정리에 의해 $f(x)$는 2개의 실근을 갖는다.

4.11 $f(x)=e^x-1-x-\frac{x^2}{2}$라 두면 $f'(x)=e^x-1-x>0$이므로 증가함수이다.

따라서 $f(x)>f(0)=0$이 성립한다. 즉, $x>0$이면 $e^x>1+x+\frac{x^2}{2}$이 성립한다.

4.12 ① 아래로 볼록 $\left(-\infty, \frac{1}{3}\right)$, $(1, \infty)$, 위로 볼록 $\left(\frac{1}{3}, 1\right)$,

② 아래로 볼록 $(\pi, 2\pi)$, 위로 볼록 $(0, \pi)$

4.13 변곡점 $\left(-\frac{1}{2}, \frac{1}{\sqrt{e}}\right)$, $\left(\frac{1}{2}, \frac{1}{\sqrt{e}}\right)$

4.14 $x=-2$에서 극솟값 -6, $x=0$에서 극댓값 10, $x=2$에서 극솟값 -6을 갖는다.

4.15

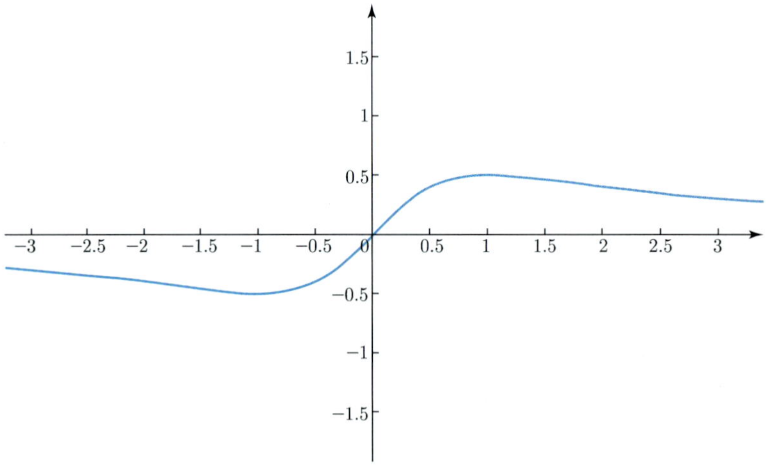

4.15 그래프

4.16 ① $\frac{1}{2}$, ② ∞, ③ 0

4.17 ① e, ② 1, ③ 1

4.18

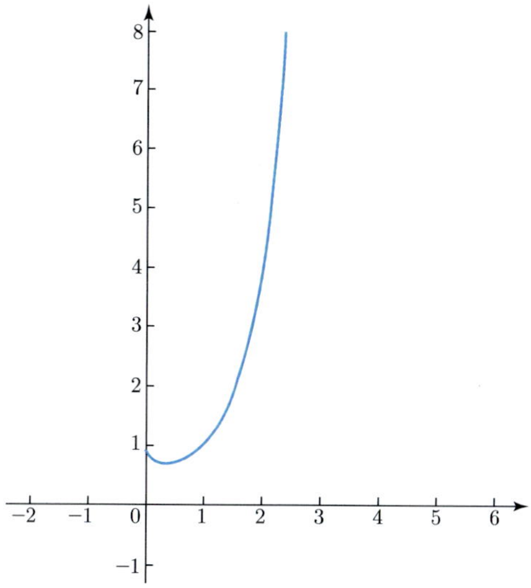

4.18 그래프

Chapter 5. 부정적분

5.1 $f(x)=12x^2+5$

5.2 ① $-\frac{1}{2}x^4+\frac{5}{2}x^2+x+C$, ② $x^3-\frac{5}{2}x^2+2x+C$, ③ $\frac{5}{3}x^3+2x-\ln|x|+C$,

④ $3\ln|x+1|+C$, ⑤ $-\frac{2}{\sqrt{x}}+C$, ⑥ $\frac{3}{4}x\sqrt[3]{x}-3\sqrt[3]{x}+C$

5.3 ① $3e^t-t^2+C$, ② $e^{x+10}+C$, ③ e^x-x+C, ④ $\frac{4^x}{\log 4}+\frac{2^{x+1}}{\log 2}+x+C$

5.4 ① $\frac{1}{2}x+\frac{1}{2}\sin x+C$, ② $e^x+\cos x+C$, ③ $\sin x+2\tan x+C$, ④ $\sin x+\cot x+C$

5.5 ① $\frac{1}{12}(3x+4)^4+C$, ② $-\frac{1}{3}e^{-3x+2}+C$, ③ $\frac{3}{8}(2x-1)^{\frac{4}{3}}+C$,

④ $\frac{1}{3}(e^x+1)^3+C$, ⑤ $\frac{1}{8}(x^2-1)^4+C$, ⑥ $-\frac{1}{2}e^{-(x^2+1)}+C$, ⑦ $\frac{1}{3}(\log x)^3+C$

5.6 ① $\frac{1}{12}(3x-1)^4+C$, ② $\frac{1}{3}e^{3x-2}+C$

5.7 ① $\frac{1}{3}ln\,|x^3+3x+2|+C$, ② $\ln|\ln x|+C$, ③ $\ln(e^x+1)+C$

5.8 ① $-xe^{-x}-e^{-x}+C$, ② xe^x+C, ③ $\frac{1}{3}x^3\ln x-\frac{1}{9}x^3+C$,

④ $x(\ln x)^2-2x\ln x+2x+C$, ⑤ $2x\sin x-x^2\cos x+2\cos x+C$

5.9 $\frac{1}{2}e^x\sin x+\frac{1}{2}e^x\cos x+C$

5.10 ① $-\cot x+C$, ② $2\sin x+\cos x+C$, ③ $\tan x+C$, ④ $-\frac{1}{2}\cot x+C$

5.11 ① $-\frac{1}{6}\cos(3x)-\frac{1}{2}\cos x+C$, ② $\frac{1}{6}\sin(3x)+\frac{1}{2}\sin x+C$,

③ $-\frac{1}{8}\cos 4x-\frac{1}{2}\cos^2 x+C$, ④ $-\frac{1}{8}\sin(4x)+\frac{1}{4}\sin 2x+C$

5.12 $-\frac{1}{6}\sin^5 x\cos x-\frac{5}{24}\sin^3 x\cos x-\frac{5}{16}\sin x\cos x+\frac{5}{16}x+C$

5.13 ① $\arcsin x+C$, ② $-\frac{1}{9}\frac{\sqrt{9-x^2}}{x}+C$, ③ $\frac{1}{5}(x^2-1)^{\frac{5}{2}}+\frac{1}{3}(x^2-1)^{\frac{3}{2}}+C$,

④ $\frac{1}{5}(x^2+8)^{\frac{5}{2}}-\frac{8}{3}(x^2+8)^{\frac{3}{2}}+C$

5.14 ① $\frac{1}{2(x-1)}-\frac{1}{2(x+1)}$, ② $\frac{13}{5(x+2)}+\frac{27}{5(x-3)}$, ③ $\frac{2}{x+2}-\frac{1}{(x+2)^2}$,

④ $\frac{1-2x}{x^2+1}+\frac{1}{2(x-1)}+\frac{3}{2(x+1)}$

5.15 ① $3\log|x|-\log|x+1|+C$, ② $-\frac{1}{2}\log|x|+\frac{1}{3}\log|x+1|+\frac{1}{6}\log|x-2|+C$,

③ $2\log|x|+4\log|x+1|-3\log|x-1|+C$, ④ $2\log|x|-5\arctan x+C$,

⑤ $2\log|x+2|+\frac{3}{2}\log|x^2+2x+5|-\frac{7}{2}\arctan\left(\frac{x+1}{2}\right)+C$

Chapter 6. 정적분

6.1 1

6.2 $\int_0^1 x\sin x\,dx$

6.3 ① $4x^3\sin^3(x^4)$, ② $-\frac{1}{1+x^2+\sin^2 x}$

6.4 ① 16, ② $\frac{3}{4}$, ③ e^2-e, ④ 2

6.5 -12

6.6 ① 8, ② 3

6.7 ① 10, ② $\frac{1}{8}$, ③ $\frac{\pi}{4}$, ④ $\frac{1}{4}$

6.8 2

6.9 ① $\frac{232}{15}$, ② 0

6.10 ① -1, ② 1

6.11 ① $\frac{1}{4}(1+e^2)$, ② 1, ③ $-\frac{1}{e}$, ④ 1

Chapter 7. 정적분의 성질과 응용

7.1 생략

7.2 ① 발산, ② 수렴, $\frac{\pi}{2}$, ③ 수렴, $\frac{\pi}{2}$

7.3 ① 발산, ② 발산

7.4 ① 수렴, ② 수렴

7.5 $\frac{4}{3}$

7.6 ① $\frac{32}{3}$, ② $\frac{9}{2}$

7.7 ① $\frac{1}{2}$, ② $\frac{37}{12}$

7.8 ① 2, ② $\frac{\pi}{4}$, ③ π

7.9 ① $\frac{1}{e}+e-2$, ② $\frac{\log 2}{2}$

7.10 $3\sqrt{3}$

7.11 ① $\frac{7}{6}$, ② $\frac{37}{6}$

7.12 $\frac{e-1}{e}$

7.13 $\frac{e-2}{2}$

7.14 $\frac{2}{3}a^3$

7.15 $\frac{\pi^2}{4}$

7.16 $\frac{\pi}{2}(e^4-1)$

7.17 $\pi^2-\frac{3\sqrt{3}}{2}\pi$

7.18 ① 8π, ② $\frac{1472}{15}\pi$, ③ $\frac{576}{5}\pi$, ④ $\frac{3}{2}(19-8\sqrt{3})\pi$

7.19 $\frac{8}{3}\pi$

7.20 64π

7.21 $\frac{1}{2}(\sqrt{2}+\log(1+\sqrt{2}))$

Chapter 8. 극좌표

8.1 ① $\left(6, \frac{\pi}{2}+2n\pi\right)$, ② $\left(\sqrt{2}, \frac{3\pi}{4}+2n\pi\right)$, ③ $(1, \pi+2n\pi)$, ④ $\left(\sqrt{13}, \arctan\left(\frac{3}{2}\right)+2n\pi\right)$

8.2 ① $(\sqrt{3}, 1)$, ② $\left(\frac{1}{\sqrt{2}}, -\frac{1}{\sqrt{2}}\right)$, ③ $(-1, -\sqrt{3})$

8.3 ① $x=2$, ② $y=4$, ③ $y^2=x$, ④ $y=e^x$, ⑤ $x^2+y^2=-4x$, ⑥ $x^2+y^2=2x+2y$
⑦ $\sqrt{3}x+y=4$

8.4 ① $r\cos\theta=3$, ② $\cos\theta=\sin\theta$, ③ $r\sin^2\theta=4\cos\theta$, ④ $r^2-4r\cos\theta-6r\sin\theta+9=0$

8.5 ① $y=-x+\sqrt{2}$, ② $y=-\frac{1}{2}x+2\sqrt{2}$, ③ $y=x-1$

8.6 6

8.7 8

8.8 $\frac{2}{3}\pi-\frac{\sqrt{3}}{2}$

Chapter 9. 급수

9.1 ① 수렴, ② 발산, ③ 발산

9.2 ① $-\frac{2}{3}$, ② 0, ③ 0, ④ ∞, ⑤ 3

9.3 ① 0, ② 0

9.4 ① 수렴, ② 발산

9.5 ① 수렴, $\frac{3}{4}$, ② 발산

9.6 ① $\frac{3}{2}$, ② $\frac{4}{3}$

9.7 ① 발산, ② 발산

9.8 ① 발산, ② 수렴, ③ 수렴, ④ 발산

9.9 ① 발산, ② 수렴

9.10 ① 수렴, ② 수렴

9.11 ① 수렴, ② 발산, ③ 수렴

9.12 ① 발산, ② 발산

9.13 ① 생략, ② 생략

9.14 ① 생략, ② 생략

Chapter 10. 거듭제곱급수와 테일러급수

10.1 ① 수렴반경: 1, 수렴범위: $-1 \le x < 1$, ② 수렴반경: 1, 수렴범위: $-1 \le x \le 1$
③ 수렴반경: 1, 수렴범위: $-1 \le x \le 1$

10.2 ① $\frac{3}{4}$, ② 26

10.3 생략

10.4 ① $e^{x^2} = \sum_{n=0}^{\infty} \frac{x^{2n}}{n!}$, ② $xe^x = \sum_{n=0}^{\infty} \frac{x^{n+1}}{n!}$

10.5 생략

10.6 ① $\sin 3x = \sum_{n=0}^{\infty} (-1)^n \frac{3^{2n+1} \cdot x^{2n+1}}{(2n+1)!}$, ② $\cos \frac{x}{2} = \sum_{n=0}^{\infty} (-1)^n \frac{x^{2n}}{2^{2n}(2n)!}$

10.7 $(1+x)^{\frac{1}{3}} = 1 + \frac{x}{3} - \frac{x^2}{9} + \frac{5x^3}{81} + \cdots$

10.8 $f^{(11)}(0) = -10!$, $f^{(14)}(0) = 0$

10.9 $T_5 f(x) = x - \frac{1}{3}x^3 + \frac{1}{5}x^5$

10.10 $Tf(x) = \sum_{n=0}^{\infty} (-1)^n \frac{x^{2n+1}}{2n+1}$

Chapter 11. 좌표공간과 벡터

11.1 ① 13, ② 5

11.2 ① $\left(2, \frac{\pi}{3}, -3\right)$, ② $\left(\sqrt{13}, \arctan \frac{3}{2}, -1\right)$

11.3 ① $\left(2, \frac{\pi}{2}, \frac{\pi}{3}\right)$, ② $\left(\sqrt{3}, \arccos \frac{1}{\sqrt{3}}, \frac{\pi}{4}\right)$

11.4 원기둥좌표계: $1 \le r^2 + z^2 \le 4$, 구면좌표계: $1 \le \rho \le 2$

11.5 ① $\overrightarrow{BC}$, $\overrightarrow{FG}$, $\overrightarrow{EH}$ ② $\overrightarrow{DC}$, $\overrightarrow{HG}$, $\overrightarrow{EF}$ ③ $\overrightarrow{DG}$ ④ $\overrightarrow{BG}$

11.6 ① $\overrightarrow{AD}$ ② $\overrightarrow{PS}$

11.7 생략

11.8 생략

11.9 $-a + 8b$

11.10 $2a + b$

11.11 $a = 5p + 3q$, $b = 2p + q$, $a - 4b = -3p - q$

11.12 $\left(\frac{\sqrt{3}}{2}, -\frac{1}{2}\right)$

11.13 ① $a = 4e_1 + 2e_2$, ② $b = 3e_1 - 4e_2$, ③ $c = -5e_2$

11.14 ① $(-5, -4)$, ② $(4, 17)$ ③ $(2, 21)$

11.15 $2a+3b=(11, -2)-4a+3b=(5, -14)$

11.16 $\overrightarrow{AB}=(3, 4)$

11.17 $\left(\dfrac{1}{\sqrt{14}}, \dfrac{2}{\sqrt{14}}, \dfrac{3}{\sqrt{14}}\right)$

11.18 $(1, 1, 2)$

11.19 $(13, -9, 1)$

11.20 $a=(1, -1, 1)$, $b=(1, -2, 0)$

11.21 ① 3, ② $-3\sqrt{2}$, ③ 0

11.22 $\dfrac{\pi}{3}$

11.23 ① 10, ② 0, ③ 15, ④ $\sqrt{2}-2\sqrt{3}$

11.24 생략

11.25 ① $\dfrac{\pi}{2}$, ② $\dfrac{3\pi}{4}$, ③ $\dfrac{\pi}{3}$, ④ $\dfrac{\pi}{3}$

11.26 $\dfrac{\pi}{3}$

11.27 ① -2, ② 2

11.28 $x=-4, \dfrac{5}{2}$

11.29 ① $2a$, ② $-\dfrac{1}{26}a$

11.30 ① $(-4, -3, 1)$, ② $(-1, 1, -1)$

11.31 ① $\left(\dfrac{2}{\sqrt{6}}, \dfrac{1}{\sqrt{6}}, \dfrac{1}{\sqrt{6}}\right)$, $2\sqrt{6}$, ② $\left(\dfrac{2}{3}, \dfrac{2}{3}, -\dfrac{1}{3}\right)$, 3

11.32 $\dfrac{x+2}{2}=\dfrac{y}{4}=\dfrac{z-4}{-2}$

11.33 ① $(1, 2, 3)$을 지나고 $v=(0, 1, -1)$에 평행한 직선
② $(2, 3, 0)$을 지나고 $v=(0, 0, 1)$에 평행한 직선

11.34 $\dfrac{x+1}{3}=y-2=\dfrac{z-3}{-3}$

11.35 $\dfrac{x+3}{4}=\dfrac{y-2}{-3}=\dfrac{z+3}{7}$

11.36 $\dfrac{\pi}{6}$

11.37 ① $3x-2y+z-12=0$, ② $3x-2y-3=0$

11.38 $3x+4y-z=10$

11.39 $3x+2y+3z=15$

11.40 $2x+2y-z=10$

Chapter 12. 행렬

12.1 ① 3행 4열, ② 2행: $[3\ -1\ 5\ \ 6]$, 4열: $\begin{bmatrix} 4 \\ 6 \\ -3 \end{bmatrix}$, ③ $(1, 4)$성분: 4, $(2, 3)$성분: 5

12.2 ① $\begin{bmatrix} 1\,2\,3 \\ 2\,3\,4 \end{bmatrix}$ ② $\begin{bmatrix} 1\,2\,3 \\ 2\,4\,6 \end{bmatrix}$

12.3 $a=-1,\ b=-2,\ c=\dfrac{7}{2},\ d=3$

12.4 ① $\begin{bmatrix} 6 & -8 \\ -1 & 4 \end{bmatrix}$, ② $\begin{bmatrix} 6 & 3 & 6 \\ -4 & 3 & 3 \end{bmatrix}$

12.5 ① $\begin{bmatrix} -3 & -9 \\ 6 & -12 \end{bmatrix}$, ② $\begin{bmatrix} -6 & -18 \\ 12 & -24 \end{bmatrix}$, ③ $\begin{bmatrix} 8 & 0 \\ 4 & -12 \end{bmatrix}$, ④ $\begin{bmatrix} 3 & 9 \\ -6 & 12 \end{bmatrix}$, ⑤ $\begin{bmatrix} 9 & 9 \\ -3 & 3 \end{bmatrix}$, ⑥ $\begin{bmatrix} 9 & 9 \\ -3 & 3 \end{bmatrix}$

12.6 ① $\begin{bmatrix} 6 & -9 \\ 12 & 3 \end{bmatrix}$, ② $\begin{bmatrix} 8 & -6 \\ 0 & 14 \end{bmatrix}$

12.7 ① 23, ② $\begin{bmatrix} 5 & 10 \\ 6 & -2 \end{bmatrix}$, ③ $\begin{bmatrix} 2 & -4 \\ 3 & -6 \end{bmatrix}$

12.8 생략

12.9 $x=-1,\ y=2$

12.10 $x=5,\ y=-6$

12.11 ① $\begin{bmatrix} 1 & -2 \\ 3 & 1 \end{bmatrix}\begin{bmatrix} x \\ y \end{bmatrix}=\begin{bmatrix} 2 \\ 3 \end{bmatrix}$, ② $\begin{bmatrix} 2 & -1 \\ 1 & 3 \end{bmatrix}\begin{bmatrix} x \\ y \end{bmatrix}=\begin{bmatrix} a \\ b \end{bmatrix}$

12.12 ① $\begin{cases} 3x-2y=5 \\ 4x \quad\ \ =8 \end{cases}$, ② $\begin{cases} x-2y=2 \\ 2x+3y=5 \end{cases}$

12.13 ① $\dfrac{1}{2}\begin{bmatrix} -6 & 4 \\ 5 & -3 \end{bmatrix}$, ② $\dfrac{1}{3}\begin{bmatrix} 9 & -3 \\ -5 & 2 \end{bmatrix}$, ③ $\dfrac{1}{6}\begin{bmatrix} 6 & -9 \\ -4 & 7 \end{bmatrix}$

12.14 ① $a=6$, ② $a=1, 2$

12.15 ① $x=-1,\ y=2$, ② $x=8,\ y=11$

12.16 ① 0, ② 3, ③ 165, ④ 0

12.17 ① -108, ② 42

12.18 역행렬의 행렬식: $-\dfrac{1}{20}$

12.19 ① $(-3, 7, -1)$, ② $(3, -2, 1)$

Chapter 13. 다변수함수

13.1 ① 9변수 함수, ② 6변수 함수

13.2 ① $\{(x, y, z) \mid x \neq 0 \text{ or } y \neq 0\}$, ② $\{(x, y, z) \mid x^2+y^2+z^2 \leq 9\}$

13.3 생략

13.4 생략

13.5 생략

13.6 ① 내부: $\{(x, y) \mid |x|+|y|<1\}$, 경계: $\{(x, y) \mid |x|+|y|=1\}$, 열린 집합, 유계

② 내부: $\{(x, y)||x|<1, |y|<1\}$, 경계: $\{(x, y)||x|=1, |y|=1\}$, 열리지도 닫히지도 않는 집합, 유계

③ 내부: $\{(x, y)||x|<1\}$, 경계: $\{(x, y)||x|=1\}$, 닫힌 집합, 유계 아님

13.7 정의역 $\{(x, y)|y \geq x^2\}$은 닫힌집합이고, 경계는 포물선 $y=x^2$이다. 포물선 $y=x^2$ 위쪽에 있는 부분은 정의역의 내부를 이루고, 정의역은 유계가 아니다.

13.8 ① $\sqrt{13}$, ② 3

13.9 ① 0, ② 0

13.10 생략

13.11 ① 연속, ② 불연속

13.12 ① -20, ② 21

13.13 $\frac{\partial f}{\partial x}=ye^{xy}+\frac{1}{y}\ \frac{\partial f}{\partial y}=xe^{xy}-\frac{x}{y^2}$

13.14 $D_1f=\sin(y+3z)$, $D_2f=x\cos(y+3z)\ D_3f=3x\cos(y+3z)$

13.15 $D_1f(0, 0)=0\ D_2f(0, 0)=0$

13.16 ① $(1, 0, 0)$, ② (ye^x, e^x), ③ $(ye^{xy}-y\sin(xy), xe^{xy}-x\sin(xy))$, ④ $(6, 1, 2)$

13.17 $D_1f(0, 0)=0$, $D_2f(0, 0)=0$

13.18 생략

13.19 가장 빨리 증가하는 방향: $\nabla f(2, 1)=(5, 8)$, 방향미분: 18

13.20 증가율이 최대인 방향: $\nabla f\left(\frac{\pi}{3}, \frac{\pi}{3}\right)=\left(-\frac{9\sqrt{3}}{2}, -\frac{3\sqrt{3}}{2}\right)$

감소율이 최대인 방향: $-\nabla f\left(\frac{\pi}{3}, \frac{\pi}{3}\right)=\left(\frac{9\sqrt{3}}{2}, \frac{3\sqrt{3}}{2}\right)$

13.21 속도벡터: $X'(t)=(e^t, -e^{-t}, -\sin t)$

가속도벡터: $X''(t)=(e^t, e^{-t}, -\cos t)$

13.22 2

13.23 $\frac{\partial g}{\partial s}=t+2s+24s^2$, $\frac{\partial g}{\partial t}=s+\frac{1}{t}$

13.24 $2x+4y-z-5=0$

13.25 ① $\frac{\partial^2 f}{\partial x^2}=0$, $\frac{\partial^2 f}{\partial y \partial x}=-1$, $\frac{\partial^2 f}{\partial x \partial y}=-1$, $\frac{\partial^2 f}{\partial y^2}=0$

② $\frac{\partial^2 f}{\partial x^2}=-y^2\cos(xy)$, $\frac{\partial^2 f}{\partial y \partial x}=-\sin(xy)-xy\cos(xy)$,

$\frac{\partial^2 f}{\partial x \partial y}=-\sin(xy)-xy\cos(xy)$, $\frac{\partial^2 f}{\partial y^2}=-x^2\cos(xy)$

13.26 생략

13.27 $\left(-\frac{1}{10}, \frac{3}{10}\right)$

13.28 $(-1, -1)$: 극소점, $(0,0)$: 안장점, $(1, 1)$: 극소점

13.29 최댓값: 4, 최솟값: -61

13.30 최댓값: 3, 최솟값: 1

Chapter 14. 다중적분

14.1 ① 18, ② 26

14.2 ① 20, ② 32

14.3 ① $\frac{1}{24}$, ② $\frac{2}{3}$, ③ $\frac{99}{20}$

14.4 1

14.5 $\frac{1}{2}(e-1)$

14.6 $J\left(\pi, \frac{\pi}{2}\right)=\begin{bmatrix} \pi/2 & \pi \\ -1 & 0 \\ \pi^2 & \pi^2 \end{bmatrix}$

14.7 ① $-\frac{1}{3}$, ② -16

14.8 ① $\frac{1}{2}$, ② $\left(1-\frac{1}{e^5}\right)\log 2$

14.9 $\frac{\pi}{16}$

14.10 28π

14.11 ① π, ② $\frac{8}{35}\pi$

14.12 $\frac{32}{5}\pi$

연습문제 해답

Chapter 1. 함수

1.1 집합

1. (1) $A \cup B = \{1, 2, 3, 4, 5, 6\}$

(2) $D \cap E = \{1\}$

(3) $E^c = \{3, 4, 6\}$

(4) $(A \cup B) \cap C = \{2, 4, 6\}$

(5) $A^c \cup (D \cap E) = \{1, 4, 5, 6\}$

(6) $(A \cap (B \cup C))^c = \{1, 4, 5, 6\}$

(7) $\left((A \cup B^c) \cap (D \cup E^c)\right)^c = \{2, 4, 5, 6\}$

(8) $A \times B = \{(1,3), (1,4), (1,5), (1,6), (2,3), (2,4), (2,5), (2,6), (3,3), (3,4), (3,5), (3,6)\}$

(9) $$A \times B \times C = \left\{\begin{matrix} (1,3,2), (1,4,2), (1,5,2), (1,6,2), (2,3,2), (2,4,2), \\ (2,5,2), (2,6,2), (3,3,2), (3,4,2), (3,5,2), (3,6,2), \\ (1,3,4), (1,4,4), (1,5,4), (1,6,4), (2,3,4), (2,4,4), \\ (2,5,4), (2,6,4), (3,3,4), (3,4,4), (3,5,4), (3,6,4), \\ (1,3,6), (1,4,6), (1,5,6), (1,6,6), (2,3,6), (2,4,6), \\ (2,5,6), (2,6,6), (3,3,6), (3,4,6), (3,5,6), (3,6,6) \end{matrix}\right\}$$

2. (1) $[1,4]$ (2) $[1/2,1]$ (3) $[-1,1]$

3. 생략

4. 생략

1.2 함수

1. (1) f, g, h (2) g, h (3) h (4) k

2. 생략

3. 생략

4. $x = -1$

5. (1) $h(x) = 2x - 4$ (2) $k(x) = \dfrac{1}{2}x + \dfrac{11}{2}$

6. (1) 일대일 함수, $f^{-1}(x)=\sqrt[3]{x+2}$,

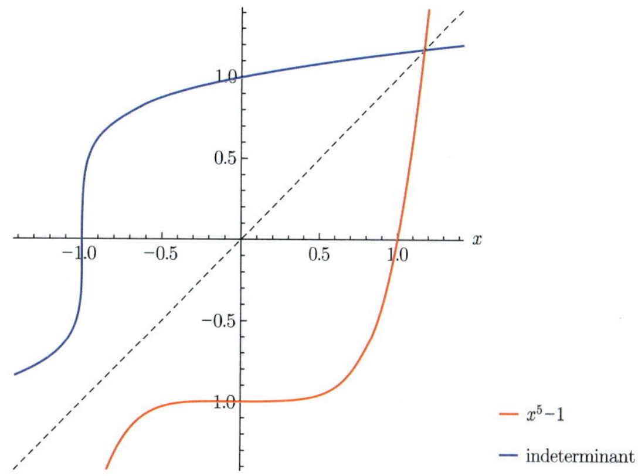

(2) 일대일 함수, $f^{-1}(x)=\sqrt[5]{x+1}$,

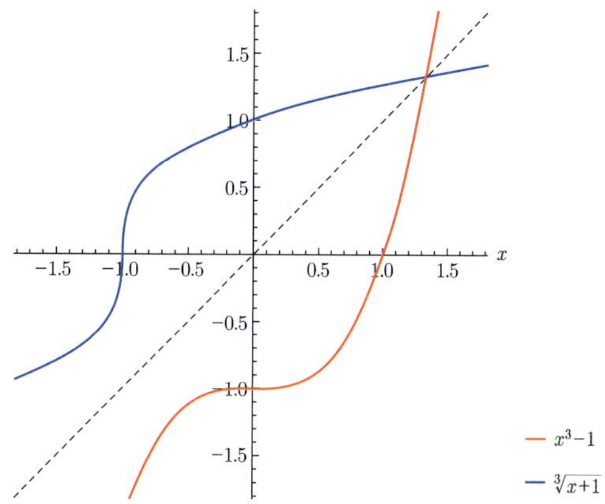

(3) 일대일 함수 아님

(4) 일대일 함수, $f^{-1}(x)=\sqrt[3]{x^2-1}$,

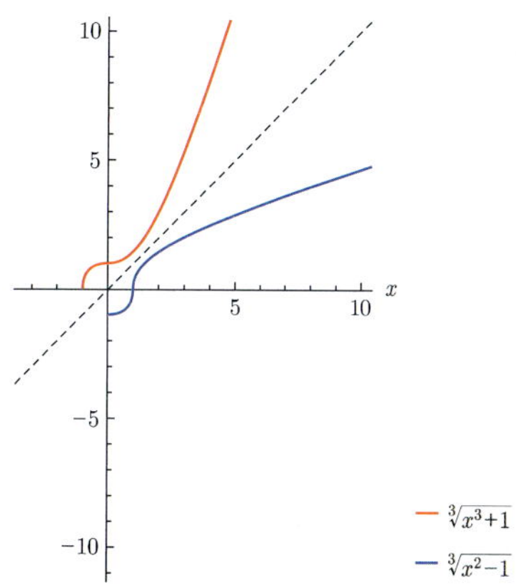

1.3 지수함수와 로그함수

1. $\dfrac{8}{1-x^2}$

2. (1) a^2-2 (2)a^3-3a

3. (1)

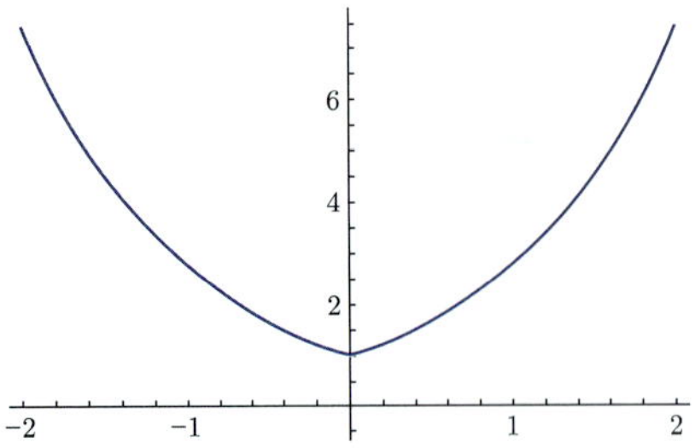

(2)

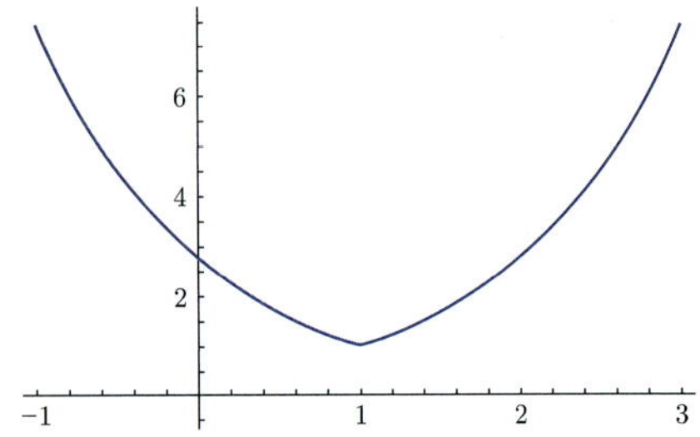

4. 최솟값: -1, 최댓값: 8

5. (1) 0.6811 (2) 0.4660 (3) 0.5416

6. (1)

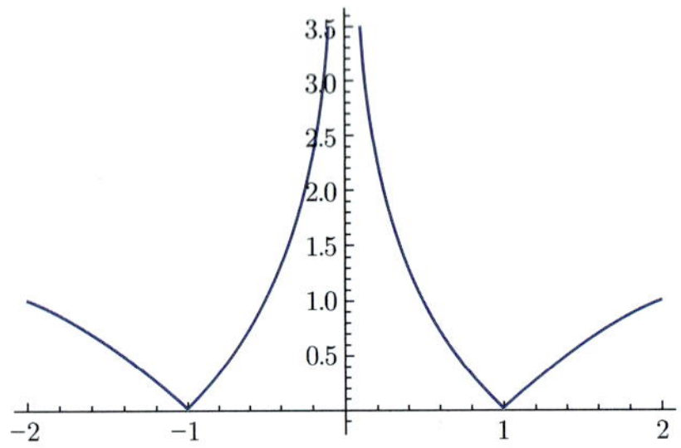

(2)

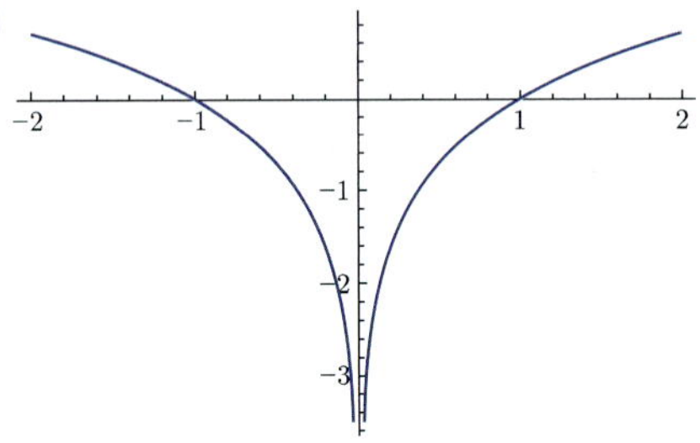

7. 1

8. $y = \log(x + \sqrt{x^2+1})$

1.4 삼각함수

1. (1) $-\dfrac{\sqrt{3}}{2}$ (2) $\dfrac{\sqrt{3}}{2}$ (3) 1

2. 중심각: $\dfrac{4}{9}$, 넓이:8

3. (1) $-\dfrac{3}{8}$ (2) $-\dfrac{4}{3}$

4. 주기: π

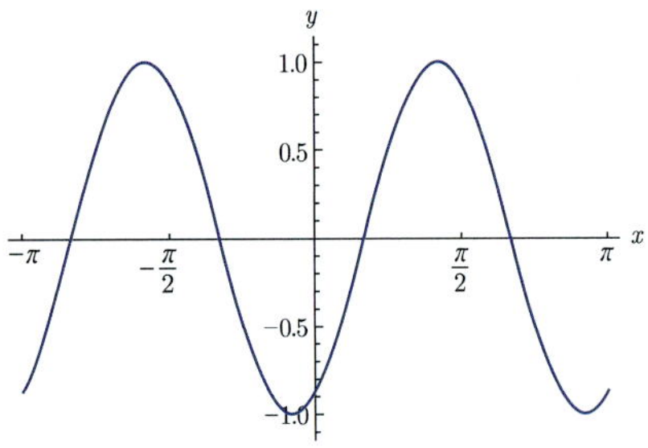

5. (1) 1 (2) 1

6. (1) $\sqrt{1-x^2}$, $-1 \le x \le 1$ (2) $\dfrac{2}{9}x\sqrt{9-x^2}$, $-3 \le x \le 3$

7. (1) 최댓값: $\dfrac{\sqrt{3}-1}{\sqrt{2}}$, 최솟값: $-\dfrac{\sqrt{3}-1}{\sqrt{2}}$ (2) 최댓값: $\dfrac{3}{4}$, 최솟값: $-\dfrac{1}{4}$

1.5 쌍곡선 함수

1. 생략

1.6 매개변수방정식과 매개곡선

1.

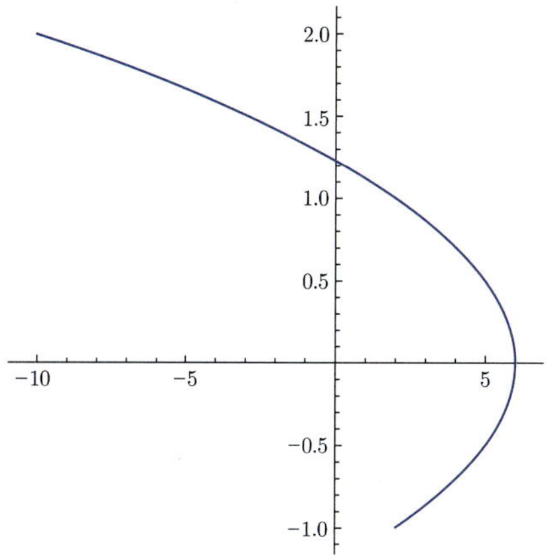

2. (1)

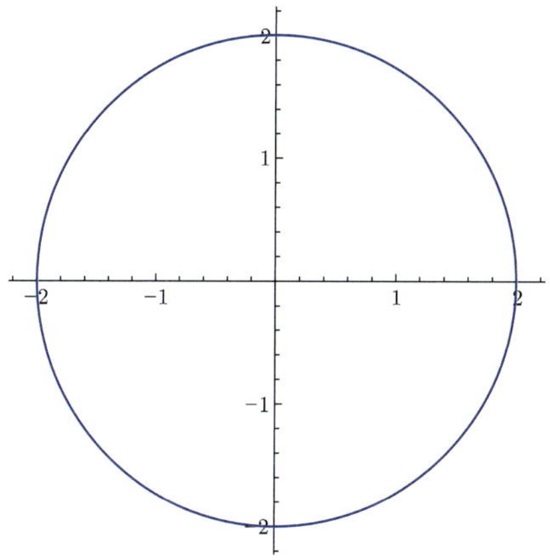

(2)

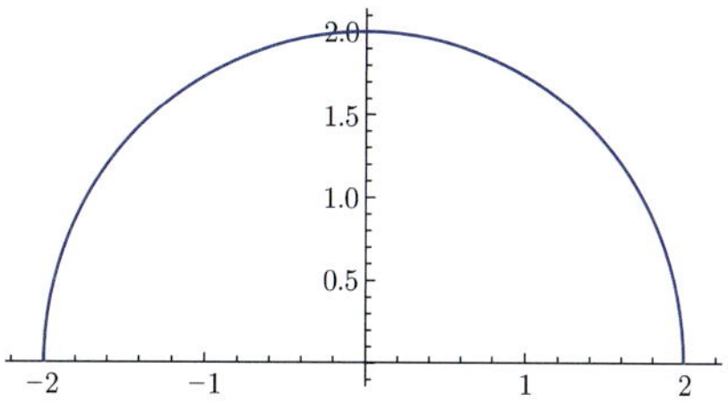

3.

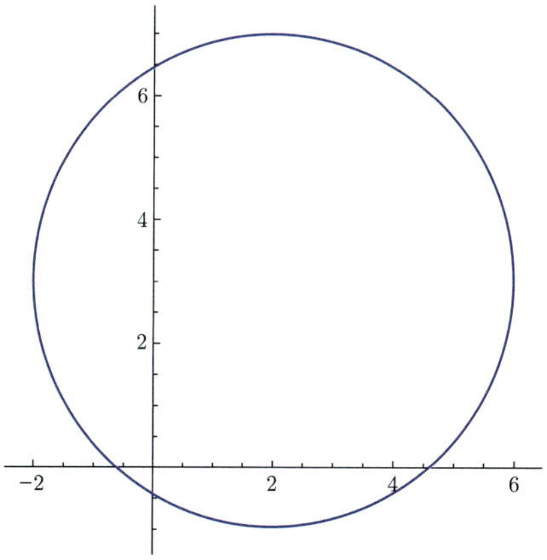

4. $x=1+3t,\ y=2+5t,\ 0\le t\le 1$

5. $x=t,\ y=t^2,\ -1\le t\le 3$

6. (1)

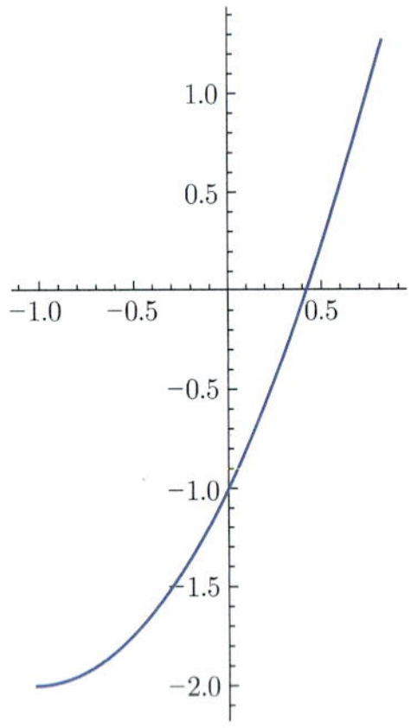

(2)

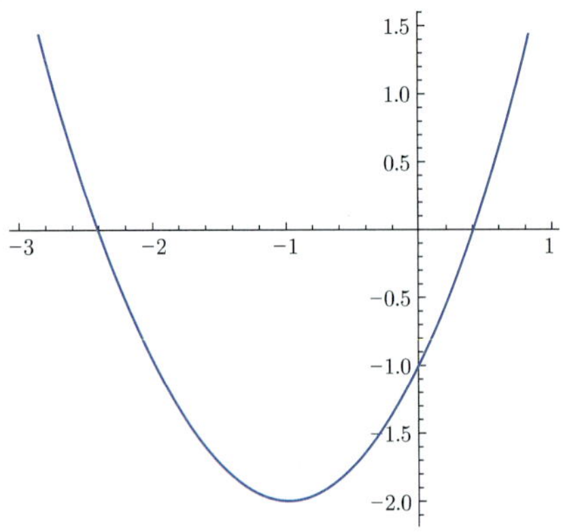

Chapter 2. 극한과 연속

2.1 함수의 극한

1. (1) 4 (2) $-\dfrac{3}{2}$ (3) 6 (4) $\dfrac{1}{4}$ (5) 0 (6) $\dfrac{5}{2}$ (7) ∞ (8) 2 (9) ∞ (10) $\dfrac{3}{2}$ (11) 0

2. $a=1,\ b=-2$

3. (1) 0 (2) 0

2.2 한쪽 극한

1. (1) 1 (2) -1 (3) 2 (4) -6 (5) 0 (6) ∞

2.3 지수함수와 로그함수의 극한

1. (1) 0 (2) ∞ (3) $-\infty$ (4) $\dfrac{1}{4}$ (5) ∞ (6) e^3 (7) e^3 (8) $e^{3/2}$ (9) e^3 (10) e^3

2. (1) 1 (2) 3 (3) $\log 3$

3. (1) 1 (2) $\log a$

2.4 삼각함수의 극한

1. (1) $\dfrac{3}{4}$ (2) 1 (3) $\dfrac{3}{2}$ (4) $\dfrac{\pi}{180}$ (5) -3 (6) $\dfrac{4}{3}$ (7) 8 (8) 1 (9) $-\dfrac{1}{\pi}$ (10) $\dfrac{1}{4\pi}$

2. (1) 1 (2) 1

2.5 함수의 연속성

1. (1) 불연속점 없음 (2) $x=3$ (3) $x=-3$ (4) 불연속점 없음

2. (1) 오른쪽 연속인 점 : $x=2$ (2) 왼쪽 연속인 점: $x=2$

3. 생략

4. $f(x)=\begin{cases} 1, & x\in\mathbb{Q} \\ -1, & x\in\mathbb{R}-\mathbb{Q} \end{cases}$

Chapter 3. 미분

3.1 미분계수

1. $3a^2+3ah+h^2$
2. (1) 4 (2) 11
3. (1) 6 (2) 0 (3) 10
4. (1) 1 (2) 4 (3) 2
5. 4
6. $x=0$에서 미분가능
7. $f'(0)=0$
8. $f'(0)=g(0)$
9. 생략

3.2 도함수

1. (1) $4x^3+6x$ (2) $2x^2+x-7$ (3) $4x+1$ (4) $-\dfrac{6x}{(x^2-1)^2}$ (5) $\dfrac{-2x^2+2x+2}{(x^2+1)^2}$

   (6) $-6x^{-4}$ (7) $\dfrac{2}{x^3}+\dfrac{1}{x^2}+4$ (8) $12(x^3+2x^2+x+2)$
2. $y=x-2$
3. $a=1,\ b=-3$

3.3 연쇄법칙

1. (1) $2x(x^2+1)^3(2x^3-1)^2(17x^3+9x-4)$ (2) $\dfrac{x(2x^2-1)}{\sqrt{x^4-x^2+1}}$ (3) $8x(x^2+3)^3$

   (4) $-\dfrac{3}{2\sqrt{x+1}(\sqrt{x+1}+1)^4}$ (5) $\dfrac{(x^2-1)(3x^2+16x+9)}{(3x+4)^4}$ (6) $\dfrac{(2x-1)^2(4x^2+x+6)}{(x^2+1)^{3/2}}$
2. $f'(x)=2x^{2/3}$
3. (1) $\dfrac{dy}{dx}=-\dfrac{\sqrt{y}}{\sqrt{x}}$ (2) $\dfrac{dy}{dx}=\dfrac{x^2-y}{x-y^2}$ (3) $\dfrac{dy}{dx}=\dfrac{1-xy^2}{x^2y+2}$
4. $y'=-\dfrac{y}{x+2y}$, $y''=\dfrac{2xy+2y^2}{(x+2y)^3}$
5. (1) $\dfrac{1}{4}$ (2) $\dfrac{4}{5}$
6. $\dfrac{dy}{dx}=\dfrac{2\sqrt{y+1}}{3y+2}$

3.4 지수함수, 로그함수, 삼각함수, 역삼각함수의 도함수

1. (1) $-\sin x\, e^{\cos x}$ (2) $\dfrac{4e^{2x}}{(e^{2x}+1)^2}$ (3) $x+2x\log x$ (4) $-3e^{-3x}(x-1)x^2$ (5) $-\tan x$

(6) $\dfrac{1}{x\log x}$ (7) $\dfrac{1}{\sqrt{1+x^2}}$ (8) $(\log x)^x\left(\log\log x+\dfrac{1}{\log x}\right)$

(9) $-(\cos x)^{\cos x}\sin x(\log(\cos x)+1)$

2. (1) $\dfrac{dy}{dx}=\dfrac{1}{\cos y}$ (2) $\dfrac{dy}{dx}=\dfrac{\cos x}{\sin y}$

3. (1) $-\dfrac{2(x+1)^3(x+13)}{(x^2+x-6)^3}$ (2) $\left(\dfrac{(2x+1)^2}{(x+4)(x-1)}\right)^{-2/3}\dfrac{(2x+1)(4x-19)}{3(x-1)^2(x+4)^2}$

4. (1) $\dfrac{3\cos(3x)}{\sin^2(3x)+1}$ (2) $\dfrac{1}{\sqrt{1-x^2}\,\arcsin x}$

3.5 쌍곡선 함수의 도함수

1. (1) $2\cosh(2x)$ (2) $\dfrac{\cosh\sqrt{x}}{2\sqrt{x}}$

3.6 고계도함수

1. $f^{(n)}(x)=\sin\left(x+\dfrac{n\pi}{2}\right)$

2. 생략

3. $y'=y\tan x-\sec x$, $y''=y(\tan^2 x+\sec^2 x)-2\sec x\tan x$

4. 생략

Chapter 4. 미분의 응용

4.1 함수의 극값

1. (1) 임계점: $x=-\sqrt{2}, 0, \sqrt{2}$, 극값: $x=-\sqrt{2}$ 에서 극솟값 -2, $x=0$에서 극댓값 0,
$x=\sqrt{2}$ 에서 극솟값 -2

(2) 임계점: $x=\dfrac{3}{2}$, 극값: $x=\dfrac{3}{2}$에서 극솟값 0

(3) 임계점: $x=-1, 0, 1$, 극값: $x=-1$에서 극솟값 0, $x=0$에서 극댓값 1, $x=1$에서 극솟값 0

4.2 평균값의 정리

1. (1) 생략 (2) 생략

2. 2

3. $f(2)\le 7$

4. 생략

4.3 도함수와 함수의 증감

1. (1) 임계점: $x=0$, 극값: $x=0$에서 극솟값 0

(2) 임계점: $x=0$, 극값: $x=0$에서 극솟값 0

(3) 임계점: $x=0, \frac{1}{2}, 2$ 극값: $x=0$에서 극솟값 0, $x=\frac{1}{2}$에서 극댓값 $\frac{9}{4\sqrt[3]{4}}$, $x=2$에서 극솟값 0

(4) 임계점: $x=-1, -\frac{1}{\sqrt{3}}, 0, \frac{1}{\sqrt{3}}, 1$ 극값: $x=-\frac{1}{\sqrt{3}}$에서 극댓값 $\frac{\sqrt[3]{2}}{\sqrt{3}}$,

$x=\frac{1}{\sqrt{3}}$에서 극솟값 $-\frac{\sqrt[3]{2}}{\sqrt{3}}$

(5) 임계점: $x=\frac{3}{4}$, 극값: $x=\frac{3}{4}$에서 극댓값 $\frac{3\sqrt{3}}{16}$

2. (1) $x=\frac{1}{e}$에서 극솟값 $-\frac{1}{e}$ (2) $x=1$에서 극솟값 1, $x=e$에서 극댓값 e

(3) $x=0$에서 극솟값 1 (4) $x=0$에서 극솟값2, $x=\frac{\pi}{6}$에서 극댓값 $\frac{\pi}{6}+\sqrt{3}$,

$x=\frac{5\pi}{6}$에서 극솟값 $\frac{5\pi}{6}-\sqrt{3}$, $x=2\pi$에서 극댓값 $2\pi+2$

3. (1)

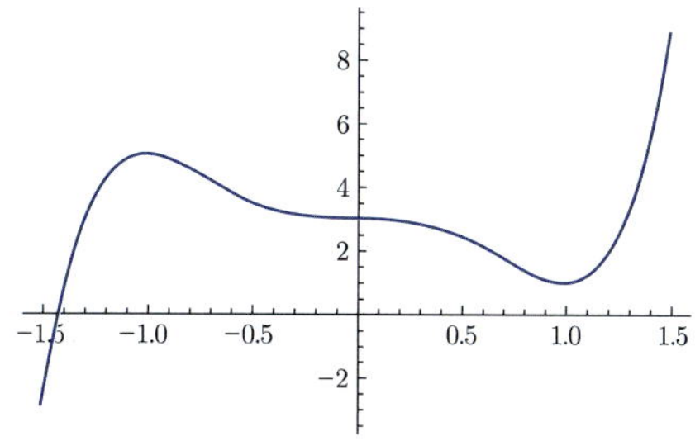

(2)

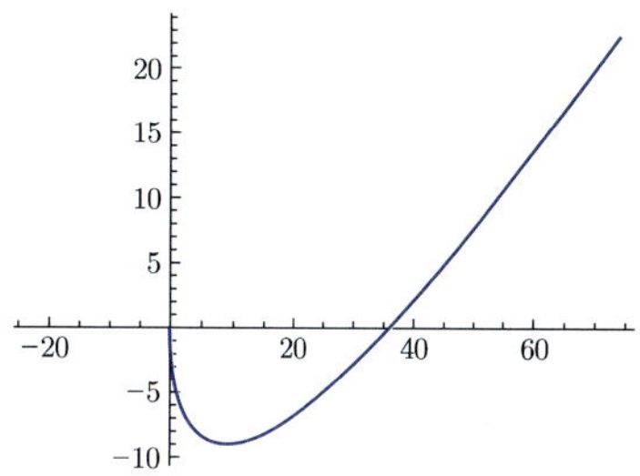

(3)

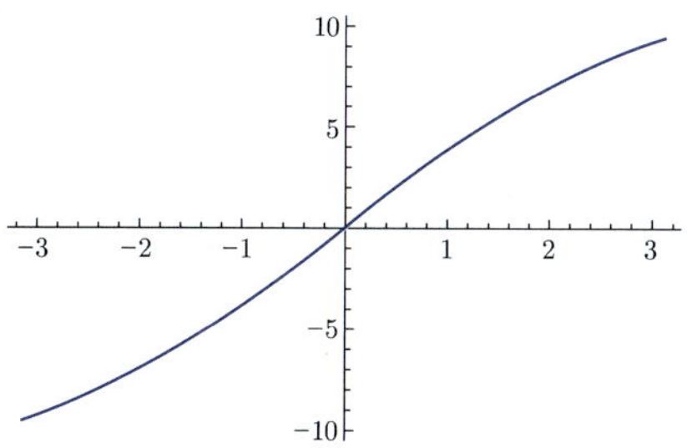

(4)

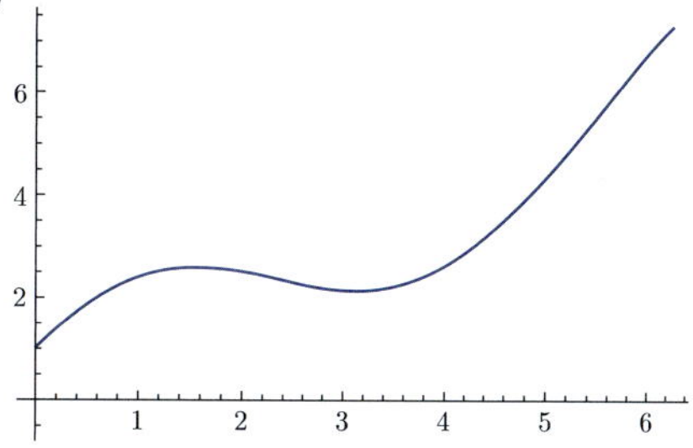

(5)

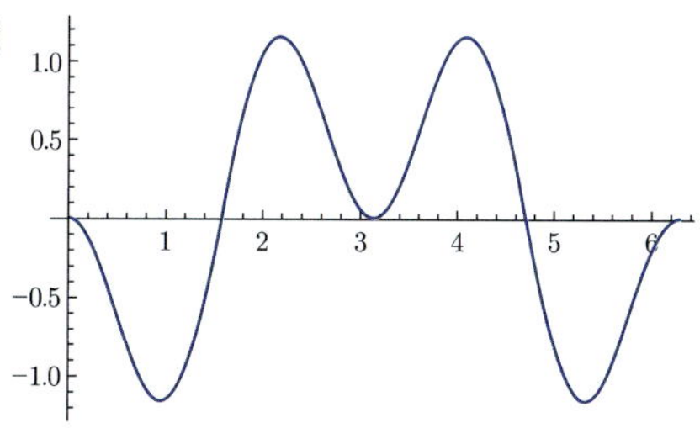

4.4 미분의 응용

1. (1) 최댓값: $\frac{1}{4}$, 최솟값: -2 (2) 최댓값: $4e^2$, 최솟값: 0

(3) 최댓값: $\frac{1}{e^2}+4e^4$, 최솟값: 3 (4) 최댓값: $\frac{1}{2}log2$, 최솟값: $-\log 4$

2. 144

3. $1 : \sqrt{2}$

4. 32

5. $k \geq 1 + \log 3$

6. (1) $k < 5$, $k > 27$ (2) $k = -5, 27$ (3) $-5 < k < 27$

7. (1) $-\dfrac{1}{\sqrt[4]{3}} < a < \dfrac{1}{\sqrt[4]{3}}$ (2) $a > 3$

4.5 함수의 그래프

1. (1) 증가하는 구간: $x < -1$, $x > 1$, 감소하는 구간: $-1 < x < 0$, $0 < x < 1$

극값: $x = -1$에서 극솟값 0, $x = 0$에서 극댓값 1, $x = 1$에서 극솟값 0

아래로 볼록인 구간: $x < -\dfrac{1}{\sqrt{3}}$, $x > \dfrac{1}{\sqrt{3}}$, 위로 볼록인 구간: $-\dfrac{1}{\sqrt{3}} < x < \dfrac{1}{\sqrt{3}}$

변곡점: $x = -\dfrac{1}{\sqrt{3}}$, $x = \dfrac{1}{\sqrt{3}}$

(2) 증가하는 구간: $-1 < x < 0$, $x > 1$, 감소하는 구간: $x < -1$, $0 < x < 1$

극값: $x = -1$에서 극댓값 -2, $x = 1$에서 극솟값 2

아래로 볼록인 구간: $x > 0$, 위로 볼록인 구간: $x < 0$

변곡점: 없음

(3) 증가하는 구간: $0 < x < 2$, $x > 1$, 감소하는 구간: $x < 0$, $x > 2$

극값: $x = 0$에서 극솟값 0, $x = 2$에서 극댓값 $\dfrac{4}{e^2}$

아래로 볼록인 구간: $x < 2 - \sqrt{2}$, $x > 2 + \sqrt{2}$,

위로 볼록인 구간: $2 - \sqrt{2} < x < 2 + \sqrt{2}$

변곡점: $x = 2 - \sqrt{2}$, $x = 2 + \sqrt{2}$

(4) 증가하는 구간: $0 < x < 2\pi$, 감소하는 구간: 없음

극값: 없음

아래로 볼록인 구간: $\dfrac{\pi}{2} < x < \dfrac{3\pi}{2}$, 위로 볼록인 구간: $0 < x < \dfrac{\pi}{2}$, $\dfrac{3\pi}{2} < x < 2\pi$

변곡점: $x = \dfrac{\pi}{2}$, $x = \dfrac{3\pi}{2}$

2. $x = 3$에서 극솟값, 변곡점의 x좌표: $x = 1$, $x = \dfrac{7}{3}$

3. (1)

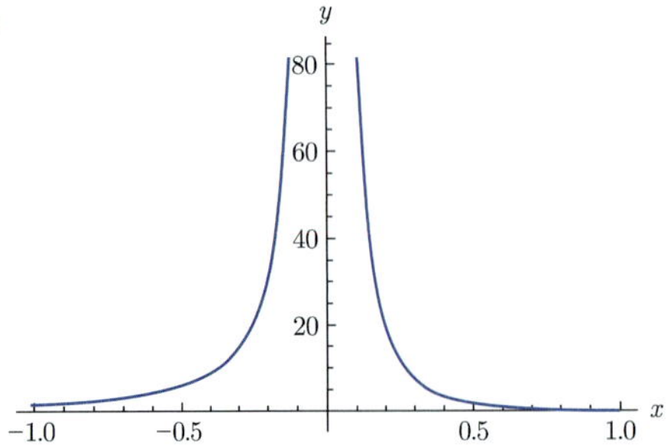

(2)

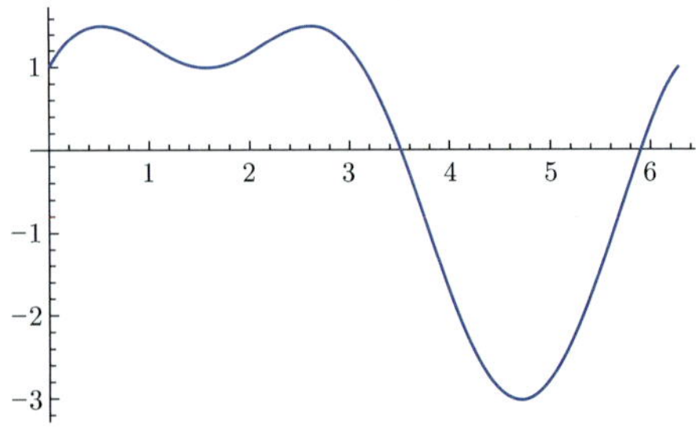

(3)

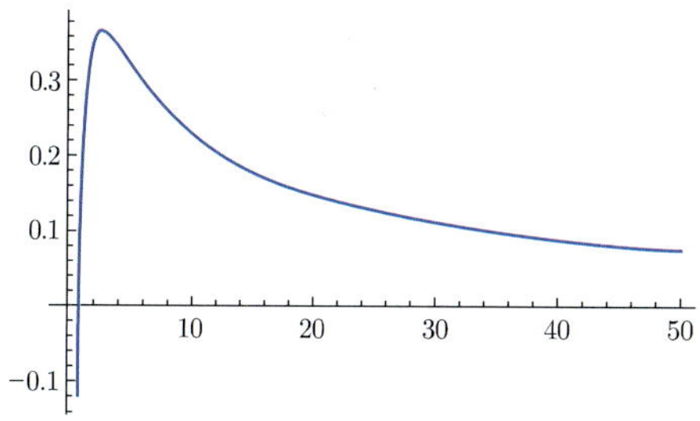

4.6 로피탈의 정리

1. (1) $\frac{1}{2}$ (2) -2 (3) $\frac{1}{2}$ (4) 2 (5) 1 (6) e^2 (7) 0 (8) 1 (9) 0 (10) 1 (11) 1

2. 생략

Chapter 5. 부정적분

5.1 부정적분

1. (1) x^3+3x^2-5x+C (2) $3\log x+\frac{4}{x}+C$ (3) $\frac{1}{4}x^4-x^3+x^2+C$

(4) $\frac{1}{5}x^5+\frac{1}{3}x^3+x+C$ (5) $\frac{1}{3}x^3+\frac{1}{2}x^2+x+C$ (6) $2x+C$

(7) $\frac{2}{5}x^{\frac{5}{2}}-2x^{\frac{3}{2}}+4x^{\frac{1}{2}}+C$ (8) $\frac{1}{4}x^4+\frac{3}{2}x^2+3\log x-\frac{1}{2x^2}+C$

(9) $4x-8\sqrt{x}+\log x+C$ (10) $\frac{1}{4}t^4-tx^3+C$

(11) $\sec x+C$ (12) $\frac{1}{2}x-\frac{1}{2}\sin x+C$ (13) $\tan x-\cot x+C$ (14)$4e^x-3\tan x+C$

2. (1) x^3+x^2-x+3 (2) $x+\tan x-1$ (3) $x+2e^x+2-2e^2$ (4) $\frac{1}{3}x^3-2x+4\log x+\frac{11}{3}$

(5) $-\cos x-\sin x+5x+3$ (6) $4e^{\frac{x}{2}}+e^{-x}-3$

3. $y=x^3-x^2+x-3$

4. $f(x)=\frac{1}{2}(e^x-e^{-x})+1,\ g(x)=\frac{1}{2}(e^x+e^{-x})$

5.2 치환적분법

1. (1) $\frac{1}{2}\sin x^2+C$ (2) $-\frac{2}{9}(3x-1)^{-3}+C$ (3) $\frac{1}{6}(x^4+1)^{3/2}+C$ (4) $\frac{1}{3}(\log x)^3+C$

(5) $\frac{2}{3}x^9+2x^6+2x^3+C$ (6) $-\frac{2}{9}\sqrt{1-9x^3}+C$ (7)$-\frac{2}{3}cos\sqrt{x^3}+C$

(8) $\frac{2}{3}(1+\sqrt{x})^3+C$ (9) $e^{-\frac{1}{x}}+C$ (10) $\frac{1}{3}\sec^3 x-\sec x+C$ (11) $\frac{1}{3}\tan^3 x+C$

2. 1

3. -1

4. $\frac{16}{3}+\sqrt{3}$

5. $f(x)=x\sin x-\cos x+1$

5.3 부분적분법

1. (1) $x\arctan x+\sqrt{1-x^2}+C$ (2) $\frac{x}{2(1+x^2)}+\frac{1}{2}\arctan x+C$

(3) $\frac{1}{2}(x^2+1)\arctan x-\frac{1}{2}x+C$ (4) $\frac{1}{3}x^3\arcsin x+\frac{1}{9}(x^2+2)\sqrt{1-x^2}+C$

(5) $x\sinh x-\cosh x+C$

2. (1) $2\sqrt{x}\,e^{\sqrt{x}}-2e^{\sqrt{x}}+C$ (2) $-\frac{1}{2}x^2e^{-x^2}-\frac{1}{2}e^{-x^2}+C$ (3) $2\sin\sqrt{x}-2\sqrt{x}\cos\sqrt{x}+C$

(4) $\frac{1}{2}\sin(x^2)-\frac{1}{2}x^2\cos(x^2)+C$ (5) $\frac{2}{3}x^{3/2}\log x-\frac{4}{9}x^{3/2}+C$

(6) $\frac{1}{2}x^2(\log x)^2-\frac{1}{2}x^2\log x+\frac{1}{4}x^2+C$

3. (1) 생략

(2) $I_3=3(x^2-2)\sin x-x(x^2-6)\cos x+C$, $J_3=x(x^2-6)\sin x+3(x^2-2)\cos x+C$

4. (1) 생략 (2) $I_{3,2}=\frac{1}{4}x^4(\log x)^2-\frac{1}{8}x^4\log x+\frac{1}{32}x^4+C$

5.4 여러 가지 함수의 적분

1. (1) $\frac{1}{3}\tan 3x-x+C$ (2) $-\frac{1}{2}\csc^2 x-\log(\sin x)+C$ (3) $\frac{1}{3}\sec^3 x+C$

(4) $\frac{1}{1024}\sin 8x-\frac{1}{128}\sin 4x+\frac{3}{128}x+C$

(5) $-\frac{1}{7}\sin^6 x\cos x-\frac{6}{35}\sin^4 x\cos x-\frac{24}{105}\sin^2 x\cos x-\frac{48}{105}\cos x+C$

2. (1) $-\frac{1}{3}\operatorname{arccoth}\left(\frac{\sqrt{x^2+9}}{3}\right)+C$ (2) $-\operatorname{arctanh}\left(\sqrt{1-x^2}\right)+C$ (3) $\operatorname{arcsinh}(x)+C$

(4) $\frac{1}{2}x\sqrt{x^2-1}-\frac{1}{2}log(\sqrt{x^2-1}+x)+C$

3. (1) $\log(x^2+x+1)-\log|x-1|+C$ (2) $\frac{1}{4}\log|x-1|-\frac{1}{4}\log|x+1|-\frac{1}{2}\arctan x+C$

(3) $\frac{3}{88}\left(-\frac{110x}{x^2+2}-8\log(x^2+2)+16\log|x+3|-31\sqrt{2}\arctan\left(\frac{x}{\sqrt{x}}\right)\right)+C$

(4) $\frac{1}{3(x+1)}+\frac{4}{9}\log|x-2|+\frac{5}{9}\log|x+1|+C$

(5) $-\frac{1}{6}\log(x^2-x+1)+\frac{1}{3}\log|x+1|+\frac{1}{\sqrt{3}}\arctan\left(\frac{2x-1}{\sqrt{3}}\right)+C$

(6) $\frac{x^2}{x^2+1}+\frac{3}{4(x^2+1)^2}+\frac{1}{2}\log(x^2+1)+C$

4. (1) $\frac{3(x^2-3)(x^2-1)}{4\sqrt[3]{(x^2-1)^4}}+C$ (2) $-x+4\sqrt{x}-4\log(\sqrt{x}+1)+C$

(3) $\frac{2}{9}(x^3-2)\sqrt{x^3+1}+C$ (4) $\sqrt[3]{\sqrt[3]{x^2}}-3\arctan(\sqrt[3]{\sqrt[3]{x^2}})+C$

(5) $2\sqrt{x+4}-2\log(1+\sqrt{x+4})+C$

5. (1) $\frac{1}{5}\log\left(2\sin\left(\frac{x}{2}\right)+\cos\left(\frac{x}{2}\right)\right)-\frac{1}{5}\log\left(2\cos\left(\frac{x}{2}\right)-\sin\left(\frac{x}{2}\right)\right)+C$

(2) $\frac{2}{\sqrt{3}}\arctan\left(\frac{\tan\left(\frac{x}{2}\right)}{\sqrt{3}}\right)+C$

Chapter 6. 정적분

6.1 정적분의 정의

1. (1) $-\frac{5}{9}$ (2) $\frac{19}{25}$

2. (1) 0 (2) -8 (3) $-4\sqrt{2}$ (4) 10 (5) -2 (6) -18

3. (1) 2 (2) -4

4. (1) $\int_1^2 \log(1+x)dx$ (2) $\int_1^2 (1+x)^2 dx$ (3) $\int_0^1 \sqrt{x}\,dx$ (4) $\int_0^\pi x\cos x\,dx$

6.2 미적분학의 기본정리

1. 생략

2. (1) $F'(x)=-2x^2e^x$ (2) $F'(x)=\frac{1}{2}\sqrt{x}\,e^{-x}$ (3) $F'(x)=\int_0^x f(t)dt+xf(x)$

(4) $F'(x)=\frac{1-\cos x^2}{x^2}+2\sin x^2$

3. (1) 1 (2) e^{-1} (3) $\frac{1}{3}e^{-1}$ (4) -1

4. (1) $x=2$에서 극솟값 $\frac{7}{6}$ (2) $x=e$에서 극댓값 e

(3) $x=2n\pi$에서 극솟값 $-\frac{4\pi n}{3}$, $x=(2n+1)\pi$에서 극댓값 $\frac{2}{3}(2n+1)\pi$

5. (1) $\frac{5}{3}$ (2) $\frac{17}{12}$ (3) 2 (4) $2\log 4-\frac{3}{2}$ (5) $\frac{6}{\log 3}-\frac{4}{\log 2}$ (6) 6 (7) 0

(8) $e-5+4\log 2$ (9) 2 (10) 6 (11) $2\sqrt{2}$

6. $f(x)=\log x+\frac{3}{2}-4\log 2$

6.3 정적분의 치환적분법과 부분적분법

1. (1) $\frac{31}{5}$ (2) $\log\frac{3}{2}-\frac{1}{3}$ (3) $\frac{94}{15}$ (4) $\log 2$ (5) $\frac{7}{12}\pi$ (6) $\frac{9}{4}\pi$ (7) 0 (8) $\frac{2}{3}$

   (9) $\frac{26}{3}$ (10) $-\frac{1}{\pi}$ (11) $\frac{\pi}{8}$ (12) 0 (13) $\frac{786}{5}$ (14) 0 (15) -2
2. (1) 생략 (2) 생략 (3) 생략
3. $\frac{a}{2}$
4. (1) $-\frac{\pi}{2}$ (2) $1-\frac{2}{e}$ (3) $\frac{1}{2}(1+e^{-\pi})$ (4) $\frac{\pi^2}{4}$ (5) $\frac{1}{9}(1+2e^3)$ (6) $2\sqrt{e}$

   (7) $\frac{1}{2}(\pi-2)$ (8) $\frac{\pi}{\sqrt{3}}-\log 2$
5. (1) $2e^2$ (2) $\frac{1}{2}-\frac{2}{e^3}$ (3) 2π (4) $\frac{1}{4}(e^2-1)$ (5) $\frac{4}{9}(1+2e^3)$
6. (1) 생략 (2) 생략 (3) $\frac{1}{660}$

Chapter 7. 정적분의 성질과 응용

7.1 조각적 연속함수의 적분

1. (1) 0 (2) 1 (3) 1

7.2 부등식

1. (1) 생략 (2) 생략
2. 생략
3. (1) 생략 (2) 생략
4. 생략

7.3 특이적분

1. (1) 수렴, e (2) 발산 (3) 발산 (4) 수렴, -1 (5) 수렴, $\frac{\pi}{2}$ (6) 수렴, 2

   (7) 수렴, $-\frac{1}{4}$ (8) 수렴, $(-1)^n n!$ (9) 수렴, $\frac{1}{24}(1-4\log 2)$ (10) 수렴, $\frac{\pi}{4}$

   (11) 수렴, 3
2. (1) 발산 (2) 발산 (3) 수렴 (4) 발산

7.4 정적분의 응용

1. (1) $\dfrac{40}{3}$ (2) $5-\dfrac{1}{e}$ (3) 3 (4) $\dfrac{29}{2}$

2. (1) $\dfrac{64}{3}$ (2) $\dfrac{1}{6}$ (3) $\dfrac{27}{4}$ (4) $\dfrac{1}{12}$

3. (1) ① $\dfrac{80}{3}\pi$ ② 16π ③ 16π ④ $\dfrac{16}{3}\pi$

(2) ① $\dfrac{625}{6}\pi$ ② $\dfrac{625}{3}\pi$ ③ $\dfrac{875}{6}\pi$ ④ $\dfrac{500}{3}\pi$

(3) ① $\dfrac{5}{6}\pi$ ② $\dfrac{64}{15}\pi$ (4) ① $\dfrac{32}{15}\pi$ ② $\dfrac{5}{6}\pi$ ③ $\dfrac{3}{2}\pi$ ④ $\dfrac{38}{15}\pi$

4. (1) $\dfrac{\log 3}{2}$ (2) $\dfrac{61}{216}$ (3) $\dfrac{14}{3}$

Chapter 8. 극좌표

8.1 극좌표의 정의

1. (1) $\left(\dfrac{3\sqrt{3}}{2}, \dfrac{3}{2}\right)$ (2) $\left(\dfrac{1}{\sqrt{2}}, -\dfrac{1}{\sqrt{2}}\right)$ (3) $(0, 2)$ (4) $\left(\dfrac{3\sqrt{3}}{2}, -\dfrac{3}{2}\right)$ (5) $(3, 4)$

2. (1) $\left(2, -\dfrac{\pi}{6}+2n\pi\right)$ (2) $\left(5, \pi-\arctan\dfrac{4}{3}+2n\pi\right)$ (3) $\left(2\sqrt{2}, \dfrac{5\pi}{4}+2n\pi\right)$

(4) $\left(13, -\arctan\dfrac{12}{5}+2n\pi\right)$

3. (1) $\left(2, \dfrac{\pi}{2}\right)$ (2) $\left(2, \dfrac{5\pi}{6}\right)$ (3) $\left(1, \dfrac{\pi}{6}\right)$ (4) $\left(5, -\arctan\dfrac{3}{4}\right)$

4. (1) $y=3$ (2) $y=x$ (3) $2xy=3$ (4) $y=\log x$ (5) $x^2+y^2=2x-3y$

5. (1) $r^2\left(\dfrac{\cos^2\theta}{9}+\dfrac{\sin^2\theta}{9}\right)=1$ (2) $r^2(1+\cos\theta\sin\theta)=1$ (3) $r^2+r(6\cos\theta-4\sin\theta)+9=0$

8.2 극좌표 곡선의 개형

1. (1)

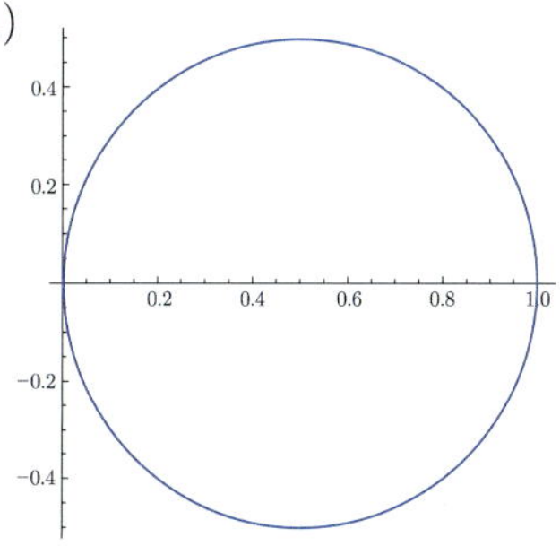

(2)

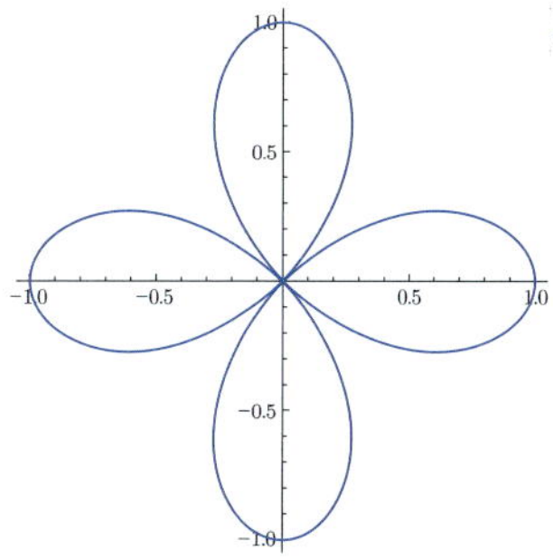

3)

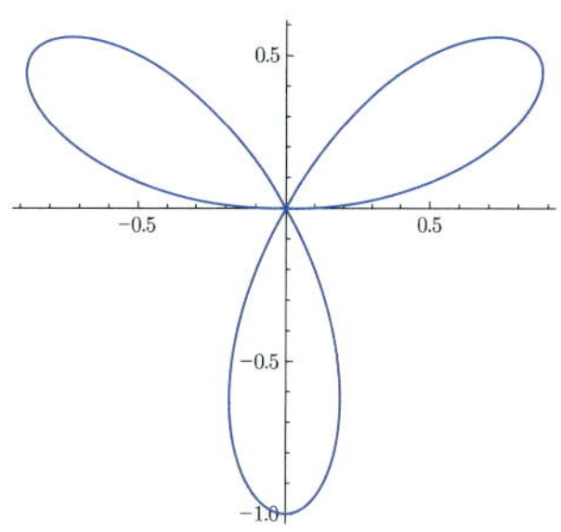

(4)

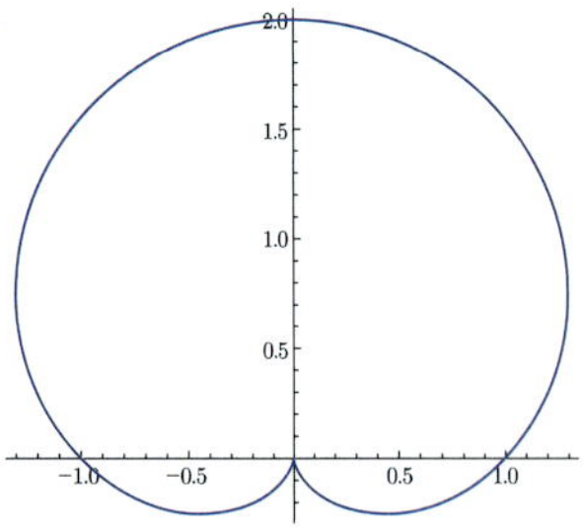

(5)

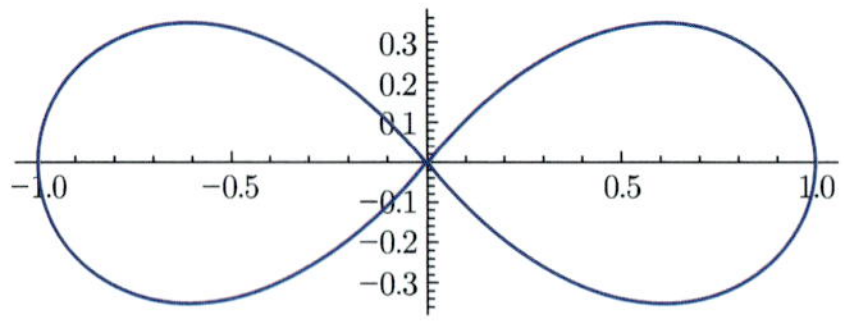

(6)

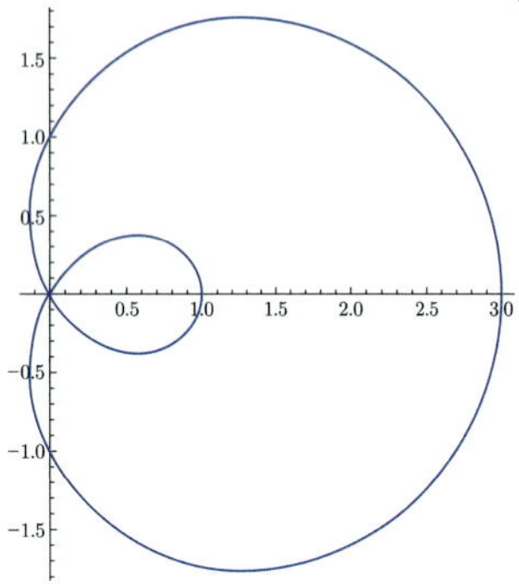

(7)

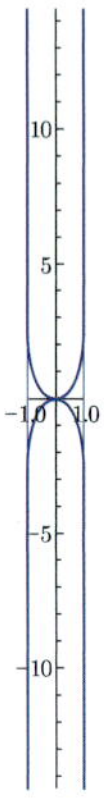

(8)

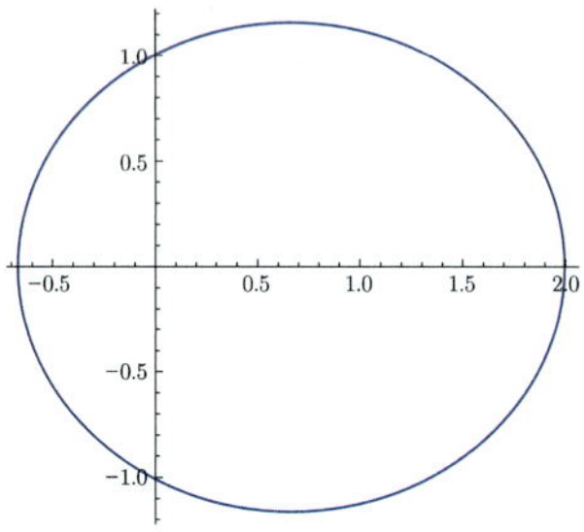

(9)

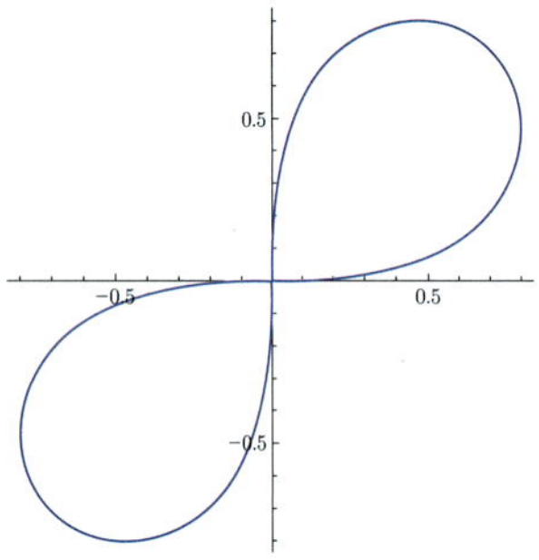

(10)

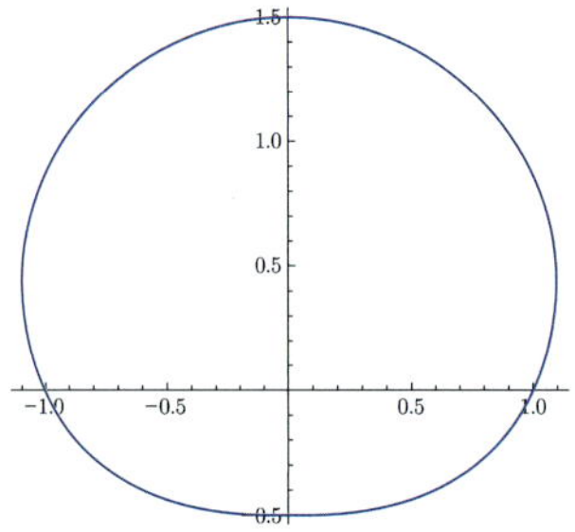

(11)

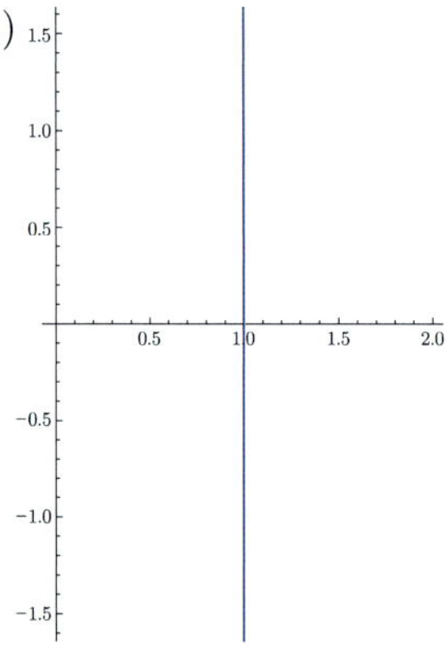

8.3 극좌표와 미분적분

1. (1) $y=-x+2$ (2) $y=-\dfrac{1}{2}x+2\sqrt{2}$ (3) $y=x+\dfrac{1}{4}$ (4) $y=x-4$

(5) $y=\sqrt{3}x-\dfrac{\pi\sqrt{3}}{3}$ (6) $y=-\dfrac{1}{2}x+\dfrac{1}{2}$

2. (1) $\sqrt{3}+\dfrac{1}{2}\log(2+\sqrt{3})$ (2) $\sqrt{2}(e^{\pi}-1)$ (3) 4 (4) π^2

3. (1) $y=-x-1$ (2) $y=-x+\sqrt{2}$

4. (1) $16\sqrt{2}-8$ (2) $\dfrac{\sqrt{17}(e^4-1)}{4e^8}$ (3) $\dfrac{4}{\sqrt{3}}-\dfrac{3}{\sqrt{2}}+2\log(3+2\sqrt{2})-2\log(2+\sqrt{3})$

(4) 2 (5) $\frac{1}{2}(4+3\log 3)$

5. (1) $\frac{\pi}{12}$ (2) π (3) $\frac{3}{2}\pi$ (4) $5\pi-8$ (5) $6\pi-16$ (6) $\frac{\pi}{3}+\frac{\sqrt{3}}{2}$

Chapter 9. 급수

9.1 수열

1. (1) $\frac{2}{3}$ (2) ∞ (3) 0 (4) 0

2. (1) $\frac{1}{3}$ (2) $\frac{2}{3}$

3. (1) 0 (2) ∞ (3) $-\infty$

4. (1) 1 (2) 0 (3) $-\infty$

5. $-\frac{1}{2}$

6. 생략

9.2 급수

1. (1) $\frac{7}{36}-\frac{7+3n}{6(n+1)(n+2)(n+3)}$, 수렴 (2) $\frac{29}{36}-\frac{1}{6(n+2)}-\frac{1}{6(n+3)}-\frac{2}{3(n+1)}$, 수렴

(3) $\frac{1}{2}(\sqrt{2n+1}-1)$, 발산

2. (1) 가능 (2) 불가능 (3) 불가능 (4) 가능 (5) 가능

3. (1) 수렴, 3 (2) 발산 (3) 수렴, 1 (4) 수렴, 1 (5) 수렴, $-\frac{\pi}{4}$

9.3 비교판정법, 극한비교판정법, 적분판정법

1. (1) 수렴 (2) 수렴 (3) 발산 (4) 수렴 (5) 수렴 (6) 수렴 (7) 발산

2. (1) 수렴 (2) 수렴 (3) 수렴 (4) 수렴

3. (1) 발산 (2) 발산 (3) 수렴 (4) 발산

4. (1) 발산 (2) 발산 (3) 수렴 (4) 발산 (5) 수렴 (6) 발산 (7) 발산 (8) 수렴
(9) 발산 (10) 수렴 (11) 발산 (12) 수렴 (13) 수렴 (14) 발산 (15) 수렴

9.4 근판정법과 비판정법

1. (1) 수렴 (2) 수렴 (3) 수렴 (4) 수렴 (5) 발산 (6) 수렴 (7) 발산 (8) 수렴 (9) 수렴
(10) 발산 (11) 수렴 (12) 수렴

2. (1) 수렴 (2) 발산 (3) 발산 (4) 수렴

9.5 절대수렴급수와 교대급수

1. (1) 발산 (2) 발산 (3) 조건수렴 (4) 절대수렴 (5) 조건수렴 (6) 절대수렴
(7) 조건수렴 (8) 절대수렴 (9) 발산 (10) 절대수렴 (11) 절대수렴 (12) 조건수렴

Chapter 10. 거듭제곱급수와 테일러급수

10.1 거듭제곱급수

1. (1) 수렴반경: $\frac{1}{2}$, 수렴범위: $-\frac{1}{2}< x< \frac{1}{2}$
(2) 수렴반경: 6, 수렴범위: $-6 < x < 6$
(3) 수렴반경: 1, 수렴범위: $-1 < x \le 1$
(4) 수렴반경: $\frac{1}{2}$, 수렴범위: $-\frac{1}{2}< x< \frac{1}{2}$
(5) 수렴반경: ∞, 수렴범위: $-\infty < x < \infty$
(6) 수렴반경: ∞, 수렴범위: $-\infty < x < \infty$
(7) 수렴반경: 1, 수렴범위: $-1 < x < 1$
(8) 수렴반경: 1, 수렴범위: $-1 < x < 1$
(9) 수렴반경: ∞, 수렴범위: $-\infty < x < \infty$
(10) 수렴반경: ∞, 수렴범위: $-\infty < x < \infty$
(11) 수렴반경: 2, 수렴범위: $-3 < x < 1$
(12) 수렴반경: 1, 수렴범위: $\frac{1}{3} \le x < 1$
(13) 수렴반경: 1, 수렴범위: $-1 \le x < 1$
(14) 수렴반경: 4, 수렴범위: $-4 \le x < 4$
(15) 수렴반경: 3, 수렴범위: $-3 < x < 3$
(16) 수렴반경: 2, 수렴범위: $-4 < x \le 0$

2. (1) $\frac{\sqrt{5}-1}{2}$ (2) 2 (3) 생략 (4) 생략

10.2 거듭제곱급수의 미분과 적분

1. (1) $\frac{4}{9}$ (2) $\frac{15}{32}$ (3) $\log\frac{4}{3}$ (4) $\frac{9}{8}$ (5) $1-\log 2$ (6) $-\frac{2}{27}$

2. (1) 생략 (2) 생략

10.3 여러 가지 함수의 거듭제곱급수 표현

1. (1) e (2) $\frac{1}{48}$ (3) $\cos\frac{3}{4}$ (4) $\log\frac{3}{2}$ (5) $\frac{\sqrt{3}}{2}$

2. (1) $\frac{1}{3}$ (2) -1 (3) 1 (4) 1

10.4 테일러급수

1. (1) $T_5 f(x) = \frac{x^3}{6} - \frac{x^5}{120}$
(2) $T_5 f(x) = 1 + \frac{x}{2} - \frac{x^2}{8} + \frac{x^3}{16} - \frac{5x^4}{128} + \frac{7x^5}{256}$
(3) $T_5 f(x) = 1 - x^2 + x^4$

2. (1) $Tf(x) = \sum_{n=0}^{\infty}(-5)^n \frac{x^n}{n!}$
(2) $Tf(x) = \sum_{n=0}^{\infty}(-1)^n \frac{3^{2n+1}x^{8n+4}}{2n+1}$
(3) $Tf(x) = \sum_{n=1}^{\infty}(-1)^{n-1}\frac{x^{2n}}{n}$
(4) $Tf(x) = \sum_{n=0}^{\infty}(-1)^n \frac{x^{2n+3}}{(2n+1)!}$

(5) $Tf(x)=\frac{1}{2}+\frac{1}{2}\sum_{n=0}^{\infty}(-1)^n\frac{(2x)^n}{(2n)!}$ (6) $Tf(x)=\sum_{n=0}^{\infty}2^n x^{n+2}$

(7) $Tf(x)=\sum_{n=1}^{\infty}(-1)^{n-1}\frac{2^n x^{n+1}}{n}$ (8) $Tf(x)=\sum_{n=0}^{\infty}\left\{\frac{1}{n!}+(-1)^n\right\}x^n$

3. (1) $Tf(x)=e^4\sum_{n=0}^{\infty}\frac{(-4)^n}{n!}(x+1)^n$ (2) $Tf(x)=\sum_{n=0}^{\infty}\frac{(-1)^{n+1}}{(2n+1)!}\left(x-\frac{\pi}{2}\right)^{n+1}$

(3) $Tf(x)=(x-1)+\sum_{n=2}^{\infty}\left\{\frac{(-1)^{n+1}}{n}+\frac{(-1)^n}{n-1}\right\}(x-1)^n$

Chapter 11. 좌표공간과 벡터

11.1 좌표공간

1. (1) 원기둥좌표: $\left(2, \frac{\pi}{3}, 2\sqrt{3}\right)$, 구면좌표: $\left(4, \frac{\pi}{6}, \frac{\pi}{3}\right)$

(2) 원기둥좌표: $\left(\sqrt{2}, \frac{3\pi}{4}, \sqrt{6}\right)$, 구면좌표: $\left(2\sqrt{2}, \frac{\pi}{6}, \frac{3\pi}{4}\right)$

(3) 원기둥좌표: $\left(\sqrt{2}, \frac{3\pi}{4}, -1\right)$ 구면좌표: $\left(\sqrt{3}, \arccos\left(-\frac{1}{\sqrt{3}}\right), \frac{3\pi}{4}\right)$

(4) 원기둥좌표: $\left(2, \frac{2\pi}{3}, 2\right)$ 구면좌표: $\left(2\sqrt{2}, \frac{\pi}{4}, \frac{2\pi}{3}\right)$

2. (1) $3\sqrt{2-\sqrt{2}}$ (2) $\sqrt{7-\sqrt{3}-2\sqrt{6}}$

3. (1) $\left(\frac{1}{\sqrt{2}}, \frac{\pi}{2}, \frac{1}{\sqrt{2}}\right)$ (2) $\left(2, \frac{\pi}{4}, 2\sqrt{3}\right)$ (3) $\left(\frac{9}{2}\sqrt{3}, \frac{\pi}{6}, \frac{9}{2}\right)$

4. (1) 원기둥좌표계: $r^2+z^2=9$, 구면좌표계: $\rho=3$

(2) 원기둥좌표계: $r=4\cos\theta$, 구면좌표계: $\rho\sin\varphi=4\cos\theta$

(3) 원기둥좌표계: $r^2+z^2-z=0$, 구면좌표계: $\rho=\cos\varphi$

11.2 벡터

1. (1) $(-1, 17)$ (2) $\left(\frac{1}{2}, -\frac{1}{2}\right)$

2. (1) $x=\left(\frac{3}{7}, \frac{10}{7}, \frac{2}{7}\right)$, $y=\left(\frac{8}{7}, \frac{1}{7}, -\frac{4}{7}\right)$ (2) $x=\left(-2, \frac{5}{2}, 2\right), y=\left(1, \frac{3}{2}, 0\right)$

3. $(-\sqrt{3}, \sqrt{3}, \sqrt{3})$

4. $\left(-\frac{6}{\sqrt{14}}, \frac{4}{\sqrt{14}}, -\frac{2}{\sqrt{14}}\right)$

5. $x=2,\ y=-1,\ z=3$

11.3 벡터의 내적

1. (1) $\arccos\left(\frac{5}{7}\right)$ (2) $\arccos\left(-\frac{1}{10+\pi^2}\right)$ (3) $\arccos\left(-\frac{3}{\sqrt{10}}\right)$

2. $k=-\frac{5}{2}$

3. $x=1,\ y=2$

4. (1) $x=-4,\ y=\frac{13}{2}$ (2) $x=2,\ y=2$

5. $\frac{\pi}{3}$

6. $\frac{3\pi}{4}$

7. $5\sqrt{7}$

8. 생략

9. (1) $(0, 0, 0)$ (2) $(0, 0)$

10. (1) 생략 (2) 생략

11.4 벡터의 외적

1. $a=(1, 0, 0),\ b=(0, 1, 0),\ c=(0, 1, 0)$

2. (1) 29 (2) 13 (3) $\sqrt{202}$

3. (1) 2 (2) $\frac{\sqrt{21}}{2}$

11.5 3차원 공간의 직선과 평면

1. $\frac{\pi}{3}$

2. (1) $\frac{2\pi}{3}$ (2) $\frac{\pi}{4}$

3. $(-3, -3, 0)$

4. $(2, -3, 5)$

5. $2x+11y+10z=23$

6. $x-\frac{13}{5}=y-\frac{6}{5}=\frac{z-\frac{24}{5}}{-1}$

7. $\frac{x-2}{2}=\frac{y-15}{7}=\frac{z-6}{3}$

8. $(0, 0, -1)$

9. (1) 생략 (2) $\frac{17}{7}$

11.6 n차원 공간

1. (1) $(2, 3, 4, 5)$ (2) $(3, 3, 3, 3)$ (3) $\sqrt{30}$ (4) 10

2. $x=3$

3. $\frac{x_1-2}{2}=\frac{x_2-1}{3}=\frac{x_3-2}{2}=\frac{x_4+1}{-1}=\frac{x_5-4}{3}$

Chapter 12. 행렬

12.1 행렬

1. (1) $\begin{bmatrix} 1 & 2 & -1 \\ 10 & 3 & 2 \end{bmatrix}$ (2) $\begin{bmatrix} 6 & -9 \\ 4 & 4 \end{bmatrix}$

2. (1) $\begin{bmatrix} 17 & -4 \\ -1 & -1 \end{bmatrix}$ (2) $\begin{bmatrix} 1 & 1 \\ 0 & 1 \end{bmatrix}$ (3) $\begin{bmatrix} 3 & 4 & 5 \\ 9 & 14 & 19 \\ 15 & 24 & 33 \end{bmatrix}$

3. (1) $\begin{bmatrix} 1 & 1 \\ 4 & 0 \end{bmatrix}$ (2) $\begin{bmatrix} 19 & 27 \\ 20 & 32 \end{bmatrix}$

4. $\begin{bmatrix} 0 & 2 \\ 0 & 0 \end{bmatrix}$

5. 생략

6. 생략

7. $\begin{bmatrix} 2^{n-1} & 2^{n-1} \\ 2^{n-1} & 2^{n-1} \end{bmatrix}$

8. $B=\begin{bmatrix} a & b & c \\ 0 & a & b \\ 0 & 0 & a \end{bmatrix}$

9. (1) $\begin{bmatrix} a_{11} & a_{12} \\ a_{21} & a_{22} \\ a_{31} & a_{32} \end{bmatrix}\begin{bmatrix} x_1 \\ x_2 \end{bmatrix}=\begin{bmatrix} b_1 \\ b_2 \\ b_3 \end{bmatrix}$ (2) $\begin{bmatrix} 2 & 3 & 2 & 5 \\ 3 & 6 & 2 & 4 \end{bmatrix}\begin{bmatrix} x \\ y \\ z \\ w \end{bmatrix}=\begin{bmatrix} 12 \\ 15 \end{bmatrix}$

12.2 역행렬

1. (1) $A^{-1}=\frac{1}{2}\begin{bmatrix} 2 & -3 \\ 0 & 1 \end{bmatrix}$ (2) $B^{-1}=\frac{1}{2}\begin{bmatrix} 1 & 1 \\ -1 & 1 \end{bmatrix}$ (3) $A^{-1}BA=\frac{1}{2}\begin{bmatrix} -1 & -13 \\ 1 & 5 \end{bmatrix}$

   (4) $B^{-1}AB=\begin{bmatrix} 3 & 2 \\ -1 & 0 \end{bmatrix}$

2. (1) $x=0, 1$ (2) $x=-3, 1$

3. $\begin{bmatrix} 0 & 0 & \frac{1}{3} \\ 0 & \frac{1}{2} & 0 \\ 1 & 0 & 0 \end{bmatrix}$

4. (1) $A^2=\begin{bmatrix} -1 & 0 \\ 0 & -1 \end{bmatrix}$ (2) $B^{50}=\begin{bmatrix} -1 & 0 \\ 0 & -1 \end{bmatrix}$

5. $a\neq 1, 2,\ x=\frac{4}{a-1},\ y=-\frac{2}{a-1}$

12.3 행렬식

1. (1) -10 (2) 3 (3) -152 (4) 66

2. $(a-b)(b-c)(c-a)$

3. $x=0, 1$

4. 생략

5. $\lambda \neq 2$

12.4 행렬식과 벡터의 외적

1. (1) $a \times b = (2, 1, 2)$ (2) $a \times b = (0, 0, 0)$

2. $\dfrac{1}{2}\sqrt{74}$

3. (1) 4 (2) 8

Chapter 13. 다변수함수

13.1 다변수함수

1. (1) ① 0 ② 0 ③ 12 ④ -4 (2) ① 1 ② $\dfrac{1}{2}$ ③ $\sqrt{2}$ ④ 2

2. (1) $U = \{(x, y) \mid x - y - 2 \geq 0\}$

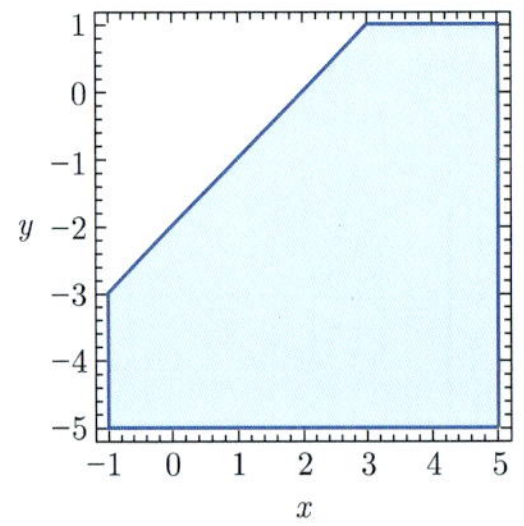

(2) $U = \{(x, y) \mid x^2 + y^2 \geq 1\}$

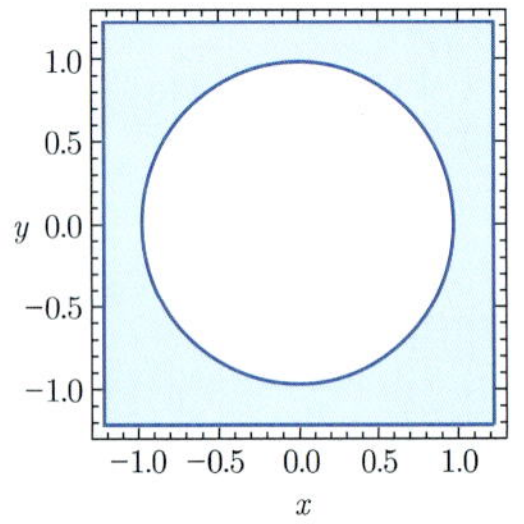

(3) $U = \{(x, y) \mid x^2 + y^2 \neq 9\}$

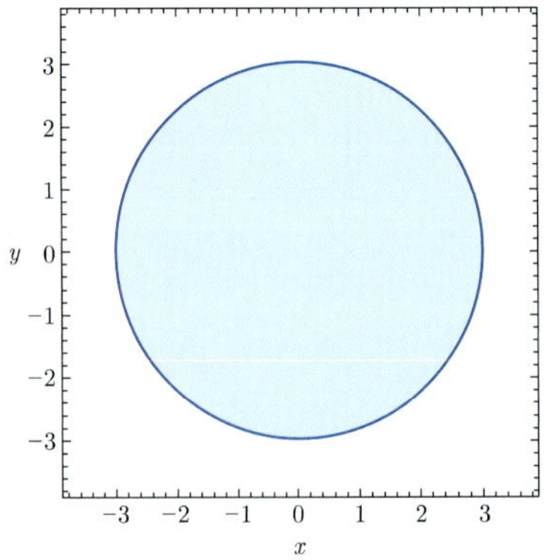

(4) $U = \{(x,\ y)\,|\,(x^2-1)(y^2-4) \geq 0\}$

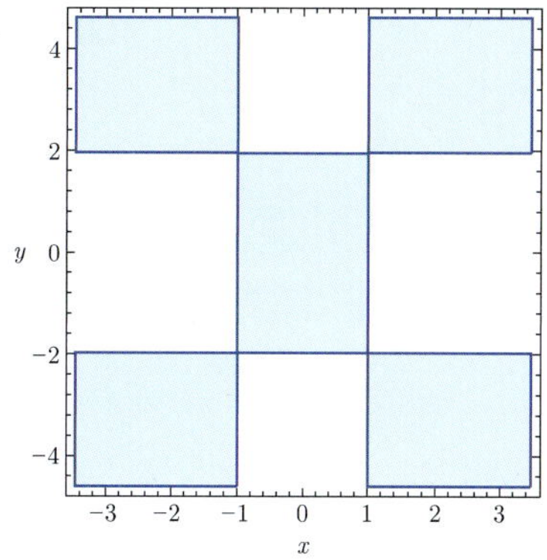

3. (1)

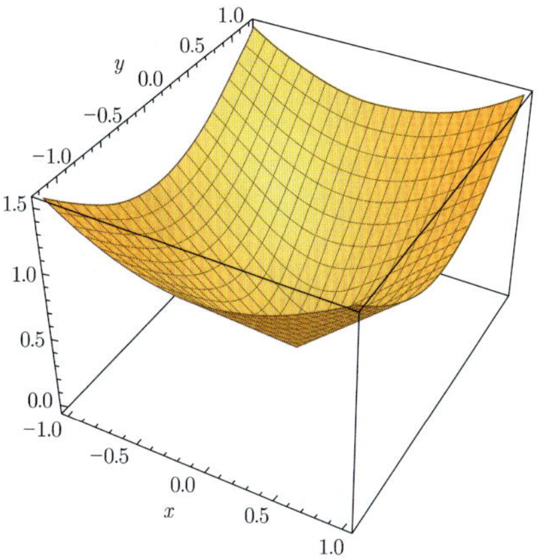

(2)

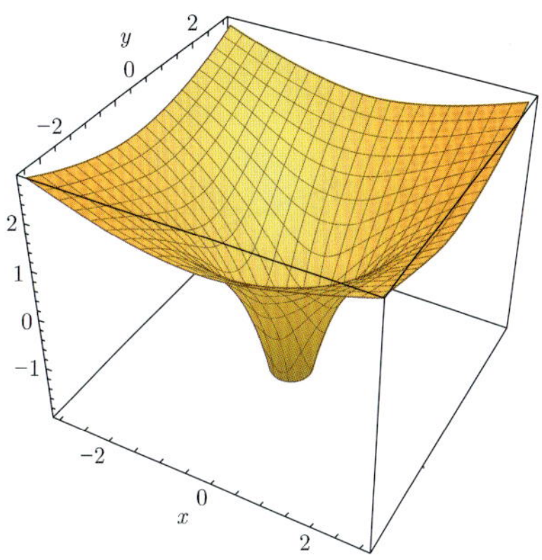

(3)

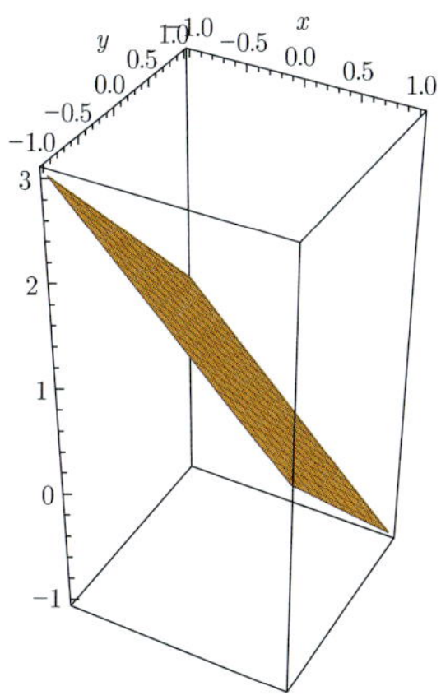

(4)

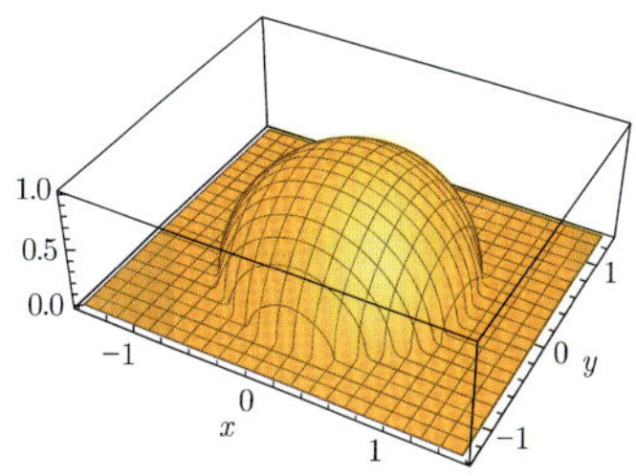

4. (1)

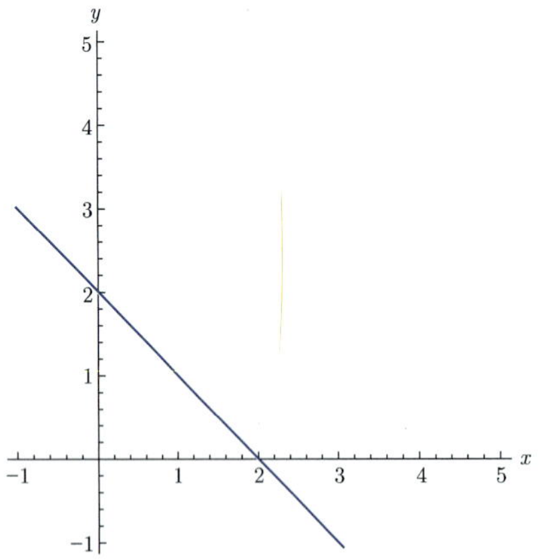

(2)

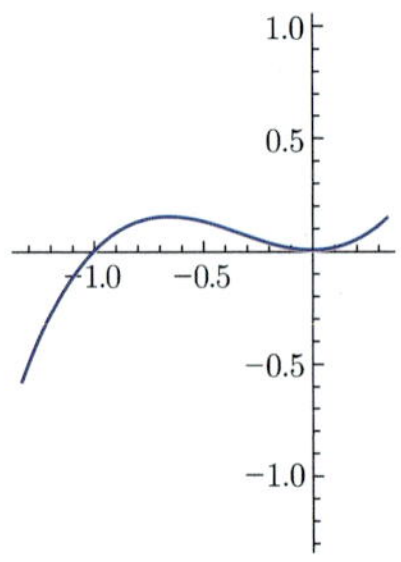

(3)

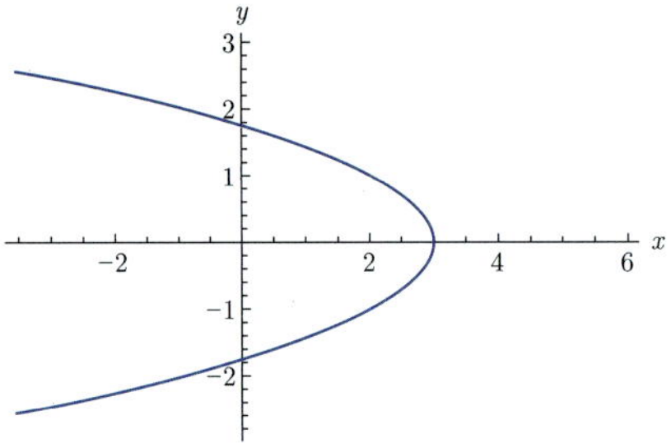

(4)

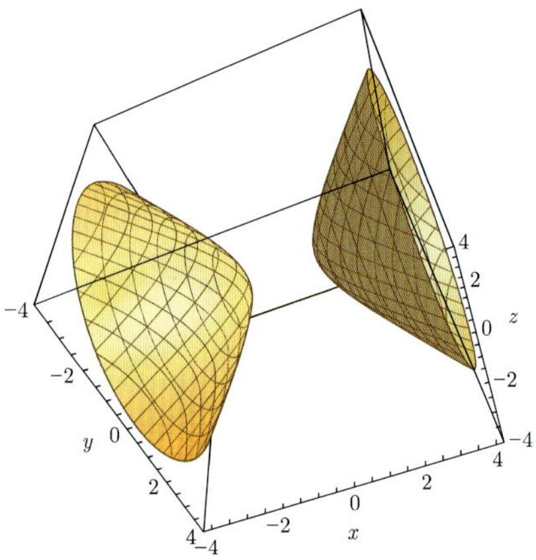

(5)

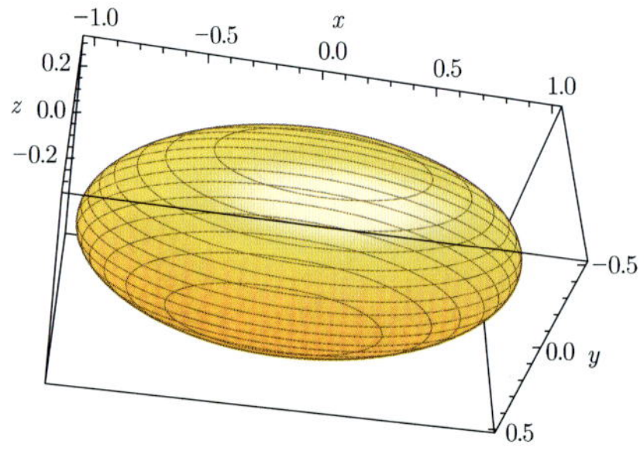

5. (1)

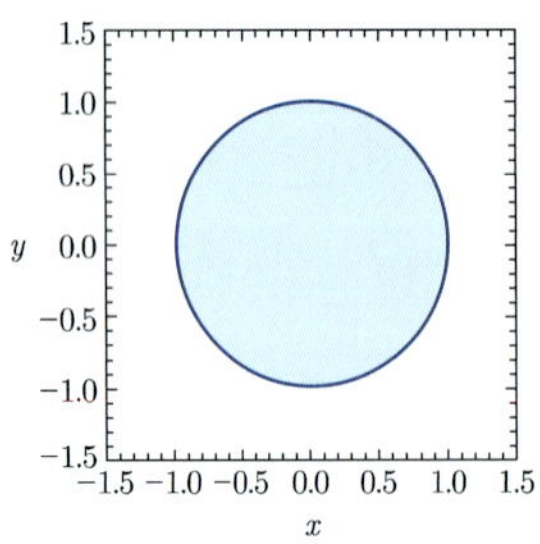

내부: $\{(x,y)\,|\,x^2+y^2<1\}$, 경계: $\{(x,y)\,|\,x^2+y^2=1\}$
열린 집합도 아니고 닫힌 집합도 아니지만 유계인 집합

(2)

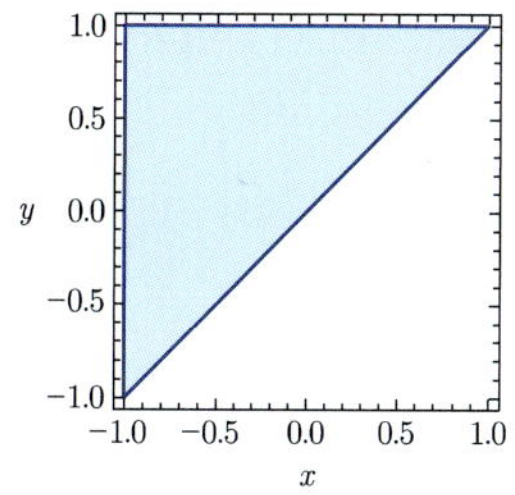

내부: $\{(x,y)\,|\,y>x\}$, 경계: $\{(x,y)\,|\,y=x\}$
열린 집합, 유계인 집합

(3)

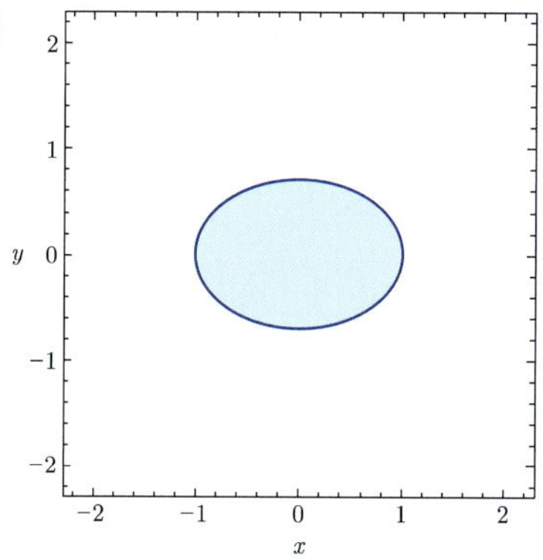

내부: $\{(x,y)\,|\,x^2+2y^2<1\}$, 경계: $\{(x,y)\,|\,x^2+2y^2=1\}$
닫힌 집합, 유계인 집합

(4)

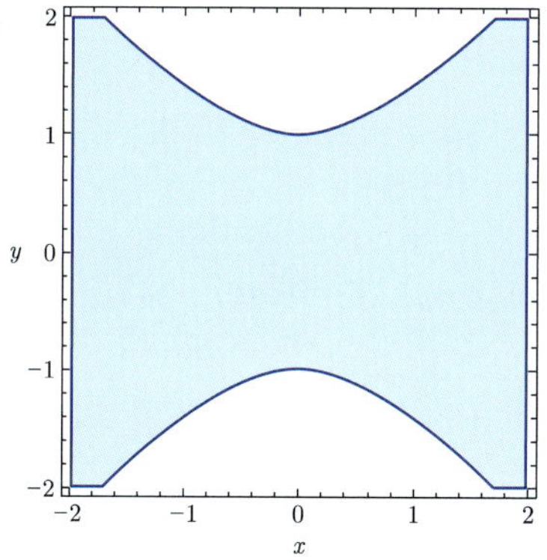

내부: $\{(x,y)\,|\,x^2-y^2>-1\}$, 경계: $\{(x,y)\,|\,x^2-y^2=-1\}$
닫힌 집합, 유계가 아닌 집합

6. (1) 정의역:$\mathbb{R}^2$, 정의역은 평면 전체이다.
(2) 정의역: $\{(x,\,y)\,|\,x^2+y^2<4\}$, 정의역은 중심이 원점이고 반지름이 2인 열린 원판이다.
(3) 정의역: $\{(x,\,y)\,|\,x\neq 0\}$, 정의역은 평면에서 y축이 빠진 열린 집합이다.
(4) 정의역: $\mathbb{R}^2$, 정의역은 평면 전체이다.
(5) 정의역: $\mathbb{R}^2-\{(0,0)\}$, 정의역은 평면 전체에서 원점이 빠진 열린 집합니다.
(6) 정의역: $\mathbb{R}^2$, 정의역은 평면 전체이다.

7. (1) 정의역:$\{(x,\,y)\,|\,|x|<|y|\}$, 점 P와 등위인 집합: $\{(x,\,y)\,|\,|x|<|y|,\,y=2x\}$
(2) 정의역:$\{(x,\,y,\,z)\,|\,z\neq 0\}$, 점 P와 등위인 집합: $\{(x,\,y,\,z)\,|\,x+y=z\log 4,\,z\neq 0\}$
(3) 정의역: $\mathbb{R}^2$, 점 P와 등위인 집합: $\left\{(x,\,y)\,\middle|\,\arctan x-\arctan y=-\frac{\pi}{4}\right\}$

13.2 극한과 연속

1. (1) 2 (2) 0 (3) 2 (4) 0 (5) 1 (6) 0 (7) 3 (8) $\frac{1}{4}$ (9) 1 (10) 1

2. (1) 불연속 (2) 불연속 (3) 불연속 (4) 불연속 (5) 불연속 (6) 불연속 (7) 연속

13.3 방향도함수와 편도함수

1. (1) -20 (2) 3 (3) $\dfrac{3}{\sqrt{2}}$ (4) 12

2. (1) $D_1f(0,0)=0$, $D_2f(0,0)=0$ (2) $D_1f(0,0)=1$, $D_2f(0,0)=0$

3. (1) $\dfrac{\partial f}{\partial x}=4x$, $\dfrac{\partial f}{\partial y}=-3$, $\nabla f(1,1)=(4,-3)$

(2) $\dfrac{\partial f}{\partial x}=\dfrac{x}{\sqrt{x^2+y^2}}$, $\dfrac{\partial f}{\partial y}=\dfrac{y}{\sqrt{x^2+y^2}}$, $\nabla f(1,1)=\left(\dfrac{1}{\sqrt{2}},\dfrac{1}{\sqrt{2}}\right)$

(3) $\dfrac{\partial f}{\partial x}=e^{x+y+1}$, $\dfrac{\partial f}{\partial y}=e^{x+y+1}$, $\nabla f(1,1)=(e^3,e^3)$

(4) $\dfrac{\partial f}{\partial x}=-e^{xy}y\log y$, $\dfrac{\partial f}{\partial y}=\dfrac{e^{-xy}(1-xy\log y)}{y}$, $\nabla f(1,1)=(1,e^{-1})$

(5) $\dfrac{\partial f}{\partial x}=\dfrac{1}{x+y}$, $\dfrac{\partial f}{\partial y}=\dfrac{1}{x+y}$, $\nabla f(1,1)=\left(\dfrac{1}{2},\dfrac{1}{2}\right)$

(6) $\dfrac{\partial f}{\partial x}=yx^{y-1}$, $\dfrac{\partial f}{\partial y}=x^y\log x$, $\nabla f(1,1)=(1,0)$

4. (1) $f_x=y$, $f_y=x$, $f_z=3$, $\nabla f(1,1/2,3)=(1/2,1,3)$

(2) $f_x=yz\cos(xyz)$, $f_y=xz\cos(xyz)$, $f_z=xy\cos(xyz)$,

$\nabla f(1,1/2,3)=\left(\dfrac{3}{2}\cos\dfrac{3}{2}, 3\cos\dfrac{3}{2}, \dfrac{1}{2}\cos\dfrac{3}{2}\right)$

(3) $f_x=\dfrac{y}{\sqrt{1-x^2y^2}}-z\sin(x-y)$, $f_y=\dfrac{x}{\sqrt{1-x^2y^2}}+z\sin(x-y)$, $f_z=\cos(x-y)$,

$\nabla f(1,1/2,3)=\left(\dfrac{1}{\sqrt{3}}-3\sin\dfrac{1}{2}, \dfrac{2}{\sqrt{3}}+3\sin\dfrac{1}{2}, \cos\dfrac{1}{2}\right)$

(4) $f_x=-yze^{-xyz}$, $f_y=-xze^{-xyz}$, $f_z=-xye^{-xyz}$, $\nabla f(1,1/2,3)=\left(\dfrac{3}{2}e^{-\frac{3}{2}}, 3e^{-\frac{3}{2}}, \dfrac{1}{2}e^{-\frac{3}{2}}\right)$

(5) $f_x=\dfrac{1}{x+2y+3z}$, $f_y=\dfrac{2}{x+2y+3z}$, $f_z=\dfrac{3}{x+2y+3z}$, $\nabla f(1,1/2,3)=\left(\dfrac{1}{11},\dfrac{2}{11},\dfrac{3}{11}\right)$

13.4 미분가능 함수

1. (1) 생략 (2) $D_1f(0,0)=0$, $D_2f(0,0)=0$ (3) 생략

2. (1) 미분 불가능 (2) 미분 불가능 (3) 미분가능

3. (1) $\nabla f(1,1)=(1,-5)$, $D_vf(1,1)=-11$ (2) $\nabla f(1,-1)=(1,-1)$, $D_vf(1,-1)=7$

(3) $\nabla f(1,1)=(1,1)$, $D_vf(1,1)=5$ (4) $\nabla f(1,1,1)=(3,2,-4)$, $D_vf(1,1,1)=-5$

(5) $\nabla f(0,0,\pi/6)=\left(1+\dfrac{\sqrt{3}}{2},\dfrac{\sqrt{3}}{2},-\dfrac{1}{2}\right)$, $D_vf(0,0,\pi/6)=\dfrac{1}{2}+\sqrt{3}$

4. (1) $(3,-4)$-방향 (2) $v=(0,-1)$, $\left(\dfrac{24}{25},-\dfrac{7}{25}\right)$

5. $-2\sqrt{2}-\dfrac{3}{2}$

6. $\frac{4}{\sqrt{3}}$

13.5 연쇄법칙

1. (1) $X'(1)=(1,2)$, $X''(1)=(0,2)$ (2) $X'(0)=(0,6)$, $X''(0)=(-4,0)$
(3) $X'(1)=(1,4,3)$, $X''(1)=(0,4,6)$ (4) $X'(0)=(-1,6,0)$, $X''(0)=(1,0,-18)$

2. (1) $\frac{\partial f}{\partial x}=e^{xy}(y-x^2y+y^3-2x+xy^2)$, $\frac{\partial f}{\partial y}=e^{xy}(x-x^3+2y+x^2y+xy^2)$

(2) $\frac{\partial f}{\partial x}=\frac{2}{x^2}+\frac{y}{2x}-\frac{4e^y}{4+xy}-\frac{2\log(e^y x)}{x^2}+e^y\log\left(\frac{2}{x}+\frac{y}{2}\right)$,

$\frac{\partial f}{\partial y}=\frac{1}{2}\left(\frac{4}{x}+y+\frac{2e^y x^2}{4+xy}+\log(e^y x)+2e^y x\log\left(\frac{2}{x}+\frac{y}{x}\right)\right)$

(3) $\frac{\partial f}{\partial x}=\frac{2}{x}$, $\frac{\partial f}{\partial y}=2$

3. 생략
4. 생략
5. 생략
6. 생략
7. (1) $2x+2y-z-7=0$ (2) $6x-2y+15z-22=0$ (3) $\sqrt{2}x-z-1=0$
(4) $x-3y-z+1=0$ (5) $2x+y+2z=0$ (6) $3x+2y+3z-16=0$

13.6 함수의 극대 · 극소

1. (1) 생략 (2) 생략 (3) 생략 (4) 생략
2. (1) 생략 (2) 생략 (3) 생략
3. (1) 극댓값: 0, 극솟값: 없음, 안장점: 없음
(2) 극댓값: 31, 극솟값: -5, 안장점: $(-3,0)$, $(1,2)$
(3) 극댓값: 없음, 극솟값: $\frac{1}{e^4}$, 안장점: 없음
(4) 극댓값: 없음, 극솟값: $-\frac{1}{64}$, 안장점: $(0,0)$
(5) 극댓값: 없음, 극솟값: -3, 안장점: 없음
(6) 극댓값: 없음, 극솟값: -36, 안장점: 없음
(7) 극댓값: 없음, 극솟값: -8, 안장점: $(0,0)$
(8) 극댓값: $\frac{170}{27}$, 극솟값: 없음, 안장점: $(0,0)$
4. (1) 최댓값: 1, 최솟값: -5 (2) 최댓값: 16, 최솟값: 0 (3) 최댓값: 11, 최솟값: -10
5. 최댓값: $24+4\sqrt{6}$, 최솟값: -1
6. $\frac{89}{3}$
7. $\frac{897}{44}$
8. $\frac{\sqrt{3}}{2}$

9. $(x, y, z)=(-2, -2, 4), (2, 2, 4)$

10. $\dfrac{\sqrt{10}}{2}$

Chapter 14. 다중적분

14.2 반복적분

1. (1) 7 (2) π^2 (3) $\dfrac{4}{15}$ (4) $\dfrac{3}{4}\pi\log5$ (5) 1620 (6) $-\dfrac{\pi}{8}$

2. (1) -4 (2) 16 (3) $\log4-1$ (4) $\dfrac{3}{2}$ (5) $\dfrac{15}{8}\log2$ (6) $\dfrac{1}{4}(\pi-\log4)$

(7) $-\dfrac{5}{4}(\sqrt{3}-2)$ (8) 6 (9) 1

3. (1) $-\dfrac{3}{2}\pi$ (2) $e-\dfrac{2}{e}$ (3) $\pi^2-\dfrac{40}{9}$ (4) $\log2$ (5) 1 (6) $\dfrac{1}{3}$

4. (1) e^4-1 (2) $e-1$ (3) $\dfrac{1}{3}$ (4) $\dfrac{2}{15}(2\sqrt{2}-1)$ (5) $\dfrac{5}{4}\log5$ (6) $2\sin4$ (7) $e-2$

5. (1) $\displaystyle\int_{-1}^{1}\int_{0}^{1-x^2}\int_{x^2}^{1-z} dydzdx$ (2) $\displaystyle\int_{0}^{1}\int_{-\sqrt{1-z}}^{\sqrt{1-z}}\int_{x^2}^{1-z} dydxdz$

(3) $\displaystyle\int_{0}^{1}\int_{0}^{1-z}\int_{-\sqrt{y}}^{\sqrt{y}} dxdydz$ (4) $\displaystyle\int_{0}^{1}\int_{0}^{1-y}\int_{-\sqrt{y}}^{\sqrt{y}} dxdzdy$

14.3 치환적분법

1. (1) $\begin{bmatrix}1 & 1\\ 1 & -1\\ 2 & 1\end{bmatrix}$ (2) $\begin{bmatrix}0 & 0\\ -1 & -\pi\end{bmatrix}$ (3) $\begin{bmatrix}1 & 0 & 0\\ 0 & 1 & 0\end{bmatrix}$

2. (1) $\begin{bmatrix}2x & -2y\\ 2y & 2x\end{bmatrix}$, $4(x^2+y^2)$ (2) $\begin{bmatrix}3x^2-y^2 & -2xy\\ 2xy & x^2-3y^2\end{bmatrix}$, $3(x^2-y^2)^2$ (3) $\begin{bmatrix}1 & 1 & 0\\ z & 0 & x\\ 0 & 2y & 0\end{bmatrix}$, $-2xy$

3. (1) $-\dfrac{16}{9}$ (2) $2e^2$ (3) 12 (4) $2+\log8$

4. (1) $\dfrac{1}{2}(e-1)\pi$ (2) $\dfrac{\pi}{8}$ (3) $\dfrac{1}{8}(\pi-2)\pi$ (4) $-(\sqrt{2}-2)\pi$ (5) $\pi(\log4-1)$ (6) $\dfrac{\pi}{4}$

5. (1) $\dfrac{3}{2}\pi$ (2) $\dfrac{32}{3}\pi$ (3) $\dfrac{2}{5}$

6. (1) $\dfrac{8-\sqrt{2}}{80}\pi$ (2) $\dfrac{8\sqrt{2}}{3}\pi$ (3) 8π (4) 16π

7. $p<2$

8. $p<2$

ㅈ

ㅊ

저자소개

김재웅
서울대학교 자연과학부(이학사)
서울대학교 수리과학부(이학박사)
현재 육군사관학교 교수

문미남
육군사관학교 토목공학과(공학사)
고려대학교 대학원 수학과(이학석사)
미국 Texas A&M 대학교 수학과(이학박사)
현재 육군사관학교 교수

정명인
육군사관학교(이학사)
서울대학교 대학원(이학석사)
미국 SUNY Buffalo 대학교 수학과(이학박사)
현재 육군사관학교 부교수

미분적분학

인쇄 | 2025년 3월 2일
발행 | 2025년 3월 5일

지은이 | 김재웅 · 문미남 · 정명인
펴낸이 | 조승식
펴낸곳 | (주)도서출판 북스힐

등 록 | 1998년 7월 28일 제22-457호
주 소 | 서울시 강북구 한천로 153길 17
전 화 | (02) 994-0071
팩 스 | (02) 994-0073

홈페이지 | www.bookshill.com
이메일 | bookshill@bookshill.com

정가 35,000원

ISBN 979-11-5971-615-7

Published by bookshill, Inc. Printed in Korea.